U0038801

# 剑桥大学
# 人类学十五讲

*Schools and Styles*
*of Anthropological Theory*

[英] 马泰·坎迪亚 **Matei Candea** | 主编

王晴锋 | 译

## 人类学理论的
## 流派与风格

金城出版社
GOLD WALL PRESS
·北京·

北京市版权局著作权合同登记号　图字: 01-2024-3716
Schools and Styles of Anthropological Theory, 1st edition
By Matei Candea/ ISBN: 9781138229723


图书在版编目（CIP）数据

剑桥大学人类学十五讲 ： 人类学理论的流派与风格 ／（英）马泰 · 坎迪亚主编 ； 王晴锋译 . —— 北京 ： 金城出版社有限公司, 2024. 10 (2024.11重印) —— ISBN 978-7-5155-2645-4

I. Q98

中国国家版本馆CIP数据核字第2024W6H088号

剑桥大学人类学十五讲：人类学理论的流派与风格

作　　者：[英] 马泰 · 坎迪亚
译　　者：王晴锋
责任编辑：张超峰
责任校对：刘　磊
特约编辑：何梦姣
特约策划：领学东方
开　　本：880mm×1230mm　1/32
印　　张：15.5
印　　刷：天津鸿景印刷有限公司
字　　数：390 千字
版　　次：2024 年 10 月第 1 版
印　　次：2024 年 11 月第 2 次印刷
书　　号：ISBN 978-7-5155-2645-4
定　　价：88.00 元

出版发行：**金城出版社有限公司**　北京市朝阳区利泽东二路 3 号
邮编：100102
发 行 部：(010) 84254364
编 辑 部：(010) 61842989
总 编 室：(010) 64228516
网　　址：http://www.baomi.org.cn
电子邮箱：jinchengchuban@163.com
法律顾问：北京植德律师事务所　18911105819

# 目录

CONTENTS

# 插图目录

# 导言：一场对话的回响

马泰 · 坎迪亚

## 本书涉及什么内容

本书概述了从 19 世纪至今在社会人类学与文化人类学领域出现的重要思潮，广泛介绍了这一时期的主要理论流派与风格，帮助读者认识它们的历史背景以及彼此之间的相互联系与交叠之处。本书主要聚焦于英国人类学传统的发展，同时在一定程度上亦涉及美国和法国的人类学传统，各章节展现了这些传统在 20 世纪和 21 世纪日益交织混杂的过程，为读者介绍一个极具吸引力和令人兴奋的思想万花筒。这些思想不仅深刻地改变了人文社会科学，而且改变了我们理解自身以及生活于其中的社会的方式。本书探讨了人类学家至今仍在不断探寻的一些根本性问题：倘若人类享有自由的话，那么究竟是一种怎样的自由？如何解释和理解我们集体生活的规律性与模式化的特征？何为文化以及何为社会？我们的身体、心智与技术具有怎样的功能？它们之间相互作用将产生怎样的结果？不同的人类共同体之间以及内部存在各种差异，它们以身份、视角或权力等方式体现出来，这些差异的来源、意义和影响又分别是什么？人类学是否为研究非人类留下了一席之地？

本书各章节追溯了剑桥大学为社会人类学专业的学生长期开设的核心系列讲座，题为“人类学理论的流派与风格”。虽然该系列讲座主要面向本科生，但也吸引了硕士生，也经常有博士生来旁听。该系列讲座的宗旨在于广泛、通俗易懂同时又相对高水准地介绍人类学理论，这亦是本书的宗旨。

本书涉及人类学的经典“学说 / 主义”（诸如进化论、扩散主义、功能主义、结构功能主义、结构主义、交易主义、新马克思主义、阐释主义、女性主义、后殖民主义）、广泛讨论的理论和理论流派（诸如法兰克福学派、曼彻斯特学派、实践理论、行动者网络理论）、经典的和相对晚近出现的理论分裂（诸如“写文化”时刻、本体论转向），以及围绕着特定的概念问题出现的一些较为零散的反思，如人类学中的历史思维问题（参见第五章）、田野点的扩展与边界问题（参见第六章）、塑造和重塑人类学观念的独特作用机制（参见第十五章）。本书将探讨这些问题，尽管这些问题不都是以一个章节的长度或者自成一体的形式出现。有些章节彼此交织在一起，共同阐述了上述两种或两种以上的问题之间的切换、张力和转变，而有些章节则从不同的角度返回到同一流派或风格，例如，第一章、第五章、第六章和第十二章皆涉及人类学的后殖民主义批评，而不是将它放在一个单独的章节里进行探讨。我在后面还会讲到本书及其章节的组织结构。

尽管“流派与风格”是本书主要的组织方法，但本书不仅仅是一张理论的清单或列表，也是关于“何谓人类学理论以及它如何变迁”的一种集体性反思。本书的诸位作者对该问题提出了或明确或隐晦的不同答案。就此而言，这本书最好被看作一场对话——有时是一场争论——而不是某种单一的叙述。

“来自剑桥的观点”这部分内容进一步介绍了本书起源的背景，并且对这样一种独特的理论视角进行了反思——该理论视角隐含于由讲座课程内容编撰而成的著作之中，而这门课程是由一个特定的系开设的。这之后的四个小节深入探讨更为根本性的问题，即何为理论以及如何对它进行思考。在此过程中，它们也逐渐阐明了本书的组织结构。不过，在正式开始之前，我们需要回答一个经常碰到的问题，即为什么要花精力去研究人类学理论的历史？

## 学会如何看待理论

对于某些学生而言，一想到“理论课”或者基于此类课程的书籍，就会感到沮丧或心生恐惧。其中部分原因在于受到本科教育中越来越多的模块化设计的影响，还在于人类学课程和人类学的导读读物细致体贴地将学生视作顾客，必须迎合他们的兴趣爱好，因此也倾向于选择一些吸引眼球的主题与标题。性与死亡、神秘的事物与不平等、将最陌生的实践变得熟悉以及将未经省察的日常生活变得陌生：人类学在这些方面提供了丰富的资源，而这通常也是学生开始接触人类学的方式。相比之下，理论似乎显得单调乏味、死气沉沉、无关紧要，那些旧的理论更是如此。更何况与那些吸引人的话题和活生生的案例相比，理论也似乎更加难啃。

本书将表明，理论并非如此。最重要的是，事实也确实是这样，因为“理论”根本不是某种单一的、孤立的事物。理论的形式多种多样，范围大小也不一，并且总是与实践以及具体的事物紧密联系在一起，至少在人类学领域是如此。理论已经在那里，在学生初次接触人类学时会碰到的那些能够立即吸引眼球或者看起来更有价值的观点和案例的核心。就像莫里哀笔下的茹尔丹先生（Monsieur Jourdain）被惊讶地告知他一生都在用散文说话一样，本书的读者也将很快意识到他们一直在“做理论”（doing theory）。

当然，这种观点也可能导致理论以另一种方式失去意义。正如我接下去所描述的，人类学以及其他一些学科最新的思想流派试图彻底摒弃作为一个独特主题的“理论”。与之相反，本书认为理论作为一个明确不同于其他主题的研究重点，仍然具有重要的作用。聚焦于理论可以使我们清楚地阐明那些构成并支撑人类学讨论与争论的观念问题，并弄清楚它们是如何随着时间的推移而发生转换与变化的。这种关于争论的综述使刚涉足人类学的新手——甚至是探索新的研究主题或新的研究领域的资深人类学家——能够将他们读到的作品置于广泛的历史与话语背景之中。学会识别特定的线索——这些线索表明作者以特定的思想流派或风格进行写作——意味着学会将作者的叙述、描述和案例视为论据，而不是简单的关于事实或信条的陈述。这对于学生在阅读文献时批判性地发现文本中存在的想当然的看法、忽略的问题以及简化的方式等，都是非常有帮助的。然而，这项工作并不完全是否定性的。批判性地对待理论假设只是全面掌握理论史知识所带来的技能之一。另一项技能是想象两种截然不同的理论视角可能如何运用于同样的经验材料，并产生怎样的结果。这也是学会建构自己独特的理论观点的第一步。

关于理论的运用和本书的使用，还有一个更普遍的观点，它不仅要引起人类学初学者的注意，而且要引起研究生和准备从事原创性研究的职业人类学家的注意。在本书探讨的这些理论中，有一小部分理论在当代非常活跃，它们是当今的人类学家在写作时可能会明确支持的立场。然而，大多数理论通常被归为历史的范畴，它们不再属于当下学术争论的话题。在人类学领域里，之所以援引这些“旧理论”，最常见的原因是将它们作为错误的清单目录，也就是关于简化思维的列表，这些错误是我们希望避免重蹈覆辙的。这一做法本身没有问题。尤其是，它们往往可以用后见之明来建构关于理论的历史背景，而这可能是行动者本身没有看到的或者是熟视无睹的——无论哪一种情况——他们自身都可能不会将其视为“背景”（参见第一章）。通过了解过去所犯的错误和简化的做法，我们可以得到宝贵的教训。尽管这一点很重要，但这不是回顾这些旧理论的唯一原因或唯一方式。即使是旧的理论，我们也可以从中挖掘出新的思想见解，尤其是如果认识到它们的问题意识的某些方面在当下仍然能引起共鸣。

## 来自剑桥的观点

本书是一项集体性努力的成果，而这种集体性的努力与以往的情况又稍有不同。大多数编著图书都是会议或研讨会的成果，它们代表着在某个地方连续几天进行的一场对话。相比之下，百科全书（包括专题式百科全书）则是委托不同学术机构的学者来撰写论文，然后将这些论文集合起来，而这些学者之间通常根本没有进行对话。它们的目标是全面涵盖某一学科或主题领域的所有方面。

与之不同，本书是一场更长时间对话的成果。它起源于系列讲座，这在很大程度上决定了本书的形式、内容和“声音”。因此，这里有必要谈一下剑桥大学的系列讲座，尤其是与本书直接相关的系列讲座是如何组织的。数十年来，我们的系列讲座一直沿用“流派与风格”这个题名，并且遵循着相同的基本原则：社会人类学系要求每位讲师和副教授就他们特别感兴趣的或专长的理论流派、风格或问题开设一到两场讲座。然后，由论文协调员①进行选择，其职责是确保整个系列讲座内容的均衡性与全面性。不过，整个过程的监督既是集体性的，也是个体性的：社会人类学系核心的教学人员每年都会聚集在一起，讨论每个系列讲座的内容。协调员会提交下一年度的候选论文以供同事进行详细的审阅，后者通常会对那些采纳或排除的论文作出评论。社会人类学系的同事也以同样的方式聚集在一起，共同编写试卷，此时将再次集体审查讲座主题内容的均衡性问题以及处理方式。正是由于这样的过程，本系列讲座以及这本书完全是集体努力的结晶。它代表着一群对人类学理论的历史与现状有着不同兴趣的同事之间进行的对话。其中有些同事虽然没有作为作者出现在本书里，但是多年来，他们一直以各种正式或非正式的方式参与这些对话。[1]

这种对话由来已久，也在不断发生变化。本书的各章节反映了一个特定时期的讲座内容，它们是基于2016年至2017年这一学年的系列讲座。随着社会人类学系教员的变动以及他们的兴趣发生转移，讲座的内容、他们选择讲授的理论流派、课程的整体大纲以及从更宽泛的意义上而言，关于“理论”本身的阐述和理解方式也发生了变化，我们稍后还会更详细地探讨这一点。无论是个人层面还是集体层面，不同时期关于“这门课程应该包含哪些内容”都有着

① 论文协调员（paper coordinator）通常指在学术会议或期刊中担任评审和编辑工作的人员，他们负责协调和管理论文的整个流程。（本书的脚注皆为译者注，仅供读者参考；以下不再说明。）

不同的看法，这也反映了人类学理论的变化以及剑桥大学社会人类学系的变化。有些主题经久不衰：近 20 年前，当我还是本科生时，曾听过关于结构功能主义的讲座，而我现在则是作为教师讲授结构功能主义，讲座内容构成了本书第一章的基础。毋庸讳言，社会人类学系的讲座内容早已不再是我曾经作为学生听过的讲座内容。由于同一主题是由不同的人负责的，因此每个人或多或少都会重新编写讲义，有时也会借鉴他们的前任所列的阅读材料。本书的有些主题则是全新的，譬如，第九章讲述法兰克福学派，它是根据 2016 年至 2017 年这一学年首次开设的讲座内容撰写而成的。

总而言之，本书并不声称穷尽了人类学理论，也不声称是整个人类学理论的代表。正如我们将在下文看到的，任何这样的说法从根本上而言都是没有意义的。如同任何其他关于理论的论述一样，本书也是从特定的时间和地点出发对理论的一种论述，我在前文已经说明了它源于何时与何处。总之，本书是一个学术部门的学者集体进行的一个复杂进程的结果，通过这个进程，它将一定程度上共享的关于人类学理论的视角结合起来，形成了一个整体。

然而，在理解本书提供的关于理论的“剑桥视角”时，应注意到任何此类视角都具有内在的多重性与历史的变化性。从外部看来，大学院系往往给人这样一种刻板印象，即在无休止地自我复制的过程中，坚持某种特定的立场或者代表着某种特定的风格。然而，如果将一所大学院系的真实结构作为一个实践共同体进行简单的考察之后就会发现，这种情况是多么不可能发生。本书的有些作者曾经在剑桥大学受过学术训练，而其他人则没有。有些人多年来一直在剑桥大学授课，其他人则是最近才加入该系的。到本书出版时，还有一些人将受雇于其他学术机构。因此，如果读者发现本书的各章节之间在语气、风格和方法方面存在巨大的差异，也不必感到惊讶。概言之，这本书是发生在剑桥大学的一场对话的回响。

## 什么是理论

如上所述，本书各位作者的观点各不相同，这不仅体现在他们对待特定理论的态度上，而且也体现在对待“什么是理论”这一更为根本性的问题上。因此，最好将整本书看成对这个问题作出的一种集体性的、多元化的回答。这个问题无法用寥寥数语来概括。但是，在本导言接下去的部分，我们将略述三个贯穿本书的议题，它们涉及关于理论本质的一般性讨论。第一个议题关注“外部”问题：通过区分理论与民族志，我们如何以及在多大程度上能够将理论与人类学中通常包含的其他事物（方法、数据、实践等）区别开来？第二个议题关注“内部”问题，即理论如何被划分，譬如划分成不同的流派、风格、范式、观念等。第三个问题关注的是，人类学理论与其他学科的理论相比，它有何独特之处——倘若它真具有这样的独特性的话。

这些问题指向了三个重要的区分，它们在一定程度上将本书的主题与方法组织起来：理论与民族志之间的区分、将理论划分为“范式”的方式，以及将人类学理论视为有其独特之处的方法。这些区分都不是不证自明的，尽管本书在某种程度上依赖这些区分，但我们也不认为这些区分是理所当然的。然而，我将表明这三种观念性的区分可以成为极富成效的思维工具，尽管它们从更广泛的哲学意义上而言可能是站不住脚的。

那么，究竟是什么将“理论”与其他事物区别开来？尤其是，在理论与方法之间，以及在理论与经验材料（内容、数据、描述、实例）之间，经常是界限分明的。在人类学历史上相当长的一段时期内（某些领域即使在今天也是如此），理论被视为不同于甚至高于方法与经验材料。田野工作主要指向后两者：它是一种收集“数据”的技术程序，然后对其进行分析和理论化。这反映了人类学中长久以来“民族志”（无论是作为一种田野工作方法还是作为一种以书面形式表达出来的成果）与“理论”之间存在的分化。我们学科内部的这种区分借鉴并回应了社会科学以及更广泛的科学领域普遍存在的认识论区分：描述与解释之间以及特殊与普遍之间的区别。对于进化论者、如拉德克利夫-布朗（参见第一章）那样的结构功能主义者以及如列维-斯特劳斯那样的结构主义者（参见第二章）而言，这种观念上的区分也是一种劳动分工：田野工作者和理论家各自扮演着不同的角色，拥有不同的技能，这些角色和技能只有在非常巧合的情况下才会出现在同一个人身上。田野工作者的使命是准确地描述特定族群的生活方式和风俗习惯。理论家——意味着更崇高——的使命则是从理论的角度对这些数据进行比较、抽象和概括。尽管自 20 世纪初起，人类学家的职业文化大多要求他们同时肩负起这两个角色，但有些人类学家在私下谈论自己与其他人类学家相比具有的长处与短处时，仍然存在上述角色分工（“他是一位很棒的民族志工作者，但不是一位出色的理论家”，诸如此类）。

毋庸置疑，人类学在理论与方法之间以及理论与经验材料之间的这些区别，从根本上而言具有多重政治性。它们映射出这门学科的内部政治，以及各种隐性和显性的价值尺度与认可标准。但是，这些区别的产生也源于人类学在全球性的知识生产秩序中的历史地位，在这种全球性的秩序之中，宗主国的学者将从殖民地和边缘地区获取的田野材料理论化（参见第一章和第五章）。这反映出一种更广泛的观点，即在人类学的大部分历史里，诚如克利福德·格尔茨（Clifford Geertz）简练地概括的那样，“它的研究对象与其受众之间不仅是分离的，而且两者在道义上也是不相干的：前者是被描述的对象，但不是陈述的对象；后者获得了研究结果，但并没有直接涉入其中”（Geertz，1988：132）。“理论”发挥着过滤器的功能，人类学家通过它实现了“单向翻译”的奇迹。正如蔡与马瑟最近所指出的，人类学家仍然频繁地提及“我们”的立场，这正是不平等的全球性知识生产秩序中一个长期存在的例子（Chua and Mathur）。人类学家经常解构这样的观念，这种观念认为可能存在一种文化上（与西方或欧美）同质的“我们”，人类学可以将他们作为受众。但是，同样存在问题的是人类学作为一门学科的单义性。那种人类学意义上的“我们”掩盖了不平等的全球学术格局，在这种学术格局里，它仍然是在原来宗主国的中心寻找（新的、令人兴奋的和前沿的）“理论”。在这种不同事物的秩序中，“南部理论”（Comaroff and Comaroff，2012）或“东方理论”（Howe and Boyer，2015）被认为需要得到具体和明确的承认。本书的许多章节探讨了马克思主义者、女性主义者、后殖民主义者以及其他批判性的学者如何将自己视为人类学知识生产政治的挑战者（参见第一章、第五章、第六章、第八章和第十二章）。在这样做的过程中，他们不仅自己创造了理论，而且也探讨了这样做的政治意义。当然，这些学者自己创造理论的方式以及他们自身的知识生产政治反过来也成为进一步批判的对象。

然而，从另一个角度来看，这些批判只不过是换了种方式重新表述人类学本身的学科结构中蕴含的一个古老观点。事实上，人类学作为一门学科的诞生，恰恰是对传统的理论与方法、理论与经验材料之间的划分方式提出的一种挑战。随着马林诺夫斯基对长期田野调查的关注，人们日益意识到田野方法问题本质上是理论性的。马林诺夫斯基的功能主义不仅是方法论上的发展，同时也是理论上的发展：新的“数据”类型以及关于何为“数据”的新理解，使得旧的理论问题失去了意义（参见第一章）。从那时起，“民族志方法在根本上是理论问题”的观点成为人类学话语中反复出现的主题，正如哈里·英格伦（Harri Englund）在讨论曼彻斯特学派的“扩展个案法”以及“多点田野工作”的最新发展时所指出的那样（参见第六章）。与上述路径不同，布迪厄则朝着“实践理论”的方向发展，尽管他自己的理论最终也变得高度理论化，但其初衷是对一种惯常的理论生成方式——即从生活之流的描述中抽象出理论——提出明确的挑战（参见第四章）。

另外，人类学研究从一开始就挑战了传统的想象理论与方法之区别的方式。这种挑战的深刻意义在于，自从20世纪初——若不是更早的话，人类学的观念性研究开始具有内在的颠覆性和批判性，它通过展示陌生的思维模式的合理性或者陌生的社会设置的有效性和美感，挑战西方的假设和既有的哲学范式。这与马林诺夫斯基对人类学研究的“劳动分工”模式提出的挑战密切相关：在马林诺夫斯基看来，田野工作者必须是理论家，而理论家必须是田野工作者，因为人类学知识生产的内在驱动力正是田野研究过程中的他者体验（Kuper，1973：32—33）。反过来，使“陌生化”成为核心的人类学方法，意味着成功的田野工作必须是变革性的，甚至是对既有理论的破坏，并且能够创造出新的理论视角。

马林诺夫斯基的这种观点并非没有受到质疑，而且在过去的一个世纪里，田野研究的性质也发生了深刻的变化（参见第六章）。但是，在当代人类学关于民族志与理论之关系的看法中，仍然存在这种认为田野研究具有变革性的观点。在其他更加自我认同为科学的学科里，那些令人兴奋和成功的研究往往是那些明确证明了假设的研究，而“负面结果”（negative results）①甚至很少被发表（参见Granqvist，2015）。与之相反，在人类学中，当田野调查的结果出乎意料并且超越了先前的理论预期时，它才被认为是成功的。当研究者最初用来解决问题的理论框架无法满足要求时，田野调查的作用便是促成这一时刻的到来。将人类学视为一种不断进行的观念性革命，这种模式深深地影响着人类学家评价他人以及自身的方式，尽管这无疑不是人类学家的全部工作。[2]

这种将人类学视为“不断进行的观念性革命”的模式所产生的影响之一是理论视角的频繁分裂，后来的每一位田野工作者都感到有必要与之前的理论状态决裂。因此，人类学领域出现了本导言开始部分谈到的多种流派、风格、标签和“转向”。与新的“框架”一样，这些变化和转变的关键往往涉及一系列不同的案例与经验。正因如此，本书的许多章节实际上既是典范性民族志的历史，又是理论的历史。

这种“不断进行的观念性革命”模式产生的另一个影响是，早在“南部理论”作为一个问题被提出来之前，人类学从一开始就提出了与他者的理论相遇的问题。当然，人类学领域总是存在一种实证主义的倾向，对非西方的理论嗤之以鼻，这些理论通常被视为是需要通过我们自己的、在定义上更优越的理论来解释的现实要

① “负面结果”通常是指在实验或测试中得出的对假设“不利”的结果或“不良”的结果。

素。但是，从人类学学科创立之初，另一种解释性的思路就贯穿始终（参见第一章和第八章），它探讨另一种世界观如何可能转变、启迪或挑战我们自己的世界观。这个问题不断以新的形式出现，并在20世纪80年代的“写文化”批判中呈现出更加激进的形式，当时人类学家自身的知识实践、解释方式和写作技巧都受到更加直接的审视（参见第八章）。人类学家声称自己能够解释、组织并转译各种各样的文化观点，这种说法受到了批判性的检视，人类学家对他者观点的权威阐释与承诺让这些他者真正以自己的声音说话之间得到了更加明确的区分。尽管如此，批评者指出，20世纪80年代的批判本身既受到从文学研究和哲学那里借鉴的“宗主国”的高雅理论影响，又受到与“他者”的声音真正相遇的影响——这种相遇带来了变革性的效应，并且在实际的做法中往往导致仅聚焦于民族志的写作而不是民族志的实践（Handelman，1994）。

在察觉到人类学家对不同“文化”或世界观的研究存在隐性的不平衡问题之后，人类学在认识论上又进一步发生了本体论转向，从而削弱了其自身的相对主义立场（参见第十四章）。根据文化相对主义的观点，每个人都有权坚持自己的立场。但是，“世界”或“自然”仍然不属于人类学的范畴，而是生物学家、物理学家等自然科学家的研究议题。换句话说，每个人都拥有自己独特的文化，但是西方人恰好也拥有对自然的解释权。作为对这一立场的批判，“本体论转向”仅是最近出现的（或许是最激进的）其中一种观点，此类观点认为人类学的作用是通过严肃对待非西方的理论，从而在观念上挑战西方的理论。

这种本体论转向与21世纪初的其他发展趋势相呼应，譬如行动者网络理论（参见第十三章），它们都对“理论”这个概念本身进行了批判。这两个流派（因为它们如今已经发展成了流派）都明确宣称自己不是“理论”（这里所谓的理论是指关于世界之全面、系统性的描述，并有待于通过实证研究进行证实或证伪）而是其他东西：观念性的技术、创新的秘诀。用一个词来概括：启发法（参见第十四章；Abbott，2004；Candea，2016）。这种启发式方法具有三个主要特征：它欣然接受破碎性与多样性（立场、观念、论据并不构成一个总体性的方案）；它规避重复性（不存在可以从一项研究运用于另一项研究的“框架”，只有每次可用于创造新意的方法论原则）；它自我呈现为展演性的（performative），即一种“做”而不是“说”的方式（每一种论述都是对世界的一种实践的或政治的干预，而不仅仅是关于世界的描述）。虽然这种启发法的转向解决了许多与“理论”的定义相关的关键问题（尤其是本节探讨的理论与方法或者理论与经验材料之间的区分问题），但它自身也存在固有的困境，正如第十三章，尤其是第十四章指出的那样。

换言之，如今论述理论——就像本书希望做的那样——的主要困难在于，它所探讨的流派与风格不仅是关于这个世界的不同看法，而且它们还隐含着关于“何为理论”的不同看法，有时这些看法甚至是根本不同的。因此，书写理论史实际上是书写一个不断变化的对象。换句话说，本书不仅仅是一场关于理论本质的对话：它既是对长期以来关于该主题的人类学对话的描述，同时也是对这一对话的贡献。

以这样的方式来看待问题，就能够使我们更好地理解本书的对象：不是“理论”本身——作为一种被明确定义的事物——而是在人类学的历史中作为争论和关注焦点的“理论问题”。从这个角度来看，我们有充分的理由反对将理论作为一个范畴进行解构。从许多方面而言，消解理论与民族志之间的区别是一种很有吸引力的做法，就像反复出现并且总是很流行的消解“旧的二元论”的做法一样。然而，这种做法往往会忽略一个事实：尽管“二元论”在哲学上可能并不总是站得住脚，但它们在实践和观念上确实有其用处。在上述简要勾勒出来的所有争论里，“民族志”与“理论”之间不断被重新想象、始终不稳定而且在许多情况下明显是虚构出来的区别一直在发挥着作用。当然，这一告诫与启发式的观点之间并不矛盾，恰恰相反，它清楚地说明了理论与民族志之间的区别应该被看作是启发式的。尽管存在各种缺陷和局限性，但理论与民族志之间的区分还是为人类学提供了不断更新的启发式原动力（Strathern，2011）。

## “主义”（-isms）的优缺点

我在上文提到了关于流派与风格的截然不同的看法，这直接引出了贯穿本书的第二个问题，即理论内部的细分：它是由什么构成的？我刚才所描述的“启发法转向”在某种程度上正是为了反对将“理论”划分成一块块（流派、理论或“范式”，也就是各种“主义”）的古典叙述方式。我们对这幅画面是如此之熟悉，以至于已经成为常识。每一种“主义”的出现，都会有其领军人物、内部异议者、重要著作、历史背景、经典问题、特定类型的数据和论证形式以及常见的失败与批判。换句话说，“主义”也有其“优点和缺点”——就像本科论文题目中经常出现的表述那样。

正如我在开篇指出的，也正如书名所表明的那样，这本书（以及它所依据的系列讲座）将范式作为其阐述方式的一部分。然而，本书不是完全以这种方式来表述，也不是毫无批判地这样做。在大多数情况下，当书里的某些地方涉及“主义”时，通常会明确地考虑其定义的限制。这本书不仅仅是关于流派与风格本身的论述，也涉及流派与风格之间的转变，它们之间的交叠与联结以及内部的张力。不管怎样，与理论和民族志的区分一样，以范式的视角来看待理论，也不可避免地可能存在局限性，但仍有其重要的作用。

直到最近，将理论细分为各种“主义”的叙述方法依然非常流行，以至于人们可能会忽略这种方法本身的历史。事实上，直到20世纪50年代，像纳德尔这样的作者在他的著作《社会人类学的基础》（*The Foundations of Social Anthropology*，Nadel，1951）里仍然认为能够提供某种统一的理论视角。纳德尔的这部著作逻辑严谨、结构复杂，它试图超越（或深入）任何竞争性的“流派”，从而为人类学观察与解释人类行为和制度提供基本原则。就此而言，纳德尔是个“异类”，因为关于不断变化的理论与彼此竞逐的流派之叙述，是与现代人类学一起诞生的。美国的弗朗茨·博厄斯（Franz Boas）与英国的马林诺夫斯基是人类学的两位奠基性学者，他们通过不断地抨击“进化论”（它是人类学理论史上第一个典型的“主义”，参见第一章）确立了自己的理论立场。到了纳德尔撰写《社会人类学的基础》时，“功能主义”、“扩散主义”与“结构主义”已经跟进化论一样，成为司空见惯的标签。然而，正如纳德尔的著作所表明的那样，在1951年，人们仍然有可能想象在这些不同的研究取向背后存在着基本的共同点。拉德克利夫–布朗有力地提出了一个观点，明确批评马林诺夫斯基关于他创立了功能主义“流派”的说法。

在自然科学里，这种意义上的“流派”是没有存在空间的，而我将社会人类学视为自然科学的一个分支。每一位

> 科学家都从前人的研究成果开始，找到他认为重要的问题，并通过观察与推理，努力为不断发展的理论体系做出一些贡献。科学家之间的合作源于他们致力于研究相同或相关的问题。但是，这样的合作不会形成流派——如同哲学流派或绘画流派那样。科学没有正统与异端之分。在科学领域里，没有什么比固守教条更有害的了。教师所能做的就是帮助学生学会理解并应用科学方法，而不是让他们成为信徒。
>
> （Radcliffe-Brown，1940：1）

大致沿袭着托马斯·库恩（Kuhn，1970）对科学知识生产的理解，将一门学科划分为截然不同的“范式”，这种做法打消了纳德尔与拉德克利夫-布朗关于建立“共享原则”的希望。库恩最早将“范式”观念运用于科学研究，这种观念与上述拉德克利夫-布朗所阐述的普遍的科学观形成直接而鲜明的对比。库恩认为，科学家们不是简单地采用一套相同的方法进行研究，而是必定在各种范式下开展研究：这是一种相对一致的理论体系，有其特定的假设、技术与问题。这些范式围绕着若干关键的“示范性”作品组织起来，它们为后来的学者提供了思考的框架。偶尔，新的研究或实验会打破这一框架，这时便会发生范式转换。随后，便出现一种新的范式，从它的新视角看来，诚如阿登纳（Ardener，1971：449）在谈及人类学理论时写道的那样，“就实践的意图而言，曾经似乎有用的教科书现在已经不再适用；曾经似乎详尽无遗的专著现在看来不过是选择性的；曾经似乎充满洞察力的解释现在显得机械而乏味”（转引自 Stocking，1984：180）。

无论是否提及库恩，这种将理论视为强有力的组织视角的范式观念——特定时间与地点的人类学家正是在这种范式下进行思考和研究——一度成为回顾人类学理论的主要叙述方式。在人类学内部，这种观点的制度化始于用随后各种理论视角对某一特定主题进行的长篇评论，诸如图腾崇拜（Lévi-Strauss，1963）、宗教（Evans-Pritchard，1965）等，这些评论可以被视为后来在整个人类学范围内出现的各种“主义”的前身（Kuper，1973；Layton，1997；Barnard，2000）。这些关于人类学理论的经典综述，其中有许多仍然是当今理论课程的重要通识性读物。它们都以一系列范式的形式来呈现人类学理论，这些范式的数量相对较少，一位作者在一部著作里就能够应付。

然而，这种模式开始显现出捉襟见肘的迹象。首先，在过去的30年里，各种“主义”、流派和转向层出不穷，这似乎已经让学者们望而却步，不再敢轻易效仿。曾经，晚近的那些理论发展可以被归为“后现代主义”（Barnard，2000：158ff），但现在理论界的发展趋势是如此之迅猛，以至于连“后现代主义”都仿佛已经是陈年往事。如今，似乎有太多的“主义”，无法在一本书里说清楚。在某些方面，百科全书作为一种新颖的形式正在逐渐取代这些经典的综述作品（Barnard and Spencer，1996；2009）。百科全书通过精心建构的、自成一体又交互参照的描述，可以呈现不同的流派与风格。此外，作者们还可以聚焦于特定理论体系的描述，诸如“女性主义”（Moore，1988）或“行动者网络理论”（Latour，2005），或者尝试通过关注某个特定的问题（如礼物），来讲述人类学理论的故事（Sykes，2005）；也可以通过主题读本的方式来探索理论（Moore and Sanders，2006）；还可以共同撰写关于当代理论本身状况的著作（Moore，2000；Boyer，Faubion and Marcus，2015）。这种研究理论的不同方法所体现出来的多重性与破碎性，标志着以“主义”作为一种研究人类学理论的叙述方式存在的张力。

对于人类学的范式视角可能出现的消亡，有些人可能泰然处之，甚至如释重负。因为，这种叙述形式的局限性众所周知（对“人类学是由库恩意义上的‘范式’构成的”这种观念进行的系统性批判，可参见 Strathern，1987）。首先，此类批评的关注点集中在范式视角所忽略的内容。从根本上而言，将人类学视为一系列“主义”的构想是不考虑历史变化的（即共时性的）：它描绘了关于这个世界的多种连贯一致的理论观点，这类似于阐释主义人类学家描述的“文化”（参见第八章）。[3] 这种视野下的范式以及文化存在的最明显的问题是：一旦深入研究它们，原本清晰明了、自成一体的观点就会化解成为特定环境下特定的人们持有特定观点的大杂烩。勾勒出来的范式越是清晰、连贯，就越难以在任何地方找到其典型的案例——除了可能在一两位主要支持者的纲领性著作里找到这样的具体实例。将理论的历史想象成一系列范式，这种做法往往会最小化内部的多样性以及不同范式之间的连续性和重叠性，这种重叠性不仅体现在观念方面，而且也体现在人员方面。本书的许多章节都强调了这一点，虽然它们讨论的是人类学理论中常见的各种“主义”。

其次，范式的视角还倾向于支持一种永久革命的叙事，我们在前面已经提到过这种叙事对人类学家的吸引力。随着每一次范式转换，人们都会想象一种巨大的断裂或者“休止”（*caesura*），将之前的一切一扫而空。这种“休止论”的观点（Pina-Cabral，2010）消解了人类学可能是一项共享的或积累性的尝试所具有的任何意义。它还将范式想象成前进过程中被抛弃的事物。未来是开放的，而过去则是一系列错误。事实上，那些简洁、自成一体的范式几乎总是在回顾中被识别和标签化的，它们的局限性与盲点在我们所谓的更优越的视角下显得格外突出。因此，学生在理论课上经常提出这样的问题："如果他们是功能主义者、结构主义者、马克思主义者等，那么我们现在是什么？"这个问题没有答案，因为它的前提就是错误的。即使"他们"确实采用这些术语，"他们"也不是简单的功能主义者或结构主义者，至少从他们自己的视角看来并非如此，而是像"我们"现在一样：虚怀若谷、思想开明的学者应尽力以最好的方式来理解或解释世界。我们通常是在回顾时——往往是有些不公平地——才会认为他们受到理论与背景的限制，就像其他人无疑也会如此看待我们一样。早期的人类学如现在一样，存在着各种开放性、兴奋感以及对观念的实验性探索，然而，范式的构想剥夺了这些可能性。这种影响被形象地描述为对之前理论方法的"毁灭"（Navaro-Yashin，2009）。关于社会科学中范式转换的动力机制以及不断激发新颖性的精辟分析，可参见安德鲁·阿伯特（Abbott，2001）。

关于范式视角的第三个关键问题是，它暗示着理论是由有限的类似实体构成的。范式的观念似乎表明，人们可以在"所有理论是什么"的问题上达成一致，列出一张详尽无遗的总清单。然而，这是错误的，原因我们在前文已经探讨过。怎样算作理论？什么是"主义"？这取决于一个人的视角。至于什么时候可以将一群学者归结为"基本上是在表达相同的观点"，这取决于从什么角度看待他们以及人们与他们的立场之间的差异程度。[4] 由此产生的范式清单始终是视角性的，将有些人认为应该分开的东西归并到一起，或者将有些人希望作为整体合并到一起的立场和观点分散到不同的范式之中。并不存在一个包含所有可能理论的详尽清单，就像不可能有一份完整的世界文化清单一样。就此而言，这种总体性是一种海市蜃楼。因此，抽象地争论人类学理论中缺少这种或那种“主义”是没有意义的。真正的问题在于这种缺失对研究目标会造成什么影响，以及它是如何与研究目标关联起来的。关于将这一点作为普遍原则来批判理论中存在的“缺位”，可以参见第一章。

这三种反对意见很重要，需要谨记在心。不过，它们主要是针对人类学争论中援引范式的方式提出异议。在阐述自己研究取向的新颖之处时，作者们经常会屈从于诱惑，按照自成一体的方式将“文献”进行分门别类，小心翼翼地将它们叠放在一起，以形成一个清晰而明显的“盲点”，而他们特定的案例、论证或研究方法无疑将会揭示这个盲点。在这种情况下，范式的援引可以作为一种便捷的修辞手段，用来忽略复杂性。就像关于理论的“缺位”问题一样，关键不在于“简洁性”本身，而在于它被用于何种目的。范式视角的一个巨大优点是，它能够将复杂性放在不显眼的位置（即背景化），从而突显出某些关键的关系与差异。但令人担忧的是，在人类学家日复一日的争论之中，这种将复杂性置于次要位置的做法可能会导致忽略其他重要的信息。

不过，在像本书这样的著作中，这个问题就不那么常见了，因为此类著作的重点是回顾人类学理论本身，它不需要非常明确地表明自身的立场。在这些著作里，关于人类学理论的范式化描述是很少独立存在的。在现实的情况中，它们通常与一种更具历史视野的观点交织在一起，这种观点强调复杂性、变化、转移、内部分歧与外部连续性，而这些恰恰是在一种严格的范式视角中显得不那么突出的要素。换句话说，在上述关于人类学理论的经典概述中，范式的观念与历史的观念共同构成了一对启发式的组合，这在本书的许多章节中亦是如此。

总之，这里的核心观点跟探讨理论与民族志的区分时提出的观点相类似。本书对于“流派与风格”的讨论并非仅仅是列举出存在于世界上的各种流派与风格，而是一种启发式方法，可以帮助我们思考人类学理论中的变化和持续，并结合微观与宏观的层面深入探讨更广泛的交叉性理论问题。同时需要记住的是，尽管范式 / 历史这对组合作为一种理解历史的工具可能非常有用，但也存在其他关于理论的不同方法和构想。它们能够将其他要素带入我们的视野，从而使我们获得更全面的理解。例如，在第十五章中，玛里琳 · 斯特拉森（Marilyn Strathern）提出了一种追踪观念领域（即关于“人格”的观念）变化模式的方法，它无须依赖于人类学史的范式化描述。

## 路线图

本书的一些章节主要关注单个的范式或思想家，尽管在讨论过程中也会考虑这些范式或思想家所处的更广泛的学术背景以及批判性对话。还有一些章节聚焦于两种或多种思想流派之间的对比或转变。有些章节完全回避了范式，转而侧重于某个特定的理论问题。因此，许多章节涉及的时间段是相互重叠的，或以不同的方式跨越时间，没有一种单一的方式可以将它们按照时间顺序进行排列。这是本书及其所依据的系列讲座的重要精神之一，即除了某种非常宽泛意义上的年代顺序之外，[5]它不是按照固定的、逐年的顺序来介绍相互重叠的各种流派。因此，贯穿于本书之中的不是某种单一的叙述方式。关于理论史上的先驱者与后继者、主要分支与次要分支的各种叙述都是可能的，所以本书的各位作者并不都是以同样的方式来讲述理论。我们希望学生能够通过独立地阅读和研究，将讲座中提供的相互参照的图景组合起来，从而建立起自己的理论史图景。我们希望本书的读者也能本着这种精神阅读它。

然而，某些非常宽泛的排序元素可以为本书的内容提供一张路线图。本书开篇介绍了人类学理论的诞生，其背景是围绕着“进化”、“扩散”和“功能”等观念而展开的多层次的国际性争论。这一章通过将某些方面具有重要差别的理论流派（诸如 19 世纪的进化论、美国弗朗茨 · 博厄斯的扩散主义和相对主义人类学、英国马林诺夫斯基和法国涂尔干的功能主义以及拉德克利夫–布朗倡导的结构功能主义）放在一起，从而突显出它们是如何通过互动形成差异的。这一章的篇幅特别长，它为本书的其他章节提供了背景，而后面各个章节中所考察的许多流派与风格，都可以被看作是对这一最初理论对话中的各个元素作出的批判性回应、转变或重新运用。

第二章关注的正是这些批判性回应、转变或重新运用中的第一种：克洛德 · 列维–斯特劳斯的结构主义思想。它与第一章探讨的各种流派共同遵循的核心原则分道扬镳，该原则便是有机比拟论——一种将社会或文化看作类似于生物有机体的观念。列维–斯特劳斯的结构主义以一种截然不同的方式来思考文化：将它视为一种符号系统。从另一种意义上而言，第一章和第二章构成了一个配对。一方面是列维–斯特劳斯对结构的关注，另一方面是结构功能主义者（参见第一章）采用极为不同的结构观念，两者结合起来，共同勾勒出 20 世纪中叶英国人类学与法国人类学的一些重要张力以及不同的观念可能性。

第三章至第八章介绍了对 20 世纪中期人类学以各种形式聚焦于结构而出现的一系列批判性回应以及“离经叛道”。第三章重点介绍

20 世纪 70 年代那一代人类学家如何重新发现马克思的著作，并将其作为批判性洞察力的源泉。第四章追溯了两种理论范式：交易主义与实践理论，这两种理论范式在不同的时期、以不同的概念工具和含义，试图重新聚焦于个体能动性的重要性。第五章考察人类学对历史问题采取的不同方法（在以“结构”作为主要参照点的人类学叙述里，它明显处于不太重要的位置），时间跨度非常大，即从 20 世纪 50 年代对结构功能主义的直接批评，一直到 20 世纪末对“事件”观念的重新理论化。与第五章研究时间不同，第六章聚焦于地点以及两次重要的尝试，它们试图超越经典的单一地点的民族志方法，从而反思民族志的地点问题。第六章同样跨越了 20 世纪下半叶，但它没有追溯漫长的发展历程，而是重点关注这一时期的开端与结尾两个时间节点：曼彻斯特学派的“扩展个案”研究方法以及 20 世纪 90 年代以新的形式重新出现的“多点田野工作”。第七章探讨人类学对认知研究的一种相对较新的转向，这种转向有意识地试图颠覆涂尔干最初将社会学问题从心理学和生物学问题中分离出来的决定，并且试图挑战社会文化人类学家长期以来对人类行为进行心理解释和实验解释的抵触情绪。

第八章探讨一个经常被结构主义方法所忽视的主题，即意义问题。美国人类学家克利福德 · 格尔茨的阐释人类学探讨了这一问题，它以一种折中的方式重新结合了博厄斯式文化人类学与韦伯式诠释学。第八章聚焦于意义、知识与权力，从而开启了新一轮的讨论，其中在“超越结构”这个一般性的主题下出现了更具体的“后结构主义”转向。事实上，第八章的后半部分重点讨论了“写文化”批判，它将格尔茨的诠释学引向了人类学书写本身的问题。

第九章追溯了以阿多诺和本雅明为代表的“法兰克福学派”的

著作如何预测并超越后现代主义关注的人类学中的碎片化问题，他们在著作中对马克思主义的分析方法进行了发人深省的改造。第十章概述了米歇尔·福柯在知识、权力与伦理问题的交汇处开展的错综复杂的研究，并探讨它给人类学留下的丰富遗产。第十一章重点讨论从身体的研究转向关注“具身化”问题，后者主要受现象学影响，并引导读者深入理解这一转向的创新之处和问题所在。第十二章追溯了早期受结构主义启发的女性人类学研究，一直到当代围绕着性别、权力与差异而展开的激烈争论，从而探讨了人类学与女性主义之间复杂的认知关系和政治关系。

第十三章和第十四章聚焦于两个最新的观念发展成果（第十三章的行动者网络理论与第十四章的本体论转向），正如我们在前文看到的那样，它们的共同特征是拒绝被归类为传统意义上的理论。本书最后一章（第十五章）回顾了关于人格观念的理论讨论。这些讨论贯穿于本书涉及的整个历史时期。因此，最后一章不仅是本书的结尾，而且还从更广泛的意义上探讨了人类学的观念是如何随着时间发生变化的，以及它们如何在当前的人类学研究中继续发挥作用。尽管第十三章至第十五章延续了关于权力、知识与意义的讨论——这些都是贯穿于前一轮讨论之中的主题，但就它们通过想象到达“后理论”（after theory）的临界点可能会获得什么和失去什么这样的问题，开启了新一轮的讨论。

## 这跟人类学有什么关系

在导言的结尾部分，让我来谈一下之前提到的第三个，也就是最后一个问题：人类学理论有何“人类学的特色”？毕竟，前面两个小节的标题下讨论的许多内容也适用于更广泛的社会科学与人文学科的理论。那么，专门聚焦于“人类学理论”意味着什么？它的对象是什么这个问题尤为重要，因为本书中反复出现的许多关键主题与对比——譬如，个体的行动自由与更广泛的社会力量和结构之间的关系问题；如何在同一个框架下思考变化与稳定的问题；什么是充分的解释、转译、描述或阐释的问题——都是社会科学和人文学科的学者共同关注的问题。在参与讨论这些问题时，人类学家也介入了更广泛的跨学科对话。

因此，本书涉及的许多理论家（如马克思、韦伯、涂尔干、阿多诺、福柯、布迪厄、巴特勒或拉图尔）主要被认为（某些情况下完全被视为）是社会学家或哲学家，而不是人类学家。与之相反，有些人类学理论始于人类学学科内部，然后向外辐射到人文学科与社会科学领域，列维-斯特劳斯的结构主义（参见第二章）和格尔茨的阐释主义（参见第八章）便是经常提到的两个例子。但是，列维-斯特劳斯是在与罗曼·雅各布森（Roman Jakobson）的结构语言学进行密切对话的过程中构建他的思想的，而格尔茨可以说是从文学理论家那里汲取了许多灵感，同时反过来他也赋予历史学家与其他学者很多灵感。最后，本书探讨的许多理论流派和研究领域（譬如性别研究或行动者网络理论）都明确地、有意识地致力于打破学科界限。

故而，“人类学理论”与“一般意义上的理论”或者“特定的理论”一样，都不是不证自明的研究对象。将人类学理论从它嵌入于其中的更广泛的跨学科对话中剥离出来，这是一个特殊的决定。如同前文提及的范式一样，这种做法可以被合理地解释为一种启发式的决策：聚焦于人类学理论并不意味着忽略那些更广泛的跨学科对话，而恰恰是为了提供一个框架，在此基础上可以清晰地阐述那些有关更广泛的背景的问题。

但是，我们还可以提出一个更加雄心勃勃的理由，即从人类学的视角来看，我们前面提到的这些理论毕竟有其独到之处。这种独特之处与理论的内容乃至理论的标签关系不大，而更多地与理论总体上在人类学这门学科中扮演的角色有关，也就是说，它跟理论与田野工作之间一直存在的互补性张力有关。

具体而言，这意味着两点。首先，人类学中有关理论的讨论通常与具体案例的详细描述密切交织在一起。这些章节之中贯穿着各种个案研究和例证，但正如英格伦（第六章）所指出的，继马克斯·格拉克曼（Max Gluckman）之后，民族志可以不仅仅是“例证”。通过案例进行的思考与研究转变了人类学理论的本质与内容，使其保持扎实、厚重和情境性的特征，而这正是该学科的独特之处。其次，人类学中的民族志与理论这一配对导致了我在上文所描述的一种特殊的动态关系，在这种关系中，陌生的现实和经验不断被用来重新调整和改变理论框架与假设。人类学对理论的处理方式往往不拘一格，令人耳目一新。

当然，这些主张涉及的核心问题是人类学作为一门学科的更广泛意义上的独特性问题，限于篇幅，我在这里无法更详细地展开探讨这个问题。然而，这本书的其中一种解读方式，正是将它看作对这个问题作出的一种具有历史视野的集体性回答。从某种程度上而言，本书阐明了人类学的这种独特性是如何确立的，它不仅涉及人类学从更广泛的跨学科领域中兴起这一特定的历史时刻，而且也贯穿了人类学的整个历史，即它在理论上与其他学科彼此互鉴，从而产生独特的关于理论的人类学对话。眼前的这部书正是对这一对话的介绍。

## 注 释

1.这些人里（最直接相关的）包括雅艾尔·纳瓦罗（Yael Navaro），她曾在这个系列讲座中授课，但很遗憾的是，她的讲座内容未能纳入本书。系里参与2016年教学与讲座规划讨论的其他成员有：宝力格（Uradyn Bulag）、希尔德加德·迪姆伯格（Hildegard Diemberger）、保拉·菲利普斯（Paola Filippuci）、希安·拉扎尔（Sian Lazar）、佩尔韦兹·莫迪（Perveez Mody）和乔尔·罗宾斯（Joel Robbins）。倘若时间再往前推移，还包括过去数十年来讲授这门课程的所有教员——人数太多了，我们无法逐一列举——他们的思想和教学工作为本书描述的这场经久不衰的集体性对话提供了支持。

2.特别是在区域性的或者主题性更强的学术研究中，人类学的研究确实往往遵循一种更具累积性的模式。但事实上，与那些更具累积性的区域性宣称相比，"普适性"的革命性宣称通常具有更高的地位，这凸显了我的观点。

3.这不奇怪。长期以来，人类学、社会学与历史学关于文化相对主义和知识的社会建构进行的对话启发了库恩。科学史学者的"范式"与人类学家的"文化"是一对姊妹概念。

4.这与社会学家安德鲁·阿伯特（Andrew Abbott）的精辟见解有关：社会科学的理论往往具有一种分形结构，较低的层面将会再生出较高层面的区别（Abbott, 2001）。人类学的实证主义取向与阐释主义取向之间的区别（参见本书第一章和第八章）有时被描述为是整个学派之间的区别（例如，象征人类学被标记为阐释主义，功能主义人类学被标记为实证主义）。但是，在另一个层面上，这种区别在功能主义内部亦有所体现：有些功能主义人类学家（如马林诺夫斯基）更关心"土著观点"的解释性问题，而另一些人（如结构功能主义者）则聚焦于"社会结构的维护"这一实证主义问题。同样，在"结构功能主义"内部，有些著作强调视角与阐释的问题（如埃文思-普里查德的《努尔人》

前几章)，而有些著作里实证主义占主导地位。

5.事实上，对时间线索进行不同寻常的极端处理，这本身可能会产生有趣的观念反思和意想不到的联系。例如，有几年，我在这系列讲座中将结构功能主义的教学安排放在很后面的位置——就在讲授行动者网络理论之前，将其作为“社会人类学与反社会人类学”的一个小型系列来讲授。读者可能会注意到第一章与第十三章之间的某些对应关系。

# 参考文献

Abbott, Andrew 2001. *Chaos of Disciplines*. Chicago, IL: University of Chicago Press.

Abbott, Andrew 2004. *Methods of Discovery: Heuristics for the Social Sciences*. New York, NY: W.W. Norton & Company.

Ardener, Edwin 1971.The new anthropology and its critics. *Man* 6 (3): 449.

Barnard, Alan 2000.*History and Theory in Anthropology*. Cambridge: Cambridge University Press.

Barnard, Alan, and Jonathan Spencer (eds.). 1996. *Encyclopedia of Social and Cultural Anthropology*. London: Routledge.

Barnard, Alan, and Jonathan Spencer (eds). 2009. *Routledge Encyclopedia of Social and Cultural Anthropology*. London; New York, NY: Routledge.

Boyer, Dominic, James D. Faubion and George E. Marcus 2015. *Theory Can be More Than It Used to Be: Learning Anthropology's Method in a Time of Transition*. Ithaca, NY: Cornell University Press.

Candea, Matei 2016. De deux modalités de la comparaison en anthropologie sociale. *L'Homme* 218: 183–218.

Chua, Liana, and Nayanika Mathur Forthcoming. *Who Are 'We'? Reimagining Alterity and Affinity in Anthropology*. New York, NY: Berghahn.

Comaroff, Jean, and John L. Comaroff 2012. Theory from the South: Or, how Euro-America is evolving toward Africa. *Anthropological Forum* 22 (2): 113–131.

Evans-Pritchard, E.E. 1965. *Theories of Primitive Religion*. Oxford: Clarendon Press.

Geertz, Clifford 1988. *Works and Lives: The Anthropologist as Author*. Palo Alto, CA: Stanford University Press.

Granqvist, Emma 2015. Why science needs to publish negative results. *Authors' Update*. March 2.

Handelman, D. 1994. Critiques of anthropology: Literary turns, slippery bends. *Poetics Today* 15 (3): 341–381.

Heywood, P. Forthcoming. *After Difference: Queer Activism in Italy and Anthropological Theory*. Oxford: Berghahn.

Howe, Cymene, and Dominic Boyer 2015. Portable analytics and lateral theory. In Dominic Boyer, James D. Faubion and George E. Marcus (eds.), *Theory Can be More Than it Used to Be: Learning Anthropology's Method in a Time of Transition*, pp. 15–38. Ithaca, NY: Cornell University Press.

Kuhn, Thomas S. 1970. *The Structure of Scientific Revolutions*. Chicago, IL: University of Chicago Press.

Kuper, Adam 1973. *Anthropologists and Anthropology: The British School 1922–1972*. London: Allen Lane.

Latour, Bruno 2005.*Reassembling the Social: An Introduction to Actor-Network-Theory*. Oxford: Oxford University Press.

Layton, Robert 1997.*An Introduction to Theory in Anthropology*. Cambridge: Cambridge University Press.

Lévi-Strauss, Claude 1963. *Totemism*. Boston, MA: Beacon Press.

Moore, Henrietta 1988. *Feminism and Anthropology*. Minneapolis, MN: University of Minnesota Press.

Moore, Henrietta L. 2000. *Anthropological Theory Today*. London: Wiley.

Moore, Henrietta L, and Todd Sanders 2006. *Anthropology in Theory: Issues in Epistemology*. Malden, MA: Blackwell Publishing.

Nadel, S.F. 1951. *The Foundations of Social Anthropology*. London: Cohen & West.

Navaro-Yashin, Y. 2009. Affective spaces, melancholic objects: Ruination and the production of anthropological knowledge. *Journal of the Royal Anthropological Institute* 15 (1): 1–18.

Pina-Cabral, João de 2010.The door in the middle: six conditions for anthropology. In Deborah James, Evelyn Mary Plaice and Christina Toren (eds.), *Culture Wars: Context, Models and Anthropologists' Accounts*, pp. 152–169. EASA Series 12. New York, NY: Berghahn Books.

Radcliffe-Brown, A.R. 1940. On social structure. *The Journal of the Royal Anthropological Institute of Great Britain and Ireland* 70 (1): 1–12.

Strathern, Marilyn 1987.An awkward relationship: The case of feminism and anthropology. *Signs: Journal of Women, Culture and Society* 12 (2): 276–292.

Strathern, Marilyn 2011. Binary license. *Common Knowledge* 17 (1): 87–103.

Stocking, George W. 1984. Radcliffe-Brown and British social anthropology. In George W. Stocking Jr. (ed.), *Functionalism Historicized: Essays on British Social Anthropology*, pp. 131–191. Madison, WI: University of Wisconsin Press.

Sykes, Karen Margaret 2005. *Arguing with Anthropology: An Introduction to Critical Theories of the Gift*. London: Routledge.

第一章

# 被切断的根源：进化论、扩散主义与（结构）功能主义

## Severed roots: Evolutionism, diffusionism and (structural-) functionalism

马泰 · 坎迪亚

## 引言：有机比拟论的变体

本章概述了人类学作为一门学科的诞生。这种叙事该从何处开始呢？“现代人类学”的肇始通常跟与之前的进化论假设彻底决裂联系在一起。简单地说，19 世纪、20 世纪之交大致标志着一个分界点：“19 世纪的进化论”简洁而自成一体，它是各种形式的“现代人类学”的前身。在这个时期，相关的叙事往往呈现出国家化的形式，而且人类学这一学科变得更加多样化：在英国，该学科被称为社会人类学，它始于勃洛尼斯拉夫 · 马林诺夫斯基和阿尔弗雷德 · 雷金纳德 · 拉德克利夫–布朗两种相互敌对的功能主义；在美国，它被称为文化人类学，始于弗朗茨 · 博厄斯的扩散主义[①]与相对主义对进化论的批评；在法国，埃米尔 · 涂尔干与他的外甥马塞尔 · 莫斯是民族学和社会学理论起源的共同参照点。

① 在人类学理论中，diffusionism通常被译作“传播论”，译者以为这个词译成“扩散主义”更合适，这样也更容易理解后文博厄斯关于文化特质的“扩散”（diffusion）与“聚合”（cohesion）的讨论。

本章旨在将这些不同的起源叙事融为一体，概述它们彼此之间以及与之前的进化论如何相互作用。将这些理论放在一起思考有诸多益处。尤其是，与进化论彻底决裂的观念（在人类学流行的关于进化论的理解中，它通常被认为是废话连篇和充满偏见的简单描述）留下了一些尚待解答的问题：例如，为什么在已经摒弃进化论的情况下，20 世纪的人类学家仍然将非西方人称作“原始人”？为什么当功能主义转向结构功能主义时，会重新出现关于去情境化制度的宏大比较方案？为什么 20 世纪人类学的许多关键观念、问题与难题——诸如万物有灵论、图腾崇拜、戏谑和回避关系等——最初都是由进化论者提出来的？我们需要的是这样一种叙事，它既能讲述这些流派的独特性，同时又不忽略它们之间的连续性和相互关联。

这种叙事的规模与范围解释了为何本章的篇幅相对于其他章节显得特别长，这章在本书中充当着扩展背景知识的作用。事实上，本书后面的章节所追溯的许多理论发展——倘若不是全部的话——都是以某种方式从批判或重新发现本章探讨的四个经典理论流派中的一个或多个开始的。

作为这种复杂叙事的框架，我们不妨先简略地概述人们是如何看待这些流派的，以此作为起点将不无裨益。进化论者试图通过对世界各地现代和过去的风俗习惯进行比较研究，重构他们所想象的不断进步发展的、统一的人类历史。博厄斯提出的研究方案旨在以一种更具实证性和可控性的方式追溯不同文化特质在相邻文化之间的流动，并提出了这些文化特质如何融合成独特的文化整体的问题。在勃洛尼斯拉夫·马林诺夫斯基的影响下，英国的功能主义者开展了一些专题研究，这些研究主要基于对单个社会进行的深入民族志调查，从而展示文化和社会组织的不同方面的相互关系。结构功能主义者将这个问题进一步精细化，并聚焦于对社会设置的相互关系所维持的结构平衡问题的研究，又将这个问题的研究范围扩大到比较研究——这两种研究路径在很大程度上都受到法国社会学家埃米尔·涂尔干著作的影响。

这些理论的叙事以前已经被讲述过很多次，因此除了借鉴这些流派的原著之外，本章还广泛借鉴了关于这些流派的经典著述（包括 Kuper，1973；2005；Stocking，1983a；1984b；1991；Trautmann，1992b）。我们鼓励读者重新回到这些原始文献和二手文献，从而以更具历史差异、更加细致的方式理解接下来描述的许多转变与变革。

不过，对这些不同的流派进行简略处理的好处是能够突出一个关键性的特征，而在更为详细和广泛的历史叙事中，这两个特征可能会被忽略。这个特征是，尽管不同国家的传统在许多方面确实存在区别，而且无疑与这些传统之前的进化论存在一种断裂关系，但是所有这些流派仍然共享一种独特的观念，即将社会与文化视为具体存在的单元和实体，它们是由各个部分共同构成的。这种观念与生物学的有机体论不谋而合。在有些情况下，与生物学的比较参照是明确的，而在其他情况下则是隐晦的，甚至在某种程度上是被否定的。人类学家曾经将生物学想象成是与他们自己的学科相似或相对的学科。但在这个时期，生物学本身也发生了变化，尤为明显的是，正如我们看到的那样，随着达尔文进化论的问世，它与这些不同流派之间的关系比最初想象的更为复杂。

事实上，这种通常被称为“有机比拟论”的观念由来已久，我们可以在许多地方找到它的踪迹，包括柏拉图的《理想国》(Lear，2006)。这是一个强有力的隐喻，因为它留下了许多选择的可能性。对于生物学家来说，研究有机体可以采取不同的形式，譬如对不同物种进行结构比较、对器官之间的相互作用进行生理学描述，或者研究一种有机形态向另一种有机形态的转变。反过来，这也可以被想象成是对宏大的进化规律或者相对不太重要的历史偶然性进行的探索。同样地，从 19 世纪中叶到 20 世纪中叶，人类学家研究社会和文化的方式也不尽相同，有些人侧重于社会和文化各个组成部分的相互关系与整合，有些人比较不同社会或文化中的这些组成部分之间的差异，还有一些人同时关注这两个方面。此外，他们提出的问题以及通过这些研究取向得出的结论也存在差异。这些立场之间往往是激烈对抗的，但它们在表达方式上存在许多共同的要素。正如我们将看到的那样，现在被视为具有深远理论意义的许多转变和区分，最初都是从方法的角度进行的（关于这种区分的讨论，可参见本书导言部分）。与 20 世纪中叶法国的结构主义（参见第二章）带来的观念性变革相比，这种共性更加明显，法国的结构主义全面抨击有机比拟论，并提出了一种完全不同的想象人类学研究对象的方式（Salmon，2013）。

从这些理论的共同之处——有机比拟论——可以看出，人类学的起源不是发生在某个特定的地点或明确界定的时间点，而是源于一场国际性的对话。英国的社会人类学、美国的文化人类学与法国的民族学对历史、社会和文化的本质，以及人类学的方法和目的等都提出了截然不同的假设，所有这些都与早期的英美进化论者具有明显的差异。重要的是，所有这些差异都是在明确的对比与对话中形成的。不同的流派之间确实存在差异，但这些流派之间的差异是关系性的。正是在这些关系性的差异之中，才诞生了我们所知的人类学。

这让我转向贯穿于本章的最后一个主题，即反复出现的对比和二分法，它们在这些流派之间的争辩中以不同的方式被映射和重新映射出来，但最终成为讨论时的关键修辞手法。此类二元对比包括：理论与方法、结构与过程、人文阐释与科学解释。这些二元对比是在本章探讨的对话中形成的，正如接下来的章节将明确阐述的那样，从那时以来，人类学的很大一部分内容仍然是基于这些二元对比（可比较 Abbott，2001）。

## 社会的进化（或发展）

被贴上“19 世纪进化论”标签的思想家们其实是一个非常多元的、国际性的学者群体，其中包括英国的赫伯特·斯宾塞、亨利·梅因（Henry Maine）和 E. B. 泰勒，美国的刘易斯·亨利·摩尔根（Lewis Henry Morgan），瑞士的约翰·巴霍芬（Johann Bachofen），德国的卡尔·马克思和弗里德里希·恩格斯，以及法国的奥古斯特·孔德。他们的知识背景、写作风格、方法和立场都不尽相同，之所以将他们归为一类，是因为他们共同关注人类社会的转型问题，即从某种假设的“原始”形式开始，经过一系列（或多或少）可辨认的阶段，最终转变成 19 世纪欧美的“现代”形态。他们中的大多数人还共同采取这样一种基本的方法论原则，即通过对过去的社会与当代的非西方社会进行比较研究——这些社会被想象成人类社会发展进程中较早期的、前现代的阶段，从而重构这一历史过程，并对它进行理论建构。

倘若要理解这种人类学的进化论以及它后来遭受的批评，关键是要注意，尽管它的名字叫“进化论”，但今天人们经常提到的 19 世纪人类学的“进化论”，从任何直接的意义上而言，它都不是查尔斯·达尔文思想的分支。事实上，情况正好相反。“进化”作为一个用来描述宏大历史转型的普遍术语，它是由哲学家、生物学家和人类学家赫伯特·斯宾塞推广的，后来才被达尔文用来描述他在《物种起源》(Darwin，1859) 里阐述的理论。[1]“进化”这个术语（从词源学上看，它来源于拉丁语，意为“展开卷轴”）自18世纪以来就与个体发育过程（即胚胎或胚种逐渐发展成其成熟的形态）联系在一起（“Evolution，N.” 2017；亦可参见 Kuper，2005：61）。从这个意义上而言，“进化”意味着一个实体通过一系列固定且可辨识的阶段，从其未分化的起源发展到成熟的形态：一个分化且复杂的、相互关联的有机体。这种古老的个体发育意义上的“进化”意味着——这也是显而易见的——人们已经知道这种最终的形态（成熟的有机体）会是什么样子。因此，这种发展是“渐进式的”，它既有“逐渐进行”的意思，也有“从较基础的形态转变为更成熟乃至更完美的形态”的意思。

斯宾塞以不同的方式使用“进化”（经常与“发展”交互使用）的观念——后面我还会讲到这一点，其中最普遍、最著名的方式是用它来支持一种极其普遍的哲学观，即想象一种类似的分化与整合过程，它能够无一例外地运用于有机体、社会以及普遍意义上的实体，使它们渐进式地（在上述两种意义上）从较低级的形态发展到较高级的形态：

> 如同太阳系、有机体、国家的演化过程一样，物质整体会有一个渐进聚合的过程……从最低级的生命形态逐渐迈向高级的生命形态，其发展程度取决于各个部分在多大程度上构成了一个协作性的集合体。从那些即使被切成碎片也能继续独自存活的生物，进化到那些一旦失去重要部

分就会死亡的生物……这种进化对于生物来说是一种进步，因为它们不仅在结构稳定性方面整合得更加完好，而且作为由相互依存的器官组成的整体也能够更加密切地协调。我们无须详细说明欠发达社会与发达社会之间的类似对比：因为各部分之间不断增强的协调性在所有人看来都是显而易见的。

（Spencer，1867：327–328）

我们今天所理解的达尔文关于自然物种的“进化”，与宇宙那犹如一幅宏大卷轴逐渐展开的演化过程相比，确实是两个截然不同的进程。达尔文式物种进化涉及物种不断的转变和分化，它没有预先决定的终点，因此既没有普遍适用的可识别的一系列阶段，也没有可用来明确划分“更低级”与“更高级”形态的方式。这里没有进步，只有在不断变化的选择性压力和环境压力下，形态与功能的转变。这或许可以解释为什么达尔文迟迟才采用斯宾塞的“进化”这一术语来描述他脑海里思考的进程。正因如此，对于后来的许多评论家来说，“达尔文书中的激进之处并不是它的进化论，而是唯物论，即物种的进化过程完全是自然的、偶然产生的，而且是盲目的”（Ansell-Pearson，Miquel and Vaughan，2010；转引自 Menand，2011）。在达尔文的生物学里，正是这种盲目和随机的过程被称为“进化”，它明显不同于个体发育过程（“发展”）。

与此相反，19 世纪的人类学“进化论”，就像它通常被认为的和遭批评的那样，提出了一种类似于个体发育的观念，并将它运用于人类社会的历史发展。这些“进化论者”中的许多人，正如拉德克利夫–布朗在讽刺摩尔根时所说的那样，相信的“不是进化，而是进步……它被构想为人类逐步的物质改善：从原始的石器工具和性乱交到纽约罗切斯特（Rochester N.Y）的蒸汽机和一夫一妻制婚姻”(Radcliffe-Brown，1947)。这种挖苦性的评论显得有些刻薄，但也并非完全不准确。因此，斯宾塞在他的一些著作中，譬如《社会静力学》(Spencer，1899)，将人类社会朝着他所设想的“完美形态”的渐进式发展描述为“社会进化”，这种完美的形态是一个和平、平等、利他与合作的社会，其特征是工业化、最低限度的国家管制与高度劳动分工（Spencer，1899；参见 Perrin，1976)。斯宾塞依据历史上的事例，描绘了实现这样的理想社会所经历的过程和转变。这种关于进步发展的宏大愿景成为人类学进化论的特点，尽管不同的作者对其实际内容可能存在严重的分歧。例如，进化论者对于人类社会最初采取父权制还是母权制展开了激烈的争论，也对人类社会最终的形态提出了各种颇为不同的看法。例如，像斯宾塞一样，马克思描述了共产主义社会，而像摩尔根等人则认为，人类发展的最高点在某种程度上类似于他们自身所处的资产阶级的社会制度。进化论者对于该过程中的关键阶段以及对于这些转变的主要推动力的描述也存在分歧。但是，“社会进化”这种单向式、渐进式和阶段性的特征与达尔文式关于物种进化的描述之间存在的区别再清楚不过了。这种核心的分歧为我们理解接下来将会看到的一个令人困惑的事实提供了线索，即为什么后来某些人类学进化论者的批评者（如扩散主义者和功能主义者）提出的社会愿景与达尔文的理论完全一致。

必须指出的一点是，为了清晰起见，我略微夸大了斯宾塞式进化论与达尔文式进化论之间的差异。实际上，两人对彼此思想的借鉴远不止我们这里所描述的那么简单，而且斯宾塞的学术生涯长达

60 多年，其思想体系极为复杂，并且经常修正自己的观点。正如一些学者所指出的那样，斯宾塞的社会学远比上述勾勒出来的略显幼稚的社会进化论复杂。例如，佩林（Perrin，1976）在斯宾塞的著作里至少发现了四种不同的社会进化理论，我们前文涉及的进化理论仅是其中最早和最简单的一种，而其他三种进化理论更符合达尔文式进化论，即复杂、无导向和多线性的变化，拉德克利夫-布朗本人也认识到了这一点（Radcliffe-Brown，1947）。同样重要的是，斯宾塞将有机体与社会进行了明确而精准的类比，并重点关注社会的不同组成部分之间是如何相互依赖的，他阐述了许多后来被人类学的功能主义者和结构功能主义者重新发现的思想（Peel，1971）。[2] 其他进化论者对人类历史的发展是单向的或是定向的想象也不尽相同，其中一些进化论者，如泰勒等人，还提出了明显是功能主义的分析方式。

然而，斯宾塞与达尔文之间的思想互动相对来说并不典型，正如亚当·库珀（Kuper，2005：15–36）与托马斯·特劳特曼（Trautman，1992a）等人类学的学科史学者指出的那样，人类学的进化论在很大程度上并不源自达尔文主义。这些学者以及其他一些人认为，历史进化观的核心要素早在达尔文之前就已存在。自从 17 世纪以来，“野蛮人”与“文明人”这一反复出现的对比成为欧洲哲学话语中的固定模式。欧洲人与此前未知的美洲印第安人的接触，在一定程度上激发了这种二元对立，这些印第安人很快就被想象成是欧洲现代性的“前身”。苏格兰启蒙运动的思想家们提出了将人类的世界历史划分为“若干阶段”的观念，他们还提供了一个框架，通过这个框架，可以将“我们”与“他们”之间的基本对比发展成为一种阶梯式的人类进步史，同时它也发展成为一种社会类型学。

更直接的背景性因素是特劳特曼所称的“民族学时间的革命”，该革命发生在19世纪60年代，它由考古学的发现引起，这些发现极大地扩展了《圣经》中关于人类历史的传统时间框架。特劳特曼如此说道：

> 须臾之间，历史原有的基础崩塌了，其起源消失在时间的深渊之中。人类历史的范围突然急剧扩大，它需要新的内容：社会进化论迅速涌入，并填补了新的扩展框架中留下的巨大空白。
>
> （Trautmann，1992a：380）

另一块重要的观念性基石是从19世纪早期开始涌现的一系列比较学科——比较解剖学、比较生理学、比较语法学、地理学（Goyet，2014），以及与人类学尤其相关的比较法学。早期的一些人类学家，如刘易斯·亨利·摩尔根或亨利·萨姆纳·梅因，他们本身就是资深的法学家，对古典罗马法以及现代法律都有过深入的研究。这在一定程度上解释了为什么“亲属关系”会成为人类学研究主题的原因。这些法学家兼人类学家将有关生育、家庭关系和财产分配有关的规则作为研究重点，这也就不足为怪了。这些规则是他们所熟悉的法律制度的类似物（Trautmann，1992b；Kuper，2005）。

这些不同的比较学科的核心都蕴含着相同的见解，它最明显地与语言学联系在一起：通过比较不同的当代案例中的情况，可以重建历史序列、分支关系与发展进程。欧洲帝国扩张和殖民活动使人们越来越多地接触到欧洲之外的社会与生活方式，旅行者、传教士以及其他人撰写了大量详细的记录和报告，这为19世纪的进化论者提供了素材，使他们能够构想一个关于“不同民族”的比较领域，其丰富性与多样性不亚于其他学科的比较领域。这里有丰富的素材，它们足以填补那幅扩展了的时间卷轴上所需的内容。下面这段引文来自 E. B. 泰勒——我们后面还会继续讨论他的著作，这段话明确阐述了关于比较视野及其所包含假设的看法：

> 通过比较历史上已知的各个种族的不同文明阶段，并借助于考古学对史前部落遗迹作出的推断，我们似乎可以粗略地判断人类早期的普遍状况……这种假设的原始状况在很大程度上类似于现代的野蛮部落……从原始时代到现代，文化的主要变化趋势是从野蛮迈向文明……欧洲人可以在格陵兰人或毛利人身上找到很多特征，用来重构他们自己原始祖先的形象。
>
> （Tylor，1871：1–21）

进化论者的比较视野存在严重的思维缺陷。正如库珀很有说服力地指出：

> 整个构想基本上是站不住脚的。甚至没有一种合理的方式能够明确地定义什么是“原始社会”……人类社会无法追溯到某个单一的起源点。也没有任何方法能够重构史前社会形态、对它们进行分类，并将它们按照某种时间序列进行排序。社会组织没有化石。
>
> （Kuper，2005：5）

这种比较视野的政治性也受到了有理有据的批评。如人类学家一再指出的那样，这种观点对人类学造成的一个重要影响是使许多当代的族群变得“不合时宜”（Thomas，1996），它实际上是将他们的社会视为活化石，停滞在通往欧洲式现代化道路的“前一阶段”，而这种现代化道路被认为是单一的、进步的。进化论是第一个（令人遗憾的是，它并非最后一个——见下文）将非西方世界的人们想象成陷入一种“永恒的现在”状态的人类学范式，进而将当代世界想象成是由“欧洲与没有历史的人民”构成的（Wolf，1983，更详尽的关于人类学与历史之间关系的讨论，可参见第五章）。

以这样的方式来解释，当今的大多数读者都会很容易地认识到，这是一种以欧洲为中心的历史观，它无论在政治上还是在伦理上都是不可接受的。尽管如此，这种世界史观直到今天仍然具有惊人的生命力。一方面，关于全球“发展”的叙事与 19 世纪的进化论有着许多相同的前提假设（Ferguson，1996）。当代在论及“社会进步”时，亦大抵如此。例如，试想一下，如今仅需简单地指出“这是 21 世纪”这一事实，就可以轻而易举地为特定的实践和政策进行辩解。这一不证自明的断言中隐含着这样一个未曾言明的叙事，即当下在道德上优于过去（有时是西方在道德上优于其他地方），许多 19 世纪的进化论者很熟悉这种叙事。

另一方面，许多 19 世纪的进化论者在政治上被认为是进步人士，甚至是激进分子。[3]“进步”是进化论在观念上和政治上的关键。许多人认为自己是在抵制当时仍然流行的观点，即非西方的人民是“堕落的”、“退化的”或“不道德的”，他们坚信人类心智的统一性（我们将在后文看到泰勒关于这个主题的讨论），并将“原始民族”重新置于人类“进步”的宏大卷帙之中[4]——尽管它仅扮演着一种次要的角色。正如特劳特曼所说，通过这样的做法，“摩尔根拒绝认为文化上的他者永远堕落和低劣”（Trautmann，1992b：171）。然而，这幅宏大的画卷里穿插着关于不平等发展的傲慢假设——在某些情况下，这些假设是以种族为基础的。[5]

进化论的观点还明确地表明，现在将被更美好的未来取代。在《家庭、私有制和国家的起源》（Engels，1972）一书里，恩格斯将摩尔根关于人类亲属制度的宏大发展历史转化为对现代政治经济制度的激进批评。摩尔根将这个发展过程描述为在上帝的密切关注下向文明的胜利崛起，而恩格斯则更矛盾地将它描述为是一种远离“原始共产主义”的转变，并将向父权制家庭的转变称为“女性遭受的具有世界史意义的失败”（Engels，1972：67）。恩格斯想象着进一步的发展阶段将解决19世纪的现代性面临的突出问题，正如我们看到的那样，他不是唯一这样设想的人。因此，且不论其思想上存在怎样的不一致性，将不同的社会政治制度连接成一系列阶段的做法，从政治上而言是模棱两可的——因为从这个阶段序列中可以得出极为不同的政治与道德教训（参见Bloch，1984）。这解释了为什么一个世纪之后，在马克思主义学者和女性主义学者的共同推动下，人们对恩格斯的进化论经典作品又重新燃起了热情。总而言之，无论在当时还是现在，进化论的政治意义都比从表面上看起来的更加复杂。

## 实践中的进化论：泰勒论回避行为

正如我在上文所做的那样，进化论通常是以广义的方式进行讨论，并被置于广泛的背景之中。然而，人们现在很少阅读进化论者的作品，尤其是学生们很少阅读。结果是，进化论者观点中的复杂性、精妙性以及多样性往往被遗忘，他们的研究取向和关注点与那些批评和追随他们的人类学家的研究取向和关注点之间的连续性也往往被低估。为了与之形成对照，我将在本节详细举例说明泰勒著作中的进化论观点，我们在前文已经探讨过泰勒对比较方法的定义。我之所以如此详细地描述这个案例，是因为它不仅展示了19世纪的进化论在理论建构过程中存在的一些关键缺陷，同时也表明了这一时期某些最优秀思想家的复杂思想。

泰勒展现其比较方法的作品之一是发表在《皇家人类学协会杂志》（*Journal of the Royal Anthropological Institute*）上的一篇著名文章，题为《论一种研究制度演变的方法：应用于婚姻与亲属的法则》（Tylor，1889）。泰勒宣称，他根据传教士、旅行者和其他人的报告，整理了300个到400个不同民族“关于婚姻与亲属的法则”。然后，他在那些看似不相关的习俗之间寻找高于平均水平的统计相关性。例如，泰勒着重研究了这样一些习俗，他以那个时代特有的轻蔑和高傲的语言描述道：

> 有一个奇特而有些滑稽可笑的习俗，它涉及丈夫与其妻子的亲戚之间的野蛮礼节，妻子与其丈夫的亲戚之间亦是如此：他们不能互相看，更不能彼此交谈，他们甚至避免提及对方的名字。
>
> （Tylor，1889：246）

在某些情况下，这种“回避”行为存在于丈夫与其姻亲之间；在另一些情况下，这种“回避”行为存在于妻子与其姻亲之间；还有些情况下，回避行为是双向的。泰勒的第一个问题是试图解释这一系列“奇怪”的习俗。为此，他将这个问题与另一个有关已婚夫妇居住的问题联系起来。在泰勒的样本中，有些社会的丈夫与其妻子的家人居住在一起。在另一些社会里，这种安排是暂时的，之后，这对夫妇将会搬出去建立一个独立的家庭，或者搬到丈夫的家庭居住（泰勒将这种情况称之为“迁移式”居住模式）。而在其他一些社会里，妻子则与丈夫的家人居住在一起。泰勒关注的重点是这两类习俗——回避行为与已婚夫妇的居住模式——之间的相关性。需要注意的是，与斯宾塞一样，泰勒在开展研究时也采用了这样一种基本的见解，而这种见解也将成为20世纪功能主义的特点：在同一个社会中，不同的规则、法律与习俗之间存在着相互关系，它们构成了一个相互支持的功能系统。泰勒的第一个问题——将一组最初看起来“奇怪”的习俗与同一社会中其他方面的生活联系起来进行解释——至今仍然是人类学家的经典问题。

另一方面，泰勒关注的第二个问题（对他来说是更为根本性的问题）可能会让大多数当代人类学家感到奇怪。泰勒试图重新建构人类社会从一种居住制度转变为另一种居住制度的*序列*（sequence）。是丈夫先与其姻亲一起居住，后来这一居住模式发生了逆转，妻子才与丈夫居住在一起，还是相反？我希望我在前面已经清楚解释了为什么泰勒认为这样的问题是有意义的，而当代的人类学家却认为这个问题是没有意义的。当代的人类学家会将泰勒样本中的差异看作是当代社会之间习俗差异的证据。与之相反，泰勒则假定人类社会沿着单一的方向演化，经历一系列或多或少固定的序列或阶段。[6] 因此，他认为他的具有不同习俗的社会样本代表了这一系列阶段。对泰勒来说，难点在于找到一种方法，能够将它们放回到适当的序列之中。由此，他提出了这样一个问题：究竟哪一种居住模式先出现，是从夫居还是从妻居？这个问题似乎只有“古文物研究者”才有兴趣。事实上，它涉及19世纪进化论人类学家之间的一场更广泛的争论。这场争论的核心在于，人类社会最初是母权制的［如巴霍芬提出的］还是父权制的［如梅因所主张的；关于该观点的讨论可参见班伯格（Bamberger，1974）和库珀（Kuper，2005）］。

泰勒聚焦于两类习俗之间的关联性，试图通过复杂巧妙的论证同时解决这两个问题。我们在此回顾一下，每类习俗都有三种可能性：回避模式可以是丈夫回避其姻亲，也可以是妻子回避其姻亲，或者是双向回避；居住模式可以是丈夫搬到其姻亲那里居住，也可以是妻子搬到其姻亲那里居住，或者是“迁移式”居住模式。泰勒的研究表明，无论是这三种居住模式中的哪一种，丈夫与其姻亲之间都会发生回避习俗，而且从统计上看，丈夫搬到其姻亲那里居住时，无论是永久的还是暂时的（“迁移式”居住模式），回避习俗都显得更为重要。他还指出，其他两种回避模式（双向回避与妻子对其姻亲的回避）只发生在“迁移式”居住模式或者妻子搬到其姻亲那里居住的情况下。

泰勒提出的第一个假设很可能读者之前也已经想到过：对姻亲表达特定的正式距离与实际跟他们共同居住之间存在着某种相关性。泰勒通过与他身处其中的当代社会规范——英国维多利亚时代的社会规范——进行比较，提出了这一假设：

> 由于丈夫闯入了一个不属于他自己的家庭，闯入了他没有所有权的房子，因此他们正式地将他视为陌生人，以此来彰显他与他们自身之间的区别，这似乎并不难理解。

在文明的所有阶段，人类思维的运作方式都是相似的，以至于我们自己的语言也以一种熟悉的习语表达了相同的思路……我们只需说他们不承认他，就将整个过程浓缩成了一个词。

(Tylor，1889：247–248)

泰勒的研究表明，这种最初被认为是“奇特和滑稽”的习俗，结果被证明对于“文明的”现代人来说，原来是完全合乎逻辑的和可以理解的。这很好地提醒我们，尽管许多像泰勒那样的进化论者以胜利者的姿态解读历史，将历史发展看作是向西方现代性的迈进，但他们持有一种浓厚的人文主义假设，即在文明的所有“阶段”，人类都具有统一性。

这个假设符合泰勒的部分数据资料，但并非全部（甚至不是大部分）。确实，在丈夫与其姻亲共同居住的社会里（在泰勒的样本里，这样的社会共有 65 个），出现了丈夫回避其姻亲的现象（有 14 例），而没有出现妻子回避其姻亲的现象。妻子回避其姻亲的现象发生在妻子与其姻亲生活在一起的社会里（在总共 141 个这样的社会里出现了 8 例）。根据泰勒的假设，在“迁移式”居住模式的情况下，即已婚夫妇先与某个家庭一起生活，然后再与另一个家庭一起生活，这两种回避方式都会出现（在总共 76 个社会里，分别出现了 22 例和 5 例）。但还有其他重要的样本数据与之不符：在妻子与其姻亲共同生活的社会中，既存在相互回避的现象，也存在丈夫回避其姻亲的现象。事实上，在这些案例中，丈夫对其姻亲的回避发生率（9/141）稍高于反过来的情况（8/141）。

泰勒通过社会变迁的序列图像来解释这些异常现象。请看一下泰勒展示其相关性的图 1.1。三个水平方向的“行”表示居住类型，三个垂直方向的“列”表示回避类型，并且分别标有每种情况涉及的社会数量。泰勒还通过使用三角形和交叉影线，暗示了一个非常不同的因素，即一种关于方向与转换的认知。该图表示一个不同阶段的序列，它应该从下往上看。图的底部是“初始”阶段，代表着丈夫与其姻亲居住在一起的社会。图 1.1 的顶部是一个“最终”阶段，代表着妻子与其姻亲居住在一起的社会。

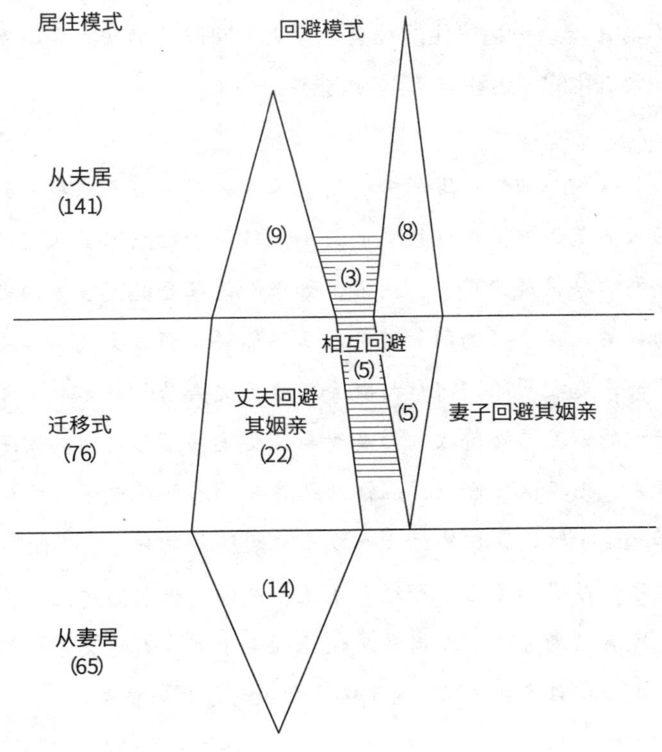


**图 1.1　居住模式与回避模式**

来源：转引自泰勒（Tylor，1889：251）

在这两个阶段之间是“迁移式”居住的阶段（丈夫先与其姻亲居住一段时间，然后这对夫妻搬到丈夫的家庭居住），泰勒将其视为另外两个阶段之间的过渡阶段。这种说法被用来解释上文提到的数据不一致问题。丈夫对其姻亲的回避现象是最早出现的回避形式，而妻子对其姻亲的回避是在后来的过渡阶段发展形成的。这一历史假设使泰勒能够将在最终阶段出现的丈夫对其姻亲的回避行为解释为前一阶段的“残留”。

通过一种巧妙的转变，泰勒将最初看起来令人困惑的数据（在丈夫不与其姻亲一起居住的社会里，丈夫回避其姻亲的发生率）转化为社会进化的“运动方向”的证据：

> 从这种回避习俗的分布情况来看，在目前可以观察到的世界范围内，居住模式的三个阶段似乎按照图里从下往上的顺序接替出现……因为，如果假设社会的发展方向是相反的，就像将图颠倒过来表示的那样，那么丈夫与其妻子的家庭之间的回避行为就会出现于丈夫居住在远离妻子一方的家庭这一阶段，而妻子与其丈夫的家庭之间的回避行为，根据这种假设，应该继续存在于居住在妻子一方的家庭这个阶段，但实际上却没有发现这样的现象。尽管回避习俗在实际生活中可能是不足为道的，但它们却显示出一种运动的方向，即惯常居住地从妻子家庭到丈夫家庭的转变，我们将会更深入地了解这种运动方向的重要性。
>
> （Tylor，1889：252）

这种“运动方向”与泰勒在论文的其余部分提出的更广泛的观

点相一致，即人类社会普遍从母权制向父权制转变。

总之，这个观点明显展示了前文提到的一个关键性的观念谬误：假设存在某个单一的“社会进程”，并因此认为当代社会可以被视为该进程中不同阶段的例证。即使我们暂且忽略这些严重的观念问题，泰勒在论证中使用和呈现的“数据”也相当可疑。正如我们接下来将会看到的，有些人提出了一个至关重要的问题，即在这种分析中，它的“单位”是由什么构成的（什么是习俗？什么是民族？），还有泰勒所利用的二手资料的有效性问题。具有科学思维的读者可能还会补充说，泰勒试图从如此小规模的样本中进行“统计”推断，这种做法是相当缺乏说服力的。事实上，泰勒制作的图虽然令人印象深刻，但它有些不诚实。例如，泰勒将右上角的三角形画得比左上角的三角形更加狭长，以表示它的数量虽然较少，但在一定程度上比数量更大的类别更加重要，这是一种巧妙的视觉操控手法。

尽管存在这些缺陷，这个例子却表明了某些 19 世纪的进化论者论证的详细和全面。即使人类学的进化论者确实最终依赖于“假设的故事”，但它们并非凭空捏造出来的，而是经过严密、连贯的论证形成的，并且基于渊博的学识与大量的细节。这个例子打破了人们通常对进化论者持有的刻板印象，即认为他们只是维多利亚时代粗鄙的空想家。它也解释了为什么诸如泰勒、摩尔根或斯宾塞等人的著作，虽然遭到了下一代人类学家的严厉指责与批判，却为整个 20 世纪的人类学家思考和重新概念化许多问题奠定了基础：回避行为、婚姻居住地以及更广泛的亲属制度，还有万物有灵论、魔法或仪式等。具体就回避行为而言，我们将在下文中看到结构功能主义的分析是如何重构这一问题的。然而，有关回避的问题至今仍然以极为不同的方式困扰着人类学家（Stasch，2002；Sanchez，2016）。从更广泛的意义上而言，情况也是如此——进化论者设法解决的许多难题，至今仍是人类学争论的关键焦点。

## 特质的扩散与聚合：博厄斯的双重挑战

我在前文已经指出，无论在美国还是英国，“现代人类学”或者“真正的人类学”通常被认为始于对19世纪的进化论范式进行的批判。然而，在这两个国家，这种批判会呈现出不同的形式。在美国，弗朗茨·博厄斯率先发起了对进化论的批判，他在美国人类学的学科史中扮演着奠基性的角色，相当于勃洛尼斯拉夫·马林诺夫斯基在英国人类学科学史中的地位。

博厄斯对进化论的批判中的一个核心要素，已经在泰勒上述观点的一位评论家弗朗西斯·高尔顿（Francis Galton）那里有所预示。高尔顿——当泰勒宣读自己的论文之后，他作为听众现场进行了评论——指出（参见Tylor，1889：270），比较不同族群之习俗的做法假定了这些习俗可以被视为独立变量。对此，高尔顿反驳说，一个群体很可能会采借附近某个群体的习俗。在这种情况下，泰勒关于“残留”与“序列”的精妙假设将站不住脚，因为在任何特定的环境中，不同习俗之间的相关性可能仅仅是这种“文化采借”产生的次要效应（有关高尔顿提出的问题的不同评论，可参见Handler，2009；Strathern，2004）。

博厄斯进一步发展了这种批评观点，指出必须研究习俗实际上是如何传播、改变、被采借以及转化的。这样的研究不能简单地将从世界各地获得的观察结果进行混合和比较。它需要基于对某个特定地理区域内一组相关人群的习俗和物质文化进行仔细的考察

(Boas，1896；1924)。博厄斯本人开展了多项田野考察，先是在巴芬岛（Baffin Island)，然后在西北太平洋地区。根据这些资料，他对文化特质（陶器上的图案、神话、亲属制度）如何从一种文化复制到另一种文化提出了深刻的见解。博厄斯将这一批判路径与另一种批判路径相结合：在两种不同的环境中，表面上看似相同的文化特质实际上可能是两种截然不同的文化特质。这两种批判路径相结合，对进化论的整个理论框架造成了毁灭性的打击，同时也为新的人类学范式开辟了道路（Handler，2009)。

博厄斯的双重批判根植于特定的知识背景。他出生于德国一个世俗的犹太家庭，在海德堡获得物理学博士学位，后来又研究地理学。正是在这种广泛的知识背景下，博厄斯发展出了一种用于研究文化转变与文化差异的独特方法。当博厄斯移居美国之后，这种方法又成为他所创立的人类学传统的核心。博厄斯从格雷布纳（Graebner)、施密特（Schmidt）和巴斯蒂安（Bastian）等19世纪德国学者的争论中继承了对文化特质之扩散与聚合的关注，这些学者试图将对文化（Kultur）的浪漫主义关注——诸如赫尔德（Herder）等思想家尤为强调——转化为历史科学（Kuper，1999；2005；Penny and Bunzl，2003)。

尽管博厄斯对文化特质的扩散现象感兴趣，但他也关注当文化特质与某种不同文化的既有特质发生融合时，原来的文化特质会如何发生转变。这种对于文化背景的关注也包含着对意义与视角的关注。博厄斯对人类学进化论的批判也受到19世纪德国哲学围绕着科学本质开展的辩论影响，同时还受到一种新出现的区分影响，即对自然现象采用实证主义的研究方法，而对独特的人类现象更适合采用诠释的或阐释的研究方法。从这种观点看来，存在一个与社会相关的分类问题，即应该将社会作为一种自然现象来研究，还是将它作为一种人类现象来研究？对这个问题产生了两种不同的答案，它们通常以马克斯·韦伯的德国阐释主义学派与埃米尔·涂尔干的法国实证主义社会学之间的对比为例——尽管我们在下文中将会看到，实际情况要复杂得多。博厄斯倾向于阐释主义一方：文化研究应该是一门阐释性的历史科学，而不是仅仅将人类社会视为自然的客体。

例如，博厄斯指出，在不同的文化环境里，看起来——从纯粹客观的或行为的意义上——“相似”的文化特质或实践，在这些不同的情况下实际上可能意味着截然不同的东西，或者正如他所说的那样，可能源于不同的“心理原因”。对此，博厄斯以“谋杀”为例进行说明，将这种西方的法律观念用于比较不同文化中的杀戮现象，必然会忽视以下事实：

> 一个人因为遭受不公正的对待而复仇杀死敌人，一个年轻人在父亲衰老之前将他杀死以使其在来世能够继续过上充满活力的生活，一位父亲为了整个族群的福祉而杀死他的孩子用作献祭等，这些行为背后的动机完全不同，从心理学的角度来看，对他们的行为进行比较似乎是没有意义的。
>
> (Boas，1911：173) [7]

这对泰勒的比较方法提出了第二个，也是更深层次的质疑，它比高尔顿提出的潜在的特质扩散问题更为重要。在这里，博厄斯质疑为了比较的意图而先识别出“文化特质”的做法——除非经过仔细的田野研究证明这些特质确实源自相同的心理过程。泰勒曾经

（天真地）假定的正是这种视角的相似性，譬如，一个维多利亚时代的人可能会对自己的姻亲感到“尴尬”，而泰勒则将它想象成是一种人类的普遍现象。通过诸如此类的观察，博厄斯确立了后来美国文化人类学最显著的特征：关注所谓的“文化相对主义”（参见第八章和第十四章）。这种将文化看作是环境与视角的观念隐含着一种文化整体主义，即将文化视为各部分密切协调的统一体，超越它们采借来的迥然不同的诸要素而呈现出内在的一致性，与扩散主义的观念之间形成了某种平衡。

博厄斯人类学的这两个要素——扩散主义与整体主义——使泰勒与其他进化论者的作品中隐含的“统计”视角变得毫无意义，后者认为可以从世界各地不同族群的“资料库”里选取无关联的习俗进行比较。它们还颠覆了19世纪进化论的宏大历史性的“假设故事”。原先时间上单一的“社会进程”观念被打破，变成了存在多重细微的改变、采借、转化与重新整合的观念。与此同时，以前为了不断变迁的历史环境而设想出统一的“人类心智”这样的解决方案，也变成了不同文化背景下处境不同的人们如何面对世界的无数问题。

与这种文化相对主义的立场一致，博厄斯也是种族主义和反犹太主义的坚定批评者，同时还是为人类不平等找到“科学”依据的各种企图——包括社会进化论的某些分支——的坚定批评者。然而，重要的是要记住，博厄斯反对的并不是生物学解释本身——他本人对人类生物学以及如何通过对它的研究推动文化人类学的发展一直保持着浓厚的兴趣，他只是反对以“种族科学”的名义滥用生物学。博厄斯也不是达尔文式进化论的批评者，他批评的是我们在前文已经讲到过的一种非达尔文式的观点，这种观点认为人类历史沿着一条单一的路径逐步发展，最终到达以19世纪的欧美国家为典范的文明巅峰。从许多方面而言，博厄斯关于文化特质跨越时空的扩散与整合的观点要比斯宾塞、摩尔根或泰勒等人的“进化论”更具达尔文主义色彩。因此，作出这样泾渭分明的划分是不正确的，尽管这样做很吸引人：一边是博厄斯式的历史人类学，另一边是像进化论和功能主义那样试图将人类学想象成一种关于社会“有机体”的生物学的各流派。

确实，博厄斯思想中的扩散主义的一面倾向于将文化分解，而不是将其视为有机体。正如博厄斯的学生鲁思·本尼迪克特（Ruth Benedict）在其早期的著作中写道：

> 就我们目前所能看到的情况而言，关于人类本性的一个基本事实是：人类通过将不同的要素进行组合和重新组合的方式来建构其文化，除非我们摒弃这样一种迷信，即认为文化的结果是形成一个在功能上相互关联的有机体，我们将无法客观地看待我们的文化生活。
>
> （转引自 Eggan，1954：750）

然而，博厄斯思想中的相对主义的另一面则意味着一种整合，它将有机比拟论重新带回到人们的视野之中。因此，博厄斯本人写道：“各种文化之间存在诸多差异，犹如动物界存在如此多的属或者种一样。”（Boas，1940：254）因此，当本尼迪克特在后来的著作里采取了与这句引文相反的立场时，事实上，她仍然遵循着博厄斯的思想。正如埃甘所指出的，“本尼迪克特很快就投身于文化模式与文化构型（cultural configuration）的研究，她的《文化模式》（Benedict，1934）一书完全颠覆了她以前的立场——在这里，迷信变成了现实”（Eggan，1954：750）。

博厄斯的这两种批判路径（扩散主义与相对主义）互为补充，但同时也存在重要的张力（Eggan，1954；Handler，2009）。第一种批判路径将“特质”视为一种本质上可分离的单元，它们可以从一种文化转移到另一种文化——在这种观点中，文化是特质之聚合体。第二种批判路径将文化看作是密切协调的统一体，其中各个特质构成了内在一致的整体。第一种批判路径聚焦于历史与地理之间的关系和联结。第二种批判路径为文化相对主义创造了条件，在这种观点中，不同的文化可以被想象成关于世界的各种替代性观点。

在博厄斯自身的著作里，扩散主义与整体主义这两种观念始终处于一种创造性的张力之中。然而，博厄斯的学生与追随者们——他们在 20 世纪初奠定了美国人类学的基础——最终却在这两种文化观念之间纠结和摇摆不定，正如上文本尼迪克特的例子所表明的那样。从中短期来看，整体主义的观念占据了主导地位。博厄斯的学生——尤其是本尼迪克特和玛格丽特·米德（Margaret Mead）——成为“文化与个性”研究取向的主要倡导者，这种研究取向将文化视为整合性的环境，向个体灌输特定的道德、智识与审美倾向。这反过来推动了克利福德·格尔茨引领的阐释学转向（参见第八章）。在 20 世纪的大部分时间里，文化相对主义与整体主义以不同形式成为美国人类学的主要传统。

然而，扩散主义并没有消亡（事实上，进化论也没有消亡，我将在结论部分再次谈及这一点）。对跨越时空的联系、纽带和转变的关注仍然是克罗伯（Kroeber）等人类学家研究中的重要元素，并成为后一代受马克思主义启发的人类学家的重要研究对象，他们试图再次提出具有全球性视野的问题（参见第三章和第五章）。20 世纪

80 年代，“写文化”批判从完全不同的角度对文化整体主义提出了质疑（参见第八章），这为美国人类学开启了一种关于“流动”、“路线”与“景观”的新博厄斯式视野（Brightman，1995；Bashkow et al.，2004）。多点民族志是“写文化”批判的产物（Marcus，1995；参见第六章），它将这些问题转化为一种方法论，这与先前博厄斯关于“特质”的扩散与整合问题存在一定的相似之处。

## 从进化到功能

在英国，扩散主义具有一定的吸引力。埃及古物学家格拉夫顿·埃利奥特·史密斯（Grafton Elliott Smith）与人类学家威廉·詹姆斯·佩里（William James Perry）尝试着对文化特质在全球范围内的扩散问题提出了宏大的假说。20 世纪初的一些人类学家，如哈登（A. C. Haddon）和里弗斯（W. H. R. Rivers）等人，则采取较为谨慎的做法，他们更加接近博厄斯本人的方法和关注点，主要研究不同区域的风俗、工具类型以及亲属称谓的扩散问题。然而，英国对进化论的挑战主要以一种不同的形式出现，即“功能主义”。英国人类学之所以出现从进化论向功能主义的范式转变，主要有两个原因：第一个原因是对功能理论的兴趣有所增强，这部分受到涂尔干等法国社会学家的影响；第二个原因是独特的田野调查传统的发展，该传统通常与马林诺夫斯基联系在一起。本节将依次探讨这两个方面的发展。

功能主义的基本原理很简单，即根据其功能或目的来分析某个特征或对象。生物学中的功能主义根据某个器官或行为对有机体具有的价值来解释它们的作用。例如，呼吸系统通过吸进氧气和呼出二氧化碳来为有机体服务。社会学的功能主义通过有机类比的方式将这个观点移植到社会中，即社会像有机体一样，被设想为由一整套相互作用的部分构成，它们相互支持，共同形成一个功能性的整体。从这种观点来看，解释习俗或制度这样的社会特征，就是指出它们的目的——就像身体内的器官一样。

值得注意的是，功能主义在社会学与生物学的解释中引入了一种不同类型的目的论，它与我们之前批评的历史目的论不同。进化论人类学解释的关键缺陷在于，它假设进化的终点是已知的（即大体上讲，社会"朝着"类似西方现代性的终点进化），故而历史可以被重构为朝着该目标逐渐发展的一系列阶段。但是，功能主义的解释也具有目的论性质，因为它通过指出与有机体有关的目的或意图来解释实体。在这里，问题的关键仍然在于，若要知道部分的目的，就必须假定作为整体存在的有机体形式。而这个假设将再次被证明是可疑的——社会究竟是什么？它真的如理论所假设的那样是一种完全有机整合的实体吗？我们会看到，这将成为对功能主义中发展最为成熟完备的理论形式，也就是拉德克利夫–布朗的结构功能主义的关键批评点之一。

## 涂尔干的进化（革命）

奥古斯特·孔德最早在法国提出了实证主义和社会学这两个术语（Comte，1830）。然而，涂尔干比当时的其他任何思想家都更加不遗余力地致力于将社会学确立为一门独立的实证科学，使之与哲学、心理学、生物学或历史学区分开来。涂尔干面临的主要问题是说服读者，使他们相信关于社会行为的解释具有科学的一致性，这使它们与纯粹的历史阐释或哲学的抽象思辨有所区别，社会学的解释既不能简化为个体心理动机，也不能还原为生物学秉性——换句话说，社会事实是作为现实的一种不可化约的层面而存在，因此应该有属于自己的系统性科学（关于这种独创性的区分以及它所带来的持久影响，可参见第七章）。功能主义是涂尔干所采用的重要方法，它将社会视为一个由相互支持的各部分构成的、类似有机体的结构。

这种看法并不新鲜。我们前面已经讲到过，在斯宾塞、泰勒等一些进化论者的著作中，社会学的功能主义要素已经显得非常重要。在斯宾塞的著作里，他清晰而明确地表达了有机比拟论，并对社会劳动分工问题作出了复杂的功能主义解释。当泰勒试图解释回避实践与婚后居住习俗之间的相互关系时（如前文所述），他采取的其实就是某种类似于“功能主义”的分析。[8]

然而，对于这些作者来说，功能和历史转型是密切相关的问题。涂尔干对这场争论的重要贡献在于将这两个问题进行了区分。涂尔干指责进化论者经常混淆*原因*与*功能*（Durkheim，1895：110–152）。涂尔干声称，在进化论者具有目的论倾向的进步观念中，社会制度的出现似乎是为了服务于“逐渐改善的人性”这一目的和意图。与之相反，对于涂尔干来说，出现创新的历史原因与它们在某个特定的时间点所发挥的功能是两个独立的问题。然而，涂尔干本人并没有完全忽略历史问题。他早期的著作，如《社会分工论》[Durkheim，1984（1893）]，直接采用了进化论的观点，虽然后来稍微调整了自己的立场，但涂尔干在他的全部著作中始终坚持认为，社会在历史上是从简单的形式逐渐演化到日益复杂的形式（类似于生物）——这个观点与斯宾塞提出的某些更为复杂的“社会进化”思想类似。因此，从观念上而言，涂尔干关于人类历史的看法与那些更复杂的进化论者的看法大致相同。然而，在方法论上，涂尔干对历史与功能之间的区分是革命性的。这在解释功能性的结构与（往往是凭空想象的）追溯人类历史之间产生了深刻的分歧。

在涂尔干的名著《宗教生活的基本形式》[Durkheim，1915(1912)] 中，关于这种实践中的进化（革命），我们可以找到一个很明显又十分微妙的例子。在这本书里，涂尔干重新回到一个曾经让进化论者苦恼不已的问题，并对它进行了彻底的重构，这个问题就是关于宗教起源的问题。对于有些人来说，比如泰勒或斯宾塞，他们认为原始宗教的根源在于“万物有灵论”，这是一种错误的前科学理论，它基于一种系统性的推测来解释事物，但这种推测的出发点是错误的，即将空想误认为现实。而其他人，比如詹姆斯·弗雷泽（James Frazer），则将“魔法”视为一种未充分发展、以实践为导向的科学之早期形式，是对自然界进行掌控的一种尝试。所有这些学者在某种程度上都是通过对当代社会——他们将其想象成“原始”社会——的描述得出了这些结论。

从表面上看，涂尔干采取了类似的方法：他也借助于对当代社会——澳大利亚的原住民社会——的描述来研究宗教问题。涂尔干也假设澳大利亚的原住民社会处于他所想象的简单—复杂连续体中简单的一端，而当代西方社会则处于复杂的一端。然而，与泰勒、摩尔根或斯宾塞不同，涂尔干比较“简单”社会与“复杂”社会的目的不是重建某个序列或讲述关于人类宏大进步的故事。相反，涂尔干认为，通过观察宗教在“简单”社会里是如何运作的——在那里，“情况相对没有那么复杂”——人们可以更清楚地看到宗教的作用，即它如何与“有机体”的其他部分相互联系起来共同发挥功能。通过将它与更复杂社会里宗教的运作情况进行比较，就可以检验这些见解，并分析功能形式的变化。这就是涂尔干说自己对宗教“起源”这个老生常谈的历史问题不感兴趣的原因——“如同人类的所有制度一样，宗教并不是从某个地方开始的。因此，所有这类推测都不足为信”（Durkheim，1915：8）——他真正感兴趣的是宗教在社会中“始终存在的原因”（第 8 页），即宗教所履行的功能。

接着，涂尔干从两个方面对这个有关功能的问题进行了独具创意的论证。一方面，他认为宗教有助于维持与塑造社会秩序，并且通过集体仪式的展演将个体紧密地联系在一起。由此产生的“欢腾”周期性地重新激发对一个共享的社会实体的集体归属感。涂尔干认为，人们在崇拜上帝（神灵）的同时，不知不觉中也在崇拜社会本身。另一方面，宗教提供了一种关于世界的解释、一种“表征系统”以及一种强大的情绪和动机的补充物，尤其是通过仪式进行灌输，从而塑造与调适个体的经验，使之成为一种普遍的、社会共享的视角。[9]这两条线索被精心地交织在一起，强有力地论证了宗教在功能上和观念上对社会具有的意义。

除了表明关注点从进化论微妙地转变为功能主义之外，《宗教生活的基本形式》的例子还有助于纠正我们对涂尔干的一种常见的解读，即将他看作是一位坚定的实证主义者，这与韦伯的阐释主义截然相反。当然，将涂尔干视为实证主义者并不是一种毫无道理的简单化：他直言不讳地阐述和捍卫实证主义社会学，这与韦伯对阐释主义的态度如出一辙。然而，正如韦伯承认功能性的解释与阐释性的解释一样具有某些价值［Weber，1978：15（1922)]，涂尔干，尤其在其后期的研究中，越来越关注“集体表征”的问题，即社会对人们的经验和对世界的理解产生的影响。《宗教生活的基本形式》展现了这种二元性。一方面，关于宗教在维持社会运行中所扮演角色的论证是从外部视角出发，将社会视为一个整体，视其为一个功能上相互关联的有机体——这是一种经典的实证主义的视角。另一方面，关于宗教如何塑造情绪、动机和世界观的论述，则开启了知识社会学的研究路径。“知识的社会建构”（参见第十三章）这一问题意识可以被理解为一种阐释主义的脉络，它贯穿于涂尔干的实证主义作品之中（Handler，2009：628；关于阐释主义的论述，参见第八章）。我们将会看到，这两种路径逐渐演化为英国功能主义的两个极端。

马塞尔·莫斯（Marcel Mauss）是涂尔干的外甥、合作者和继承者，他以精湛而复杂的方式进一步发展了这两种路径，并使之交织在一起。其中一个例子是莫斯关于礼物的研究［Mauss，1970（1925）］，在这项研究中，他将利益、动机和视角的问题与赠予礼物的社会约束机制以及产生的影响完美地结合在一起。另一个例子是莫斯对人的现代观念进行的谱系学研究［Mauss，1985（1938）］，通过追溯在不同类型的社会、仪式和政治生活中产生和运用的不同类型的人格，他对“人”这个关键性的概念进行了历史社会学的梳理（参见第十五章）。在这两项研究以及另一项与涂尔干合著的关于“原始分类”的研究［Durkheim and Mauss，1963（1903）］中，莫斯采用了一种独特的比较方法。这些研究以当代“原始”社会的民族志描述开始，接着是对古希腊、古罗马、古印度和古中国的描述，最后以反思当代西方的现代性作为结束。这种从“简单”到“复杂”的论述次序具有明显的进化论意味。然而，这种论述的关键目的是动摇西方的自我观念。正如莫斯所说，这些研究的目的是：

> 建立人类思维范畴的社会历史……我们描述了它们在特定文明中的具体形式，并通过这种比较，试图揭示出它

们不稳定的本质之构成以及它们之所以如此的原因。

（Mauss，1985：1）

涂尔干-莫斯式知识社会学体系非常复杂，它关注人类自身对世界进行范畴化的实践，这通常被认为是列维-斯特劳斯的法国结构主义的前身（参见第二章）。然而，结构主义与早期的这些研究也存在很大的不同，最明显地表现为它摒弃功能主义关于社会凝聚力以及将社会视为有机体的观念。然而，到了20世纪中叶，法国的人类学家认为这些功能主义的观念实质上不是源自涂尔干，而主要源自英国，这种看法在今天的学术圈里仍然存在。那么，涂尔干的功能主义社会学是如何变成一种英国的人类学现象的？

## 田野研究与马林诺夫斯基的功能主义

这个问题引出了人类学功能主义的第二大核心，即20世纪初在英国兴起的一种独特的田野研究传统。20世纪早期出现的长期民族志田野调查这一独特的形式以及它所产生的新的资料类型，必然影响了人类学家可能提出的问题类型，并使人们的注意力从进化论者之前关注的问题转移开来。功能主义范式的转变既受到这一方法论革命的推动，也受到前面一小节中描述的理论革命的推动。

倘若说马林诺夫斯基在英国人类学史上扮演着如此重要的奠基人的角色，这在很大程度上是因为他成功地将自己塑造为这种新型民族志田野调查的开创者，以及他对人类学进化论的旧秩序进行的猛烈抨击。马林诺夫斯基在特罗布里恩群岛进行了长达两年的民族志调查，在此基础上撰写出《西太平洋上的航海者》（*Argonauts of the Western Pacific*，1922），这本书被视为第一部“严格意义上”的民族志专著而载入史册。在该书的导论部分，马林诺夫斯基概述了民族志田野研究的原则，强调长时间与“土著”生活在一起并使用他们的语言进行调查的重要性，这成为民族志工作者的基本参照点，并确立了马林诺夫斯基作为长期民族志田野调查“之父”的声誉。

这种通过参与式观察进行沉浸式田野工作的技术与 19 世纪的进化论人类学家“坐在扶手椅上”的研究模式[①]形成了鲜明对比，后者仅仅是对各种杂乱的旅行见闻、传教士记叙和殖民官员报告等资料进行整理与比较。后来所称的“马林诺夫斯基式田野调查”也与 19 世纪末由里弗斯和哈登等学者设计的最早的民族志田野调查形式有所不同。这些调查通常采取“远征考察”的形式，研究者们前往不同的地域，搜集各种关于植物学、动物学和民族学等方面的信息。其中最著名的当属哈登、里弗斯与塞利格曼（Seligman）组织的“托雷斯海峡考察”（Torres Straits Expedition，参见第七章）。

就像许多“起源神话”一样，关于马林诺夫斯基独自一人发明了长期沉浸式田野调查的说法有些言过其实。马林诺夫斯基的研究工作在一定程度上遵循了里弗斯与哈登提出的方法论规定，而且当时并非只有他一个人这样做（Stocking，1983b）。[10] 此外，马林诺夫斯基之所以决定在特罗布里恩群岛的基里维纳岛（Kiriwina）停留近两年，而不是像他最初计划的那样以一种更具探险意味的方式前往巴布亚新几内亚的多个地方，这是凑巧发生的意外情况使然，而并非明确地受到方法论动机的驱使（Young，1984）。马林诺夫斯基去世之后，田野日记的出版也使他作为模范性田野工作者的形象产生

---

① “坐在扶手椅上”的研究是指空想的、无实际经验的、基于二手资料的书斋式研究。

了若干争议（参见第八章）。尽管如此，马林诺夫斯基仍是一位极为出色的田野工作者，即使“密集型田野工作”在当时已经开始流传，他也比任何人都更成功地示范并普及了这种方法。此外，它还得益于马林诺夫斯基是一位笔触生动的多产作家，他完善了一种崭新的专著写作风格，同时又是一位敢于争鸣与自我宣传的人。[11]

在20世纪初期至中期的英国人类学家中，“马林诺夫斯基式田野工作”的诞生和传播在观念上造成了革命性的冲击，并且在很大程度上解释了英国为什么会出现摒弃进化论与扩散主义的范式转变，就因为一个简单的原因：它所提供的资料类型。“坐在扶手椅上”研究世界各地（通常是“古怪的”或“值得注意的”）的习俗汇编，为广泛地比较进化论的世界史观提供了理想的材料。通过探险的方式收集预先定义的信息（例如有关工具、亲属称谓等），为研究“文化特质”在某个地理区域内的扩散与变化提供了理想的材料，同时也为人类学博物馆组织文物收藏提供了重要材料。每一种方法都为它们特定的理论视角提供了更多的证据。另一方面，在同一个地点进行长期的田野工作会产生一种不同类型的资料，即关于任何活动领域的日常实践的复杂知识，它是与特定的背景联系起来的；以及关于仪式或其他具有强烈情感体验的非凡时刻的知识。这些资料为提出与功能主义视角相关的问题提供了理想的支持。这主要是由于两个原因。

第一，这种类型的资料使人类学家关注不同田野或活动领域之间相互关联的方式。马林诺夫斯基将这种整体主义变成了一项基本的方法论要求：“倘若一位民族志工作者只研究宗教、只研究技术或者只研究社会组织，那么他就人为地割裂了某个研究领域，这样他的研究将会存在严重的缺陷。”（Malinowski，1922：11）因此，在

《西太平洋上的航海者》一书中，为了描述岛屿之间相互交换的经济圈，即“库拉”（*kula*），马林诺夫斯基必须结合其他主题综合进行考虑：价值与交换的问题；描述不同形式的亲属关系和政治权威，它们将影响与“库拉”相关的规范；研究为了“库拉”旅行而制作独木舟所需的技术与仪式实践。这种观念与一般的功能主义观点相契合，即社会是复杂而内在一致的实体，它的不同活动构成了一个密切协调和相互支持的整体。

第二，这种“密集型田野工作”还使人们思考这样一个核心的问题，即以这种方式生活在其中的人们是如何理解这个世界的。“最终的目标”，正如马林诺夫斯基广为人知地写道，“简而言之，就是掌握当地人的看法、他与生活之间的关系，理解他对所处世界的看法”（Malinowski，1922：25）。泰勒的研究主要基于传教士、殖民官员等报道的碎片化材料，他认为可以从维多利亚时期有关姻亲的笑料中得出普遍的心理学规律。而马林诺夫斯基的研究则基于日常决策和评估的丰富经验——尽管最初他可能不太理解这些经验——试图建立一幅复杂的图景，从而深入剖析人们参与“库拉”等实践的动机与意义。

涂尔干社会学的理论影响与马林诺夫斯基推广的新的田野工作传统相结合，使20世纪初的英国人类学家产生了一种独特的理论视野，我们可以称之为“马林诺夫斯基式功能主义”。这种具有个人色彩的描述恰如其分：马林诺夫斯基是一个学术机构的建设者，他在伦敦政治经济学院培养了一代人类学家，而且毫不畏惧地承担起知识领袖的责任。正如马林诺夫斯基曾经如此写道：“人类学的‘功能学派’这个华丽的称号是我自己赋予的，它是由我个人造就的，而且在很大程度上源于我自己的不负责任感。”（转引自 Radcliffe-

Brown，1940a：1）通常，马林诺夫斯基的研究被简洁地称为“功能主义”，以区别于后来由拉德克利夫-布朗倡导的“结构功能主义”。

这类研究具有两个关键的特征。第一，重视长篇专著，以详尽考察同一社会的不同特征之间的相互关系，尽管通常只关注某个重要的维度或制度，这与19世纪进化论的宏大比较视野形成鲜明对比，也与涂尔干-莫斯同样雄心勃勃但在观念上更加精妙复杂的比较有所不同。第二，关注两种不同类型的问题以及它们之间的相互关系：其中一类问题是关于社会的不同部分之间如何密切协调和彼此发挥功能，另一类问题涉及世界观与视角。我们已经看到在涂尔干的研究中出现了这两类问题，也看到了通过长期的参与式观察产生的田野资料如何有助于提出并回答这两类问题。

这种观念上的融合是更广泛的知识交流的一部分。无疑，马林诺夫斯基与他那一代的人类学家都读过涂尔干的著作，尽管他们以不同的方式运用涂尔干的理论，我们将在接下去看到这一点。尤其是马林诺夫斯基，他并没有理会涂尔干要求将社会学的解释与心理学和生物学的解释区分开来的建议。相反，莫斯在《礼物》一书里甚至还借鉴了马林诺夫斯基的《西太平洋上的航海者》。功能主义理论与长期田野调查两者在观念上曾一度是天作之合。从民族志研究中衍生出来的对当地人视角的关注，在某种程度上重新回到了对文化相对性与文化聚合力的理论关注——这是博厄斯传统的一部分，对此我们已经在前文论述过。事实上，在20世纪早期，英国人类学与美国人类学的视角有时会被重新结合起来，从而产生更好的解释效果，例如，剑桥大学培养的人类学家格雷戈里·贝特森（Gregory Bateson）与博厄斯培养的学生米德（贝特森的第一任妻子）和本尼迪克特之间的合作以及他们在观念上的交叉。

## 从功能到结构：范式的分裂

在 20 世纪初的英国人类学界，功能主义范式所带来的观念性革命往往被描述得如此激进，以至于进化论者与扩散主义者之间早先的激烈争论仿佛是小题大做。无论是以进化论者那种宏大而粗犷的方式，还是以扩散主义者那种谨慎、局部限定的方式，重构历史的渴望似乎越来越变得离奇古怪和乏味无趣。过去，人们关注的是人类特质在不同“族群”之间的进化或扩散，将这个过程描绘成一幅气势恢宏的时空画卷，而现在，人们日益关注的是特定地点的社会设置与观念组织方式的具体细节，它们被看作是结构化的社会系统和富有意义的文化整体。然而，正如我们之前看到的那样，这种转变只是局部的，而且从许多方面而言，它只是方法上的变化，而不是深刻的观念变化。正是从这种逐渐的变化中，产生了激进的范式转变。

但是，功能主义阵营内部开始出现新的争论。马林诺夫斯基作为英国社会人类学界思想领袖的地位，很快就遭到来自同时代人的挑战，此人便是拉德克利夫-布朗。当马林诺夫斯基在伦敦政治经济学院接受塞利格曼的指导时，拉德克利夫-布朗正在剑桥大学接受哈登和里弗斯的指导。他是“托雷斯海峡考察”的老一辈学者们派出去进行长期田野调查的那一代学生。拉德克利夫-布朗撰写了一部专著《安达曼岛人》（*The Andaman Islanders*，1922），与马林诺夫斯基的《西太平洋上的航海者》同年出版。拉德克利夫-布朗的这部著作既缺乏像《西太平洋上的航海者》里展现出来的那种写作艺术与魅力，也没有像后者那样突显出厚重的民族志知识或方法论创新。这部书的资料收集方法更像是那种搜集神话和故事的零散调查，而不是通过马林诺夫斯基的全身心沉浸和“参与式观察”。然而，拉德克利夫-布朗的长处在于对法国社会学的深入解读和理论自觉，这种理论自觉在关于社会结构的分析中越来越表现为一种观念上的纯粹主义[①]——倘若不是基要主义的话。

在 1922 年出版各自的专著之时，拉德克利夫-布朗和马林诺夫斯基认识到彼此是功能主义革命的盟友。正如乔治·斯托金令人信服地指出的那样，在两次世界大战期间，拉德克利夫-布朗与马林诺夫斯基之间关系的转变同时体现在个人、制度与思想等方面（Stocking，1984a：156–179）。他们公开的分歧深刻地影响了英国的社会人类学。到了 20 世纪 30 年代末期，他们之间的争论变得异常激烈，两个人的学术思想彻底分道扬镳，人类学这门学科的理论中心也从马林诺夫斯基的伦敦政治经济学院转移到了由拉德克利夫-布朗在牛津大学创建的社会人类学研究所。在思想上曾经和谐一致的英国功能主义内部，出现了一种根本性的理论对立。

拉德克利夫-布朗特别强调与马林诺夫斯基的术语体系划清界限，这极大地影响了功能主义的发展。第一，马林诺夫斯基从普遍意义上同时关注“社会”（如涂尔干）与“文化”（如博厄斯），他在晚年甚至提出了一种“文化的科学理论”（Malinowski，1944）。而拉德克利夫-布朗则坚持以“社会”作为自己的研究重点，并明确批评美国人类学家莱斯利·怀特（Leslie White）试图将人类学描述为一门文化科学的做法（Radcliffe-Brown，1949c），尽管他没有直接指名道姓批评马林诺夫斯基，但对怀特的批评明显隐含着对后者的批

① “纯粹主义”（purism）是指在语言、艺术、文化或政治领域强调保持事物之原始、纯粹或传统形态的一种理念或倾向。

评。对于拉德克利夫-布朗来说，人类学就是“比较社会学”。这种区别不仅仅是名义上的，而是更深刻的观念层面的区别，并且涉及前文谈到的历史与科学、阐释主义与实证主义之间的区别。认为，对于追求普遍性的科学而言，社会是合适的研究对象，它可以从观察到的现实中发现自然规律（Radcliffe-Brown，1951）。与之相反，文化则是历史研究的恰当对象。拉德克利夫-布朗反复地强调这种分工。这使得博厄斯与他的美国学生站在历史的一边，肩负着“重构特定族群的文化史”这一重要但非科学的工作，而（英国）社会人类学家则负责对各种社会制度进行系统性的比较，以寻求普遍的规律。

第二，拉德克利夫-布朗公开批评马林诺夫斯基对“功能”这一术语的使用不够严谨，后者将它用来指“任何一种相互依存的关系”，而且未能将“社会功能”与一般意义上的效用概念区分开来（转引自 Stocking，1984a：173）。马林诺夫斯基明确反对拉德克利夫-布朗的观点，他强调自己的功能主义建立在对个体的生理与心理需求以及对“它们在文化中得到的满足”进行深入分析的基础之上（Malinowski，1939）。在拉德克利夫-布朗看来，这是一种严重的混淆和误解。与涂尔干一样，拉德克利夫-布朗反对从生物学或心理学的解释推导出社会学的解释，或者根据对个体的用处来解释社会功能。如同涂尔干那样，拉德克利夫-布朗亦认为社会是一种自成体系的现实，社会事实需要以其他社会事实来解释。

这种涂尔干式纯粹主义产生了两个结果。首先，作为一种生命存在的人类个体被抽象成由社会地位和角色结合而成的“人”。拉德克利夫-布朗曾经令人印象深刻（或令人诟病）地写道：

> 汤姆、迪克与哈里之间的真实关系……可能会被记录

在我们的田野笔记里，并成为一般化描述的具体实例。但出于科学的目的，我们需要的是一种关于结构形式的描述。

(Radcliffe-Brown，1952：192；
关于后人对该立场的批判，可参见第六章)

其次，它导致对功能观念的理解日益变得狭隘。认为社会事实的功能只能与作为一个整体的社会有关（而不是与个体的生理或心理需求有关），这实际上意味着，任何社会事实唯一可能的功能就是维持社会本身。换句话说，社会事实的功能是通过描述它如何有助于维持稳定的社会结构来解释的。马林诺夫斯基与拉德克利夫-布朗之间就个体以及心理因素在人类学分析中的作用展开的争论，导致该学科内部产生了持久的对立，后来有些学者又重新回到马林诺夫斯基的观点，以摆脱拉德克利夫-布朗式“结构功能主义”的抽象观念。

## 结构不是什么：内容与过程

对“结构功能主义”这个名称，需要作一番解释。它反映出这样一个事实，即尽管拉德克利夫-布朗提出了一种在本质上仍然是功能主义的分析模式，但在这些分析中，“结构”超越“功能”成为关键的术语。从功能到结构的转变，部分是观念上的（因为功能最终将被解释为维持结构的作用），部分是修辞上的——这是与马林诺夫斯基划清界限的标志，后者已经挪用了“功能主义”这个术语。[12]

那么，对于结构功能主义者而言，“社会结构”是什么呢？正如齐格弗里德·纳德尔（Siegfried Nadel）所说的，从反面来定义结构或许更加容易，即通过阐明非结构之物来说明结构为何物[13]（Nadel，1957：7），这些非结构之物包括：功能、内容与过程。首先，如上所述，结构不是功能。结构描述的是社会设置的形态，而不一定要对它们“是否达到某些规定的效果”进行评价（第7页）。

其次，结构并非内容。我们称之为“社会”的事物似乎是由相互作用的人类个体组成的。但是，虽然这可能是人类学家所描述的“社会”的经验内容，但社会的“结构”却是另一回事——即使个体死亡或改变其身份，这种设置也仍然会持续存在。试想一下，一位授课者年复一年地就某一学科的基本主题开设一系列讲座。每一年的学生都不一样，讲座的内容会逐渐发生变化，而这位讲师最终也会被替换。从更长的时间跨度来看，也许其中有一位学生最终会成为授课者。作为一种社会设置，讲座的结构是超越这些人员和经验内容的变化而持久存在的。因此，对于拉德克利夫-布朗（Radcliffe-Brown，1940a：3–4）来说，社会结构不是在个体而是在角色（学生、授课者、母亲、女儿、国王、邮递员等）的基础上构建起来的，角色不会随着个体的离开而消亡。这些角色联系在一起，既可以构成一种二元关系（父母—子女，雇主—雇员），也可以聚合成更广泛的“社会群体”（世系群、部落、民族）。这些群体，特别是世系群（“单系继嗣群体”）是结构功能主义者尤为青睐的分析对象，这一点我们在后文还会谈到（Fortes，1953）。[14]纳德尔在设法将“角色”观念发展成为理论与分析的一致焦点时，显得相当孤立无援（Nadel，1957）——这项研究从未真正实施，但它在社会学的社会网络分析中却产生了重要的分支（参见第六章）。拉德克利夫-布朗将社会结构定义为由“不是作为有机体，而是作为在社会结构中占据着位置的人”构成的（Nadel，1957：5）。这种貌似循环的定义实际上是一个严格的关系性定义：如果说社会结构是一种事物，那么它是从一种关于事物——更准确地说是关于人——的关系性设置的意义上而言的。

将社会结构定义为随着个人年龄增长、地位变化、出生和死亡而持续存在的事物，这也道出了一个观念性的问题：尽管存在这些“内部”变化与来自外部的压力，这种结构是如何设法持久存在的？因此，结构功能主义的核心问题是解释社会结构的这种“稳定性”，即“社会的均衡”。然而，从某种意义上说，这种稳定性本身就是社会结构定义方式的一种理论产物。如果从人类实际的互动之流中抽象出某种共享的、普遍的与不变的东西，并将其视为一个独立的对象——若将结构与内容分离——那么同时也将其转化为一个有待解释的问题。

对均衡问题的关注与对结构的第二个逆向定义有关：结构不是过程。根据涂尔干对原因和功能的区分，拉德克利夫-布朗严格地将“社会静力学”与“社会动力学”区分开来，前者研究社会结构在特定时点的形式，后者研究社会结构随着时间的推移而出现的演化，它基于对实际的历史变化与转型的细致研究。对于拉德克利夫-布朗来说，如同对于涂尔干来说一样，这种区分仍然是一种方法论上的区分。就像马林诺夫斯基以及当时的其他人类学家一样，拉德克利夫-布朗依然坚定地相信（显然）社会是有历史的，更具体地说，社会是“演化的”，它是以达尔文式进化论的方式进行的，即非导向性、多线性，而不是以任何“发展的”或进步的意义上而言的（Radcliffe-Brown，1947；关于这一区别，参见上文）。功能主义框架将社会设想为类似于有机体的存在：它既包含社会静力学，即在内部和外部的压力下维持其结构的功能设置，也包含社会动力学，即在不同的历史和环境条件下随着时间而产生分化与转变的功能设置。[15]

虽然这两个问题都很重要，但是拉德克利夫-布朗与20世纪中叶的许多人类学家一样，认为只有前一个问题是人类学家可以通过实证的方式获得答案的问题。之所以这样认为，是因为当时大多数人类学家研究的社会都没有以文字记载历史的传统，因此，这些社会在历史上曾经发生的转变是未知的。根据对当今这些社会的真实实践进行描述，在此基础上产生的关于社会结构的共时性说明具有经验有效性。在缺乏历史记载的情况下，对这些社会的过去进行历时性的重构，正如拉德克利夫-布朗在评价进化论者时写道的那样，是一种“伪历史”（Radcliffe-Brown，1952：3），因此，必须严格避免。

因此，从总体上来说，功能主义者——尤其是结构功能主义者——在理论上允许自己将所研究的社会描绘成仿佛停留在一种永恒的当下，脱离了时间。无疑，这些共时性的结构描述是抽象的：归根结底，社会人类学家研究的具体现实“不是任何类型的实体，而是一个过程，即社会生活的过程”（Radcliffe-Brown，1952：4）。

尽管如此，这些关于非西方社会抽象的、共时性的描述，逐渐积累形成了一种常识性的观念，即将世界划分为——如埃里克·沃尔夫（Eric Wolf）后来嘲讽性地说的——“欧洲与没有历史的人民”（Wolf，1983；参见第五章）。功能主义的各种形式，尤其是结构功能主义，被视为“对历史关切的宣战”（Carneiro，转引自第五章）。一些结构功能主义者试图解决社会的动力机制问题（Fortes，1970；Goody，1971），但由于这些努力与当时的观念潮流背道而驰，最终被一种更加激进的做法所取代，即重新思考整个关于静力学/动力学的划分（参见第五章）。

## 一个范例：努尔人的世仇

爱德华·埃文思–普里查德（Edward Evan Evans-Pritchard）曾是马林诺夫斯基的学生，但他逐渐与昔日导师的意见产生不合，转而支持拉德克利夫–布朗的人类学观点。他的第一部著作《阿赞德人的巫术、神谕和魔法》（*Witchcraft, Oracles and Magic amongst the Azande*，1937）探讨了社会结构问题，但其主要关注点是巫术信仰的合理性问题——显然，这是一个关于“土著观点”的问题。当埃文思–普里查德撰写第二部著作《努尔人》（*The Nuer*，1940）时，他对结构功能主义的皈依达到了顶峰。该书关于努尔人世仇的论述成为结构功能主义关于均衡问题的最著名、同时也是最具有说服力的例证，它清晰地展示了结构与内容以及结构与过程之间的区别。[16]

根据埃文思–普里查德的描述，20 世纪 30 年代的努尔人不断地陷入血仇之中，一起谋杀会引发受害人亲属对凶手及其亲属进行报复，而这又会引发进一步的报复行为［关于埃文思–普里查德对努尔人研究的背景说明以及对其中一些结论的修正，可参见哈钦森（Hutchinson）的著作《努尔人的困境》（*Nuer Dilemmas*，1996）］。埃文思–普里查德将世仇视为一种“制度”进行研究，尽管它明显是暴力的，并且具有破坏性，但实际上却具有维持社会结构的功能。类似于涂尔干［Durkheim，2002（1897）］早先将自杀作为证明行动背后的社会动机的有力案例（毕竟，还有什么比自杀更个人化的呢？），埃文思–普里查德的分析之所以有很强的说服力，这是因为世仇似乎是一个反直觉的例子，可以证明社会均衡是如何维持的。毕竟，还有什么比永无休止的世仇更无政府主义、更无法无天以及更具破坏性的呢？

埃文思–普里查德的论证过程非常复杂，他提出了有关世仇的两个功能。第一，从它的“法律”维度来看，世仇是一种控制与限制个体之间暴力的制度——无论这看起来多么自相矛盾。埃文思–普里查德指出，首先，世仇不是个体之间的无差别暴力，而是一种特定社会群体（部落）内部的暴力形式，它遵循着固定的模式和规定的准则。在不同的部落成员之间，或者努尔人与非努尔人之间，不会有世仇，而只有战争。世仇的第一条准则是，荣誉要求之下的报复——这本身就会阻止潜在的凶手，它起到的威慑作用类似于其他社会里相信警方会起诉犯罪行为。但是，其他准则也会通过避免凶杀与反凶杀之间的进一步升级来限制世仇带来的破坏性。例如，豹皮酋长是一位具有仪式性权威的人物，尽管他并非政治权威，但凶手可以向他求助，让他充当中间人与受害者的亲属进行调解，说服他们接受以牛群作为补偿来满足他们的荣誉，而不是报复性地将凶手杀死。尽管这种调解不一定能成功，且仅是劝诫性的，但至少暂时提供了一种阻止世仇的方式。

事实上——最初这也是结构功能主义的观点中最反直觉的方面——要让世仇发挥这种法律功能或者任何功能的话，它必须是一种持久存在的现象。倘若解决世仇的方法能够成功地根除它们，而且仅仅因为有效的仲裁就能够终止世仇，那么它们的威慑功能将消失——世仇将成为不幸的历史事件，而不是一种功能性的社会制度。因此，在埃文思–普里查德的功能体系中，经由仲裁而暂停的世仇总会在同一代人或下一代人那里死灰复燃。世仇可能会暂时停止，但不会消失。因此，这种制度不仅仅是由控制世仇的各种规则组成的，而且也是由世仇本身组成的。或者换句话说，世仇不是社会秩序崩溃的迹象，而是维持社会秩序的解决方案，它通过持续的暴力和报复的威胁以及受控于可能的仲裁机制来实现。

除了世仇的这种“法律”功能之外，埃文思–普里查德还增加了政治功能。这个观点是在对努尔人的政治和亲属组织进行错综复杂的描述之后得出的，我在这里试着对它简要概括一下。埃文思–普里查德的观点可以简单地如图 1.2 到图 1.4 所示。如他所描述的那样，努尔人的社会是通过一种嵌套模式组织起来的政治群体：“部落”由“初级支系”构成，这些初级支系又细分为“次级支系”，而次级支系则由村落构成[①]（图 1.2）。

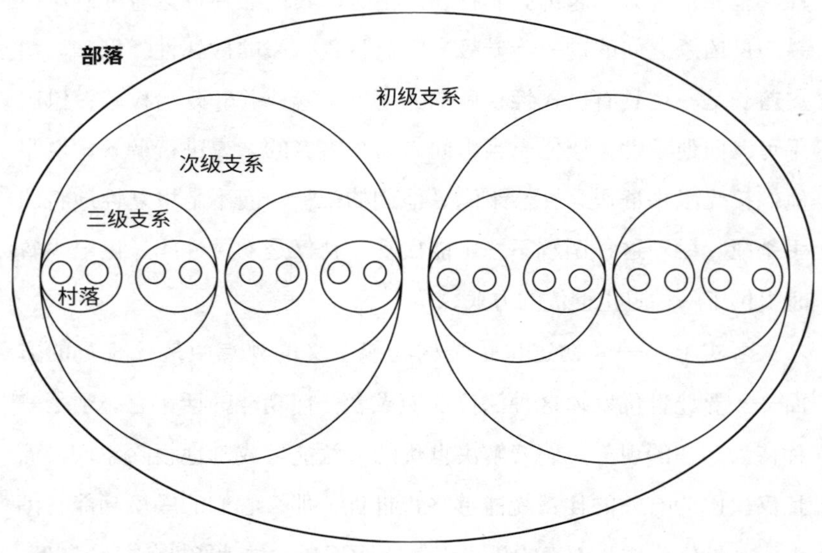


**图 1.2　政治系统**

来源：作者自制

① 原文如此。根据埃文思–普里查德在《努尔人》里的论述以及这里的图1.2所示，次级支系由三级支系构成，三级支系才是由村落构成的。

与这种嵌套式政治体系相对应的是一种以谱系为基础组织起来的亲属关系结构，在该亲属关系结构里，其中某个“氏族”将其祖先追溯至——可能是神话里的——一位元老，该氏族被分成若干“最大世系群”，每个这样的世系群都与该元老的一个后代有关联，这些世系群又按照相同的谱系裂变模式分成“较大世系群”、“较小世系群”以及最后的“最小世系群”（图 1.3）。这些最小的世系群大约由三代人组成，他们是在当地实际存在的亲属群体，在每个特定的村落里都是地方精英。

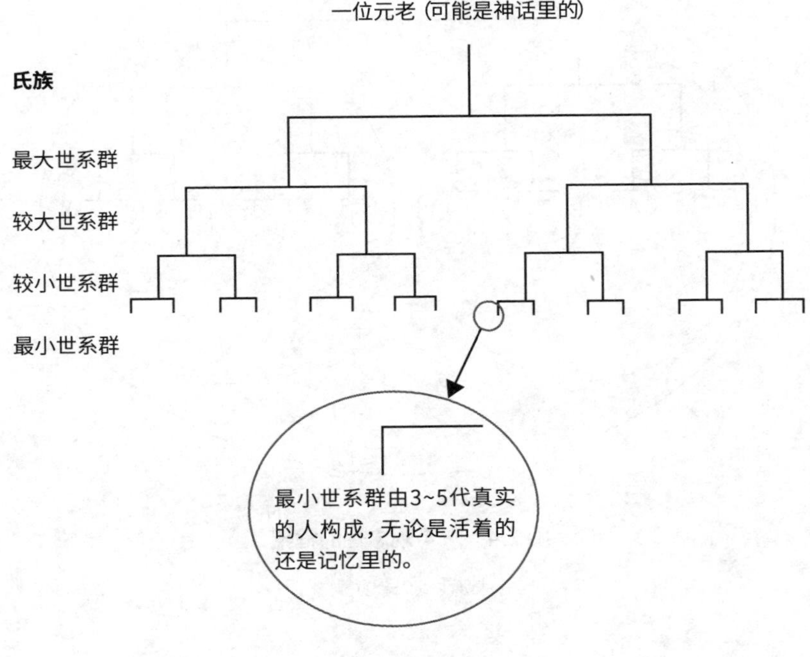


**图 1.3 亲属关系系统**

来源：作者自制

世系群的这种裂变模式一直延伸到氏族，它与部落的“初级支系”与“次级支系”的嵌套模式相对应，这种观念性的架构体系使得每个村落围绕着其最小的世系群能够估算出与其他村落在谱系上的亲疏关系（图 1.4）。正如埃文思–普里查德所说的——它展现了将社会比作有机体这一根深蒂固的隐喻，“世系群制度……是一个观念性的框架，地方性的共同体在其基础之上建成一个由相互关联的部分构成的系统”（Evans-Pritchard，1940：212）。

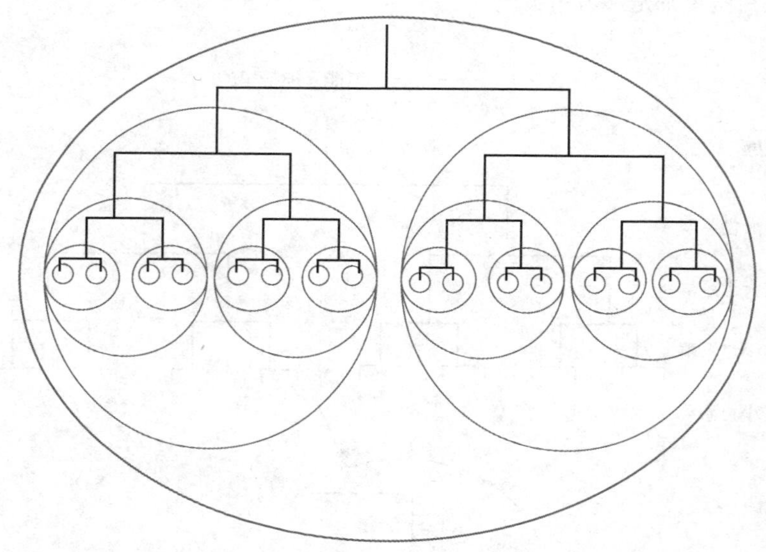

**图 1.4　一个观念性的框架**

来源：作者自制

在人类学中，这种嵌套式政治组织——它里面的共同体彼此之间的亲疏关系不同，但都被视为同一谱系的各个部分——以“裂变系统”（segmentary system）的范式而广为人知（Evans-Pritchard,

1940：4）。而这种裂变系统正是世仇发挥其政治功能的基础。不同村落成员之间的世仇往往使这些村落相互对抗。然而，当其中一个村落的成员与属于不同“初级支系”的成员之间爆发世仇时，这些敌意将被取而代之，此时，原本敌对的村落会联合起来，共同对抗关系更为疏远的敌人。而这种敌意又会被与另一个“初级支系”的成员之间爆发的世仇所取代。当不同“初级支系”之间的世仇得到化解，并且消除了更高阶的敌意时，临时结盟的“次级支系”可能再次恢复到他们先前的敌对状态。这对整个社会结构产生的影响就是不断地在“分裂”与“融合”之间运动，即不同的裂变分支轮番联合起来共同对抗其他分支，又因其内部存在的张力而再次分裂——“努尔人的部落以及它的分支被理解为这两种相互矛盾又互为补充的趋势之间的一种均衡状态”（Evans-Pritchard，1940：148）。

这种由敌意与对抗驱动的永恒运动似乎并不适合作为社会稳定的事例。然而，这正是埃文思-普里查德的主张，对此，他在下面这段引文中进行了精辟的概括：

> 世仇是一种政治制度，它是部落内部各个共同体之间的一种被认可并加以管控的行为模式。部落的裂变分支之间的这种平衡的对立及其分裂与融合这样互为补充的趋势，我们将它看作是一种结构性的原则，这在有关世仇的制度中是显而易见的：一方面，通过偶尔发生的暴力行动来表达敌意，从而有助于各个支系保持分离；另一方面，通过提供解决冲突的手段，从而防止对立演变成彻底的分裂。
>
> （Evans-Pritchard，1940：161）

从这种观点看来，努尔人的社会作为一个整体，在彻底分裂与对抗性聚合之间谨慎地保持着平衡状态，尽管它的形式在不断地发生变化。

《努尔人》保留了马林诺夫斯基的功能主义所特有的一些较为广泛的关注点，其中包括“知识的社会建构”问题，这也是埃文思–普里查德早期研究阿赞德人的巫术时核心关注的问题。例如，书中有一章专门讨论了努尔人对空间和时间的认知。该书还具有一种整体性的视野，它展现了经济、空间和时间、牛的符号、政治组织以及亲属组织之间的整合。尽管如此，这种结构功能主义的观点明显偏离了马林诺夫斯基对个体性视角与经验的兴趣。毕竟，只有对那些卷入世仇之中的人们所具有的经验视角进行抽象化，才能将世仇视为一种维持社会均衡的功能性制度。根据埃文思–普里查德自己的说法，这是一种永恒的——不受时间影响的——不确定性，犹如生活在危机四伏的环境中，潜伏着的暴力随时可能被释放出来。《阿赞德人的巫术、神谕和魔法》的主要问题是探讨这些信仰对于阿赞德人来说有何意义，而《努尔人》的主要问题则是“阐明结构的形式”(Radcliffe-Brown，1952：192)。

## 回到比较

拉德克利夫–布朗的结构功能主义以及它与进化论之间的延续和断裂，通过他对回避关系问题（即避免提及姻亲的名字或与在场的姻亲打招呼）的重新阐释得到了清晰的说明，如前所述，关于回避问题的研究最初由泰勒引入人类学领域。拉德克利夫–布朗曾多次回到这个问题（Radcliffe-Brown，1940b；1949a）。拉德克利夫–布朗采用与泰勒类似的方式，比较不同社会之间关于回避行为的实例。与泰勒不同的是，拉德克利夫-布朗没有将这些习俗与婚姻居住模式进行对照，以试图推导出某种序列，在这种序列中，某种回避形式可能转变为另一种形式。拉德克利夫-布朗将回避关系与他称作“戏谑关系”的另一组行为联系起来进行研究。这些关系是姻亲之间“被允许的不尊重”（Radcliffe-Brown，1940b：196），在此类关系中，一方或双方被期待并且有权利对对方搞恶作剧，彼此嘲笑或侮辱，而不会引起任何敌意。拉德克利夫-布朗指出，回避关系往往存在于不同代际的姻亲之间（例如，丈夫与其妻子的父母），而戏谑关系往往存在于同一代人的姻亲之间（例如，姐夫、妹夫）。他将回避和戏谑行为与同一亲属群体代际内部和之间社会期待的“正常”行为联系起来：毗邻代际之间的尊敬和顺从（父母与子女），同代人之间的友爱和情谊（兄弟姐妹）。因此，姻亲之间的回避和戏谑行为是作为亲属群体内部这些相应类型的正常行为之扭曲或夸张的形式出现的。

这些比较和对照为拉德克利夫-布朗的解释奠定了基础（本段中所有引用内容参见 Radcliffe-Brown，1940b：196–197）：从社会学的意义上讲，婚姻并不仅仅是两个个体之间的结合，而是“社会结构的重新调整”，通过这种调整，妻子和丈夫与他们各自的姻亲建立了新的关系。这种观点将婚姻看作是两个家庭、世系群或氏族之间的部分合并，它事实上将其想象成一个微型的社会。在这些家庭之间，可能会出现“社会分裂”——由于利益上的分化而产生敌对关系。虽然婚姻并没有消除这种基本的社会分裂，却创造了新的“社会联结”纽带，因为妻子的家庭会“对她以及她的孩子保持持久的关注”。拉德克利夫-布朗认为，这种将两个社会单元重新组合成一种新的结构以及将“社会联结”与“社会分裂”进行结合，必然会对两者产生结构性的压力。无论是不同代际姻亲之间的回避行为表达出来的夸张的疏离和尊重，还是同辈姻亲之间仪式化的和戏谑的敌意，它们都是通过回避可能发生冲突的场合或者将冲突转化为玩笑，从而化解社会结构中存在的紧张关系。

如上所述，将拉德克利夫-布朗的观点与泰勒的观点进行比较是有启发性意义的。一方面，我们看到了功能主义范式（包括结构功能主义范式）与进化论范式之间的彻底决裂。泰勒试图重新建构一个序列，即从婚后居住模式的转变开始，最终追溯到人类社会从母权制向父权制的宏大演变过程。相比之下，这些历史问题在拉德克利夫-布朗的视野里则完全不存在，在后者看来，社会和群体面临着持久的结构性问题，并在永恒的当下找到了功能性的解决方案。泰勒明确地从个体的视角出发，尽管是以一种天真的普遍化的方式（想象一个外人闯入别人的家庭会产生什么感受），在马林诺夫斯基充斥着丰富的民族志材料的功能主义里，这种对个体视角的关注以更加精细的形式表现出来。与之相反，拉德克利夫-布朗的结构功能主义不考虑“汤姆、迪克和哈里”的视角，而是聚焦于由亲属群体构成的抽象实体所面临的问题。这里顺便提一下，有一种典型的结构功能主义的观点，它将亲属群体本质上看作是由存在继嗣/血缘关系的人（典型的是父与子）构成的微型社会，他们必须面对通过婚姻建立关系的“问题”：为了延续群体的存在，与不同群体的成员结盟（不幸地）成为一种必要，而这（自然）会产生问题。在列维-斯特劳斯提出截然不同的“结盟”理论之后，这种关于亲属关系的“继嗣理论”存在的局限性和想当然性就暴露无遗（参见第二章）。

另一方面，拉德克利夫-布朗与泰勒之间的比较也展现了方法论上的一个重要相似之处：两位学者都依赖于根据部分去背景化的社会形态进行比较。马林诺夫斯基的功能主义倾向于对单个社会进行专题研究，考察不同维度与要素之间的相互关系，而拉德克利夫-布朗则重新引入了一种更具比较性视野的观点。事实上，拉德克利夫-布朗明确指出，功能主义人类学家热衷于长期的田野调查，过快地摒弃了“坐在扶手椅上”看问题所具有的优势（Radcliffe-Brown，1951）。由于社会就像有机体一样，人们可以设想，除了研究其不同部分之间功能性的相互关系，还可以研究一种更广泛的“比较形态学”（Radcliffe-Brown，1940a：6），在这种形态学中，不同类型的亲属制度或政治制度可以从它们的有机环境中剥离出来，彼此并列在一起，就像生物学家比较不同物种的消化系统或呼吸系统的功能性异同一样——这是拉德克利夫-布朗从涂尔干（Durkheim，1964）那里继承的另一个观点。这种方法在两部最具结构功能主义特色的著作中得到了典型体现，即经编辑整理而成的《非洲政治制度》（*African Political Systems*，Fortes and Evans-Pritchard，1940）与《非洲的亲属关系与婚姻制度》（*African Systems of Kinship and Marriage*，Radcliffe-Brown，1950）。这两部书都是由不同人类学家撰写的章节构成的作品集，这些人类学家已经分别就“他们”各自研究的社会出版了相关的专著，而在这两部书里，他们集中讨论了政治与亲属关系的内容，而书的导言部分则运用分类学强调不同案例之间的重要差异与相似之处。

这里我们可以稍作停顿，对上面讨论的马林诺夫斯基的功能主义与拉德克利夫-布朗的结构功能主义作一个简要的对比：20 世纪初期至中期，这两种功能主义形式在英国人类学中占据着支配性地位。功能主义的典型表现形式是全面、综合的长篇专著，展示社会各个方面的相互关系，并将社会功能问题与作为该社会成员的视角和经验巧妙地交织在一起。相比之下，结构功能主义的典型表现形式是编撰而成的作品集，它选择某个结构性的维度，将其从更广泛的背景中抽离出来，并在多个不同的社会之间进行比较（此类作品体裁后来继续被沿用，例如 Middleton and Tait，1958；Middleton and Winter，1963；Goody，1966：1971；Richards，1971；Fortes，1972）。这种具有丰富的背景资料、多层次的专著与以理论为导向、经编撰而成的作品集之间的对立，也反映在关于两人的一种常见的、过于简单化的描述，即认为马林诺夫斯基是一位拙劣的理论家，而拉德克利夫-布朗是一位拙劣的田野工作者。无论这种描述多么粗略和不公平，它们仍然造成了一种截然对立的局面，这种局面至今仍然存在于这门学科当中（参见导言部分）。

从 20 世纪初期到中期，拉德克利夫-布朗的功能主义范式在英国人类学界的理论地位逐渐超过了马林诺夫斯基的功能主义范式。社会平衡问题与社会结构问题一度成为该学科的核心关注点，它希望通过这个“框架”，最终使人类学成为一门科学。但是，马林诺夫斯基所确立的专题形式的研究仍然存在，而且它对整体主义的关注必然突破那些严格意义上的“结构功能主义”的关注点，从而拓展相关领域的研究议题。这一时期的大部分作品——尽管它们的作者偶尔会表现出很激进的立场——都处于这两个极端之间的连续区间上，而不是属于两个“阵营”的其中一方。

马林诺夫斯基的功能主义与拉德克利夫-布朗的结构功能主义作为范式式微很久之后，这两个流派之间的张力给人类学留下了一系列根本性的对立关系，它们包括：田野调查与“坐在扶手椅上的研究”（尽管我们现在更愿意以“书桌”代替“扶手椅”）、单个案例的整体性描述与单一问题的比较性探索、丰富的民族志研究与清晰的理论阐释、试图把握个人动机和基于特定社会文化立场的“观点”与模式和动力机制的观念性构想。这些对立关系有时仍然被用来划清不同作者之间的界限，就像它们以前曾被用来在马林诺夫斯基与拉德克利夫-布朗之间划清界限一样。然而在大多数情况下，它们在人类学作品里发挥着一种有益的张力作用。

## 批判与新的超越

如我在导言中所指出的，20 世纪后期的人类学在很大程度上可以看作是对（结构）功能主义作出的回应和批判。第二种看待方式是——由于最初的许多批评者多少都具有结构功能主义倾向——我们可以将这些批判与背离看作是结构功能主义范式在内部争论中产生的分裂。看待这些批判与背离的第三种方式（这三种思考方式之间并不相互排斥）是将它们视为向本章中提到的早期主题的回归，即历史、个体、文化和意义——结构功能主义将这些主题排除在核心关注之外。这些批评将在本书中反复出现，并贯穿始终。因此，我在这里将以更加综合的方式来论述那些主要的批评。

我们可以将关于（结构）功能主义的批评归纳为三条主线。第一种批评本质上是哲学性的：它指责（结构）功能主义所声称的研究对象，即功能良好的社会制度整合形成稳定的社会结构，这在现实中根本不存在，而它正是（结构）功能主义理论的意义所在。第二种批评集中在理论所排除的内容方面，即（结构）功能主义观点忽略的内容。这一理论被指责为是高度选择性的。第三种批评更具体地涉及历史，并将（结构）功能主义的排斥和选择与该理论发展的特定历史背景联系起来，即 20 世纪早期的英国殖民主义。我们下面就这三条批评主线详细展开论述。

## 关于结构的争论

埃文思-普里查德的思想轨迹无法仅仅通过上文我们描述的那种转变来概括，即从他拥护于马林诺夫斯基转变为拥护于拉德克利夫-布朗。埃文思-普里查德的学术生涯还有第三个阶段，它开始的标志是 1950 年的一场引人瞩目的演讲，也正是这一年，埃文思-普里查德出版了《非洲的亲属关系与婚姻制度》。在这次演讲中，埃文思-普里查德毫不含糊地猛烈抨击结构功能主义范式：

> 关于社会的功能理论或有机体理论……在当今英国的社会人类学中占据着主导地位……拉德克利夫-布朗教授对这种理论的阐述最为清晰和一致。人类社会是一个自然系统，在该系统中，所有的部分之间都是相互依存的，每一个部分都在一系列复杂而必要的关系体中为维持整个系统发挥着作用。社会人类学的目标是将所有社会生活归纳为能够进行预测的规律……一个社会可以在不涉及其过去的情况下得到令人满意的解释。但是……对功能理论存在很多反对意见。将人类社会看作是他们所谓的那种系统，这只不过是一种假设而已……该理论还假设，在既定的环境下，社会生活的任何部分都无法改变，并且每一种习俗都有其社会价值，从而在一种天真的决定论的基础上又加上了一种粗浅的目的论和实用主义……出于这些原因以及其他的原因，我不能接受在当今英国人类学中占据主导地位

> 的功能理论，除非是在有许多限定条件的情况下。
>
> （Evans-Pritchard，1950：120）

埃文思–普里查德提出了一种替代性的观点，他认为社会人类学应该摒弃将自己标榜成以生物学为典范的科学，而将自身理解为一种人文学科。更确切地说，是阐释性历史学的一种类型。由此，埃文思–普里查德重新回到了实证主义传统与阐释主义传统之间的根本张力，前者将人类社会视为自然系统，而后者之所以将人类社会视为系统：

> 只是因为社会生活必须具有某种模式，因为人类作为一种理性的生物，必须生活在一个他们与周围的所有关系都是有序的与可以理解的世界里。
>
> （Evans-Pritchard，1950：123–124）

在涂尔干后期的著作以及早期功能主义者的著作里，我们看到了这种对实证主义的客观主义与阐释性视角的双重关注。我们看到结构功能主义对阐释性问题的关注明显不断减弱，这也体现在埃文思–普里查德从对阿赞德人的研究到努尔人研究的转变之中。现在，阐释性视角又重新受到重视。埃文思–普里查德后期的著作展现了他视野中的不同维度：《努尔人的宗教》（*Nuer Religion*，1956）是一项巧妙复杂的阐释性研究，在寻求理解的过程中，它彻底弱化了（结构）功能主义的方面，尤其是他的历史民族志作品《昔兰尼加的塞努西教派》（*The Sanusi of Cyrenaica*，1949，参见第五章），令人遗憾的是，这部著作很少有人问津。人类学的历史转向需要一些时间的积淀才能实现，但当它到来之时，正如埃文思–普里查德预言的那样，将扫除（结构）功能主义的许多假设和关注点。埃文思–普里查德在后期著作中对阐释性研究的转向，也为20世纪晚些时候英国的社会人类学与美国的文化人类学之间的和解奠定了基础。

埃文思–普里查德在马雷特（Marret）的演讲与克劳德·列维–斯特劳斯在前一年发表的一篇关于人类学与历史之间关系的论文（Lévi-Strauss，1949）在观念上具有许多共鸣之处，虽然埃文思–普里查德在这次演讲中没有提及后者。这种联系具有重要的意义。20世纪中期，列维–斯特劳斯的结构主义在欧洲成为结构功能主义的主要挑战者与替代者。它采取的无疑不是阐释性历史学的路径，由于第二章会具体探讨结构主义，我在此就不再赘述。然而，就像埃文思–普里查德后期的研究一样，列维–斯特劳斯的结构主义也始于强烈批评这样一种尝试性的做法，即基于人类社会的比较生物学模型建构人类学。从结构主义的视角看来，“功能”与“社会结构”两个概念的使用都存在幼稚的误解。正如列维–斯特劳斯广为人知地写道——尽管有些不公平：“说‘一个社会具有功能’是自明之理，说‘社会中的一切都具有功能’则是谬论。”（Lévi-Strauss，1949：376）在列维–斯特劳斯看来，将社会结构类比为生物结构的观点同样是幼稚的。相反，他认为，社会生活中观察到的规律与模式——无论是亲属关系、仪式安排还是神话——都源于其他地方：源自受文化塑造的个体心智中成体系的、潜意识的且往往是隐含的规则。在结构主义中，“结构”至关重要（如其名称所暗示），但它与“社会结构”是完全不同的现象。[17]

埃文思–普里查德与列维–斯特劳斯对结构功能主义的批评得到了埃德蒙·利奇（Edmund Leach）、罗德尼·尼达姆（Rodney

Needham）等英国结构主义者的响应，后者甚至进一步推进了这些批评，他们通过一系列思维缜密和极具破坏性的批判，揭示了结构功能主义整个系统性的概化比较法（Needham，1962；1975；Leach，1966）。倘若社会结构不是实际存在的真实研究对象，它们之间也不是通过功能分化的进化关系彼此关联起来的，那么试图从它们的比较中推导出类型学和规则的整个方案就是无稽之谈——因此，诚如利奇所言，结构功能主义的比较仿若是在“采集蝴蝶标本”：仅仅注意到并排列那些精致美观但实质上毫无意义的相似性和差异性模式。

## 被忽略的事物

除了这些根本性的哲学批评之外，有些批评聚焦于（结构）功能主义范式所忽视的重要事物。正如我们看到的，这些被忽略的方面最主要的是历史、转型与变迁。人们指责（结构）功能主义对进化论者的“伪历史”反应过度，与之相反，（结构）功能主义所描述的社会却停留在了永恒稳定的当下（Leach，1964；参见第五章）。

与之相关的第二种批评聚焦于结构功能主义认为冲突在某种程度上是功能性的。社会内部的张力甚至暴力被描述为在一定程度上有助于维持社会秩序。地位、财富、权力、性别或行动能力等方面的差异被描述为构成了一个井然有序的“角色”系统，它们相互之间形成了一种功能性的劳动分工。这种解释逻辑没有为不平等、压迫，甚至革命或意图性的社会转型问题留下任何空间。这两种批评尤其与人类学和相关学科中马克思主义社会理论的日益流行有关。早期关于这些批评的例子，例如马克斯·格鲁克曼和曼彻斯特学派的研究，他们没有直接引用马克思，但是引入了对转型、冲突和不平等的关注，同时没有完全摒弃早期结构功能主义的分析方法（参见第六章）。后来的新马克思主义人类学对整个（结构）功能主义事业发起了更加猛烈的抨击（参见第三章）。然而，诚如我读本科时的导师苏珊·本森（Susan Benson）——令人惋惜的是，如今她已经过世——所言，许多人类学的马克思主义分析实际上仍然是“带有外置马达的结构功能主义”。

转向研究女性主义与性别人类学的学者还发现了另一类忽视（参见第十二章）。这个问题的核心前提是对传统的男女两性之间功能互补的劳动分工模式提出挑战，在这种分工模式中，男性居于公共政治领域，而女性居于私人家庭领域。这里存在着一种“双重抹除”现象：首先，在这些所谓功能性的设置与互补性的设置中，女性与男性之间的权力和支配关系被抹除了。其次，也是更为严重的一点，结构功能主义抹除了女性在社会中扮演的更广泛的角色，因为很多结构功能主义视角都认为政治是社会的本质，同时也是男性的事务。在许多情况下，这一指责是有充分根据的。例如，在《努尔人》的导言中，埃文思–普里查德漫不经心地指出：

> 与所有其他族群一样，努尔人的社会也存在性别分化。然而，这种性别的二元对立对于本书讨论的结构关系来说，意义非常有限，而且是负面的。它的重要性更多地体现在家庭生活领域而非政治领域，因此本书没有给予太多关注。
>
> (Evans-Pritchard，1940：7)

不过，这一时期的有些研究虽然专注于结构功能主义关心的问题，但也密切关注女性的角色与经验，譬如奥德丽·理查兹（Audrey

Richards）的《祈颂姑》（*Chisungu*，1956）。

第三种经典的批评集中于（结构）功能主义无视个体差异与人类能动性。此类批评的代表性人物包括埃德蒙·利奇、雷蒙德·弗思（Raymond Firth）以及弗雷德里克·巴斯（Fredrik Barth）等“交易主义学派”的作者（参见第四章）。从某种意义上而言，这种批评代表了马林诺夫斯基对拉德克利夫-布朗的“死后报复”：利奇与弗思都直接而自觉地借鉴了马林诺夫斯基对个体、动机和行动的关切，以此抵制结构功能主义对个体能动性的抹杀。

对于许多这样的批评（尽管在性别问题上可能没有那么直接），结构功能主义者可能会给出一个简单而相当有说服力的回答：对于这些批评意见所描述的事物，结构功能主义者并没有“遗忘”，它们描述的关于这个世界的各个方面，结构功能主义者也并非没有看到。谁会忽视社会内部存在差异和张力这样的事实？谁会无视历史的存在？谁会想不到个体能决定自己的行为，它们并不是完全受社会约束控制的？相反，这些特征——历史、个体能动性以及导致社会不稳定并引起内部对抗的力量——都被*有意地*排除在分析框架之外，之所以这样做，是为了提供一个清晰的分析模型，因为他们的既定目标是发现结构性的规律。结构功能主义者会争辩说，他们从来不认为社会是功能完善、绝对稳定、完全控制着成员行动的永久性实体。相反，结构功能主义者的观点是，通过对这种共时、稳定的理想状态进行建模，这样我们就可以准确地获得一个基点 / 立场，然后据此来判定例外情况、历史变迁以及功能失调或解体 / 崩溃。我们已经看到涂尔干和拉德克利夫-布朗是如何通过结构与过程的关系来说明这一点的：过程是一个引人入胜的关键问题，但为了分析的目的，必须将它以一种启发性的方式从结构中分离出来。在《自杀论》的一个经常被人忽略的段落里，涂尔干对能动性与人类自由问题的论述也表达了类似的观点：

> 虽然无意在此提出一个超出我们讨论范围的形而上学问题，但我们必须指出，这种统计学的理论并没有否认人类享有的各种自由。相反，与将个体视为社会现象的源泉相比，它更少触及自由意志的问题……人口统计数据的稳定性来源于个体之外的力量……可以肯定的是，有些人会抵制这种力量，而有些人则会被这种力量所左右。
>
> （Durkheim，2002：289–290）

换句话说，对于上文提出的许多观点，结构功能主义者可以指责他们的批评者没有意识到“遗忘某些事项”与“为了分析而有意将其排除在外”之间的重要区别。令结构功能主义者感到欣慰的是，他们的许多批评者，从马克思主义者到交易主义者，都隐晦地保留了功能性结构研究的诸多基本前提，尽管他们不会公开承认这一点。事实上，结构功能主义者可能会问：倘若没有对稳定的结构进行描述，我们如何能够看到变迁带来了怎样的影响？个体能动性是如何发挥它的作用或受到约束的？社会生活的哪些方面是创新性的？哪些是破坏性的？哪些又是不同寻常的？

## 历史与责任

这是一种有说服力的反驳。然而，在面对另一种批评时，这种反驳就显得有些苍白，这种批评不仅道破了结构功能主义的“缺陷”，而且将这些缺陷与该理论发展的政治和历史背景联系起来。其中一种相关的背景因素我们在前文已经有所提及，而且它成了女性主义批判的重要组成部分，这一事实便是：当时人类学家（大多数是男性）的性别化假设导致他们倾向于忽视女性（参见第十二章）。

在我们回顾结构功能主义时，另一个密不可分的重要背景因素是英国的殖民统治。这方面的关键批评来自塔拉勒·阿萨德（Talal Asad）主编的《人类学与殖民遭遇》（*Anthropology and the Colonial Encounter*，1973a）。这本书第一次系统性地评估了社会人类学与英国殖民主义之间的关系。该书的出发点是一个显而易见却很少被讨论的事实，即 20 世纪上半叶的欧洲人类学“致力于描述和分析被欧洲列强统治的非欧洲社会，这些研究是由欧洲人完成的，并且面向欧洲的读者”（Asad，1973a：15）。这显然意味着，人类学家若要接近他们所研究的“原始民族”，就必须依赖于英国殖民主义的制度结构。事实上，他们也仰仗着英国政府的资助来完成他们的研究。在这样做的过程中，（结构）功能主义人类学家往往倾向于将他们的研究描绘成是对殖民事业有用的，这种“有用”既体现在普遍的意义上，即为对未来的殖民官员进行教育，使他们了解即将上任“治理”的社会现实状况，有时也体现在较为特殊的意义上，即提供具体的模型和解释，以用于指导殖民政策。[18]然而，这种人类学建议在多大程度上对殖民官员真正有用或令他们感兴趣，以及人类学家的个人政治倾向、他们对殖民计划通常抱有的疏远态度和对所研究的殖民地人民的同情心等，这些问题一直都是讨论的焦点（例如，可参见 Asad，1973a；Kuper，1973；Stocking，1991）。

阿萨德的批评涉及更深刻的一点，即人类学的结构功能主义与其政治背景之间在观念上的相互作用，而这种互动往往是隐性的。

在这方面，阿萨德（Asad，1973b）比较了欧洲关于非欧洲民族的两种学术研究，以及它们分别与欧洲列强控制这些民族之间的关系：20 世纪的结构功能主义与 19 世纪的东方主义。在这两种学术研究中，它们所提供的内容描述与当时欧洲列强的战略利益和视角之间存在明显的契合关系。因此，在向中东进行大规模帝国主义扩张的前夕，东方主义者描绘了一幅伊斯兰社会长期处于功能失调状态、在专制权力与盲目的暴力反叛之间反复摇摆的图景。换句话说，东方主义者描绘了一幅似乎“需要”西方干预的社会图景。与之形成鲜明对比的是，在非洲殖民统治已经得到稳固的背景下，结构功能主义者则描绘了一幅稳定有序的社会图景——如同我们在前文看到的那样，这些社会或通过权力的自然平衡来组织，或者实际上按照民意进行治理。这里一切都没有问题，它在潜意识中隐含着一种保守的信息：陛下的统治万福安康！在这两种学术研究中，每一种描述都排除了某些重要的因素。东方主义者不仅忽略了他们所描绘的社会在历史上曾经出现过统治者与被统治者之间相互调适的各种过程，同时也无视与欧洲和亚洲的商业关系带来的影响，从而将这些社会看作是与外界相隔绝、自我封闭的。如前文所述，在结构功能主义者描绘的社会图景中，内部冲突与历史变革是缺失的。从阿萨德的历史视角来看，这些排除 / 缺失不再显得那么清白无辜。

阿萨德的分析也存在一定的局限性。首先，除了英国社会人类学对非洲社会的研究之外，功能主义的分析取向也存在于其他背景中，譬如19 世纪进化论的解释，我们之前已经讲到过这一点。其次，一个具有讽刺意味的微妙事实是，阿萨德的分析本身也受到功能主义的影响。尽管如此，无可否认的是，结构功能主义的分析将非洲社会作为独特的单元并置起来，以便进行观察和比较，这与英国殖民政府创造的“问题空间”遥相呼应，而人类学家最初正是通过殖民政府获得进入这些社会的机会（亦可参见 Kuper，1973）。那些本来杂乱无章、不断流变、彼此交叠的社会，如今却在行政管理的框架下被视为内在分离的，并被清晰地贴上各种标签。在后来的一篇论文里，阿萨德总结道：“人类学家在维护帝国统治结构过程中发挥的作用通常是微不足道的，尽管他们的宣传口号恰好相反……然而，即使人类学对殖民主义的作用并不重要，但反过来说就不成立了。”（Asad，1991：315）殖民主义的权力关系构成了 20 世纪早期功能主义人类学的智识背景，而不仅仅是它的实践背景的一部分，这一事实后来才被揭示出来。

这反过来又意味着，对于结构功能主义或其他任何理论的“启发式排除”问题，必须谨慎对待。总之，问题并不仅仅在于结构功能主义在抽象层面上“遗漏了某些东西”（历史、不平等或个体）——观察到这一点只是批评的开始。每一种理论视角、每一种阐述、每一个问题都会遗漏一些东西。问题是，这种排除反过来会产生什么作用。正如科学哲学家凯伦 · 巴拉德（Karen Barad）所言，“我们不能简单地排除（或忽略）某些问题，而不对这些排除所产生的构成性效应负责”（Barad，2007：58；亦可参见第十三章）。

当然，从政治的角度而言，至于这些排除究竟会产生什么影响，这仍然是一个复杂的问题。就某些方面而言，20 世纪早期的描述和分析从根本上挑战了普遍流行的殖民主义观点，尤其是认为“土著”是非理性的因而需要开明的干预和管理这样的观点（Kuper，1973）。更具体地说，埃文思-普里查德等人类学家凭借他们的观念性研究，明确批评关于巫术的殖民政策（James，1973）。类似地，我们也可以将埃文思-普里查德对努尔人的描述解读为阿萨德将东方主义和功能主义进行对比的反例。殖民政府将努尔人的世仇看成一种非理性的暴力实践，从而合法化强制干预的正当性，而埃文思-普里查德则将它重新描述为一个精密调适的系统，这种系统的运作逻辑是极富理性的，而殖民干预将对它造成严重的破坏。这也是《非洲政治制度》的导言表达出来的重要观点（Fortes and Evans-Pritchard, 1940）。总结起来，有机体论将社会视为社会实践与社会思维的稳定系统，它从启发法的角度排除了例外、张力与异常，这也可以被解读为与殖民主义的假设背道而驰，因为它表明了貌似陌生的信仰体系的合理性，以及非西方社会组织形式的有效性与不稳定的平衡。概言之，（结构）功能主义的政治至少与进化论的政治同样错综复杂。

## 结论：旧理论的用途

本章概述了现代人类学理论的起源，它的一个关键目标是阐明在许多方面截然不同甚至彼此对立的理论视角［譬如进化论、扩散主义和（结构）功能主义］，是如何从至少由四个国家的学者展开的广泛对话和争论中产生的。这场对话为20世纪和21世纪人类学理论的后续发展奠定了基础，它提供了重要的典范，为后来的理论发展提供参照和启示。

这个过程重复了当初的功能主义者或博厄斯学派试图将自己与进化论进行切割的做法。摒弃进化论是英国、美国和法国崭露头角的一代学者采取的策略，他们将自己视为充满活力的现代人类学家，试图取代一系列既有的假设和方法。后来，进化论者几乎被人遗忘，他们被追忆为人类学的先驱，却不是真正的人类学家，而英国的功能主义者（和结构功能主义者）以及美国的博厄斯学派则在下一代学者中扮演着进化论者曾经扮演过的角色。在本书中，有很多章节都是以这样的方式作为开篇的，即将它们要探讨的学派或理论家与功能主义曾经犯过的错误和失败进行对比。在第二章中，鲁珀特·斯塔什（Rupert Stasch）如此写道："关于人类学家如何以各种方式脱离结构主义的描述，几乎也就是对整个人类学学科的描述。"同样的说法也适用于功能主义与结构功能主义——而这种叙事的第一个篇章正是结构主义本身的兴起。

这就引出了一个更广泛的问题，即"旧理论"——那些曾经试图系统性地解释社会和文化，而如今已经被抛弃的流派与风格——有什么用处。正如我在导言中所指出的那样，我们有理由去回顾这些理论，因为它们能够提醒我们曾经犯下的错误，以免重蹈覆辙。尽管有机比拟论在大众话语中仍然盛行，它从古希腊时代以来可能就一直以某种形式存在，但职业人类学已经不再钟情于这一独特的隐喻。如今，很少有人类学家还会认真对待这个曾经对我们之前讨论过的所有流派与风格都产生过影响的重要隐喻，这或许是一件好事。从更普遍的意义上而言，当我们回顾过去时，将旧理论置于"它们的历史背景下"是一种很有效的做法。从那种稍微显得有些生硬的理论与背景的关系之中（譬如，结构功能主义与英国在非洲的殖民统治），我们可以得出对当前的现实具有重要意义的教训。确切地说，这些教训涉及关于"背景"的看法，以及所有理论视角——包括批判性的后殖民学者的视角——都不可避免地会做的那样，将某些维度排除在分析框架之外所带来的机遇与风险。

然而，倘若仅仅将回顾旧理论作为告诫，这显然是非常狭隘的。对现在已经被抛弃的理论进行公正和宽厚的评述，也能够使我们重温这些旧理论当初具有的严谨与复杂、激情与承诺。无疑，这是另一种形式的告诫：它不无裨益地提醒我们，勿将自己当下的理论热情绝对化。不过，这种观点也揭示了一种更令人兴奋的可能性，那就是从旧理论中可能挖掘出新的见解，正如本书接下去各章介绍的许多理论那样——无论是明确还是隐晦。因此，从 20 世纪 60 年代开始，当人类学家再次转向历史时（参见第五章），许多进化论问题获得了新的生命，而一些功能主义的关注点则继续给它的批评者带来启发（参见第六章）。正如我在前文指出的，从根本上说，扩散主义关注的是事物如何流动、如何转化以及重新整合的问题，最近这些问题重新得到了挖掘，以帮助我们深入了解全球流动与全球网络的后现代状态。而功能主义和结构功能主义试图解决的核心问题至今仍然非常重要。这个问题涉及的是，尽管任何社会集合体的个体成员都在不断地更替，但社会仍然能够保持某种稳定性以及有规则的社会行为。

然而，本章所考察的理论还留下了另一种遗产，在某种程度上而言，它的意义更加深远。这种遗产形式表现为我在讨论过程中提及的一系列对比：阐释与归纳、田野研究与书斋研究、结构与过程，以及文化特质的整合与文化特质的去背景化比较。最初，这些对比是各种流派之间的分界线：它们是个别学者为了与观念上的对手区别开来而划定的界限。事实证明，这些对比是经久不衰的，但它们的形式与内涵却发生了改变。尽管在某些领域，它们仍然被当作表面化的工具用于批评与指责，但从总体上而言，这些对比已经成为特定观点和立场内部富有成效的替代物，成为以“既 / 又”而非“不是 / 就是”的方式进行论证的资源。正是这些张力以及偶尔出现的临时性综合，而不是任何单一的观念或方法，成为我们本章考察的这些流派留下的持久而丰富的遗产。[19]

## 注　释

1.尽管从《物种起源》的第一版开始，就出现了动词形式的“进化”(evolved)一词(在该书的最后一句话里)，但是第一次出现“进化”(evolution)这个术语，则是在该书的第六版(Darwin，1872)。

2.例如，皮尔就指出，在斯宾塞的《社会学原理》一书里有很多完全现代意义上的功能分析，因此很难理解为什么这么多当代的功能主义者(尽管不包括拉德克利夫–布朗)会认为他们是在反对“进化论功能主义者”斯宾塞(Peel，1971：183)。

3.例如，摩尔根曾经为易洛魁人(Iroquois)的权利进行辩护。

4.“我们之所以有今天的生活条件，有如此多的能够给人带来幸福的手段，这一切都归功于我们野蛮的，乃至更遥远的未开化的祖先，归功于他们所经历的艰苦奋斗、磨难、坚持不懈的努力以及隐忍劳作。他们的苦干、磨炼和成功成为‘至高智慧’(Supreme Intelligence)行动方案的一部分，也就是使未开化的人发展成为野蛮人、使野蛮人发展成为文明人”(Morgan，1877：554，转引自Ferguson，1996：155)。

5.“雅利安人代表了人类进步的核心趋势，因为它产生了最优秀的人类，并且通过逐渐控制整个世界证明了其与生俱来的优越性”(Morgan，转引自Kuper，2005：62)。

6.“即使是这篇论文的图也足以表明，人类的制度跟他们所栖居的土壤一样，是明显分层的。它们在全世界范围内以大致统一的方式相继出现，不依赖于种族和语言这些相对不重要的差异，而是由相似的人类本性通过‘未开化的生活’、‘野蛮的生活’和‘文明的生活’这一依次变化的条件塑造而成的"(Tylor, 1889: 269)。可参见图1.1，这是一张非常重要的图。

7.感谢鲁珀特·斯塔什提醒我注意这一段文字，并对本节提出了宝贵的意见。

8.功能主义也是达尔文进化论的一个重要方面，正如我们看到的那样，尽管在《物种起源》的第一版里没有出现“进化”一词，但是“功能”[function(s)]或“功能性的”[functional(ly)]这样的词却出现了30次(Darwin, 1859)。“由选择和适应的过程驱动生物变化”这一观念与“有关器官作用”的功能性描述是密不可分的，达尔文花了大量时间研究器官如何在同一时间点发挥着不同的功能或者如何发展出新的功能。无论过去还是现在，这一点都是以达尔文的方式反对神创论者的目的论的关键：它允许随机变异产生新的和意想不到的功能可能性。事实上，我们可以这样近乎自相矛盾地说，正是他们的功能主义而不是他们的进化论，使斯宾塞这样的进化论思想家成为准“达尔文主义者”。

9.请注意，正如欧文(Irvine，参见第七章)指出的那样，涂尔干对仪式的集体欢腾的解释违背了他自己提出的方法论准则，即将心理学现象与社会学现象严格加以分离。

10.正如斯托金指出的，早在1913年，里弗斯就建议开展一项“密集型”的研究计划，“在该研究计划中，研究者在一个大约由四五百人组成的共同体中生活一年或更长的时间，研究他们的生活和文化的每一个细节。他需要亲自了解共同体中的每一位成员。他不能满足于获得一般性的信息，而是要通过具体的细节并且掌握当地人的语言，详细研究他们生活和习俗的每一个特点"(Rivers，转引自Stocking, 1983b: 92)。

11.例如，马林诺夫斯基著有《野蛮人的性生活》(*The Sexual Life of Savages*, 1932)等书籍。

12.虽然拉德克利夫-布朗非常关注社会事实的功能，但他却这样写道：

“作为马林诺夫斯基的功能主义的坚定反对者，我或许可以被称为‘反功能主义者’。”（Radcliffe-Brown，1949b：321）这番话一直让当代的人类学研究者感到困惑不解。如上文所述，拉德克利夫-布朗将自己的研究描述成“比较社会学”。然而，随着时间的推移，拉德克利夫-布朗及其追随者采取的研究取向逐渐被描述为“结构主义”。但我们将会看到，这与列维-斯特劳斯倡导的法国的结构主义不可混淆，后者明确反对英国“功能主义者”的研究（包括拉德克利夫-布朗）。

13.类似于“行动者网络理论”（参见第十三章）。

14.结构功能主义者从进化论者那里继承了对继嗣群体的关注，对于进化论者来说，继嗣群体构成了“原始社会”的基石（Kuper，2005：5）。然而，通过“社会结构”这一观念，结构功能主义者对继嗣群体提出了相当独特的见解。

15.功能主义隐含的进化论基础解释了这项研究中一个令人费解的特点。尽管他们对19世纪的进化论进行了猛烈的抨击，但是20世纪早期到中期的大多数功能主义人类学者——包括同一时期美国的博厄斯学派——仍然将他们所研究的社会描述成“原始的”，与他们生活在其中的“现代”社会相对立。因此，尽管功能主义者不再关注历史性的问题和关注点，但他们仍然隐含地想象了一幅宏大的历史画卷，在这幅画卷里，他们所研究的社会形态被描绘成欧洲社会“较早期”或“不太发达”的形态（Kuper，2005）。

16.库珀（Kuper，1973）对这个观点进行了极为清晰而系统的阐述，同时也为我的阅读提供了参考。

17.为了表述清晰起见，我稍微夸大了这一点，因为结构主义者与结构功能主义者之间在使用“结构”这个术语上出现的混淆是一个通病。然而，一旦我们整合了这两种“结构”用法在哲学上的深刻差异，我们就可以尝试性地弥合拉德克利夫-布朗晚期的著作（例如，关于图腾制度的论述）与列维-斯特劳斯的著作之间存在的观念分歧——关于这一点，列维-斯特劳斯自己也承认，尽管他曾经对拉德克利夫-布朗的许多观点提出了批评（Lévi-Strauss，1963）。

18.因此，例如《非洲政治制度》一书的编者就指出："我们希望那些负责管理非洲人民的人能够对这本书感兴趣，并对他们有所帮助。"（Fortes and Evans-Pritchard，1940：vii）

19.关于这种反复出现的对比如何作为资源在更广泛的社会科学的理论生活中发挥作用，可参见阿伯特（Abbott，2001）展开的引人入胜的探讨。仿佛是为了证明我关于持久遗产与理论再造的观点，阿伯特指出，尽管他的理论视角具有20世纪后期流行的混沌理论与分形的特点，但其基础是埃文思-普里查德在研究努尔人的政治裂变现象时提出的观点。

## 参考文献

Abbott, Andrew 2001. *Chaos of Disciplines*. Chicago, IL: University of Chicago Press.

Alfred Reginald Radcliffe-Brown 1922. *The Andaman Islanders*. New York, NY: Free Press.

Ansell-Pearson, Keith, Paul-Antoine Miquel and Michael Vaughan 2010. Responses to evolution: Spencer's evolutionism, Bergsonism, and contemporary biology. In Keith Ansell-Pearson and Alan Schrift (eds.), *The History of Continental Philosophy: Bergsonism, Phenomenology, and Responses to Modern Science. The New Century. Volume 3*, p. 347. Chicago, IL: University of Chicago Press.

Asad, Talal (ed.) 1973a. *Two European Images of Non-European Rule, Anthropology and the Colonial Encounter.* New York, NY: Humanity Books.

Asad, Talal 1973b. Two European images of non-European rule. In Talal Asad (ed.), *Two European Images of Non-European Rule, Anthropology and the Colonial Encounter*, pp. 103–118. New York, NY: Humanity Books.

Asad, Talal 1991. Afterword: From the history of colonial anthropology to the anthropology of western hegemony. In George W. Stocking (ed.), *Colonial Situations*. Madison, WI: University of Wisconsin Press.

Bamberger, Joan 1974. The myth of matriarchy: Why men rule in primitive society. In Michelle Zimbalist Rosaldo, Louise Lamphere and Joan Bamberger (eds.), *Woman, Culture, and Society*, pp. 263–280. Stanford, CA: Stanford University Press.

Barad, Karen Michelle 2007. *Meeting the Universe Halfway: Quantum Physics and the Entanglement of Matter and Meaning*. Durham, NC: Duke University Press.

Bashkow, Ira, Matti Bunzl, Richard Handler, Andrew Orta Daniel Rosenblatt 2004. Introduction. *American Anthropologist* 106 (3): 433–434.

Benedict, Ruth 1934. *Patterns of Culture*. Boston, MA: Houghton Mifflin Harcourt.

Bloch, Maurice 1984. *Marxism and Anthropology: The History of a Relationship*. Oxford: Oxford University Press.

Boas, Franz 1896. The limitations of the comparative method of anthropology. *Science* 4 (103): 901–908.

Boas, Franz 1911. *The Mind of Primitive Man: A Course of Lectures Delivered Before the*

*Lowell Institute, Boston, Mass., and the National University of Mexico, 1910–1911.* London: Macmillan.

Boas, Franz 1924. Evolution or diffusion. *American Anthropologist* 26 (3): 340–344.

Boas, Franz 1940. *Race, Language, and Culture*. Chicago, IL: University of Chicago Press.

Brightman, Robert 1995. Forget culture: Replacement, transcendence, relexification. *Cultural Anthropology* 10 (4): 509–546.

Comte, Auguste 1830. *Cours de philosophie positive*. Paris: Rouen frères (Bachelier).

Darwin, Charles 1859. *The Origin of the Species by Means of Natural Selection, or the Preservation of Favoured Races in the Struggle for Life.* London: John Murray.

Darwin, Charles 1872. *The Origin of the Species by Means of Natural Selection, or the Preservation of Favoured Races in the Struggle for Life; Sixth Edition, with Additions and Corrections.* New York, NY: D. Appleton and Company.

Durkheim, Émile 1895. *Les règles de la méthode sociologique.* Paris: F. Alcan.

Durkheim, Émile 1915. *The Elementary Forms of the Religious Life*, translated by Joseph Ward Swain. London: George Allen & Unwin.

Durkheim, Émile 1964. *The Rules of Sociological Method*. New York, NY: Free Press.

Durkheim, Émile 1984. *The Division of Labour in Society*. London: The Macmillan Press.

Durkheim, Émile 2002. *Suicide: A Study in Sociology.* 2nd edition. London: Routledge.

Durkheim, Emile, and Marcel Mauss 1963. *Primitive Classification.* Vol. 273. Chicago, IL: University of Chicago Press.

Eggan, Fred 1954. Social anthropology and the method of controlled comparison. *American Anthropologist* 56 (5): 743–763.

Engels, Friedrich 1972. *The Origin of the Family, Private Property, and the State*. New York, NY: Pathfinder Press.

Evans-Pritchard, Edward Evan 1937. *Witchcraft, Oracles and Magic among the Azande.* Oxford: The Clarendon Press.

Evans-Pritchard, Edward Evan 1940. *The Nuer: A Description of the Modes of Livelihood and Political Institutions of a Nilotic People*. Oxford: Oxford University Press.

Evans-Pritchard, Edward Evan 1949. *The Sanusi of Cyrenaica.* Oxford: Clarendon Press.

Evans-Pritchard, Edward Evan 1950. Social anthropology: Past and present; the Marett lecture, 1950. *Man* 50: 118–124.

Evans-Pritchard, Edward Evan 1956. *Nuer Religion.* Oxford: Clarendon Press.

"Evolution, N." 2017. *OED Online*. Oxford: Oxford University Press. Accessed 1 July 2017. www.oed.com/view/Entry/65447.

Fabian, Johannes 1983. *Time and the Other, How Anthropology Makes Its Object.* New York, NY: Columbia University Press.

Ferguson, James 1996. Development. In Alan Barnard and Jonathan Spencer (eds.), *Encyclopedia of Social and Cultural Anthropology*, pp. 155–160. London: Routledge.

Fortes, Meyer 1953. The structure of unilineal descent groups. *American Anthropologist* 55 (1): 17–41.

Fortes, Meyer 1970. *Time and Social Structure and Other Essays.* London: Berg Publishers.

Fortes, Meyer 1972. *Marriage in Tribal Societies.* Cambridge: Cambridge University Press.

Fortes, Meyer, and E.E. Evans-Pritchard (eds.) 1940. *African Political Systems.* Oxford: Oxford University Press.

Goody, Jack 1966. *Succession to High Office*. Cambridge: Cambridge University Press.

Goody, Jack 1971. *The Developmental Cycle in Domestic Groups*. Cambridge: Cambridge University Press.

Goyet, Francis 2014. Comparison. In Barbara Cassin, Emily Apter, Jacques Lezra, and Michael Wood (eds.), *Dictionary of Untranslatables: A Philosophical Lexicon*, pp. 159–164. Princeton, NJ: Princeton University Press.

Handler, Richard 2009. The uses of incommensurability in anthropology. *New Literary History* 40: 627–647.

Hutchinson, Sharon Elaine 1996. *Nuer Dilemmas: Coping with Money, War, and the State.* London: University of California Press.

James, Wendy 1973. The anthropologist as reluctant imperialist. In Talal Asad (ed.), *The Anthropologist as Reluctant Imperialist, Anthropology and the Colonial Encounter*, pp. 41–69. New York, NY: Humanity Books.

Kuper, Adam 1973. *Anthropologists and Anthropology: The British School 1922–1972.* London: Allen Lane.

Kuper, Adam 1999. *Culture: The Anthropologists' Account.* Cambridge, MA: Harvard University Press.

Kuper, Adam 2005. *The Reinvention of Primitive Society: Transformations of a Myth*. London: Routledge.

Leach, Edmund Ronald 1964. *Political Systems of Highland Burma*. London: G. Bell and Sons.

Leach, Edmund Ronald 1966. *Rethinking Anthropology.* Vol. Monographs on social anthropology, no. 22. London, New York, NY: Athlone Press & Humanities Press.

Lear, Jonathan 2006. Allegory and myth in Plato's *Republic*. In Gerasimos Xenophon Santas (ed.), *The Blackwell Guide to Plato's Republic*. London: Blackwell.

Lévi-Strauss, Claude 1949. Histoire et ethnologie. *Revue de métaphysique et de morale* 54 (3/4): 363–391.

Lévi-Strauss, Claude 1963. *Totemism*. Boston, MA: Beacon Press.

Malinowski, Bronislaw 1922. *Argonauts of the Western Pacific.* London: G. Routledge and Sons, Ltd.

Malinowski, Bronislaw 1932. *The Sexual Life of Savages in North-Western Melanesia; an Ethnographic Account of Courtship, Marriage, and Family Life among the Natives of the Trobriand Islands.* London: G. Routledge and Sons, Ltd.

Malinowski, Bronislaw 1939. The group and the individual in functional analysis. *American Journal of Sociology* 44 (6): 938–964.

Malinowski, Bronislaw 1944. *A Scientific Theory of Culture*. Chapel Hill, NC: The

University of North Carolina Press.

Marcus, G.E. 1995. Ethnography in/of the world system: The emergence of multi-sited ethnography. *Annual Review of Anthropology* 24 (January): 95–117.

Mauss, Marcel 1970. *The Gift: Form and Functions of Exchange in Archaic Societies*. London: Routledge.

Mauss, Marcel 1985. A category of the human mind: The notion of person; the notion of self. In Michael Carrithers, Steven Collins, and Steven Lukes (eds.), *The Category of the Person: Anthropology, Philosophy, History*, pp. 1–25. Translated by W.D. Halls. Cambridge: Cambridge University Press.

Menand, Louis 2011. *The Metaphysical Club: A Story of Ideas in America*. New edition. London: Flamingo.

Middleton, John, and David Tait 1958. *Tribes Without Rulers: Studies in African Segmentary Systems*. London: Routledge.

Middleton, John, and E.H. Winter 1963. *Witchcraft and Sorcery in East Africa*. London: Routledge.

Morgan, Lewis Henry 1877. *Ancient Society*. New York, NY: H. Holt and company.

Nadel, Siegfried Frederick 1957. *The Theory of Social Structure*. London: Cohen and West.

Needham, Rodney 1962. *Structure and Sentiment: A Test Case for Social Anthropology*. Chicago, IL: University of Chicago Press.

Needham, Rodney 1975. Polythetic classification: Convergence and consequences. *Man* 10 (3): 349.

Peel, J.D.Y. 1971. *Herbert Spencer: The Evolution of a Sociologist*. London: Heinemann Educational Books.

Penny, H. Glenn, and Matti Bunzl 2003. *Worldly Provincialism: German Anthropology in the Age of Empire*. Ann Arbor, MI: University of Michigan Press.

Perrin, Robert G. 1976. Herbert Spencer's four theories of social evolution. *American Journal of Sociology* 81 (6): 1339–1359.

Radcliffe-Brown, A.R. 1940a. On social structure. *The Journal of the Royal Anthropological Institute of Great Britain and Ireland* 70 (1): 1–12.

Radcliffe-Brown, A.R. 1940b. On joking relationships. *Africa: Journal of the International African Institute* 13 (3): 195–210.

Radcliffe-Brown, A.R. 1947. Evolution, social or cultural. *American Anthropologist New Series* 49 (1): 78–83.

Radcliffe-Brown, A.R. 1949a. A further note on joking relationships. *Africa: Journal of the International African Institute* 19 (2): 133–140.

Radcliffe-Brown, A.R. 1949b. Functionalism: A protest. *American Anthropologist New Series* 51 (2): 320–323.

Radcliffe-Brown, A.R. 1949c. White's view of a science of culture. *American Anthropologist* 51 (3): 503–512.

Radcliffe-Brown, A.R. (ed.) 1950. *African Systems of Kinship and Marriage*. Oxford:

Oxford University Press.

Radcliffe-Brown, A.R. 1951. The comparative method in social anthropology. *Journal of the Anthropological Institute of Great Britain and Ireland*, 15–22.

Radcliffe-Brown, A.R. 1952. *Structure and Function in Primitive Society*. London: Cohen and West.

Richards, Audrey Isabel 1956. *Chisungu: A Girl's Initiation Ceremony Among the Bemba of Zambia*. London: Psychology Press.

Richards, Audrey Isabel 1971. *Councils in Action*. Cambridge: Cambridge University Press.

Salmon, Gildas 2013. *Les Structures de l'esprit: Lévi-Strauss et Les Mythes*. Paris: Presses universitaires de France.

Sanchez, Andrew 2016. Profane relations: The irony of offensive jokes in India. *History and Anthropology* 27 (3): 1–17.

Spencer, Herbert 1867. *First Principles.* 2nd edition. London: Williams and Norgate.

Spencer, Herbert 1899. *Social Statics: Abridged and Revised: Together with The Man versus the State.* London: D. Appleton and company.

Stasch, Rupert 2002. Joking avoidance: A Korowai pragmatics of being two. *American Ethnologist* 29 (2): 335–365.

Stocking, George W. 1983a. *Observers Observed: Essays on Ethnographic Fieldwork. History of Anthropology; Vol 1*. Madison, WI: University of Wisconsin Press.

Stocking, George W. 1983b. The ethnographer's magic: Fieldwork in British anthropology from Tylor to Malinowski. In George W. Stocking (ed.), *Observers Observed: Essays on Ethnographic Fieldwork*, pp. 70–120. Madison, WI: University of Wisconsin Press.

Stocking, George W. 1984a. Radcliffe-Brown and British social anthropology. In George W. Stocking, *Functionalism Historicized: Essays on British Social Anthropology*, pp. 131–191. Madison, WI: University of Wisconsin Press.

Stocking, George W. 1984b. *Functionalism Historicized: Essays on British Social Anthropology.* Madison, WI: University of Wisconsin Press.

Stocking, George W. 1991. *Colonial Situations: Essays on the Contextualization of Ethnographic Knowledge*. Madison, WI: University of Wisconsin Press.

Strathern, Marilyn 2004. *Partial Connections*. Lanham, MD: Rowman and Littlefield.

Thomas, Nicholas 1996. *Out of Time: History and Evolution in Anthropological Discourse*. Ann Arbor, MI: University of Michigan Press.

Trautmann, Thomas R 1992a. The revolution in ethnological time. *Man* 27 (2): 379.

Trautmann, Thomas R 1992b. *Lewis Henry Morgan and the Invention of Kinship*. Reprinted edition. Berkeley, CA: University of California Press.

Tylor, Edward Burnett 1871. *Primitive Culture: Researches into the Development of Mythology, Philosophy, Religion, Art, and Custom.* Vol. 1. London: Murray.

Tylor, Edward Burnett 1889. On a method of investigating the development of institutions; Applied to laws of marriage and descent. *The Journal of the Anthropological Institute of Great Britain and Ireland* 18 (January): 245–272.

Weber, Max 1978. *Economy and Society: An Outline of Interpretive Sociology*. Berkeley, CA: University of California Press.

Wolf, Eric 1983. *Europe and the People without History.* Berkeley, CA: University of California Press.

Young, Michael W. 1984. The intensive study of a restricted area, or, why did Malinowski go to the Trobriand Islands? *Oceania* 55 (1): 1–26.

第二章

# 结构主义

Structuralism

鲁珀特·斯塔什

作为一种思想流派，结构主义的核心思想是：社会文化的诸要素之间的关系比这些要素本身更为重要。倘若要理解人们生活的某个方面，结构主义者会研究它在周围其他要素构成的网络中所处的位置。

人类学的结构主义与克劳德·列维-斯特劳斯有关，20 世纪 40 年代，他了解到语言学领域取得的最新突破，这些突破都以强调关系的首要性为前提，并开始将这种思想应用到文化领域。通过讨论列维-斯特劳斯的著作，在 20 世纪 60 年代，结构主义成为当时最有影响力的思想运动。从历史上看，它仍然是人类学最具跨学科影响力的理论。现在，大多数人类学家都明确拒绝结构主义的思想和方法，但我们仍然默默地受益于列维-斯特劳斯的重大理论创新，并且仍然可以从结构主义中学到很多关于如何处理民族志资料的知识。此外，该理论还为我们理解和评估其他分析框架提供了一个有益的参照点。

倘若要认真对待结构主义的核心思想，那就不能像我上面那样仅仅停留于一种抽象的概括。在本章中，我将以一种更加实质性的方式阐释这种思想，首先通过追溯结构主义在语言学领域的形成过程，然后探讨列维-斯特劳斯如何将它隐喻性地运用于新的主题。我还将结构主义的思想应用于一些民族志材料，它们取材于罗伯特·路威（Robert Lowie）的著作《克劳人》（*The Crow*，1935）。最后，我将对结构主义的后续影响及其限制性的假定这个宏大的议题做一个简要的评论。

## 索绪尔的 langue 或“语言结构”观念

1942 年，通过罗曼·雅各布森（Roman Jakobson）开设的关于音系学和费迪南·德·索绪尔的讲座课程，列维-斯特劳斯开始接触现代语言学。[1] 当时，列维-斯特劳斯和雅各布森都生活在纽约，并且在一所法语大学任教，这所大学的教职员工都是为了逃离纳粹欧洲而流亡的犹太知识分子。雅各布森本人对 20 世纪 20 年代和 30 年代音系学领域取得的重大科学进展做出了贡献，音系学是语言学里的一个分支，主要研究语言的语音系统。列维-斯特劳斯直接应用于人类学主题分析的语言学思想正是来自音系学里的观念。但是，费迪南·德·索绪尔早期关于语言秩序的研究从更广泛的意义上为音系学的创新奠定了重要基础。后来的学者们将索绪尔的《普通语言学教程》（*Course in General Linguistics*）视为结构主义的奠基之作。这本书是索绪尔逝世之后由他的学生们根据其授课内容于 1916 年整理出版的。

在这些讲座中，索绪尔主张从根本上重新定位语言学。索绪尔提出了两个二分法，将整个人类语言现象的各个部分与他的主要研究对象分离开来，从而重新定义了什么是语言，进而为语言学这门学科提供了一种新的视野。第一个二分法是“langue”与“parole”，这是一对法语术语，索绪尔著作的英文译者将其翻译为“语言”与“言语”（Saussure, 1959）。随着索绪尔对这些范畴的进一步发展，“langue”可以被解释为“语法、语言结构、语言系统、符码”，而“parole”可以被解释为“言说、使用、表演、话语、实践”。索绪尔认为语言学应该关注“langue”，即符码或结构，而不是言语使用的事件。他将“langue”与“parole”之间的关系对应于社会与个体。因此，个体的意图并不是语言学研究的真正对象。作为社会共同体的集体性约定，语法规则是说话者在无意识中付诸实践的。

第二个二分法是历时性分析与共时性分析，前者研究语言随着时间发生的变化，后者研究语码在某个时间片段中的“静态”存在。在索绪尔之前，关于如何分析任何给定的语言要素，一种支配性的观念是研究其历史。语言学是一门语文学（philology），它研究语言结构随着时间发生的变化，并重构不同的语言如何从始源语中分离出来，以及这些语言相互之间又是如何分离的。即使在今天，关于语言的一种普遍流行的观念是，我们可以通过追溯词语在词源学上的起源来了解有关它们的真相。索绪尔是历史语言学的忠实实践者，他的理论创新都建立在“如何准确地进行历史语言学研究”这一关注点上，并且以此为导向。索绪尔发现，为了实现这个目的，将共时性的语言结构作为一种复杂的独特现实加以研究是至关重要的，它与历时性的语言变迁过程相关，但又有所不同。

索绪尔将言语和历时性分析排除在他新的研究对象之外，提出了一种由新的研究对象构成的模型，即作为共时性分析系统的“langue”。“langue”，或者说“语言结构”，是由关系构成的。语码是一个由诸要素构成的系统，这些要素在一个庞大的关于相似性或差异性的关系网络里彼此交织在一起，这些要素之间还存在各种可能的和禁止的组合方式，从而形成其他层次的要素。这种关系系统是抽象的或非物质的，它并不存在于时间之流中。该系统的所有不同要素同时存在并相互作用。

索绪尔有时强调*差异*是构成“langue”的最重要的关系类型。他指出，“在语言（*langue*）中只有差异”，并且一种语言的“语音要素”不应被视为“具有绝对价值的声音，而是一种具有纯粹对立、相对和否定性价值的声音”。[2]

## 音系学与声音范畴的系统相对性

在所有不同层次的语言结构中，声音的模式化层次被证明是语言要素与语音系统中其他要素之间的差异关系最为显著的层次。与索绪尔同一时期的其他语言学家将他所称的“语音要素”这种关系性实体重新描述为“音位”。1942 年，罗曼 · 雅各布森在纽约的讲座中总结了关于音位系统的分析取得的后续进展。

语言的语音系统的一个基本事实是，不同的语言以不同的方式来划分人类能够用发音器官发出的声音连续统，这也是音位理论的核心。通常，在一种语言中被识别为不同的声音，在另一种语言中可能被认为是相同的。

图 2.1 列出了九个英语单词，它们由三个连续音段构成。（这些单词最多由六个字母组成，这是英语的书写惯例和语音变化的独特历史造成的。构成单词的实际音段与书写系统里的字母不同。）这九个单词仅在两个辅音之间的元音上有所区别，除了“put”这个词，它还涉及词首辅音的变化。这些单词是按照发音时不同的舌头位置排列的。说话者发出左列词语的元音时，舌头向前；发出右列词语

的元音时，舌头往后。每一列从上往下阅读，从一个单词到下一个单词，舌头的位置逐渐从高到低移动。[3]

| | |
|---|---|
| beat | boot |
| bit | put |
| bait | boat |
| bet | bought |
| bat | |

**图 2.1　若干英语元音音位之间的对比**

来源：作者自制

这些元音是英语结构的重要组成部分，但它们所包含的只是与语音系统中其他要素之间的区别。它们表达了纯粹的形式差异。一旦作为独特的空位标记而存在，它们就可以作为更大单元——譬如单词——的基石，而语言正是在其基础上真正地表达出语义内容。每一种语言都有自己的语音系统，其构成单元不是自然存在的，而是由语言系统自身定义的。不同的语言将人类能够发出或听到的不同声音进行了组合与分离。

图 2.2 是索绪尔提供的一张示意图的上半部分，它表达了这样一种观念，即语言范畴的存在是通过将差异性划分引入未分化的连续统而实现的。以元音音位为例，我称之为未分化的“muck”（泥巴）的基质包括说话者的舌头可能所处的略微不同位置的无限渐变，以及由此产生的由细微不同的物理声音构成的连续统。分界线是特定语言中遵循的约定，用于识别某些元音听起来是不同的，而某些元音听起来则是相同的。有些语言将元音的发音空间只分为两个类别，

而有些语言则将这种发音空间（以及如何发出一个元音的其他发音变量）分为大约30个类别。有些语言，它们的元音类别在数量和类型上很相似，但仍可能会以不同的方式划定它们之间的分界线。

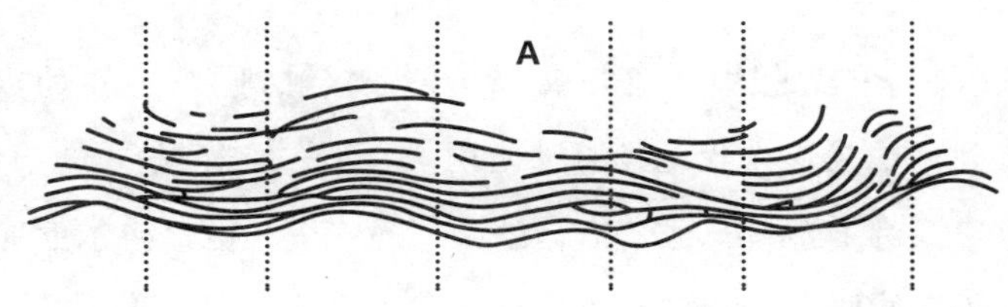


图2.2 作为“泥巴”分化的语言结构

（具体参见Saussure，1916：156）

来源：维基百科的共享资源。

因此，音位不是指某种具体的物理声音，而是一个抽象的概念，它将许多物理声音组合在一起，并将该组合与其他抽象的音位及其所包含的物理声音区分开来。音位是一个抽象的范畴，在特定的语言系统内，它通过与该系统中其他音位之间的差异来定义。语言的声音单位不是客观的，而是相对的。

另一个例子是，在英语中，[l] 和 [r] 是不同的音位，而在许多其他语言中，[l] 和 [r] 只是同一个音位的不同变体。例如，我曾经研究过印度尼西亚巴布亚省的科罗威人（Korowai），在他们的语言里，[rar] 和 [lal] 是说同一个单词的两种方式，科罗威人往往将这两种发音听作同一个声音。

当人们听到一个人带着“外国口音”说某种语言时，这是由于说话者母语中的声音差异模式干扰了其后来学会的另一种语言的发音。说话者会将他们早期接受的针对特定语言的发音和听觉训练带入他们学习的其他语言之中。

## 索绪尔论 langue：作为一种关系性的符号网络

从语言学的思想中，列维-斯特劳斯还接触到了一个更为重要的层面。到目前为止，我已经通过使用“要素”、“范畴”或“音位”等术语，探讨了 *langue* 或“语言结构”的构成。但索绪尔更具体地提出，语言的要素应该被看作是符号，他将符号定义为“能指”和“所指”的统一体（遵循了一种更悠久的思想传统）。例如，在索绪尔的理论中，一个词由一个音形（即能指）与一个概念或语义内容（即所指）结合而成。语言符号的一个特点是，能指与所指之间的关系是任意的：没有任何内在的原因可以将一个特定的能指与一个特定的所指联系起来。这种联系的原因存在于与该符号紧密相关的更广泛的系统中。每当我们思考不同语言中用不同的词语来指称同一指涉物时，我们就会遇到这种情况。在任何一种语言中，如果我们不断地重复一个词语，使我们对这个词产生疏离感，那么此时我们也会遇到这种情况。单调低沉的重复会让我们对一个词语的物理形式产生更强烈的意识，并不再有这样一种错觉，即这种词语形式与语义内容之间存在直接的关联。

面对任何看起来像“符号”的事物，我们可以借用索绪尔的术语，问一问它的“能指”和“所指”分别是什么，这样做可能会有所助益。更为深刻的是，索绪尔理论的这一层面提供了一种替代性的观点，之前普遍流行的假设认为，意义存在于先，而语言或象征系统随后分配象征来表示它们。与所指的意义先在于能指不同，索绪尔认为，当能指的不同范畴被创造出来时，所指的不同范畴就与之同时出现。图 2.3 并列展示了索绪尔关于这一思想的两个视觉模型。[4] 左边的示意图描绘了在两块“泥巴”中进行切割，同时在泥巴“A”与泥巴“B”的特定区域之间创造了统一。而右边的示意图描绘了前文探讨过的同样的观念，即 *langue* 由符号网络构成，每个符号都是能指与所指的统一体。索绪尔模型的关键是右边示意图中符号之间的双向箭头，或者在左边示意图中将各泥块切割并将其中一块泥巴的一部分与另一块泥巴的一部分连接起来的虚线，它们在建构整个系统中具有重要的作用。

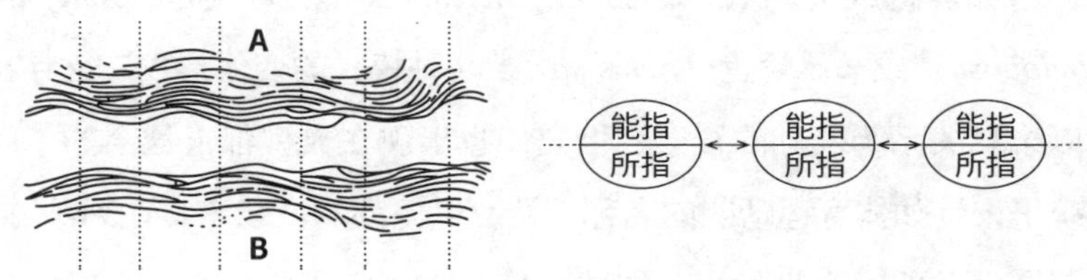


图 2.3　关于语言系统构成中关系之首要地位的两种描述

（Saussure，1916：156 and 159）

来源：左边的示意图来自维基百科的共享资源，

右边的示意图由作者根据索绪尔的图重新绘制。

在这个过程的所有层面——能指、所指以及将两者连接起来的符号——要素并不是由它们的物理属性或其他内在的内容来定义的，而是由它们在其他要素网络中所处的位置来定义的。

## 列维-斯特劳斯关于图腾制度的“音系学”理论

列维-斯特劳斯隐喻性地将这些思想应用于一般意义上的文化分

析。从 20 世纪 40 年代中期开始，在一些关于亲属关系与神话的著作里，他明确地采用了通过雅各布森接触到的语言学术语。但是，若要理解列维-斯特劳斯是如何将上述我们总结的思想转用于文化分析的，最简单的例子是他的“图腾制度”理论（Lévi-Strauss，1963）。

图腾制度是一种普遍存在于世界各地的思维模式，人们通过这种模式将社会群体与动物物种或其他自然物体联系起来。例如，印度尼西亚巴布亚省的科罗威人属于小型的、有特定名称的父系氏族群体，每个这样的父系氏族都将某种动物视为该群体的起源，诸如葵花凤头鹦鹉（*Cacatua galerita*）、红腹弯颈龟（*Emydura subglobosa*）或叉尾鲶鱼（*Arius sp.*）。这种模式的变体形式广泛存在于以亲属关系为基础的社会，但它们也出现在大型都市社会的不同系统里，譬如体育运动队的名称、社交俱乐部的徽章等。在列维-斯特劳斯之前的一个世纪里，图腾制度是人类学研究的重要主题。约翰·麦克伦南（John McLennan）、爱德华·泰勒和詹姆斯·弗雷泽等杰出的进化论者都曾经对这一模式投入了大量关注，将它们描绘成一种来自异国的神秘现象。埃米尔·涂尔干的《宗教生活的基本形式》[Durkheim，1995（1912）] 的副标题就是《澳大利亚中部的图腾系统》（*Totemic Systems of Central Australia*）。然而，正如列维-斯特劳斯自己在关于这个主题的一本小书里所广泛记载的那样，人们将动物与社会群体联系起来的*方式*极为多样化，这意味着，关于图腾制度，迄今为止还没有一种令人满意的比较性定义或理论。

列维-斯特劳斯提出的理论始于以下定义：“图腾制度这个术语涵盖了两个不同系列之间的意识形态关系，这两个系列其中一个是*自然的*，另一个是*文化的*。”（Lévi-Strauss，1963：16，着重符号为原文所加）人类的社会群体，譬如科罗威人的氏族，是列维-斯特劳斯所说的“文化系列”的一个例子，而动物物种则是他所说的“自然系列”的一个例子。以往关于图腾制度的理论着重于人类群体与动物之间的关系：要理解图腾制度，就要思考氏族成员与特定图腾动物之间的关系。列维-斯特劳斯受到语言学中关于“纯粹对立、相对和否定”的音系学符号思想的启发，认为这种研究取向无异于缘木求鱼。与之相反，他认为我们应该关注动物物种之间的差异关系。以下是列维-斯特劳斯陈述这一理论的两段文字：

> 说氏族A“起源于”熊、氏族B“起源于”老鹰，这只不过是以一种具体而简洁的方式陈述了A和B之间的关系类似于这两个物种之间的关系。（第31页）
>
> 之所以利用动物世界和植物世界，并不仅仅是因为它们存在于那里，而是因为它们暗示了一种思维方式……（这种思维）根据存在于物种X与Y之间的差异性特征以及存在于氏族A与B之间的差异性特征而假定了一种同源性。（第13页）

人们不是以诸如葵花凤头鹦鹉这样的鸟类物种作为某个社会群体的隐喻，而是以葵花鹦鹉、龟、鲶鱼以及其他物种之间的差异作为人类社会单元之间存在差异化的隐喻（亦可参见 Lévi-Strauss，1963：77）。动物图腾是对差异本身的一种思考方式。就像某种语言的语音系统中的音位一样，任何给定动物物种的首要含义是与其他范畴之间的纯粹差异。

这种阐述实质上是将图2.3的两张示意图中描绘的索绪尔思想移植到民族志材料中。列维-斯特劳斯关于图腾制度定义中的“自然系列”和“文化系列”分别对应于该图左侧示意图中两个不同的“泥巴”层。这种阐述的另一种表达方法是，“A 之于 B 就像 X 之于 Y”这样的象征性类比。就像图 2.3 中的示意图一样，这种结构主义的公式表达了这样一种观念：秩序不是由要素而是由关系构成的。这种象征性的类比表明，要素 A 和要素 B 之间的关系与要素 X 和要素 Y 之间的关系构成一种相似性的关系。这些关系性的属性对于要素之存在、力量或重要性而言是基本的，而不是要素存在于先。以往的分析者聚焦于动物 A 的特性、人类群体 X 的特性以及将动物 A 与人类群体 X 联系起来的可能原因。列维-斯特劳斯则将类比公式中的“……之于……就像……之于……”关系置于首位，而不是要素。[5]

为了更好地阐释列维-斯特劳斯的模型，我们可以用读者自己熟悉的经历进行说明，譬如，我们可以联想一下关于美国性别问题的流行观念。近几十年来，通过谈论“睾酮”和“雌激素”这些性激素来谈论性别差异已经变得非常普遍。例如，当我们说“房间里充满了睾酮”时，可以用来描述某个会议的参加者主要是男性，或者该会议被男性的互动风格所支配。在对家养宠物的亲身体验中，人们会产生这样一种片面的倾向，即认为猫体现了女性气质，狗则体现了男性气质，而这与宠物的实际性别无关。约翰·格雷（John Gray）的心理自助读物《男人来自火星，女人来自金星》之所以大获成功，部分原因就在于它的性别图腾式标题具有的诗意。在这些例子中，“自然系列”（性激素、动物或行星）中的差异被用来谈论“文化系列”（社会性别）中的差异。正如图 2.3 所示的索绪尔模型那样，男性气质与女性气质并不是从一开始就作为截然不同且易于理解的范畴而存在的，而是模糊、未分化和混沌的。人们利用一系列外部范畴中的差异来界定性别差异，并且维持对它的控制。

## "猪与鹤鸵是叔侄关系"

印度尼西亚巴布亚省的科罗威人在动物与特定的亲属关系之间建立的联系，可以被视为对列维-斯特劳斯图腾制度模型的一种更加详细的民族志阐释。在科罗威人生活的森林环境中，两种最大的动物物种分别是猪和鹤鸵，鹤鸵是一种类似鸵鸟的巨型鸟类，不会飞。科罗威人经常说，"猪与鹤鸵是叔侄关系"。为什么这么说呢？

在科罗威语中，只有母亲的兄弟被称为叔叔（*mom*）。父亲的兄弟被称为"父亲"（*ate*）。因此，在索绪尔的意义上，"叔叔"这一范畴在科罗威语里的"价值"与它在英语里的"价值"是不同的。此外，科罗威人的父系氏族实行外婚制，因此只有不同氏族的男性和女性之间才能通婚。虽然父亲与他们的孩子都是同一氏族的成员，但母亲与她们的孩子则是不同氏族的成员（图 2.4）。这意味着，孩子与他们的母亲的兄弟也是来自不同的氏族。而"氏族"这个词本身也是"物种"（*gun*）的意思。从某种意义上而言，叔叔与侄子是完全不同的人类"物种"。然而，在科罗威人的亲属关系里，叔叔与侄子或侄女之间的关系特别密切。当人们在家里遇到麻烦或生活中出现困难时，他们会向叔叔寻求帮助（拉德克利夫-布朗和其他学者提出了一个由拉丁语派生而来的专门术语"舅甥制"，用来描述这种在许多社会中普遍存在的模式）。

至于猪和鹤鸵，这两种动物的共同之处不仅在于它们是自然环境中体型最大、最受欢迎的猎物，而且还在于它们都是自然界的"怪胎"。它们在体型和其他特征上与其他动物是如此之不同，以至于猪甚至没有被纳入科罗威人关于"哺乳动物"（*nduo*）的一般性范畴里，该范畴仅包括体型较小的陆生哺乳动物，而鹤鸵也没有被纳入在“鸟类”（*del*）的一般性范畴里，该范畴仅包括较小的有翼飞行动物，包括蝙蝠。相反，科罗威人将猪和鹤鸵归为一个单独的类别“猪—鹤鸵”（*gol-küal*），它的实际意思为“大型猎物”。

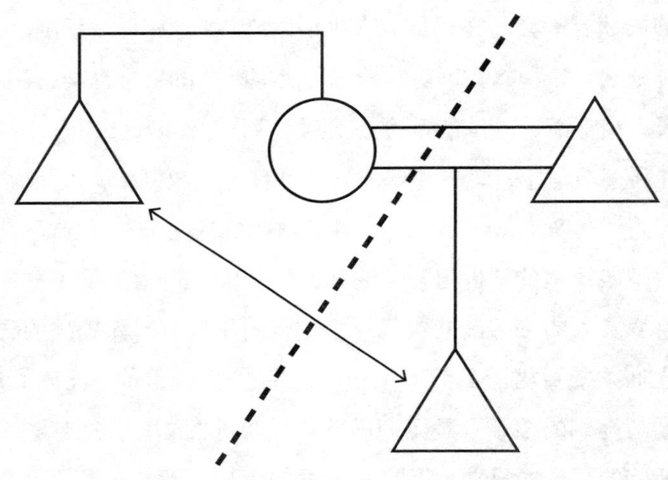

**图 2.4　叔侄关系**

**（虚线将不同的氏族分开）**

来源：作者自制

因此，“猪与鹤鸵是叔侄”这一谚语涉及两类亲属，即叔叔和侄子，他们从根本上而言是不同的，但又在一种不同于其他亲属关系的特殊关系中相互亲近。这句谚语涉及猪和鹤鸵这两种动物，它们既有着本质上的不同，但在拟人化的巨大体型和其他反常特征方面也有着相似之处。这种既非常接近又极为不同的共同特性，或许就是人们为什么将这种人类亲属关系与动物物种关系相提并论的原因。

与列维-斯特劳斯的模型非常吻合的一个细节是，当讨论到这种传统智慧时，科罗威人并不关心哪一种动物对应于哪一种亲戚。当我提出这个问题时，人们会说不知道，或者给出一个临时想出来的答案，而这个答案在不同的谈话中会改变。这种说法肯定了“猪—鹤鸵之间的关系是一种叔叔—侄子关系”。思维的重点是动物之间以及亲属之间的关系，而不是猪、鹤鸵、叔叔或侄子这些单个的要素。

科罗威人还说，正因为猪和鹤鸵是叔侄关系，所以人们不能在同一天食用这两种动物的肉。这似乎与这样一种禁忌相呼应，即侄子或侄女不得与来自他们母亲氏族一方的配偶结婚。科罗威人说，如果一个人将猪肉和鹤鸵肉混合在一起食用，那么他或她的直肠就会脱落。如果你的肚子里混入了错误的东西，那么后果将是，你会失去对身体内部与外部之间边界的控制。这种禁忌关乎维持不同范畴之间的界线，而这些范畴已经处于一种极其不同但又极度相似的易变状态之中。

## 将结构主义推及更广泛的民族志主题

这种分析方式并不仅限于此类明显由两类差异化的要素“系列”之间经过排列组合构成的民族志主题。图 2.3 中示意图的具体形式背后所蕴含的方法论精神更加灵活：它是一种寻找类比的实践，寻找哪些事物被放在了同样的位置上，并且探究这种紧密联系所隐含的更加普遍的原则。

这是一个强调“结构”“语码”或符号系统之自主性的框架。该系统本身是一个独立存在的实体。因此，结构主义者不会试图通过参照该系统本身之外或在其表面之下的东西来解释某种人类现象或它所属的更广泛的系统。例如，采用这种研究取向的人不会通过其内在属性来解释要素的含义。结构主义者也不会通过其功能或历史来解释某些事物。如果说一种实践具有某种功能，那么就意味着在彼此关联的要素构成的系统之外，还存在一些能够对该系统起着决定作用的因素。

结构主义者也不会试图主要通过人们有意识的意图或他们对自己所做之事的解释来阐明某个要素。我们在前面已经谈到，索绪尔从更广泛的意义上将 *langue*（语言结构）和 *parole*（言语）进行了分离，而结构秩序与意识的分离正是其中的一部分。说话者并没有意识到他们所遵循的语法规则，他们无法以命题的形式准确地陈述这些规则。同样，将结构主义的鉴别力应用于民族志材料时，也就意味着它在解释方面不受人们对其生活的明确陈述的限制—— 这一点引起了很大的争议。列维-斯特劳斯的结构主义将人类学向前推进了一大步，它明确提出了一种替代性思想，以取代常识性的观念形态，这种常识性的观念认为有意识的个体心理是文化实践的根本决定因素。

结构主义分析者能够做的，仅仅是在形式模式的基础上进行论证。各要素彼此之间的组合和位置关系模式本身就是一种自成一体的证据，人们需要对其进行筛选，从而找出能够解释它们的原则。即使没有得到人们具有明确意识和意图的陈述支持，这种关于细节的模式化本身也是支持阐释性概括的有力证据。

## 19 世纪 60 年代克劳人“带走他人的妻子”

要理解和评估这种综合性的方法论纲要，就需要将其应用于比我之前引用的更加复杂的民族志材料。在这里，我将以 19 世纪中叶

“克劳人”[①]生活中的一项特定的社会制度为例，以此说明如何在实践中应用这种方法。克劳人是一个美洲原住民群体，他们生活在黄石河（Yellowstone River）流域，该流域位于今天美国的蒙大拿州和怀俄明州。罗伯特·路威在1907年至1931年的夏季旅行期间对克劳人进行了田野调查。如同弗朗茨·博厄斯的其他学生一样，路威的民族志作品是对材料的描述性汇编，而没有强烈的理论旨趣，但它反映了当时的一项革命性的议程，即准确地描述美洲原住民生活实践的复杂性，而不将其简化为幻想出来的进化论图式。还有一点是，与博厄斯学派的其他追随者一样，路威也研究记忆文化。他与克劳人的顾问交谈，这些人生活在印第安人的保留地上，从事农业和雇佣劳动，同时受制于美国政府的统治结构和工业化的市场经济结构。但路威撰写的著作更多地不是关注克劳人当下的生活状况，而是回忆一两代人之前的生活条件。当时是在19世纪末，克劳人生活在美国政府统治的边缘地带或处于政府统治之外，他们的经济来源主要是骑在马背上猎取水牛。

在他的著作《克劳人》里，路威描述了一种在克劳语里被称为“带走他人的妻子”的社会习俗，路威称之为“绑架妻子”（Lowie，1935：186；亦可参见Bauerle et al.，2003：44）。克劳人的男性都加入了俱乐部，在19世纪60年代，主要有两个这样的团体可供男性选择，它们分别叫作“木块”（Lumpwoods）和“狐狸”（Foxes）。“绑架妻子”的竞逐是这些俱乐部存在的核心内容。这种竞逐发生在春季，为期半个月，此时正值冬夏之间的换季期，冬季，大雪纷

① “克劳人”（Crow Indians），即被称为“克劳人”的印第安人，Crow有“乌鸦”之意，故也被译为“乌鸦印第安人”。

飞，人们在河岸边的固定地点安营扎寨，形成一年中最大规模的聚集状态，而夏季则是追捕水牛群的时节（亦可参见 Bauerle et al.，2003：85）。正是在夏季，这些男性会对拉科塔人（Lakota）、“黑脚人”（Blackfeet）等邻近的非克劳人群体进行长途奔袭，劫走他们的马匹。在春季短暂的“绑架妻子”期间，“狐狸”俱乐部的男性会接近“木块”俱乐部男性的妻子，告诉她跟他走，而她会照做不误，从而永久地结束她之前的婚姻。反过来也一样，“木块”俱乐部的男性也会“绑架”“狐狸”俱乐部男性的妻子，永久地终结这对夫妻的婚姻。然而，通过绑架产生的新婚姻只是暂时的：这两个人会短暂地成为情侣，然后分开（Lowie，1935：56）。

路威与后来的学者都没有从普遍意义上解释这一制度。当我要求学生阅读路威的相关描述并解释这种制度时，他们最初的想法通常是试图以它具有的功能（参见第一章）、克劳人的个人欲望，或者它的起源来解释它。[6]然而，通过提出结构主义式的方法论问题，即“什么与什么相关？”可以对这种制度产生一种更加令人满意的基本理解。例如，进行结构主义分析的一种具体的经验方法是，寻找在某种意义上处于相同“位置”的事物，假设它们实际上是同一事物，然后思考这种更抽象的事物可能是什么。

例如，其中一种具体的空间定位模式是这样的，在绑架妻子的事件发生之后，俱乐部的成员会带着被俘获的妇女游行，她骑在一匹马上，前面坐着一个男人，而这个男人之前曾从敌人手里救出了另一个克劳人：他一把抓起这个跌倒在地的克劳人，将他放在自己身后的马背上，然后策马奔驰，迅速逃离。此外，这个男人和女人所骑的这匹马是从敌营那里偷来的（Lowie，1935：190；Bauerle et al.，2003：70，108）。换句话说，通过骑在这样一匹马的上面，这个女人被置于与那个被救的、骑在马后面的克劳人一样的位置上，并且处于与从敌人（非克劳人）那里偷来的马匹相同的位置上。如果将被绑架的敌对俱乐部男人的妻子比作从敌人那里偷来的一匹马，同时又比作是从敌人那里解救出来的克劳人的男人，那么“狐狸”俱乐部与“木块”俱乐部之间的关系就可以被比作克劳人与敌人（非克劳人）之间的关系。这两个俱乐部之间的较量可以被看作是克劳人社会内部的一种隐喻，它象征着整个克劳人社会与那些敌人之间的关系。[7]

倘若这些俱乐部之间的较量涉及不同的活动，那么这些活动在某种意义上也是在相同的“位置”上发生的。除了比拼绑架对方妻子的数量之外，这些俱乐部还比拼在晚些时候的夏季战斗中谁先接触到敌人（Lowie，1935：186）。不管是谁，只要能成功地接触到敌方的战士，就能获得很多荣誉，无论这种“接触”是将敌人粉身碎骨，还是仅仅是轻轻地拍打（第216页、第228页）。我们可以假设，“绑架妻子”和“接触敌人”体现出来的共同之处是与他人有关的某种交往属性：违背他们的意愿进行强制掠夺，侵犯他们对自我、个人空间以及珍视之物的掌控权。被接触的敌人可能会被杀死，或者仅仅是在谋略上被战胜，但无论是哪一种情况，克劳人的男子都设法接近那个人并“接触”他，虽然对方试图伤害攻击者。

同样，被绑架的妻子游行时骑在上面的那匹马，也不是一匹普通的偷来的马，这匹马是从敌人帐篷旁边的拴绳上偷来的。袭击者不仅在敌人营地的外面驻足——许多马在那里成群地乱转，还明目张胆地在熟睡的主人眼皮底下，悄悄地将马偷走。以这种方式偷来的马，就其承载骑手的能力而言，并不比从营地外面偷来的马强多少。但是，这样一匹马更适合作为“占有”这一行动属性的能指，对于绑架妻子的行动而言，这也是核心所在：它极大地破坏了他人通过拥有财物或关系亲密的人而产生的安全感。

在更广泛的层面上，我们还可以探讨一下，绑架妻子的整个制度与什么处于相同的位置上，这也会有助于我们的思考。其中一个答案是，它与普通婚姻的位置非常相似。在被俘获的妇女游行期间，她会穿戴着与新娘一样的装饰和服装（Lowie，1935：190，214；Bauerle et al.，2003：108）。[8]虽然绑架者与被绑架者之间的结合类似于婚姻，但绑架妻子的行为扰乱了常规婚姻，违背了它的规范。这是常规婚姻的扭曲。

将“绑架妻子”定义成明显不同于常规婚姻的其中一条规则，便是我们在前文已经提及的一项规定，即原来的配偶永远不能再团聚。另一条规则涉及什么样的男人可以绑架什么样的女人。绑架者不能随意绑架嫁给对立方俱乐部成员的女人，而只能绑架之前曾经是他情人的女人（Lowie，1935：186）。“带走他人的妻子”可以追溯到人们与长期的伴侣定居下来之前的约会历史。“绑架妻子”将早期短暂的恋情和性行为模式重新带回到当下，从而重塑稳定的婚姻。

在这些不同的细节之中，贯穿着一种更为抽象的模式，即由关于社会关系的极不相同的价值观与观点构成的一种两极对立，我在图 2.5 中进行了图式化表达。在这个时期，克劳人的生活中出现了这样一种冲突：一方面是追求稳定的婚姻关系、珍视与亲属共同生活，另一方面则是追求短暂的占有。反对原配团聚的规则肯定了这样一点，即不执念于过去的关系，为了短暂的占有时刻而活着是一种更高的善。同样，克劳人社会围绕着两个俱乐部之间的夏季竞争而出现的更为普遍的组织形式亦表明，尽管稳定的家庭联合和其他形式的亲属关系也是社会运作的重要组成部分，但相比之下，通过战争、狩猎和诱拐获得的短暂占有是一种更有价值的社会运作模式。尤其是在男性的情感体验中，图 2.5 右列价值观的等级优越性高于左列价值观，当一个男人的妻子被绑架时，社会要求他以一种符合右列价值观的方式作出回应。尽管在许多情况下，妻子被绑架的男人其实在情感上极其痛苦，但他被要求不能反对，只能袖手旁观，表现出一种无动于衷、无所依恋的态度（第 55 页、第 186 页、第 188 页、第 191 页）。类似地，那些在早春季节被选出来担任每个俱乐部“长官”职务的男性，他们预计将会在夏季死去，这是因为他们的角色要求他们冲到冲突的最前线，并留在那里一直战斗（第 177—178、第 183—185 页、第 228 页）。此外，将俱乐部的团结与图 2.5 中右列价值观联系起来的还有这样一种模式，即俱乐部的成员轻视鳏夫的丧妻之痛，他们会在坟墓边开这样的玩笑：“你今天不会再找一个妻子了，对吧？”（第 179 页）在其他形式的口语艺术中，俱乐部支持的那些价值观，诸如男性鲁莽地脱离自己的生活、毫不犹豫地冒着风险侵占他人的生活等，与女性的月经、分娩等生殖相关的身体过程进行贬损性的对比（例如，Lowie，1935：116，184）。

| | |
|---|---|
| 稳定的婚姻 | 短暂的约会；恋情是“狩猎”并继续寻找 |
| 爱情、亲属关系 | 战争、侵犯、占有 |
| 家庭生活、生育 | 与敌人作战、猎杀水牛 |
| 对生活、亲属的依恋 | 面对死亡不顾一切 |
| **冬季** | **夏季** |

**图 2.5　20 世纪 60 年代克劳人生活中的对立价值观**

来源：作者自制

尽管“绑架妻子”与婚姻处于相同的位置，而且是婚姻的一种变体形式，但我们之前已经看到，它也与偷盗马匹、战争、在敌人的猛烈攻击下救出一位克劳人同胞、在战斗中“接触”敌人以及抱着必死的决心直面敌人等处于一种相同的位置。“绑架妻子”是一种不以山盟海誓、始终不渝的依恋为核心的爱情和浪漫行为，它是以“狩猎”为核心的，即第一次跨越从“疏远 / 冷淡”到“情和性的亲密关系”界限所带来的愉悦和情爱。例如，路威报告说：

> 过多的美德容易使人成为戏谑的对象。如果一个男人与妻子一起生活得太久，他的亲戚可能会开玩笑地说：“你就好像待在一件死物旁边”……格雷–布尔（Gray-bull）解释道，因为女人就像一群水牛，而忠于一个妻子的丈夫就像一位猎人他已经杀死了最后一头逃亡的水牛，却一直停留在尸体旁，因为他没有勇气去追杀其他水牛。
>
> （第 48 页）

图 2.5 中所示的证据也出现在一起惩罚事件中。事情是这样的：有一对夫妻因“绑架妻子”事件而分离，但他们违反了不得重聚的规则，故而遭到惩罚。这时，另一个俱乐部的男人不仅会剪碎这对已婚夫妇的毯子，而且还会剪碎丈夫所在俱乐部中所有男人的毯子（第 189 页）。如果“狐狸”俱乐部的男人与他之前的妻子团聚，那么所有“狐狸”俱乐部的男人都可能会带着他们的水牛皮毯逃走，以防“木块”俱乐部的男人将它们剪碎。之所以采取这样一种惩罚形式，很可能是因为毯子是夫妻之间发生亲密接触的地方（第 188 页）。这种惩罚所打击的正是这对夫妻通过重新团聚所肯定的东西，

而这也是“绑架妻子”最初反对的东西。夫妻重聚肯定了长期的配偶关系具有的价值，它作为一种自我支配的空间与外部社会分离开来，而对毛毯的破坏则再次重申：俱乐部的生活无论如何都更为重要。

文化要素的部分“位置”取决于它们在时间中的存在。“带走他人的妻子”发生在春季，就在俱乐部成员通过选举出新任“长官”而重新恢复组织化的生活之后。在短暂的“绑架妻子”插曲之后，克劳人将开始突袭敌人或被敌人袭击，他们在这些外部战斗中表现出来的勇敢行为也将成为俱乐部竞争的一个领域。“绑架妻子”之后紧接着就是跟敌人战斗，这表明“绑架妻子”与袭击敌人是同一种范畴的不同形式，这类范畴即短暂占有的价值。在整个夏季期间，这种关系性行动的特征一直占据着主导地位。当下雪时，俱乐部暂停活动，而家庭生活开始占主导地位。

关于女性的主体性，路威列举了很多具体的例子。例如，有些妇女为了避免被绑架而与丈夫分离，她们躲藏在营地之外的地方。他还举例说，有些夫妻在违背他们意愿的情况下被强制结束婚姻，这对他们后来的生活造成了严重的困扰（第 53—54 页、第 59 页、第 186—188 页）。但路威也报告说，每年早春时节，当俱乐部重新活跃起来时，通常会有已婚妇女告知另一个俱乐部的前任情夫，让他在即将到来的季节里绑架她（第 191 页）。路威称，“当所有可以被抓走的妻子都已经换了丈夫时”，“绑架妻子”这一活动将宣告结束，他援引一位得意扬扬的游行者—— 他们带着一位被绑架的妇女游行——的话说：“‘木块’俱乐部的一个女孩主动嫁给了我们‘狐狸’俱乐部的人！”（第 189—190 页）。[9] 路威还报告说，对于那些不情愿被绑架的妇女，她们通常（但不总是）能够通过打动人的哀求来拒绝（第 189 页）。女性在“绑架妻子”事件中作为部分能动者的倾向表明，在她们自己对这一制度的主观体验中，不仅经历了如图 2.5 所描绘的那些紧张关系，而且有时还与男性共享着这样的观念，即右列价值观的阶序等级优越于左列的价值观。

## 过度诠释与寻找关联的民族志技艺

如果能考虑到更多的关于克劳人的民族志，并作出比我更加细致的归纳，那么将会很有启发性。上述讨论还提出了关于 150 年前的克劳人不同经历与实践的更多细节问题，这些问题如今已经无法回答，这或许限制了对我所讨论的男性俱乐部活动提出一种令人满意的解释的可能性。但愿我的阐述已经足够翔实，能说明如何在实践中运用结构主义分析。我也希望我的阐述能够引发读者对我所描述的某些联系感到惊叹与信服，同时也对这些联系产生抵触与怀疑。

对于这种形式的分析，一种常见的反应是对可能存在的过度诠释感到不适。例如，一个克劳人男性俱乐部的成员剪碎了另一个俱乐部成员的毯子，这是否仅仅是出于偶然呢？当将这种行为模式与夫妻身体亲密性联系起来时，我是否作出了连当时的克劳人自己都不会觉得有意义的或真实的陈述，从而错误地将我自己的想法强加给他们的生活？

这样的反应合情合理，它提出的问题没有简单的解决方案。但是，我想就这种质疑提出一些宽泛的看法，以此作为回应。首先，“一切都不是偶然的”这种说法本身就是对结构主义方法论假定的一个很有帮助的工作总结。其次，结构主义的解释不是任意的，而是存在一套严格的标准，用来评估这些解释是有充分证据支持抑或证据支持不足。这个标准是，符合某种假定模式的民族志细节越多，就越能够有力地证明分析者的观点是正确的。反过来，一个宽泛的归纳模型在试图将越来越精细、多样化的经验细节纳入其范畴的过程中，会不断地修正自己，使模型的形式变得更加复杂和微妙。最后，虽然希望避免作出不真实解释的意愿是好的，但避免解释本身也是一种过度诠释的表现形式。与其他过度诠释一样，类似这样的立场——如“作为分析者，我没有义务参与人们生活中的某些细节，或者不应该将它们放入任何解释框架，除了偶然发生的事件或者实践者自己说的东西”，它实质上是将经验细节同化为分析者自身心智体系的一般模式，无论这种一般模式是关于偶然性的普遍化理论，还是关于“自己有权避免思考那些棘手的经验材料”的普遍化理论，抑或关于“个体是我们自身思想和行动之主宰者”的普遍化理论。

上文谈及的这些看法还有一种更加积极的形式，那就是我在本章开篇提到的人类学实践出现的历史性转变，也就是说，如今的人类学家虽然经常公开否认将结构主义作为一个明确的分析框架，但他们却在很多方面都受益于结构主义。列维-斯特劳斯影响最深远的贡献可能不是他公开阐述的理论思想，诸如我上文探讨的那些观念，相反，他最持久的影响在于对民族志的处理方式。如今，许多人类学家在不知不觉中受益于列维-斯特劳斯的地方在于，他从方法论上重视各种社会文化实践之间的相互联系。“真相隐藏在细节中”这种理念正是拜他所赐，也就是说，在处理社会文化资料时，对数据进行仔细筛选，并以富有想象力的方式识别它们之间非显而易见的关联模式，这是获得准确的和原创性的见解之基础。在结构主义的影响下，在叙述、仪式、建筑形式、食物生产与消费实践、身体装饰实践、地理环境、宇宙观、政治秩序的正式制度以及许多其他的生活领域之间追溯关联，已经成为一种常规性的做法。结构主义为人类学提供了新的视角，使之能够从民族志的细节中看到抽象的范畴或原则。

## 结论：消除 langue 和 parole 之间的区分

如果很多人类学思想流派确实都与结构主义一样，致力于从广泛的意义上追溯非显而易见的民族志“联系”，那么这将意味着它们与结构主义之间也隐含着一种相同的理解，即它们的研究对象在某种意义上是模式化的、整齐有序的或系统性的。然而，后来大多数思想流派的追随者都有充分的理由认为，在有关这种秩序的本质或定位的问题上，他们与结构主义取向之间存在根本性的分歧。

人类学家如何以各种方式脱离结构主义的描述，几乎也就是对整个人类学学科的描述，这是我力所不逮的。然而，值得注意的是，在过去半个世纪里，许多对结构主义的脱离都可以追溯到索绪尔最初将 *langue* 与 *parole* 进行分离时所包含的假设。“实践”（*parole*）本身是一个多层次的范畴，因此，当实践从被认为是与之独立的“系统”（*langue*）中分离出来时，两者之间仍然存在许多相互联系的层次。在最后这部分，我将简要描述人类生活的某些方面，它们在索绪尔的二分法中处于边缘化的地位，而自从列维-斯特劳斯以来，大多数人类学家一直不遗余力地将它们视为核心的研究对象。将“实践”从“系统”中分离出来，这与结构主义的观点密切相关，即“系统”作为各要素之间纯粹“静态”的关联性而存在。在仔细分析社会文化诸要素之间的互连性的同时，又要消除 *langue* 与 *parole* 之间的区分，这并非易事。

有一个领域似乎特别迫切地需要与关于人们生活的系统化秩序的论述进行整合，那就是意识或主体性。尽管结构主义对“人类公开透明地选择和表达他们自身的生活形态”这一观念提出了重要的修正，但我们有充分的理由认识到，意识过程对创造或重塑这种形态发挥着重要作用。将“透明的自我认知”与“无意识的秩序”截然对立起来，是不利于人类学研究的，而某些结构主义的言论似乎助长了这种可能的两极分化。相反，人类学研究需要将意识理解成是多层次的或隐晦的。我在前文提到了许多关于克劳人“绑架妻子”的概括性解释，它们似乎确实曾经出现在克劳人的话语里，尽管这些概括性解释往往是作为一种含蓄的暗示或者以蕴涵的方式出现在陈述命题的边缘，而非中心的位置。如果这些解释以适当的形式出现，或许当时的克劳人真的会认同其中的某一些。对于田野工作者来说，结构主义的论证方式最有价值的好处之一就是，它们能够引导出那些对研究对象而言确实是有意义的问题和命题，从而使田野工作者更深入了解他们思维的细微差别。

从高度结构主义的理论环境中出现的一种将意识与系统整合起来的理论取向，那就是马克思主义哲学家阿尔都塞提出的“质询”模型（Althusser，1971），它保留了“系统”具有的强大自主性，但将个人意识描述为是更广泛的秩序范畴的内在化（参见第三章）。与之相反，近几十年来的人类学家则普遍摒弃了关于主体性与更广泛的秩序之间如何连接起来的模型，这些模型往往将这种连接描绘得天衣无缝，而且是单向度的。例如，语言人类学家认为，语言使用者的“反身性”或“意识形态”在塑造他们的语言和生活系统的其他方面发挥着积极而复杂的作用（Schieffelin，Woolard and Kroskrity，1998；Agha，2007）。许多从事“道德人类学”传统研究的作者广泛采用福柯后期的作品，他们认为这些作品提供了一个极具民族志价值的框架，可以用来探讨思维主体与行动主体的比较性差异，同时也考虑到人们可能会反思自己生活中的各种结构性条件，并且批判性地参与到这些结构之中的其他可能性，从而塑造他们的世界，而不仅仅是被它所塑造（Foucault，1978；Faubion，2001；Laidlaw，2014）。人类学以各种不同的形式关注“能动性”，从根本上而言，它们都是为了化解索绪尔式二分法的问题（Ahearn，2001；Ortner，2006）。

与行动主体在理论中的地位和民族志中的地位密切相关的是一整套关于“实践”的特征，这些特征在特定的时间和地点、特定的人之间表现出来，这些人不仅有着灵魂和肉体，并且还意识到实践本身就是他们正在做的事情。在对列维-斯特劳斯的批评中，布迪厄（Bourdieu，1977）紧随沃洛希诺夫［Voloshinov，1972（1929）］早期对索绪尔的批评，他将注意力聚焦于行动者自身对他们的实践在当下具有的展演性的不确定性（performative contingency）的态度，这种态度本身是这些实践的价值与效用的来源，同时也是其有序组织的一个层面。即使在语言的例子中，我们发现语言结构的许多方面也会编码实践情境。例如，代词“你”（*you*）和“我”（*I*）都编码了一种语言使用的情境，其中一个人在语言的语法中被编码为“说话者”的角色，而在场的另一个人则被编码为“受话者”的角色［Benveniste，1971（1956）］。换句话说，语言结构本身包含了一幅关于行动或使用的社会场景的图景，就在特定时间、特定个体之间话语展演的此时此地，可以说，*parole* 内在于 *langue*，这与索绪尔的理论前提完全不同。事实也证明，许多文化和社会在很大程度上都是由如何使用符号的一般性模式或结构组成的，譬如不同场合关于言语使用类型和互动类型的约定，如举办讲座、体育比赛或选举等。实践或行动不能从结构中剥离出来，因为结构既是行动的模型，同时也处于行动之中。这是一种在此时此地对正在做的事情产生的反身性意识。上述我从准结构主义的角度出发对克劳人“绑架妻子”现象的解读，很快就形成了一种关于行动属性的价值观模型，这些价值观不仅对比鲜明，而且等级分明：在某一时刻、某一地点与某个人进行类似于交易性质的互动；与之相对的则是，在时间跨度非常长的一系列不同时刻，与某个人在彼此忠诚与团结的基础上建立持久的伙伴关系。结构既是关于活动的结构，也是活动本身的结构，反之亦然。

关于时间性的问题尤为复杂和迫切。我们只需要稍微思考一下就会意识到，人们通常不能同时生活在多个时间点上，因此，他们通过不同的理解模式来经历生活，这些理解模式本身就是关于时间之流以及关于当下之外的其他时间的认知。诸如对死者的记忆、丧亲之痛、历史意识等现象，或者对天启、乌托邦、事业成功的期待以及不确定性等，这些都是结构形式。也就是说，它们都是共时性秩序的形式，与历时性秩序之间存在一种内在的联系。随着时间的推移而出现的变化与再生产过程，它们以文化组织化的方式“内嵌于”秩序之中，因此从严格的意义上而言，并不存在所谓的共时性秩序。时间性具有一定的秩序与模式，它是由时间过程和人们对时间生活的文化理解构成的，这种时间秩序与模式存在于各个层面。正由于这个原因以及其他理论方面的原因，自从20世纪80年代以来，人类学家转而强烈支持将历史视角和历史研究纳入民族志工作的核心。这种全面的转向通常是在明确反对结构主义的情况下推动的，大多数学者都对结构主义持有刻板印象，认为它是一种非历史性的或者反历史的框架（尽管有一些例外，诸如 Sahlins，1985；Gow，2001）。

与这些实践生活的其他维度交织在一起的还有价值观和权力。在前文谈及的“绑架妻子”这个简短的案例里，我们看到在当时克劳人的生活中，范畴秩序发挥着错综复杂的作用，它不仅仅是关于差异的问题，而且也是关于阶序等级的问题，即人们认为“什么比什么更重要”。在结构主义的影响下，人类学家更加关注“谁从中受益”的问题，即某种特定的范畴排序如何有利于社会或关系网络中特定群体的福祉，或者它是如何由特定的人群和机构维系并推动的。

这种复杂性亦涉及系统的矛盾性、异质性、多元性或开放性的问题。在某种程度上，“社会文化要素由其与周围要素之间相互依赖的关系所构成”的观点与“社会文化秩序具有一定程度的统一性和边界性”的假定之间，存在着逻辑上的关联性。若要分析一个要素是否具有某种稳定的关系性构成，那么就需要有一个稳定且有限的关系场域，将其放置在里面（Merlan，2005：173）。然而，实际的人类生活甚至单个的行动，通常都是在多个秩序之中进行的。从启发式角度来看，一个“系统”的稳定性或重要性往往取决于它与“外部”或“其他”维度之间的对比与关联（这是人类学研究的一个领域，它通常受到巴赫金启发，可参见 Bakhtin，1981）。

在结构主义之后，人类学家广泛开辟了许多新的理论关注领域。至于本章涉及的若干领域，我的目的不是罗列在这些领域里已经发展成形的具体观念，亦不是总结这些观念解决了哪些理论和经验上的弱点或者仍然存在哪些缺憾。相反，我的主要目的是让人们了解不同层次的“实践”之间是如何相互关联的。当索绪尔的观念框架（以及列维-斯特劳斯对它的隐喻性改造）将其中一个问题作为秩序或系统的一个组成部分重新纳入思考时，所有其他问题也会随之涌现。

认真对待这些理论和经验上的复杂问题，并不意味着不再关注社会文化要素是如何通过它们的关系性位置来定义的。然而，它确实意味着不要将这些关联性置于一个脱离实践与不同系统逻辑的异质性的超验领域，否则这将使追溯关系性联结（relational connection）的研究取向变得更加困难和复杂。

## 注　释

1.相关内容可参见雅各布森（Jakobson，1978；1990），稍微更详细的论述可参见雅各布森（Jakobson，1984）。“高等研究自由学院”（École Libre des Hautes Études）的年度目录里记录了雅各布森与列维–斯特劳斯的讲座安排。例如，1942年2月的目录第16页，显示了他们在该校第一学期的课程名称以及课程时间冲突情况。

2.关于第一段引文，可参见索绪尔（Saussure，1959：120），更长，也更有趣的段落可参见索绪尔（Saussure，1993：141）。关于第二段引文，可参见索绪尔（Saussure，1996：116）、索绪尔（Saussure，1959：119）以及索绪尔（Saussure，1972：164，433–434n111，466n236）。关于1916年索绪尔这本书法文原版的编辑过程，可参见约瑟夫（Joseph，2012：632–635）和恩格勒（Engler，2004）等人的文献。

3.不同英语方言之间最显著的区别体现在元音系统的差异，因此在阅读这张图中的英语单词时，不同的说话者会产生不同的结果。虽然我说图2.1中的单词都只由三个音段组成，但“bait”和“boat”中的元音实际上是双元音：在发出这个音段的过程中，舌头会从一个位置移动到另一个位置。

4.略微不同的表述，亦可参见索绪尔（Saussure，1993：96，135，138–140）。

5.列维–斯特劳斯认为，另一个将关注点从实体转向关系的人类学领域是亲属关系研究。正如坎迪亚在第一章里讨论的那样，拉德克利夫–布朗以及其他属于"结构功能主义"传统的学者认为，在人类学家研究的大多数社会中，它们的政治秩序和社会秩序主要是通过母系或父系的"继嗣群体"来维持的。而列维–斯特劳斯在《亲属关系的基本结构》[Lévi-Strauss，1969（1949）]和其他许多著作里则认为，婚姻以及与之伴随的不同代际的姻亲（或"亲家"）之间的交换过程才是亲属关系的真正核心。后来，这种结构功能主义范式与列维–斯特劳斯的研究取向之间的显著差异被描述为"继嗣理论"与"联姻理论"之间的争论。列维–斯特劳斯关于亲属关系和婚姻的研究存在许多细微的差别，而结构功能主义的研究也有许多细微的差别。但列维–斯特劳斯的"联姻理论"的核心观点是，群体之间的关系比群体本身更为基本，这又一次隐喻性地与索绪尔在图2.3中表达的语言观念具有异曲同工之妙。

6.我将克劳人的历史民族志应用于大学教学中，这应归功于罗伯特·布赖特曼（Robert Brightman）。

7.在最初于20世纪50年代收集并翻译的一部口述史汇编中，鲍尔勒等人讲述了一个值得注意的特殊案例，它从相反的方向进一步创造性地阐述了将被俘虏的妻子比作被解救的男性同胞（Bauerle et al.，2003：17–18）。这个案例是这样的：一个"狐狸"俱乐部的男子抢走了"木块"俱乐部的一位妻子。巧合的是，这个"狐狸"俱乐部的男子在战斗中被"木块"俱乐部的人解救。第二年春天，那个"木块"俱乐部的男子骑着马来到"狐狸"俱乐部，说："与我共享过一个女人的男人，我来找你了！跟着我一起去我的俱乐部吧！"听到这番话之后，"狐狸"俱乐部的一个男子回答道："好吧！"然后翻身上马，坐在曾经解救他的人后面。当他们骑着马向"木块"俱乐部成员聚集的地方奔去时，坐在前面的骑手回头喊道："这就是我（解救他）的方式。如果你们想要他回来，那么就像我一样（在战斗中救出他）把他救回来，这样你们就可以把他要回去。"通过这种方式，被解救男子的俱乐部成员身份从"狐狸"变成了"木块"，就像女人改嫁一样。

8.鲍尔勒等人（Bauerle et al., 2003：112）讲述了一个复杂的案例，有一个男人的声望急剧下降，部分原因是他的妻子被另一个男人"带走"之后，他又与妻子重新团聚，这破坏了当地的规矩。当之前的绑架者后来意外地再次遇到这对重新结婚的夫妻时，这个声望大不如前的男人对他妻子说话时，将她的前任情人称作"你的丈夫"。

9.鲍尔勒等人以类似的方式翻译了克劳人的习语，例如，欢庆的男人经常这样来描述女人具有自由意志的主体性："她是按照自己的意愿和自由意志来的""她自己拿的主意""全凭自愿"，或者在歌唱中庆祝"她独自一人自愿而来"（Bauerle et al., 2003：70, 105–107）。在口述史里，有一个关于"带走他人的妻子"的特殊案例记录得尤为详细：有一个"木块"俱乐部的男人不请自来，他反对"狐狸"俱乐部一个男子的婚姻，因为这个人已经娶了四个"木块"俱乐部的女人作为妻子，这是一种极大的羞辱。在这个案例中，该闯入者的行动基于这样一种扩展性的原则："即使只是在孩童时期曾经扮演过夫妻，或者假装过是恋人，他也能提出所有权的主张"，而不需要曾经发生过性关系。这位不速之客对这位"狐狸"俱乐部男子的妻子提议道："那个家伙（说话对象的现任丈夫）一直在做同样的事情，已经做得太过分了！让我们两个人——你与我——也这样做吧！"听到这番话之后，这位"狐狸"俱乐部男子的妻子回答道："好的，我们也尝试一下吧"（Bauerle et al., 2003：106）。

# 参考文献

Agha, Asif 2007. *Language and Social Relations*. Cambridge: Cambridge University Press.

Ahearn, Laura M. 2001. Language and agency. *Annual Review of Anthropology* 30: 109–137. Althusser, Louis 1971. Ideology and ideological state apparatuses. In *Lenin and Philosophy and Other Essays* pp. 123–173. London: Monthly Review Press.

Bakhtin, Mikhail M. 1981. *The Dialogic Imagination: Four Essays*. Austin, TX: University of Texas Press.

Bauerle, Phenocia (ed.), compiled and translated by Henry Old Coyote and Barney Old Coyote Jr. 2003. *The Way of the Warrior: Stories of the Crow People*. Lincoln, NE: University of Nebraska Press.

Benveniste, Emile 1971 [1956]. The nature of pronouns. In *Problems in General Linguistics*, pp. 217–222. Miami, FL: University of Miami Press.

Bourdieu, Pierre 1977. *Outline of a Theory of Practice*, translated by Richard Nice. Cambridge: Cambridge University Press.

Durkheim, Emile 1995 [1912]. *The Elementary Forms of Religious Life*, translated by Karen Fields. New York, NY: The Free Press.

Engler, Rudolf 2004. The making of the Cours de linguistique generale. In Carol Sanders (ed.), *The Cambridge Companion to Saussure* pp. 47–58. Cambridge: Cambridge University Press.

Faubion, James D. 2001. Toward an anthropology of ethics: Foucault and the pedagogies of autopoiesis. *Representations* 74 (1): 83–104.

Foucault, Michel 1978. *The History of Sexuality, Volume I: An Introduction*, translated by Robert Hurley. New York, NY: Vintage.

Gow, Peter 2001. *An Amazonian Myth and its History*. Oxford: Oxford University Press.

Jakobson, Roman 1978. *Six Lectures on Sound and Meaning*, translated by John Mepham. Hassocks: Harvester Press.

Jakobson, Roman 1984. La théorie saussurienne en rétrospection. *Linguistics* 22: 161–196.

Jakobson, Roman 1990. Langue and parole: Code and message. In Linda R. Waugh and Monique Monville- Burston (eds.), *On Language*, pp. 80–109. Cambridge, MA: Harvard

University Press.

Joseph, John E. 2012. *Saussure*. Oxford: Oxford University Press.

Laidlaw, James 2014. *The Subject of Virtue: An Anthropology of Ethics and Freedom*. Cambridge: Cambridge University Press.

Lévi-Strauss, Claude 1963. *Totemism*, translated by Rodney Needham. Boston, MA: Beacon Press. Lévi-Strauss, Claude 1969 [1949]. *The Elementary Structures of Kinship*, translated by J.H. Bell, J.R. Sturmer, and R. Needham. Boston, MA: Beacon Press.

Lowie, Robert Harry 1935. *The Crow Indians*. New York, NY: Farrar and Rinehart.

Merlan, Francesca 2005. Explorations towards intercultural accounts of socio-cultural reproduction and change. *Oceania* 75 (3): 167–182.

Ortner, Sherry B. 2006. *Anthropology and Social Theory: Culture, Power, and the Acting Subject.* Durham, NC: Duke University Press.

Sahlins, Marshall 1985. *Islands of History*. Chicago, IL: University of Chicago Press.

Saussure, Ferdinand de 1916. *Cours de linguistique générale.* Edited by Charles Bally and Albert Sechehaye, assisted by Albert Riedlinger . Lausanne: Payot.

Saussure, Ferdinand de 1959. *Course in General Linguistics*, translated by Wade Baskin. New York, NY: Philosophical Library.

Saussure, Ferdinand de 1972. *Cours de linguistique générale. Édition critique préparée par Tullio de Mauro*. Paris: Payot.

Saussure, Ferdinand de 1993. *Troisième Cours De Linguistique Générale (1910–1911): D'après Les Cahiers D'Emile Constantin = Saussure's Third Course of Lectures on General Linguistics (1910–1911): From the Notebooks of Emile Constantin*. Eisuke Komatsu (ed.), translated by Roy Harris. Oxford: Pergamon.

Saussure, Ferdinand de 1996. *Premier Cours de Linguistique Generale (1907): d'apres les cahiers d'Albert Riedlinger = Saussure's First Course of Lectures on General Linguistics from the Notebooks of Albert Riedlinger (1907).* Eisuke Komatsu (ed.), translated by George Wolf. Oxford: Pergamon.

Schieffelin, Bambi B., Katherine A. Woolard, and Paul V. Kroskrity (eds.). 1998. *Language Ideologies: Practice and Theory.* Oxford: Oxford University Press.

Voloshinov, V.N. 1972[1929]. *Marxism and the Philosophy of Language*. The Hague: Mouton.

## 进一步阅读文献

Douglas, Mary 1966. *Purity and Danger: An Analysis of the Concepts of Pollution and Taboo.* London: Routledge and Kegan Paul.

Dumont, Louis 2006. *An Introduction to Two Theories of Social Anthropology: Descent Groups and Marriage Alliance*. Oxford: Berghahn Books.

Holdcroft, David 1991. *Saussure: Signs, System and Arbitrariness.* Cambridge: Cambridge University Press.

Lévi-Strauss, Claude 1963. *Structural Anthropology*, translated by Claire Jacobson and Brooke Grundfest Schoepf. New York, NY: Basic Books.

Lévi-Strauss, Claude 1966. *The Savage Mind*. Chicago, IL: University of Chicago Press.

Lévi-Strauss, Claude 1969. *The Raw and the Cooked,* translated by John and Doreen Weightman. New York, NY: Harper and Row.

Lowie, Robert Harry 1959. Back to the Crow. In *Robert H. Lowie, Ethnologist: A Personal Record*, pp. 41–66. Berkeley, CA: University of California Press.

Ricoeur, Paul 1974. Structure and hermeneutics. In Don Ihde (ed.), *The Conflict of Interpretations*, pp. 27–61. Evanston, IL: Northwestern University Press.

Robbins, Joel 2004. *Becoming Sinners: Christianity and Moral Torment in a Papua New Guinea Society.* Berkeley, CA: University of California Press.

Sahlins, Marshall 1976. *Culture and Practical Reason*. Chicago, IL: University of Chicago Press. Shapiro, Judith 1988. Gender totemism. In Richard Randolph, David Schneider, and May Diaz (eds.), *Dialectics and Gender: Anthropological Approaches*, pp. 1–19. Boulder, CO: Westview.

Stasch, Rupert 2009. *Society of Others: Kinship and Mourning in a West Papuan Place*. Berkeley, CA: University of California Press.

Valeri, Valerio 2000. *The Forest of Taboos: Morality, Hunting, and Identity among the Huaulu of the Moluccas.* Madison, WI: University of Wisconsin Press.

第三章

# 马克思主义与新马克思主义

Marxism and neo-Marxism

凯若琳 · 汉弗莱

20世纪60年代中期，英美两国的人类学正处于蓬勃发展的阶段，它们全神贯注于各自的学科问题。在英国，功能主义（参见第一章）、结构主义和符号学（参见第二章）遭到批判性质疑，取而代之的是埃德蒙·利奇、玛丽·道格拉斯、弗雷德里克·巴斯（参见第四章）以及许多其他人的新思想；在美国，开始涌现出“范式爆炸”（Geertz，2002），其中包括阐释性人类学（参见第八章）、社会生物学、认知人类学（参见第七章）以及“关于言说的民族志”。但是，1968年发生的事件——欧洲各地的动荡、“布拉格之春”以及美国的民权抗议活动——改变了形势。许多人类学家将注意力转向世界上的经济和政治问题。以世界史观闻名的马克思主义，此时成为摆脱原先的人类学争论的新出路，这些争论现在看来显得有些狭隘。“新马克思主义”（Neo-Marxism）这个术语用来指这一时期诞生的理论运动，它对马克思主义进行了一系列激进的重新诠释，其背后主要受两个原因影响：第一，人们需要对马克思主义思想进行改造，使之能够应对当代问题，诸如去殖民化、猖獗的资本主义以及困扰小型非资本主义社会的不平等和剥削现象；第二，人们希望通过汲取批判理论、精神分析或存在主义等其他知识传统的要素，从而重新思考马克思主义。从严格意义上讲，即以某种独特的分析工具和词汇占领学术前沿阵地，新马克思主义运动在人类学界的流行时间相对较为短暂。基思 · 哈特（Keith Hart）指出，随着1979年至1981年间玛格丽特 · 撒切尔与罗纳德 · 里根先后当选为首相和总统，这场运动突然"退出了人类学"。[1]然而，它事实上并没有完全消失，而且在新马克思主义彻底改变人类学的视野之前，它也不会完全消失。倘若没有新马克思主义者的理论推动，那么我们如今理解的整个学科领域将是不可想象的，这些领域包括经济人类学、女性主义、社会性别与亲属关系、殖民主义 / 后殖民研究、都市人类学和历史人类学等。此外，正如我在本章结尾处指出的，人类学家继续直接或间接地从马克思那里获得各种洞见——通过一些外围学科，这些外围学科推动马克思主义思想朝着新的方向发展。

## 马克思主义

卡尔 · 马克思（1818—1883年）在生命的最后阶段曾经说过，他不是一个马克思主义者，他由此承认了这样一点，即围绕着他的著作发展形成了一个独立的思想体系（包括那些他并不完全认同的、被简化了的思想观点）。马克思主义有许多派别，传入人类学领域的是一种经济史观的解释，它强调四个核心理论要素：

a. 人类生活的物质现实、劳动的核心地位以及实践持续不断的相互作用；
b. 社会生产关系的系统性组织；
c. 这些不同组织形式之间的冲突；

d. 不同发展阶段的历史演进，最终共产主义推翻资本主义。

在新马克思主义出现之前，美国哥伦比亚大学的人类学家就已经开始研究马克思关注的议题，即劳动人民所面临的状况，他们采用了一种广义上的马克思主义方法，充分利用自马克思那个时代以来可以获得的更加丰富的信息。莱斯利 · 怀特（Leslie White）在《文化的演化》（*The Evolution of Culture*，1959）一书里提出了一种关于技术基础如何产生社会结构、进而形成意识形态的理论。学者们称之为“文化千层糕”理论（Sahlins，2000：515）。比这更早的时候，西敏司（Sidney Mintz）开始研究甘蔗种植园工人、奴隶制度以及加勒比地区的农民。他毕生关注殖民主义和资本主义世界体系，撰写了一系列著作，其中最著名的当属《甜与权力：糖在近代历史上的地位》（*Sweetness and Power: The Place of Sugar in World History*，1986）。埃里克 · 沃尔夫是西敏司在哥伦比亚大学的同事，他从 20 世纪 50 年代以来也一直关注农民问题，并于 1969 年出版了《20 世纪的农民战争》（*Peasant Wars of the 20th Century*）。后来，沃尔夫转向研究人类学方法论及其帝国主义与殖民主义的背景历史。他于 1989 年出版的《欧洲与没有历史的人》（*Europe and the People without History*）旨在纠正“第一世界”视角的偏见，重点探讨了俄罗斯的毛皮贸易、白银贸易以及大西洋奴隶贸易。从广义上而言，沃尔夫的观点是一种进化论，他认为被孤立的而且在很大程度上被遗忘的历史行动者也是世界历史的一部分，这种观点既源于他自身对权力与意识形态之间关系的思考，也受到马克思主义理论的启发，这些理论探讨了普遍性的规律与情境性的民族志之间的关系（参见第五章）。

与此同时，在英国，历史学家兼共产主义者埃里克·霍布斯鲍姆（Eric Hobsbawm）一直在研究其他非主流的议题（如“原始反叛者”、“社会型盗匪”、帝国主义统治下的产业工人以及工人阶级的劳工运动面临的问题等）。他的作品在人类学这个独立的学科领域里并没有很多人知道，而且一些人类学家对马克思主义理论持怀疑态度（Firth，1972）。或许正因如此，当1965年霍布斯鲍姆出版了他为马克思的《政治经济学批判大纲》（*Grundrisse*）的英译本而撰写的“导论”——题目为“前资本主义经济形态”（Pre-Capitalist economic formations）时，最初基本上被人类学界忽略了。当时，“新马克思主义”尚未登上历史舞台。然而，几年之后，我清楚地记得，很多研究者都对它进行了仔细的研读。霍布斯鲍姆的这篇文章表面上的主题是描述一系列阶段或时代，诸如原始公社、奴隶制、罗马、日耳曼、封建制度、资产阶级等，但让我们感兴趣的并不是这些社会。霍布斯鲍姆本人亦曾提醒过我们：切勿不加批判地接受这些范畴以及它们的序列（Hobsbawm，1965：19）。真正具有理论创新性的是霍布斯鲍姆从马克思那里提炼出来的许多能够广泛运用的思想：交换在历史进程中的作用以及群体与人的“个体化”；“占有”的观念（即对身体、土地、住所、食物、劳动、技术等的“部分”的占有）以及它与财产观念之间的关系；聚焦于工艺技能、自豪感和组织及其在工业化过程中转化为一种财产形式；“内在矛盾”的观念以及那些抵制历史变革与促进历史变革的制度之间的区别；关于某种社会形态的崩溃将在后续的历史里开辟多种（而不是一种）选择路径的理论；以及一种告诫式思想，它不同于马克思的历史主义解释，“在马克思那里，没有什么可以让我们去寻找某种关于发展的，能够解释朝着资本主义发展的‘普遍规律’”（Hobsbawm，1965：43）。霍布斯鲍姆对马克思的解读产生了一种很有远见的想法：将在某种社会观察到的由特定关系构成的生产方式，与对这些关系的抽象“形式”进行的理论建构区别开来，这些抽象形式可以存在于不同的时期或社会经济环境（Hobsbawm，1965：59）。最后这种观念不一定只源于霍布斯鲍姆（见下文），它是新马克思主义的标志之一。

## 新马克思主义

新马克思主义人类学家从马克思的著作里[2]获得了一些关键性的思想，并将它们作为一种解释性的工具，用于分析（或批判性地重新分析）当代世界不同地区的民族志。这些关键性的概念包括：[3]

“生产力”（也称为“基础”）——指用于生产生活资料的材料、技术和能源，包括原始的人力劳动。“基础设施”是生产的组织化的物质基础，但不包括劳动。

“生产关系”——指通过权利、财产等要素对生产力，特别是劳动进行系统化的社会组织。

“生产方式”——指生产力与生产关系的系统性统一，是具有特定历史意识形态的整体（这些意识形态包括法律和宗教，被称为“上层建筑”）。

“使用价值”——指物品在日常生活和消费中具有的实用价值。

“交换价值”——指物品相互交换时获得的价值；某件物品等值于多少其他商品；在复杂的社会里，交换价值用货币 / 价格来表示。

> “劳动价值论”——指这样一种观点，即产品的真正价值是由生产它的劳动（以及材料）创造的。资本家不会将劳动的全部价值回报给劳动者，因此能够榨取利润（“剩余价值”）。

在探讨如何将这些思想用于阐述当代的问题之前，有必要先提醒一下读者。在英国，人类学的新马克思主义原动力主要是从巴黎传入的。20世纪60年代中期，尽管法国的共产党很强大，但马克思主义的人类学阐释与有些国家采用的国家意识形态是分离的，认识到这一点很重要。换句话说，你可以成为一名“马克思主义人类学家”，而无须考虑这些国家的共产党正试图将同样的理念付诸实践的方式。然而，新马克思主义不仅仅是一种学术性的理论，因为它是作为一种反对世界上的不公正现象的道德义务而出现的，具体而言，新马克思主义是对列维–斯特劳斯的结构主义（参见第二章）作出的一种反应，它的许多实践者都来自该学派。新马克思主义者试图超越结构主义似乎已经定型的相对独立/封闭的领域（神话、仪式、美学），致力于探讨政治经济学问题以及不同社会形态的历史进程。尽管如此，在这样做的过程中，人类学家用来思考变化的思想武器在很多情况下都是列维–斯特劳斯之前使用过的（Nugent，2007）。同时，哲学家路易斯·阿尔都塞提出的批判性思想也对错综复杂的巴黎人类学界产生了巨大影响，阿尔都塞是《阅读马克思》（*Reading Marx*，1965，英译本出版于1970年）一书的作者，该书对西方知识界产生了深远的影响。阿尔都塞认为，可以对马克思晚期的著作进行“症候式阅读”（symptomatic reading）。通过这种阅读，可以揭示出马克思本人几乎没有意识到而只能隐晦地表达出来的理论，从而为“理论实践”腾出空间——这些实践理论是能够在思想领域发挥作用的创新性解释，它们不受马克思早期的著作或经验世界的束缚。

许多法国人类学家对这种阐释性的自由心领神会，他们探讨的理论我们可以称之为“超马克思主义思想”（epi-Marxist ideas）。与阿尔都塞不同，这些人类学家更感兴趣的是这些思想在现实情境中的应用。许多关于新马克思主义的理论和辩论被编辑整理成教科书般的文集出版，随后被翻译成英文（例如 Hindess and Hirst，1975；Clammer，1978；Seddon，1978）。以下是对他们使用的一些概念进行的解释，这些概念的表述带有新马克思主义色彩，并且反映了新的关注点。因此，与前面列出的那些概念相比，它们更加偏离了马克思本人的著作。

“辩证法”——不再被抽象地视为观念性“对立物”之间的生产性冲突，辩证法被转而（或回归）用于解释某种“生产方式”内部“生产力”与约束性“关系”之间的冲突，它将导致产生新的生产方式。在某些实践者那里，“辩证法”可能指的是阶级冲突，但很多人努力避免将它简化为“辩证唯物主义”，后者假设经济在这些斗争中起着决定性作用，而不是政治、法律或意识形态。

“实践”——在新马克思主义中，这个词往往被用来指塑造和改变社会关系的行动，而不仅仅是某种思想或技能的实施或实现过程。

“再生产”——不仅是生物学意义上的生命再生产，而且包括将其纳入整个统治形式的社会政治的再生产。

“社会形态”——一个可辨识的社会经济整体，可同时共存多种生产方式。

“接合”(articulation) ——一个社会群体(或生产方式)的利益与另一个不同社会群体或生产方式的利益相联结起来的方式,最常见的是用于分析资本主义与某些非资本主义生产方式之间的关系,它更抽象的用法是用来指从不同的要素中产生统一的形式。

“在最终分析中”(in the last instance) ——这个概念在阿尔都塞的著作里很重要,但没有被人类学家普遍接受。它认为经济实践决定其他领域之间的关系,因此是决定某个既定社会中支配整个社会的其他方面(如政治、宗教等)的根本性因素。

## 生产方式

“生产方式”是一个关键性的概念,它为我们理解论争中的其他术语提供了一种重要的途径。在新马克思主义人类学家那里,“生产方式”是一个激进的概念。它提供了一种思考政治经济组织的方式,而这种思考方式与传统的准进化论和(或)功能主义方案(例如“部落”“酋长”“国家”)之间没有密切的关联。最为重要的是,它摒弃了线性历史发展观中隐含的欧洲中心主义视角,尽管这种观念也明显存在于马克思本人的著作里,例如《政治经济学批判大纲》。因此,“奴隶制生产方式”不必被视为“原始公社”与“封建”社会之间的一个阶段,它可以在任何地方、任何时候进行研究。伊曼纽尔·泰雷(Terray,1969;1974)在分析前殖民地时期的西非社会形态时,就采用了这种自由的反思方式。人们已经认识到,许多这样的社会既有通过共同劳动的方式组织起来的农民,也有通过控制长途贸易而聚集财富的武装贵族，两者紧密结合在一起。泰雷认为，这种观点低估了奴隶的作用：吉亚曼人（Gyaman）和阿善堤人（Ashanti）的俘虏创造了剩余价值，而贵族从中获得了他们的统治手段。长途贸易使贵族能够“兑现”这种剩余价值。这是通过他们独家购买外国的名贵商品（由奴隶劳动的产物来支付）并控制这些高价值物品的分配来实现的。由此，整个社会形态是由以亲属关系为基础的生产方式与以剥削奴隶劳动为基础的生产方式相结合（“接合”）构成的。相比于之前关于前殖民地时期西非社会的描述，这种分析被认为更系统，也更加全面。

至少在英国的人类学界，比泰雷的著作更有影响力的是克劳德·梅拉索克斯（Claude Meillassoux）的《少女、美食与金钱》[*Maidens, Meal and Money*，1981（1975）]，该著作的研究对象是结构功能主义的理论腹地，即西非的世系群社会。经重新构想之后，梅拉索克斯提出了“自给自足的农业共同体”这一观念，它是在对科特迪瓦的戈罗人（Gouro）详细进行田野调查的基础上形成的。这种“自给自足的共同体”（La communité d’auto-subsistence），也被称为“家庭生产方式”，其基础是生产要素的平等获取、家庭自给自足以及与资历和声望挂钩的流动形式。外婚制对这种共同体的运作至关重要，因为妇女的流动是再生产出生产条件的必要手段。另一种基本关系是长辈对晚辈在资历方面具有的优势，这使他们能够控制名贵商品的流通，从而对妇女的流动起着一种平衡作用。亲属称谓和系谱的逻辑并非一个独立的道德领域（如 Fortes，1949），而是根据家庭劳动的组织方式与长者在获取和分配有价值商品方面所扮演的角色而形成的一种意识形态效应。不难看出，这种阐述受到了列维–斯特劳斯的《亲属关系的基本结构》的影响。然而，梅拉索克斯的新马克思主义研究取向带来了一种概念上的飞跃，它最显著地体现于“再生产”思想。在梅拉索克斯的这部著作的书名里，出现“少女”两字并非偶然。她们（以及其他类型的人）是以社会性的方式生产出来的人，就像谷物与货币一样。人类学的任务是揭示并具体阐释再生产的循环，整个系统正是从这种循环中再生产出来的。但需要注意的是，在梅拉索克斯的理论里，“再生产”的观念并不意味着静止不变，例如，世系群系统运作过程中的张力导致其分化，出现阶级和类似国家的结构。梅拉索克斯更为激进的观点是，控制再生产的亲属关系结构与资本主义的剥削形式之间存在着逻辑上的联系。

莫里斯·古德利尔（Maurice Godelier）的作品产生的影响远远超过了梅拉索克斯，因为他感兴趣的不是特定社会类型的特征，譬如他研究的巴布亚新几内亚的巴鲁亚人（Baruya）的特征，而是人类学如何帮助回答更广泛的理论问题，诸如“经济系统是否存在隐秘的逻辑？”“自然和人造的物质现实如何影响人类思维？”“我们理解社会现实的条件是什么？”……20 世纪六七十年代，广义的马克思主义为古德利尔提供了一种解答问题的方式。在后来的几十年里，随着古德利尔的研究越来越关注性别不平等和性态，他放弃了马克思主义。在这里，我将简要介绍古德利尔早期的著作，尤其是他的一部开创性的论文集：《马克思主义人类学的视角》[*Perspectives in Marxist Anthropology*，1977（1973）]。这本书以这样一个假设为核心：社会生产关系具有决定性的作用。将这种观念与非资本主义社会联系起来进行思考，促使古德利尔挑战并颠覆了传统马克思主义关于基础 / 基础设施决定上层建筑的认识。

古德利尔指出，人类学向马克思主义抛出的问题是：在以亲属关系而非经济作为社会组织之主要原则的社会里，经济在其中扮演着怎样的角色？从更广泛的意义上而言，同样的问题也困扰着马克思主义对所有前资本主义社会的分析。正如卡恩在评论古德利尔的著作时指出的那样（Kahn，1978：486），20世纪的许多作者，包括古德利尔在内，都用马克思的下面这段话来阐述这一问题：

> 生产方式决定了社会、政治和思想生活的普遍特征，这对于我们自身所处的时代而言是非常正确的，因为在我们这个时代，物质利益占据主导地位；但在中世纪不是这样，那个时代是天主教占据主导地位；在雅典和罗马也不是这样，那里政治才是至高无上的……然而，有一点很清楚，那就是中世纪不能靠天主教生活，古代世界也不能靠政治生活。相反，正是这两个时代中的人们获取生计的方式解释了为什么古代世界是政治起着主要作用，而在中世纪则是天主教起着主要作用。
>
> [Marx，1887（1867）：82n]

对于巴鲁亚人这样的以亲属关系为主导的社会里，古德利尔的回答是：亲属关系既起到生产关系、政治关系的作用，也起到意识形态的作用。换言之，它同时起着上层建筑和基础设施（参见上文列出的马克思主义术语）的作用。然而，亲属关系组织谋生方式的观念并没有否定劳动价值论。在《马克思主义人类学的视角》一书中，古德利尔最具原创性的做法之一就是，他不是将价值观念当作一种抽象的理念来讨论，而是通过民族志进行探讨。巴鲁亚人生产的盐，其初始价值由家庭在获取原材料、对其进行提炼以及运输过程中付出的劳动决定，当盐被用来与其他物品进行外部交易时，它就获得了一种与初始价值不同的“交换价值”，并且由于部落之间的需求，盐也成为一种交换媒介，即所谓的“盐币”。毋庸讳言，长者操控着这些价值，在许多关于家庭生产模式的分析中，这些长者都被描述成让人忌惮的人物。

古德利尔对“亚细亚生产方式”（Asiatic mode of production，AMP）的重新解释以一种不同的方式引起了共鸣，因为这场争论主要发生在人类学领域之外。20 世纪 60 年代，在冷战时期紧张的意识形态对抗中，恢复关于亚细亚生产方式的讨论被视为一种挑衅性的行为。马克思本人在描述亚细亚生产方式时似乎主要是针对印度，他将其形容为社会进化过程中停滞不前的落后地区。亚细亚生产方式结合了自给自足的封闭式公共生产、土地所有权的缺失以及专制政府等特征，从而抵制社会进化。历史上形形色色的统治者，他们如同天空中的暴风云那样来了又去，他们将贡金用于各种宏大的工程，诸如奢侈的仪式、灌溉系统、金字塔以及战争等，以吹嘘某种完美的社会形态，但他们没有利用以这种方式榨取的剩余价值来改变或促进社会关系的进化。从根本上而言，这些公共性的社会单位（communal units）具有较高的自给自足能力，完全能够很好地自行运作（Hobsbawm，1964：33–34）。古德利尔提出了亚细亚生产方式，并将这个问题上升到理论层面，从而赋予其新的生命：那些数个世纪以来似乎都一直保持不变的制度与那些发生变化的制度一样，也需要解释。古德利尔写道，那么究竟是什么因素在积极地维持着这种停滞状态？他再次运用具体的民族志和历史来回答这个问题，这一次他聚焦于亚细亚生产方式的一个经典地点——内陆亚洲的游牧帝国。古德利尔的结论是，从长远来看，这些社会并不像人们一直以来认为的那样是停滞不前的，而是以各种不同的方式发展演化。

然而，这并没有让古德利尔赢得苏联理论家的青睐。因为在后者看来，他们已经将游牧民族从落后状态中拯救出来——无论是否将这种状态描述为永远的停滞不前，而这一事实本身就表明，他们的体制与亚细亚生产方式没有任何关联。

1974 年，新马克思主义历史学家佩里·安德森（Perry Anderson）批评亚细亚生产方式是一种不切实际的想法。尽管如此，它仍然以一种经常出现的框架存在至今，用于讨论一系列主题，诸如等级制度、种姓制度、殖民主义、国家与欧洲中心主义等。与本章密切相关的是，关于亚细亚生产方式的争论在印度尤为激烈（Jal，2014），这突显出马克思主义的这些范畴不仅仅是学术上的，同时也是人们理解自身的历史以及他人强加给他们的屈辱性历史的方式。这一点在“农民生产方式”（peasant mode of production，PMP）的例子中尤为适用。20 世纪 70 年代，学术界对“农民”的研究掀起了一股浪潮，席卷了人类学、社会学、农政研究、历史学、地理学以及社会理论等领域。然而，即使在那个时候，对我来说，当时创办的《农民研究杂志》（*Journal of Peasant Studies*）的名称听起来也有点奇怪，这大概是因为我在苏联的集体农场从事田野调查时，遇到了一些从法律上被归类为“农民”的人们，他们了解很多历史，因此不愿意以“农民”的身份来定义自己。[4]

20 世纪 20 年代，学术界首次阐述了后来被称作“农民生产方式”的概念，它产生的重要政治影响不亚于亚细亚生产方式。这一概念的提出者是农学家亚历山大·恰亚诺夫（Alexander Chayanov），他在 1930 年被逮捕，并于 1937 年遭枪决。恰亚诺夫的罪行是他的理论违背了列宁的著作。恰亚诺夫根据详细的经验研究指出，农民生产方式依赖于农户内部劳动与消费之间的平衡。家庭中受供养者与工人的比例越高，工人为了养活他们就必须付出更多的劳动。这种情况将以一个循环的方式运作，在更多的孩子出生以及更多的老年受供养者存活下来的时期之后，又会出现有许多体格健全的成年人或者形成新的小家庭的时期。在这种情况下，有许多受供养者的人会扩大他们的农场，并尽可能地努力工作，以满足家庭的需求。但是，当家庭成员的需求得到满足时，他们不会为了生产剩余物而继续累死累活地劳作。由于这种生产方式脱离了市场定价，也没有精确的财务核算制度，因此可以将这种生产方式视为“非理性的”，它存在“自我剥削”的现象：即使回报率下降，也仍然会投入长时间的劳动（相关探讨参见 Donham，1981）。另一方面，列宁承认俄国存在恰亚诺夫所说的独立农民，但认为他们是一个正在迅速消失的少数群体。而农村应该被理解为战场，在这个战场上，贪婪的原始资本主义地主正在创造一个大规模的农业无产阶级，后者已经为革命做好准备。1966 年，恰亚诺夫英文版的《农民经济理论》（*The Theory of Peasant Economy*）与埃里克 · 沃尔夫的《农民》（*Peasants*，1966）同时出版。人类学界突然意识到农民的存在，此前他们被认为无趣乏味、缺乏异国色彩，故而被忽略。列宁提出的关于“农业转型”过程的问题，也突然变得有意思起来。农民生产方式，即使它只是作为某种被反驳的对象，也引发了关于世界各地不同家庭农场实例的激烈争论，质疑它们是否真的是“发展”的障碍，抑或一股潜在的革命力量，以及它们如何与政治运动、市场、创业精神和资本主义产生关联。

## 新马克思主义批判：支持与反对

新马克思主义的巨大影响主要在于对其他立场的“批判”（它本身就是一个新出现的时髦词汇）。与此同时，一般意义上的马克思主义，尤其是新马克思主义也遭到了重拳反击。作为新马克思主义建设性批判的一个例子，我在这里援引乔纳森·弗里德曼（Jonathan Friedman）对埃德蒙·利奇的《缅甸高地诸政治体系》（*Political Systems of Highland Burma*）一书作出的改进。弗里德曼认为，利奇所描述的平等的社会形态与等级化的社会形态之间的摆动仅是“表面的”，如果将克钦人（Kachin）置于一个更宏大的理论模型里加以考量，那么就可以看到这种表面上的摆动只是由特定的社会再生产结构所产生的多元线性发展的一部分，从更长的历史视野来看，这种发展趋向于出现一种中央集权的等级制度（Friedman，1975：161–163）。弗里德曼采用全套的马克思主义分析工具，试图表明许多必要的技术活动（涉及地域面积、距离、人口密度、森林更新等技术生态）是以社会性的方式组织起来的，而不是由这些活动决定社会组织。这些“生产关系”体现在一个统一的结构中，该结构既是纵向的（共同体、酋长、神灵），也是横向的（联盟与交换）。该系统中的矛盾来源于：一方面，酋长对剩余物的需求不断增长，另一方面，又存在技术的限制和领土扩张的困难，从而导致利奇提到的平等主义社会的叛乱。然而，只有全面考虑整个社会形态及其在较长时期内的转型，才能合理地解释统治模式的变化。弗里德曼等人对《缅甸高地诸政治体系》提出的批判虽然很有说服力，却没有抹杀这部著作的重要性，相反，它吸引着人们持续关注利奇的“结构摆动”观念中存在的模糊性，而这又不断地引发新的经验和理论问题（Robinne and Sadan，2007）。

马歇尔·萨林斯（Marshall Sahlins）在这场批判中处于与众不同的中间位置。1968 年期间，萨林斯在巴黎汲取了许多法国结构主义和马克思主义的思想。然而，他自己提出的“广义交换”和“家庭生产方式”（Sahlins，1972）与列维–斯特劳斯和梅拉索克斯的理论存在明显的区别。萨林斯并没有反对法国的理论，他只是提出折中的观点。在他的理论中，“家庭生产方式”（Domestic Mode of Production，DMP）是指自给自足的家庭生产，其特点是有限的需求，没有资本主义式市场，但是生产单元之间存在交换。这种思想看似不冒犯任何人，实则极具挑衅性。梅拉索克斯对此进行了反击：萨林斯的“家庭生产方式”观念过于笼统，从未表明它指的家庭是狩猎—采集者、渔民、牧民还是农民，也没有表明社会类型或历史时期 [Meillassoux，1981（1975）：6–7]。唐纳德·唐汉姆（Donham，1981）认为，尽管带有“生产方式”的标签，但萨林斯的灵感并非来自马克思主义，而是来自恰亚诺夫。此外，两位作者的研究在某些重要的方面与新古典经济学一致。他们都从新古典经济学的分析基础出发，即个体在结构约束下进行决策。萨林斯与恰亚诺夫的不同之处在于，他将家庭生产者对积累 / 利润缺乏兴趣归因于文化，而恰亚诺夫从未说过农民不想要更多和更好的商品，只是他们无法获得这些商品，因为他们除了自身的劳动之外，没有其他资源（Donham，1981：529）。至于家庭之间的交换，唐汉姆认为，萨林斯的“家庭生产方式”理论未能详细阐述整体的政治经济结构，也没有考虑家庭之间的债务可能涉及劳动而不仅仅是商品（第 531 页）。我也对萨林斯的“家庭生产方式”理论进行了评论，指出家庭农业生产需要特殊的条件，才能如萨林斯所假设的那样使家庭成为“自主性的”和“离心式的”，而且由于存在公共性的活动和相互嵌套的权利等级，这些因素都要求重新思考原来的模型（Humphrey，1998）。

对此，萨林斯作出了很好的回应。他在《文化与实践理性》（*Culture and Practical Reason*，1976）的开篇就抨击彼得·沃斯利（Peter Worsley）的经济决定论，后者在马克思主义的启发下，以这种经济决定论极为详尽地批评福尔特斯（Fortes）关于塔伦西人（Tallensi）的研究。[5]萨林斯猛烈抨击“实践理论”以及实践的决定性作用，坚持认为对经济生活的理解必须从文化出发。但是，对于萨林斯而言，“文化”并不意味着一个与物质相对的关于符号/智识的问题。文化被全面地理解为包括社会关系，甚至也包括“具体的理性文化逻辑”（Sahlins，2000：18）。“上层建筑”与“经济基础”这样的术语并无助益，因为两者似乎是纠缠在一起的。萨林斯暗示上层建筑可能必须包含经济基础的问题，由此嘲讽新马克思主义者：

> 类似的可能性也困扰着马克思主义理论，这导致其产生了一种关于意识形态对经济或者其他方面相互影响的复杂理论，就像托勒密体系下关于行星运动的复杂描述一样（这是“发现真正的马克思”的时期，即马克思真正说了些什么，或者马克思他本人是怎么说的，这里的“马克思本人”是指其理论实际上涵盖了所有显而易见的例外情况的人，并且只有表明这一点的评论作者才知道，而其他人虽然了解马克思，但不了解“马克思本人”）。
>
> （第 17 页）

倘若物质和形式都是通过文化图式的调解而实现的结构，那么萨林斯问道，“基础设施的首要性”还剩下什么？最后，他得出结论认为，“经济活动或决定一切的实践是一种更普遍的文化逻辑的特定功能性表达”（第 19 页）。实践不是通过即时性地参与活动来直接体验这个世界，它总是经过调解的。[6]

## 马克思主义／新马克思主义人类学的持续影响

在如今的西方学术界，几乎没有人类学家使用 20 世纪 60、70 年代的那些范畴，然而，如果认为新马克思主义与当代人类学实践之间是不相干的，那就大错特错了。其中有些支持者仍然笔耕不辍（如萨林斯、古德利尔等人），很显然，他们思想中早期的“马克思主义”观念是他们以及其他人理论发展的重要出发点。那么，我们是否应该将在新马克思主义模式下进行的大量研究视为过时的，就像抛弃物理学中的一个命题，取而代之以某个能够更好地解释同一问题的命题那样？人类学是——或者说“应该是”——一门累积性的学科，但这种累积的方式与自然科学有所不同。这就是为什么那些过去完成的才华横溢的民族志研究仍然可以激发新的研究，尽管它们几乎总是同时遭受无数的批评［《*HAU*①：民族志理论杂志》（*HAU: Journal of Ethnographic Theory*）的成功正表明了这一点］。对于理论命题而言，亦是如此。事实上，尽管被斥为“神话”（Firth, 1972：192），并遭受不计其数的批评，但《政治经济学批判大纲》里提出的“生产方式”仍然是一种可以不断地推陈出新的思想，譬

① Hau是毛利语里的一个术语，含有“物之灵魂或力量”的意思，莫斯、萨林斯等人都曾经阐释过它。

如戴维·格雷伯（Graeber，2006）在一篇论文里阐述了为什么资本主义生产方式是奴隶制生产方式的转变。

若要理解马克思主义的重要性，其中一种方法是将其置于思想谱系中来看它的影响力，这些思想谱系的分支和终点截然不同。这里仅枚举一例便足矣：特伦斯·特纳（Terence Turner）的学术发展轨迹——类似这样的例子至少还有女性主义人类学[7]以及从亨利·列斐伏尔（Henri Lefebvre）到大卫·哈维（David Harvey）的马克思主义地理学的研究脉络。让我们从结果开始往前追溯：众所周知，特伦斯·特纳现在是一位积极参与政治的人类学家和民权活动家，他创作了一些电影与著作，涉及亚马孙流域的卡亚波人（Kayapo），由于生活方式遭到侵犯而进行的抵抗，这些作品令他声誉卓著。然而，特纳对卡亚波人抗争方式的理论研究，得益于女性主义人类学和审美人类学的洞察力，而这些洞察力又是通过这样一种基本的认识获得的，即生产食物、住所、作战技术或装饰物等都是更宏大的生产过程的构成要素，而这些更宏大的生产过程塑造着社会性的个体以及他们彼此之间的关系。特纳关于卡亚波人的“社会肌肤”的精彩论文［Turner，2012（1980）］讨论了人体彩绘、颜色的含义、符号标记等，认为它们作为一种社会过滤器表明了一种观念结构，社会意义上的成年男女正是通过这种观念结构来认识自己和他人。这些标记构成了人们的价值观——这个结论可以追溯到特纳早期和后来关于价值观问题的研究（Turner，2008），以及如何对其理论化以应用于非资本主义社会（相关探讨参见 Graeber，2006：71–73）。特纳的研究具有很强的一致性，它还表明马克思主义研究取向如何能够给极为不同的研究领域——从审美议题到政治对抗——带来启示。

或许正是马克思主义的革命潜质以及它的自我变革能力，使它成为新自由主义反对者的思想源泉。很早以前，雷蒙德·弗思就已经概括了人类学家对马克思主义的反对意见（Firth，1972：206）。20 世纪六七十年代新马克思主义的民族志调查对其进行了反思。在后来的数十年里，人类学中受马克思主义影响的分支一直对来自哲学、女性主义、精神分析以及激进地理学等领域的新理论持开放态度（“支持”或者是“隶属于”），这些新的理论扩展了我们理解人类的方式，尤其是减少作者所处社会的不公正现象。就此而言，马克思主义可能仅是其中一种深层次的——并且经过批判性检验的——理论。但它的存在和影响不容否认。

## 注　释

1.基思·哈特只是就某种“时代精神”而言是正确的。事实上，新马克思主义在20世纪80年代仍然存在，例如，1984年，美国人类学协会举办了一场关于马克思主义研究取向的重要会议，莫里斯·布洛赫（Maurice Bloch）的《马克思主义与人类学：一段关系史》（*Marxism and Anthropology: The History of a Relationship*，1983）等富有影响力的书籍以及相关辩论一直延续到20世纪80年代。

2.马克思的著作中可以找到这些观点以及相关的详细阐释，但这些观点具有悠久的历史渊源，并且早期存在许多不同的含义。马克思的思想很大程度上源于黑格尔（1770—1832）、摩尔根（1818—1881）和恩格斯（1820—1895）。弗思（Firth，1972）对马克思主义的各种概念进行了清晰的总结。

3.关于这些思想的生动概述并且作为对马文·哈里斯（Marvin Harris）的“文化唯物主义”的抨击，可参见弗里德曼（Friedman，1974）。

4.“农民”这个词在政治上有着沉重的历史，在20世纪以这类术语对人群进行归类的社会里，这个群体遭受了各种苦难，并对该术语有着深刻的理解。具体可参见莱昂纳德和卡内夫(Leonard and Kaneff, 2002)的详细讨论。

5.萨林斯对沃斯利的评价有欠公允，沃斯利的细致分析主要针对福尔特斯提出的这样一种观点，即塔伦西人的亲属关系是其自身不可化约的道德体系。沃斯利认为，这样的观点是不充分的：一种强调和谐的道德是包容性的社会结构的重要组成部分，而这种社会结构是在特定的历史和经济条件下演变而来的(Worsley, 1956：63)。

6.罗杰·基辛(Keesing, 1980)强烈批评萨林斯的《文化与实践理性》，认为他将“文化”具体化为一个定义不清的大杂烩，从而造成了萨林斯似乎没有意识到的错觉。

7.这里的轨迹可以从“农民生产方式”产生的动力开始，通过质疑家庭具有的“自然”属性，直到出现新的关注女性与父权制的研究议程(参见第十二章)。

## 参考文献


Anderson, Perry 1974. *Passages from Antiquity to Feudalism*. New York, NY: Verso.

Clammer, John 1978. *The New Economic Anthropology*. London: Macmillan.

Donham, Donald 1981. Beyond the domestic mode of production. *Man* NS 16 (4): 515–541.

Firth, Raymond 1972. The sceptical anthropologist? Social anthropology and Marxist views on society, *Proceedings of the British Academy*, www.britac.ac.uk/pubs/proc/files/58p177.pdf.

Fortes, Meyer 1949. *The Web of Kinship Among the Tallensi*. London: Oxford University Press.

Friedman, Jonathan 1974. Marxism, structuralism and vulgar materialism. *Man* NS 9 (3): 444–469.

Friedman, Jonathan 1984 [1975]. Tribes, states and transformations. In M. Bloch (ed.), *Marxist Analyses and Social Anthropology*, pp. 161–202. London: Routledge.

Geertz, Clifford 2002. An inconstant profession: The anthropological life in interesting times. *Annual Reviews in Anthropology* 31: 1–19.

Godelier, Maurice 1977 [France 1973]. *Perspectives in Marxist Anthropology*, translated by Robert Brain. Cambridge: Cambridge University Press.

Graeber, David 2006. Turning modes of production inside out; Or why capitalism is a transformation of slavery. *Critique of Anthropology* 26 (1): 61–85.

Hindess, Barry and Hirst, Paul 1975. *Pre-Capitalist Modes of Production*. London: Routledge.

Hobsbawm, Eric 1964. *Pre-Capitalist Economic Formations*. London: Lawrence & Wishart.

Humphrey, Caroline 1998. The domestic mode of production in post-Soviet Siberia? *Anthropology Today* 14 (3): 2–7.

Jal, Murzban 2014. Asiatic mode of production, caste and the Indian left. *Economic and Political Weekly* XLIX (19): 41–49.

Kahn, Joel 1978. Perspectives in Marxist anthropology (review). *Journal of Peasant Studies* 5 (4): 485–496.

Keesing, Roger 1980. Review of Sahlins' *Culture and Practical Reason*. *American*

*Anthropologist* 82 (1): 130–131.

Leonard, Pamela and Kaneff, Deema (eds.) 2002. *Post-Socialist Peasant? Rural and Urban Construction of Identity in Eastern Europe, East Asia and the Former Soviet Union*. New York, NY: Palgrave.

Marx, K 1887 [1867] *Capital*. Volume 1, translated by Samuel Moore and Edward Aveling, edited by Frederick Engels. Progress Publishers, Moscow.

Meillassoux, Claude 1981 [1975]. *Maidens, Meal and Money: Capitalism and the Domestic Economy.* Cambridge: Cambridge University Press.

Nugent, Stephen 2007. Some reflections on anthropological structural Marxism. *JRAI* 13 (2): 419–431.

Robinne, Francois and Sadan, Mandy (eds.) 2007. *Social Dynamics in the Highlands of Southeast Asia*. Leiden and Boston, MA: Brill.

Sahlins, Marshall 1972. *Stone Age Economics.* New York, NY: de Gruyter.

Sahlins, Marshall 1976. *Culture and Practical Reason*. Chicago, IL: University of Chicago Press.

Sahlins, Marshall 2000 *Culture in Practice: Selected Essays*. New York, NY: Zone Books.

Seddon, David, ed. 1978. *Relations of Production*. London: Frank Cass.

Terray, Emmanuel 1969. *Le Marxisme devant les sociétés 'primitives'*. Paris: Maspéro.

Terray, Emmanuel 1974. Long-distance trade and the formation of the state: The case of the Abron kingdom of Gyaman. *Economy and Society* 3 (3): 315–345.

Turner, Terence 2008. Marxian value theory.

Turner, Terence 2012 [1980]. The social skin. *HAU, Journal of Ethnographic Theory* 2 (2): 486–504.

Wolf, Eric 1966. *Peasants.* New York, NY: Prentice Hall.

Worsley, Peter 1956. The kinship system of the Tallensi: A re-evaluation. *JRAI* 86 (1): 37–75.

第四章

# 从交易主义到实践理论

From transactionalism to practice theory

戴维 · 斯尼思

20 世纪 70 年代末，英语人类学界对一种理论立场的兴趣日益浓厚，该理论立场是对结构主义的社会思想作出的回应，奥特纳将其称为“实践理论”（Ortner，1984：144）。在这些理论家中，最有影响力的是皮埃尔 · 布迪厄（Pierre Bourdieu），他的《实践理论大纲》（*Outline of a Theory of Practice*）的英译本出版于 1977 年。弗雷德里克 · 巴斯的交易主义人类学是早期对结构主义的一种替代性理论，它聚焦于行动者以及他们的选择。无论是布迪厄还是巴斯，这些“以行动者为导向”的视角的出现，都是对之前的理论范式作出的回应，或者是与之对话的结果，而之前的这些理论范式在解释社会生活时通常都强调“结构”的观念。

## 与结构相关的问题

结构功能主义继承了涂尔干的社会结构观念，后者认为作为社会关系的模式，社会结构能够以某种方式再生产自身和更广泛的社会秩序（参见第一章）。对于涂尔干来说，社会学是一门关于“制度”的科学，这些制度是由社会确立并由个体再生产出来的各种信条和行为方式，如法语这样一门语言或者握手这样的动作。社会学的真正研究对象不是个体——心理学以及其他学科能够更好地研究个体——而是“社会事实”，也就是“外在于个体的行为、思维或情感方式，它们被赋予某种强制力，并凭借这种强制力对个体施加控制”[Durkheim，1982（1895）：52]。因此，在他的经典研究《自杀论》里，涂尔干（Durkheim，1897）承认个案的独特性，但他试图找出一种更广泛的“结构性”力量，这些力量增加了一个人结束自己性命的可能性，譬如社会关系与道德纽带的瓦解，涂尔干将这种状态称为“失范”（*anomie*）。

相比之下，马克斯·韦伯将社会学看作是对社会行动的阐释性理解。尽管也关注结构，但韦伯倡导的是一种“理解”（*verstehen*）社会学，它包括个体对社会行动赋予的主观意义。在社会学中，对个体赋予意义的学术兴趣是由符号互动论学派发展起来的，该学派受乔治·米德（George Mead）的研究启发，并通过赫伯特·布鲁默（Herbert Blumer）流行开来。符号互动论者并不是通过研究统计数据来检验抽象的“社会事实”，也不假设“集体表征”及其社会意义的稳定性与一致性，而是关注个体赋予事物和事件的意义。再者，这些意义不是稳定的或本质的，它们是从社会互动与个人阐释的过程中产生的，而这个过程是流动的、易变的（Blumer，1969：86–89）。这种互动论的视角与哈罗德·加芬克尔（Garfinkel，1967）在现象学的启发下创立的常人方法学存在诸多共同之处，常人方法学研究人们如何主动理解他们的经验，从而产生一种共享的社会秩序。

在社会人类学里，雷蒙德·弗思委婉地批评了功能主义的社会结构观念，这些观念反映了各种假设，诸如不同社会关系集的相对重要性、它们的成就以及目标等（Firth，1951：35）。弗思还区分了“社会结构”与“社会组织”，前者是指持久的关系集，他将后者定义为“通过选择和决策行为对社会关系进行系统性的调整”（Firth，1951：40）。关于社会结构的描述侧重于正式的制度、规则与规范，而关于社会组织的描述则涉及“实践中”的行动模式。例如，在某个特定的社会中，婚后从夫居的居住模式可能是一种支配性的规范或“习俗”，但由于各种各样的原因，大多数家庭可能并不遵循这项规则。因此，实际的居住模式可以被视为社会组织的一种形式。

与马林诺夫斯基对普遍主义的经济主张持批判态度不同，弗思则看到了广泛应用经济学的理性选择观念具有的潜力：“大多数社会关系都具有经济色彩，在社会情境中进行选择涉及时间与精力的资源效益。”（第130页）在弗思的研究中，我们可以看到后来在交易主义中发展形成的若干关键要素：个体的选择行为可以被视为一种机制，它创造了更广泛的社会模式，这些选择发生在特定的社会价值观的体系内，并受到它们的制约，[1]从“经济”的角度来看，许多选择可以被看作是反映了一种与利益相关的理性。正如我们将会看到的，在这最后一点以及对结构主义过度关注规范和规则的批评中，弗思也预见到了布迪厄在实践理论中阐述的观点。

## 弗雷德里克·巴斯的交易主义

当弗思满足于用他的受选择驱动（choice-driven）的“社会组织”观念作为结构分析的补充时，弗雷德里克·巴斯却提出了一种更加严密的理论框架来取代结构功能主义。在弗思的邀请下，巴斯开设了一系列讲座。1966年，他将这些讲座内容结集成册出版了《社会组织的模型》（*Models of Social Organization*）一书，从而以正式的术语阐述他的理论视角，这标志着卡普费雷尔（Kapferer，1976：2）所说的英国社会人类学的一种“范式转变”。

巴斯认为，与其假设存在普遍性的结构形式，人类学家应该发展他所谓的“生成性的模型”（Barth，1966：v），即关于特定互动机制的阐释，这种互动产生了我们所观察到的更为广泛的社会模式。这是关于个体行动如何“自下而上”地不断生成社会的描述，而不是对作为某种抽象方案的“社会结构”进行的描述。

> 结构功能模型试图归纳关于某个社会的明显形式，并且展示其与人们自己的文化表征之间的一致性。而生成性模型则试图辨识出一系列规律性的事件、过程，这些事件和过程导致在某个地方性的或局部的社会系统中出现这种观察到的形式。
>
> （Barth，2007：8）

对于巴斯来说，社会是一个过程，而不是一个对象，人类学家的任务是描述社会行为的规律性，而这是通过关注那些生成社会生活的规律性的具体事件来实现的。

在巴斯早期的作品中，我们可以找到这种研究取向的许多要素。他出版于 1959 年的著作《斯瓦特帕坦人的政治领导》（*Political Leadership among Swat Pathans*）分析了位于巴基斯坦斯瓦特流域的政治组织，认为该政治组织是行动者参与的选择和策略的结果，而不是基于规则和规范的结构。

## 巴斯论斯瓦特政治

1954 年，当巴斯开展田野研究时，斯瓦特作为一个前土邦，在新独立的巴基斯坦境内保留了相当大的自治权。“帕坦人”（Pathans），或者更准确地说是“普什图人”（Pakhtuns），在一系列等级森严、采取世袭制与内婚制的群体里——巴斯称之为“卡斯特”（castes），他们是拥有土地的阶层（Barth，1959：10）。在不同的地区，普什图人的“地主阶层”[2] 所占人口比例约为 10% 至 20%（第 30 页、第 112 页；Asad，1972：75），但巴斯认为，斯瓦特其余“五分之四”的人口都包含在他所描述的政治体系里，因为低阶层的社会成员都是“被分配给某些普什图人的政治委托人”（1959：30）。该地区被划分为县、村庄以及村庄下面的行政片区（ward），这些基层的行政片区通常由一位享有贵族头衔（*Nawab*，*khan* 或者 *malak*）的普什图地主进行管理，巴斯将他们统称为“酋长”（第 72 页）。

我们应该从当时颇具影响力的泛非主义者（Africanist）的结构功能主义民族志的背景出发来考察巴斯的分析。埃文思-普里查德关于努尔人的著名描述（参见第一章）似乎展示了一个由共同的继嗣群体构成的社会，以及一个无首领的政治系统，它是裂变式亲属关系结构的产物。然而，在斯瓦特，巴斯既没有发现共同的继嗣群体，也没有发现基于扩展型亲属结构的政治系统（第 3 页、第 22 页），尽管它在相对晚近的历史时期里并未出现中央集权现象。相反，巴斯发现了一系列政治派系，它们在表面上是变动不居的，却显示出一定的规律性。他认为，在斯瓦特的政治中，“首要群体”不是氏族或世系群，而是“酋长”或穆斯林“圣人”以及他们的追随者——普什图人的地主及其随从。

巴斯强调政治关系的自愿性质（第 3 页）。当地的可汗（Khan）或“酋长”是“由村庄下面的行政片区的全体地主确认其位置的”（第 11 页），其追随者的规模大小反映了他们的相对地位与受欢迎程度。最重要的那些地主维持着“男人屋”（men's houses）[①]，并践行慷慨奢侈的待客之道，巴斯（第 12 页）解释说，这是为了赢得敬重，它类似于“夸富宴制度”，巴斯认为这种制度是以政治利益而非经济利益为导向的。地主可能会失去佃户，也可能会吸引更多的佃户，这取决于他们的声望。政治关系在很大程度上是契约性的。当发生争端时——较为常见的是关于土地的冲突——当地的地主会动员他们的受供养者，必要时通过武力来捍卫他们的利益。其中大多数受供养者与他们的地主之间存在一种契约关系，他们作为承租人耕种地主的土地，并且 / 或者居住在后者的其中一所住宅里（这些住宅绝大多数都归“贵族阶层”所有）。就穆斯林“圣人”的追随者而言，他们与圣人之间也存在一种“契约”关系，在这种关系中，他们以忠诚换取“宗教保护”（第 3 页）。

尽管没有一种正式的结构来调控“酋长”之间的关系，但是巴斯发现，许多地方派系似乎总是合并成“两个庞大、分散、内部协调一致的联盟或集团，这是由于个体领导者的活动和选择的结果”（第 3 页）。这些政治阵营遍及整个斯瓦特地区，它们从来不是以任何正式的方式建立的，然而每个人都知道它们。这又该如何解释呢?

① “男人屋”是指在一些部落社会里专供男性使用的公共空间，通常用于男性社交、举行仪式、讨论重要事务等，它对维护共同体的秩序、传承文化等具有重要的社会功能。

巴斯求助于理性选择理论，这是他在约翰·诺伊曼（John Neumann）和奥斯卡·莫根施特恩（Oskar Morgenstern）出版于1944年的著作《博弈论与经济行为》（*Theory of Games and Economic Behaviour*）里找到的。诺伊曼和莫根施特恩关于多人结盟博弈的模型表明，普遍存在的两党联盟是策略性的行动者参与受规则制约的博弈的必然结果。在这个模型中，对于任何一位领导者来说，在与作为竞争对手的地方派系争夺土地等资源时，与更远的盟友联合起来是一种合理的策略。联盟越大越好，因为规模越大，获胜的机会也越大。其必然的结果就是形成两个庞大的集团。这两个对立的联盟具有稳定的特征，因为当一个派系的规模扩大时，每个成员可分配的战利品就会减少。这就限制了一方向另一方的叛变，并防止任何一方完全压倒另一方。

由此，巴斯提出了一种不同于社会结构性解释的方法，他试图表明的并不是政治行动者的行为由他们的结构性位置——譬如亲属关系结构中的位置——所决定，而是参与其中的行动者作出的选择如何产生特定的政治形式。

## 社会过程的建模

从博弈论的视角出发，巴斯转向了他所谓的“关于互动的过程性模型”（Barth，1966：5）。他的目标不是对社会现实作出完美的描述，而是对其进行建模，从而能够作出可以根据可观察到的现实进行检验的陈述。为此，巴斯提出了一套分析术语和原则。后来，巴斯着重指出（Barth，1981：85），选择的最基本单位不是个体，而是身份，即与特定社会地位相关的一系列权利与义务。从这个意义上说，人是不同身份的某种结合，巴斯的视角使身份成为社会过程中的资产（第 122—125 页）。

接下去是制定各种身份之间如何互动的规则：

> 在大多数人际关系所具有的交易属性中，也就是在我们对自己与他人施加的互惠性中，可以找到这些规则的基础之一。在任何一种社会关系里，我们都参与了一种关于呈献（prestations）的流动与逆向流动，即相互交换那些适宜的和有价值的商品与服务。
>
> （Barth，1966：3）

巴斯所说的“交易”指的是，“那些系统性地受互惠调控的互动序列”（第 4 页）。而且，这里说的“互惠”是一种特殊类型的互惠观念。对于巴斯来说，交易的各方“系统性地努力确保他们获得的价值大于或等于他们失去的价值”（第 4 页）。参与互动的各种身份可以被视为是策略性地使主观价值最大化的行动者。尽管巴斯承认有些社会关系不具备这种“交易”的形式（第 8 页），但他给人的印象是，所有重要的社会关系都表现为这样的形式。

巴斯的许多观点与经济人类学里形式主义与实质主义之争中的形式主义立场不谋而合。对于赫斯科维茨［Herskovits，1952（1940）］、库克（Cook，1966）和施耐德（Schneider，1974）等人而言，某种形式的个体最大化行为可以被视为是普遍存在的现象，并且这种“经济”行为——在手段有限的情况下对目的的理性追求——可以借助形式化的微观经济学理论的元素进行研究。当然，人们的选择反映了个人偏好，在不同的文化和历史背景下，这些个人偏好会有所不同。但是，个体在不同的手段之间进行选择，以最大限度地实现期望的目的，这种观念被认为是一种具有跨文化适用性的启发式方法。

然而，巴斯并没有采用微观经济学理论，而是转向欧文·戈夫曼（Goffman，1959）的社会学理论，并借鉴了后者提出的“印象管理”这一观念。印象管理是一个过程，人们通过这个过程试图控制他人看待自己的方式。对于戈夫曼来说，社会互动是一场表演，演员通过这种表演试图以符合他们预期目标的方式来管理他人对自己的印象（第 17 页）。在巴斯看来，这提供了一种重要的规则，通过这种规则可以观察到更广泛的社会模式的出现。“由此，我们可以构建出一个模型，在该模型中，根据一系列规则（印象管理的要求），可以从较简单的权利规定（身份）生成复杂而全面的行为模式（角色）”（Barth，1966：3）。

在巴斯的分析图式中，另一个关键术语是“呈献”，这个概念来自莫斯，用来描述交易中的那些表意性的交换——它几乎可以是任何对他人产生意义的言语或行为，包括从商品和服务到言论和面部表情。他采用“象征性的呈献”这一术语来表示这些沟通性的行为或物品作为意向和保证的标志。巴斯认为，

> 交易的观念为我们提供了一种逻辑一致的关于可观察到的社会过程的模型。在这个模型中，我们可以根据策略规则和给定的价值参数来生成各种形式，然后将这些由模型生成的形式与观察到的经验模式进行比较。
>
> （第 5 页）

## 交易主义的运用：巴斯的捕鲱船案例

巴斯通过分析挪威捕鲱船上船员的社会关系来说明他的研究方法（第 6—11 页）。在每年的深冬时节，鲱鱼成群结队地抵达挪威海岸，如果一艘渔船能够找到这样的鱼群，那么船员就可以捕捞到价值不菲的鲱鱼。20 世纪 60 年代初，渔船利用声呐寻找鱼群。一旦发现了鲱鱼，他们就会出动两艘较小的渔船，由一名被称作“渔网管头”（netboss）的专业人员在摩托艇上协调撒网捕鱼。巴斯指出，捕鲱船上船员的行为普遍遵从某种刻板印象，他设法解释他们的行为。

根据习俗与契约，船员的正式身份定义如下：

a. 船长是渔船的首领，他从形式上几乎对全体船员拥有完全的指挥权。他获得的利润份额是在他手下工作的渔民的两到三倍。

b. 渔民在船上从事技术性的体力劳动。每人获得总捕获量的一份份额。

c. 渔网管头掌管着复杂的渔网操作，他们获得的利润份额是渔民的两到五倍，有时甚至比船长还多。

船员的实际行为有些令人惊讶。船长避免与他的船员之间产生一种控制与隶属的关系，船桥也不是船长的私人领地，而是船员经常聚集的地方，他们观看声呐、用双筒望远镜搜索海平线，并且听收音机。船长通常沉默寡言，给人以一种经验丰富、判断审慎的感觉。与之形成鲜明对比的是，渔网管头则是典型的外向型性格，他们率直爽朗、喜欢开玩笑，还吹嘘自己的冒险经历。

巴斯从交易的角度解释这些行为模式。每位船员都在管理自己在周围人面前的印象，以呈现出自己有助于捕鱼这项共同事业的形象。挤在船桥上的渔民表现出高度的警觉，他们是在作出“象征性的呈献”，以表明他们的工作意愿。而船长给人以一种能够胜任一切和充满智慧的印象，因为这正是希望能有好收获的船员们想要看到的品质。而渔网管头必须能够在关键时刻赢得船员的尊重，但他外向的举止表明，他的这种领导力并不与船长低调的权威构成竞争。然而，在撒网捕鱼的过程中，这种行为会发生转变，渔网管头以狂暴的咒骂而闻名。因此，所有这些“交易”行为实际上都是为了建立和维持信任关系。

然而，最重要的决定是渔船应该去往哪里，船长的声誉最终取决于他掌握的如何找到鱼群的知识。鉴于鲱鱼群几乎可能出现在浩渺无边的海洋的任何地方，因此人们可能会认为渔船应该分散开来，从而使找到鲱鱼群的机会最大化。然而，事实并非如此。恰恰相反，大多数船只都是成群地聚集在一起，并且花费大量精力试图跟随其他船只。这又是为什么呢？

巴斯解释说，这也是印象管理的结果。那些声誉最高的船长不仅可以招募到最优秀的船员，而且还可以得到大家的信任，由他们来选择航行的地点。然而，大多数船长并不具备这样的条件。他们需要培养船员对自己的信任，如果独自出海航行却又找不到鱼群，那么将会导致声誉受损。但是，如果他们的船只加入的群体全都未能找到鲱鱼，那么该船长与群体里的其他船长相比，就没有表现得更不称职。而如果找到了鲱鱼，那么船长的判断力也就得到了证实。由此产生的模式是自我确证的（self-confirming）。那些声誉卓著的船长首先出发寻找鲱鱼，那些不太自信的船长就紧随其后。由于在船群中处于最先的位置，这意味着那些领头的船长最有可能捕获到大鲱鱼群，从而进一步巩固他们的声誉。

## 政治企业家精神与萨米人

巴斯的方法强调行为的“经济学”解释，认为这些行为反映了行动者在社会互动中对相对收益和损失的评估。他认为，这种方法能够通过个体的具体行为——而不是一般化的抽象论述——来解释文化变迁与文化整合的过程。

在经济学里，企业家——追求利润的革新者——的角色获得广泛认可。新产品出现在市场上，是具有企业家精神的个体想尽各种办法将其投放到市场的结果。在价值差异悬殊的地方，往往可以获得最大的利润，企业家可以低价买进，然后高价卖出。巴斯认为，通过建立新的商品流通渠道，企业家开启了一个终将缩小这种价值差异的过程。在巴斯看来，也可以用同样的方式来分析文化整合的过程：企业家被视为变迁的能动者，他们创造了新的价值流通方式、新的偏好和生产模式。

这不仅限于经济学领域，我们还可以看到政治企业家将新的价值组合在一起，以试图吸引选民支持。巴斯描述了芬马克地区（Finnmark）说萨米语（“拉普兰语”）的族群在战后面临的困境，萨米人是生活在挪威境内的少数族群，他们经济贫困、政治组织涣散。起初，有一位政治家承诺将福利国家的优惠政策带到该地区，从而实现了政治动员，但这需要将芬马克描述成一个贫困的边缘地区。巴斯认为，这种形象威胁到了萨米人的身份认同，因此出现了第二位政治企业家，他提出的选举“产品”包括族群自豪感、文化确信和双语教育。在整个20世纪50年代，不同的政敌将此类不同的价值观“套餐”呈献给选民，这些政客试图通过操控萨米人的身份认同来实现自身的目的。这是一种文化变迁的机制。

## 批判性反思

巴斯的立场引发了多方面的批评。阿萨德（Asad，1972）解构了巴斯关于斯瓦特的分析，他从一种宽泛意义上的马克思主义视角重新分析了巴斯的民族志材料。阿萨德指出，巴斯将一种“市场模型”应用于社会，在这种模型中，追求利益最大化的个体在一定规则下自由地作出选择。但是，在主要由继承与血统支配的社会里，这种模型给人以一种选择的错觉。由于只有普什图人才能拥有土地，而其余五分之四的人口实际上被迫成为某个或其他地主的佃户和/或客户。

> 如果将斯瓦特的政治组织视为一种协商一致的规则结构化的活动，那么问题就来了：谁定义并应用游戏规则？……巴斯的回答非常明确：是普什图人的地主共同履行着这些职能……与其他社会阶层相比，他们占据着统治权威的位置，是一个享有独特的利益、特权和权力的主权阶级……这意味着，该系统不是在获得所有参与者的同意之后才进行自我调控的。它是由剥削无地者的居于统治地位的地主阶级进行调控的。
>
> （第82页）

巴斯将普什图人具有世袭身份的地主描述为“占支配地位、见多识广的‘贵族’”，并指出他们从佃户那里获得的收益占总收成的四分之三到五分之四，这些佃户是“为不同领主提供服务的思想狭隘、居于从属地位的群体”（Barth，1959：10）。[3] 因此，当巴斯声称“大多数身份和权利往往是通过人与人之间的契约协议来定义的，也就是说，它们是后致的”（第 23 页）时，阿萨德指出这并不适用于卡斯特和世系群等这些最根本性的身份。在详细阐述关于地主的个体选择模型时，巴斯故意忽略了阶级因素，因而未能看到斯瓦特地区的生活中最显著的特征。

巴斯的分析也遭到艾哈迈德的批评，后者对斯瓦特地区非常熟悉，因为他的妻子与当地的统治者有亲戚关系。艾哈迈德发现，巴斯的民族志非但不准确，而且还具有种族中心主义倾向。[4] 这种分析是将斯瓦特政治置于一种非历史性的均衡状态下进行的虚构化描述。例如，“生成性模型”假定，较大的可汗不会通过驱逐的方式来消除敌对派系，但历史上这些领导者却经常这样做（Ahmed，1976：28）。而且与博弈论预测的两个阵营（*dalla*）不同，当时似乎存在四个这样的阵营（第 144 页）。在 20 世纪，斯瓦特地区经历了持续不断的历史变迁，但在巴斯的分析中，它的时代背景较为模糊且不具体（第 23 页）。但艾哈迈德指出，最严重的错误是巴斯忽视了集权统治和国家的重要性。

斯瓦特地区曾经受到英属印度和巴基斯坦国家结构内外的统治者进行中央集权与国家建设的影响。在艾哈迈德（第 131 页）看来，巴斯呈现了一种“可汗的政治视角”，它忽视了中央权力结构的重要性，而夸大了最重要的地主的作用。结构功能主义者对非洲社会的描述由于忽视了殖民国家的作用，因而饱受诟病（Asad，1973：18；

参见第二章)，但对于艾哈迈德（Ahmed，1976：15）来说，“将统治者（*Wali*）对斯瓦特的社会政治组织的影响最小化、视之为一种附带性现象，这种错误比功能主义者犯下的忽略政治能动者和地区长官的错误更为严重”。巴斯认为，国家是强加在“部落结构”之上的，后者与中央权威有所不同。而艾哈迈德则指出，这种区分是站不住脚的。“斯瓦特的集权化的权威不是与无首领部落形式的一种妥协，而是后者的替代物，它发挥着无首领部落形式具有的一切社会性和结构性的影响”(第 26 页)。

无首领部落被视为人类学研究的理想对象，这种观念影响了巴斯的研究。为了挑战埃文思-普里查德提出的“无国家的社会”模型，巴斯必须重构斯瓦特历史上一个已消失的时代，在此基础上创立他自己的模型。然而这意味着：一方面，忽视中央集权和国家的存在；另一方面，将根本性的卡斯特 / 阶级关系的重要性降至最低。

关注过程、交易和互动理论的学者也批评巴斯的立场。卡普费雷尔（Kapferer，1976）指出，巴斯的建模方法假定，某些关于利己主义的理性、互惠与利益最大化的观念具有跨文化的适用性。但是，如果这些观念都是特定知识传统的产物，而不是普遍性的原则呢？其次，巴斯事先设定了形式化的建模原则，这加剧了人类学家在实地收集资料时被模型所左右的倾向。在进行分析时，将社会互动视为追求价值最大化的交易，这种看法也令人担忧，因为它似乎是循环论证和自我确证的。卡普费雷尔援引了坎奇安（Cancian）在这个问题上的看法：

> 如果［分析者］不能将行为视为利益最大化的行动，那么他就会立即假定自己对规范、动机的陈述以及条件尚

不够完备，并试图“使等式保持平衡”，以使其发挥作用。他并不否定人们会追求利益最大化的观念，因为这是他作出科学策略的基础。

(Cancian，1968：231，转引自 Kapferer，1976：4)

最后，巴斯的方法要求明确说明偏好的相对价值（以表明某些行动方案会为行动者带来更高的价值）。但是，人们的目标可能并不是明确等级化的，而且他们经常会根据环境的不断变化重新解释自己的动机。因此，“公开声称的动机和价值等级，并没有产生它们之间的关联，相反，它们是由这些关联逆向产生的”(Kapferer，1976：7)。

埃文思（Evens，1977）批评巴斯在方法论上对“个体”的关注，它牵涉一系列关于利己主义和理性的假设。从这个意义上说，“互动论者的‘个体’与功能主义者的‘群体’一样高度抽象”(Evens，1977：585)。巴斯的交易主义方法未能“将一个本质上处于前社会状态下的个体转化成一种名副其实的或客观化的社会文化现象”（第 589 页）。这种建模方法只能尝试性地解释“规范是如何以及以何种形式被执行的，而不是它们如何以及以何种形式被构建的”（第 589 页）。[5]

细想之下，巴斯的交易主义与他所处时代的结构功能主义人类学之间存在诸多共同之处。两者都致力于建构某种关于“部落”社会的模型，而巴斯还参与了一个“拯救”项目——试图重构在殖民干预与国家干预之下被认为已经逐渐消失的社会形态。[6]此外，这两种模型都将社会视为封闭系统，它们处于某种永恒的均衡状态，这实际上——即使不是理论上——忽视了历史进程（Asad，1972：90；

Kapferer，1976：6；参见第一章和第五章）。

巴斯的构想，即一个明显无首领的政治系统里两个政治集团处于永恒的均衡状态，这与埃文思-普里查德的“裂变对立制”（segmentary opposition）模型很相似。事实上，我们不难想象如何将一种模型转化为另一种模型。例如，在努尔人中，如果行动者在一场争端中支持某个人比支持更亲近的男系亲属能获得更大的“价值”，那么类似于埃文思-普里查德的裂变对立制模型就可以被看作是“选择与决策”的结果，而不是“规则与规范”的产物。分析者构建的“价值与身份的矩阵”（Barth，1966：15）开始呈现出一定的结构性特征。[7]

尽管巴斯对交易主义模型的探索没有形成一个持久的理论流派，但他的贡献不容低估。巴斯的研究取向启发了其他人的研究，譬如，贝利将政治系统比作博弈（Bailey，1969；2001）。巴斯批评结构主义，并以宏大的视角提出一种替代性的分析方案，从而激发了更广泛的讨论。作为一位学者，巴斯最知名的贡献是他对族性的研究。巴斯为自己主编的论文集《族群与边界》（*Ethnic Groups and Boundaries*，1969）撰写了一篇言简意赅的导言，如今它已成为该领域的经典之作，在该导言里，巴斯指出“定义族群的是它的边界，而不是它所包含的文化物品”（第15页）。颇具讽刺意味的是，这是巴斯最不具有交易主义色彩的文献之一。然而，巴斯对本质主义的拒斥和对工具主义的浓厚兴趣为新一代学者对族性与民族主义的批判性研究铺平了道路（Brubaker，2009：29）。

# 皮埃尔·布迪厄的实践理论

皮埃尔·布迪厄被公认为是20世纪最重要的社会理论家之一。本章并不打算面面俱到地介绍布迪厄的研究，而是集中讨论他在1972年出版的《实践理论大纲》(*Outline of a Theory of Practice*)——该书英译本出版于1977年——里提出的理论观点。布迪厄的思想与交易主义有一些共同之处。与巴斯一样，布迪厄认为行为在某种意义上可以被视为“经济性的”，即对成本与收益进行反思性的评估。他也从经济学那里借鉴了一些概念进行分析，但并非像巴斯那样借用企业家的形象，而是采用更具制度性的“资本”概念。然而，布迪厄不是方法论上的个体主义者，他还批判性地关注阶级结构与权力的符号实践。

布迪厄认为，在观察他人的社会生活时，人类学家就像艺术史学家一样——他们书写艺术，但并不亲自创作艺术——因此，“注定将一切实践都视为精彩壮观的表演”(第1页)。作为非实践者，人类学家不得不采用缺乏实践经验的行动者所使用的表述方式，他们不得不根据观察到的现象推断出事情是如何进行的“规则”。正如不熟悉某个地方的外来者可能会绘制一张地图一样，人类学家最终也会将“文化”描绘成某种社会地图。因此，我们需要将社会理解成实践，而非表征。

## 理论知识的模式

在确立自己的研究取向时，布迪厄对既有的社会理论进行了深入的批判，并广泛借鉴各种知识和哲学思想，这些思想的广度与深度有时令人望而生畏。他首先考察了社会学知识的条件，区分了三种关于社会世界的理论知识模式。

现象学知识，布迪厄将它等同于社会学里的常人方法学，“旨在明确阐述关于社会世界的初级经验（primary experience）的真相……根据定义，这种经验并不对自身进行反思，并且排除了关于其自身可能性的条件问题”（第 3 页）。因此，这种基于经验的知识形式无法解释产生它的条件，也不能说明思考者未意识到的对思想产生的影响。例如，工厂工作的个人经验本身并不包含产生工业资本主义的历史进程。

另一方面，客观主义知识“建构了客观的关系（如经济的或语言的），它们使实践和关于世界的表征组织起来……这种建构预设了与初级知识之间的断裂”（第 3 页）。这种知识形式通过“客观存在的”的普遍结构和过程来理解个人经验，而这些普遍的结构和过程本身可能不是被直接体验到的。表征与经验之间的这种“断裂”，使“客观主义”的方式无法全面地描述社会实践。对于布迪厄而言，社会理论中的各种结构主义流派都存在这样的问题，包括列维-斯特劳斯的结构主义人类学与马克思主义人类学。

在阐述自己的社会理论时，布迪厄提出了他的实践理论，以之作为第三种关于社会世界的理论知识的生成模式。这是一种“关于客观存在的结构与结构化的性情倾向之间的辩证关系的科学，其中，可以通过客观主义的知识模式进入客观存在的结构，而正是在结构化的性情倾向内部，这些结构方得以实现并进行再生产”（第 3 页）。因此，阶级与资本的结构产生了作为亲身经验的工厂工作的条件，而工厂工人的实践反过来又产生了资本与阶级的形式。

## 实例：礼物交换、荣誉与平行从表婚姻

布迪厄通过探讨经典的人类学话题——*礼物交换*——来阐明结构主义（他称之为“客观主义”）分析存在的缺陷。自从莫斯以来，人类学的分析一直试图探寻一些原则，以说明关于礼物馈赠的“地方性”解释。在列维-斯特劳斯（Lévi-Strauss，1963）看来，这是关于赠予、接受和回馈义务的无意识原则。但是，布迪厄指出，客观主义或结构主义的解释直接与现象学或地方性的解释相矛盾。对于参与其中的行动者来说，倘若礼物是*必须*回馈的（或者用布迪厄的术语来说，是“可逆的”），那么它实质上不是一件礼物，而是某种形式的贿赂或借贷。礼物的关键之处在于它被视为慷慨的（“不可逆的”），而不是出于自利的。

布迪厄认为，关键的因素是时间间隔——时间延迟，它将礼物与其他交易方式区分开来。

行动者需要对回馈有某种义务感，但如果将这种义务感以普遍性的法则或原则的形式明确地表述出来，那么人类学家就歪曲了这一实践。送礼与回礼的*时机选择*（或时间感）非常重要，就像*节奏*对音乐至关重要一样。时机选择改变了所涉及行为的意义。这是一种细腻的感知能力，懂得既不要过早地回赠礼物，也不要太迟才回礼。此外，显然也不存在决定互惠性的法则，送出去的礼物可能没有产生预期的效果，也可能不会有回赠。对于分析者而言，仅仅得出结论说这不过是一件“失败的礼物”的实例，这是不够的。我们应该认识到，行动者正在进行关于社会生活的*必要的即兴创作*的“艺术”（Bourdieu，1977：8）。而将这种即兴创作公式化为规则的尝试实际上是回溯性的，通过某种普遍性的规则，当下的结果成为

“必然的”，然而这种结果其实并不是确定的。布迪厄总结道，礼物交换的基础是“通过制度组织化并且得到制度保障的误识……旨在对一种不涉及个人私利的交换进行的真诚虚构，从而将由亲属、邻里或工作所施加的不可避免且必然带有利益属性的关系转变为选择性的互惠关系”（第 171 页）。

20 世纪 50 年代，布迪厄在阿尔及利亚北部进行田野调查，他考察了卡拜尔人（Kabyle）的“荣誉感”。他认为，规则与规范无法准确地描述卡拜尔男性的荣誉感。与巴斯一样，布迪厄也采用了“策略”这一概念，并运用博弈论（第 12 页）来解释模式，而不是诉诸规则。但是，布迪厄的目标并不是在博弈论逻辑的基础上建立一个简化的行为模型，与之相反，他旨在提出一种有关荣誉的丰富理解，包括它的敏感性与微妙之处。因此：

> 整个机制的驱动力不是某种抽象的原则……更不是可以从中推演出来的一系列规则，而是荣誉感，这是一种在生命早期被反复灌输并不断加强的性情倾向。（……正是这种）“后天养成的性情倾向，它铭刻在身体图式与思维模式之中，使每个能动者都能够产生符合挑战与反击之逻辑的所有实践。”
>
> （第 14—15 页）

为了支持他的观点，布迪厄批评了结构主义对平行从表（parallel-cousin）婚姻的分析，后者认为在阿拉伯人和柏柏尔人（Berber）的社会里，这是一种优先性的婚姻形式。在布迪厄看来，将婚姻模式看作是优先性的或规定的婚姻规则系统之结果，这种假设容易产生误导：

> 将规律性……视为某种有意识地制定和遵守的规定之产物……或者是由神秘的大脑和 / 或社会机制无意识调节之结果，这样做就是从现实的模型滑向了模型的现实。
>
> （第 29 页）

在关于婚姻的问题上，布迪厄认为，“婚姻安排远非遵循着这样一种规范，即从所有正式的亲属中强制性地指定一位配偶，而是直接取决于实际的亲属关系状态”（第 52 页）。

与巴斯一样，布迪厄采用博弈的类比，并运用市场的隐喻来解释选择与决策的过程。

> 婚姻博弈类似于纸牌游戏，其结果部分取决于发牌与手里拿到的牌……部分取决于玩家的技巧：换言之，首先，婚姻的结果取决于相关家庭所拥有的物质资本和象征资本……其次，它取决于能够使决策者最好地利用这些资本的能力，（在最广泛的意义上）对经济学公理的实际掌握是生产这样一些做法的先决条件，这些做法在群体内部被认为是“合理的”，并且得到物质商品与象征性商品市场规律的积极认可。
>
> （第 58 页）

这种逻辑可能不会明确地呈现出来。能动者可以运用“正式化策略”（第 40 页），将他们的行动描述为遵从某种被认可的规范。

与巴斯倾向于将有关权力与财富分配的结构性解释置于一边不同，布迪厄试图解释这些结构如何塑造行动者和他们的选择，以及这些实践又如何创造和再生产出更广泛的结构。例如，他认为阶级的“客观”结构被行动者内化之后，会在他们的日常生活中再生产出来。布迪厄的实践理论旨在成为“一种关于外部性的内在化与内部性的外在化之辩证法的实验科学，或者更简单地说，一种关于吸纳含括与客体化之辩证关系的实验科学”（第 72 页）。

## 惯习与信念知识

为了探讨“吸纳含括与客体化”，布迪厄引入了一系列分析术语。其中最重要的是惯习（*habitus*），莫斯（Mauss，1935）、埃利亚斯［Elias，1978（1939）］等人曾用这个术语指根深蒂固的身体习惯以及习得的品性。对于布迪厄来说，惯习指的是在社会化过程中形成的具身化（embodied）的性情倾向，而它反过来又会塑造后续一代人的社会化过程。因此，“构成某一特定环境类型的结构（例如，阶级状况所特有的物质生存条件）生成了惯习，这是一种持久的、可转换的性情倾向系统，这种被结构化的结构具有结构化其他结构的倾向性”（Bourdieu，1977：72）。因此，通过惯习，过去存在于当下的实践之中，并塑造未来。这就产生了社会生活的持久特征，这些特征可以通过结构主义 / 客观主义的分析进行识别，但无法得到正确的解释。

惯习还涉及具身化，布迪厄采用“身体仪态”（body hexis）这个术语来描述我们的身体在行动、休息、做手势与言谈等方面是如何被塑造的。我们的成长过程是一种“结构性的学徒训练，它导致世界结构的具身化，即让世界占有身体，从而使身体占有世界”（第 89 页）。例如，在卡拜尔人的家庭中成长，这种经历将以特定的方式影响人的发展。家庭空间的组织反映出一种内化了的社会秩序。房屋是“生成模式客体化的主要场所……这种有形的分类系统不断地灌输并强化该文化中所有任意规定的分类原则”（第 89 页）。

惯习概念在布迪厄的理论里扮演了重要角色，部分原因在于他以这样一种方式对其进行定义，即它必然能够实现他所提出的内化与外化过程。通过这样的定义，它还可以在不涉及规则的情况下解释规律性。惯习意味着：

> 关于实践与表征的生成、结构化的原则，这些原则可以被客观地“调节”和“规范”，而不会以任何方式成为服从规则的产物……它是集体协作产生的，而不是如乐队指挥那样的协调指挥行动的产物。
>
> （第 72 页）

如同演奏爵士乐一样，行动者在社会中扮演的角色在某种意义上是自发性的，但是他们遵从一定的秩序以及何为得当的感觉。而惯习提供了这种感觉，它是“持久确立起来的生成性原则，用于受管控的即兴表演”（第 78 页）。

惯习并不决定社会实践，但它确实引导和制约着社会实践，尤其是通过期望与对可能性限度的认识。“通过惯习，结构——它生成了惯习——管控着实践，但这不是通过一种机械决定论的过程，而是通过对惯习的创造活动进行引导与限制这样的调解过程来实现的”（第 95 页）。例如，社会阶级、年龄或性别的经验限定了何为可能的范围，在这个限定的范围内，能动者进行社会实践的即兴创作。

在探讨可思考范围的界限时，布迪厄引入了“信念”（*doxa*）这一概念，即不容置疑的世界。在辩论或话语的世界里，人们可以发现从最正统到最异端的形形色色的立场。然而，在可争论的范围之外，还存在着一个无可争辩和未被讨论的世界，这是所有人都认为是理所当然的东西，布迪厄称之为“信念”：

> 每一种既有的秩序都倾向于产生……其自身任意性的自然化……分类系统……对权力关系——它们是其产物——的再生产做出了独特的贡献……我们将这种经验称作信念……在这种情况下，社会世界的知识工具（客观上）是政治性的工具，它们促进了社会世界的再生产……有助于将传统世界当作“自然世界”来体验，并认为这是理所当然的。
>
> （第 164 页）

布迪厄关注符号所具有的强大隐含意义，以及知识主张背后的各种制度形式，这些制度形式引发了人们的尊重（第 188 页）。但如马克思那样，布迪厄也将阶级斗争视为一种重要的历史过程。即使对现状进行最激进的批评，也会与既有的秩序共享一定数量的信念知识。然而，被统治阶级质疑这种信念的限度，并且挑战那些被认为是理所当然的事物——诸如贵族的特权。面对批判，现状的捍卫者可能不得不对之前毫无疑问地被接受的事物作出明确的辩护。通过这种方式，以前被视为不容置喙的信念就进入不同意见与争论的领域，从而成为正统观念与异端观念的讨论对象。

只有当被统治者拥有物质和象征的手段来拒绝强加在他们身上的现实定义时……也就是说，当社会分类成为阶级斗争的对象和工具时，支配着主流分类的那些任意性原则才会显露出来，因此必须进行有意识的系统化和明确的合理化工作，这标志着从“信念”到“正统观念”的转变。

（第 169 页）

## 资本的形式

布迪厄采取一种宽泛意义上的马克思主义的资本观念，并且将它扩展应用到非工业社会与“古代”社会，以及更加普遍意义上的非物质与象征性的领域。社会统治是通过各种形式的资本来维持的，这些资本是使统治者能够长期地占有其他行动者的劳动、服务和恭敬的工具。因此，我们通常所理解的作为经济资本的财富形式，仅是众多持久存在的社会资源的其中一种形式。布迪厄使用“象征资本”一词来表示各种形式的声望、权威与政治合法性，它们允许“合法地使用暴力”（第 41 页）。在尚未完全货币化的社会里，经济财富可能并不是最重要的资源。例如，在卡比利亚，一个显赫家族或世系群的遗产不仅包括其拥有的土地和物质财产等“经济资本”，还包括其客户、亲属与各种盟友网络，以及与这些关系相关的所有权利与义务。因此：

象征资本——它以家族和姓氏所附带的声望与名誉的形式——可以轻而易举地转化成经济资本，在一个气候严酷（主要的工作——耕地和收割——必须在很短的时期内完成)、技术资源有限(用镰刀来完成庄稼收割)因而需要采取集体劳动的社会里，它可能是最有价值的积累形式。

(Bourdieu，1977：179)

布迪厄借鉴波兰尼的观点，将“脱嵌的经济”——作为一个独特而有边界的领域——这种观念看作是资本主义的历史性产物。然而，这种分离使我们对“经济利益”的理解变得更加狭隘，并假定理性的手段—目的评估仅适用于经济活动。与巴斯一样，布迪厄则热衷于更广泛地运用盈亏逻辑，“与‘前资本主义’社会(或资本主义社会的‘文化领域’)天真烂漫、田园牧歌式表现形式相反，实践永不停歇地遵循着经济计算的逻辑，即使表面上似乎对它丝毫不感兴趣”(Bourdieu，1977：177)。通过将权威与声望关系视为附着于特定能动者身上的资产，布迪厄将利益计算扩展到了被经济学家认为是非理性的行为类型。如果我们能够建立一张“象征性利润的综合资产负债表”，我们就可以看到“行为的经济理性”(第 181 页)。

布迪厄还提出了文化资本的概念，即文化生产领域内的资产。这涉及某种类型的声望：“学历之于文化资本，犹如金钱之于经济资本一样重要。”(第 187 页)然而，如果没有花钱的手段，那么纵然有一箱子金钱也没有用，这些资产需要更广泛的系统来运作：

正如经济财富只有与某个经济组织相关联才能发挥资本的作用一样，各种形式的文化能力只有在它们被纳入经济生产系统与制造生产者的系统之间的客观关系里(它本身由学校系统与家庭之间的关系构成)，才能构成文化资本。

(第 186 页)

布迪厄将文化资本与读写能力，尤其是与能够使文化能力形式化并进行传递的教育系统联系起来。因此，享有声望的私立学校可以将富人的经济资本转化为他们子女的文化资本，但这只有在特定的社会条件下才是一种有价值的资产。这样，学历就可以被看作是精英阶层“理应获得”顶级职位的证明。“教育系统有助于为统治阶级提供马克斯·韦伯所说的‘关于其自身特权的自然神学’”（第188页）。

## 批判性反思

布迪厄的思想在人类学领域内外引发了无数批判性的讨论。爱德华·赛义德（Said，1989：223）指责布迪厄关于卡比利亚的研究忽视了殖民主义和阿尔及利亚国家的存在。[8]赛义德的观点与迈克尔·赫兹菲尔德（Michael Herzfeld）的批评遥相呼应，赫兹菲尔德指出，布迪厄：

> 将地方性共同体的价值观与那些包含一切的官僚机构和宗教机构的价值观完全割裂开来……他的论点基于这样一种假设，即地方性社会缺乏永久的等级制度……（这背后隐含着的）一种观点是，将地方性社会的价值观看作是从前国家时代遗留下来的、相对简单的特征。”
>
> （Herzfeld，1987：8）

就此而言，布迪厄的研究取向类似于巴斯和埃文思–普里查德。他在卡比利亚寻找经验材料，以试图了解在没有工业资本主义和民族国家这些根深蒂固的制度存在的情况下，社会是如何运作的。自从进化论的社会理论失宠以后，布迪厄在这方面的研究也显得越来越过时。

《实践理论大纲》的理论框架也引发了批评。[9]罗杰斯·布鲁贝克（Brubaker，1985：749–753）指出，布迪厄将一系列不同的问题捆绑在一起，然后将其纳入“客观主义”与“主观主义”这对笼统的术语之下。在布迪厄的理论里，*惯习*这个概念发挥着如此重要的作用，以至于它可能变成一种能够解释一切的“万金油”。“对于任何一个如此含糊又万能的概念，人们不可避免地会对它的有用性产生质疑”（第 760 页）。对安东尼·弗里（Anthony Free）而言，布迪厄关于惯习的特征化描述，即“被结构化的结构具有结构化其他结构的倾向性”，从根本上来说是模糊不清的，“这种含糊其词的表述不仅掩盖了事物究竟是如何产生的问题……而且更重要的是，还掩盖了具体是谁或由于何种原因产生了它的问题”（Free，1996：400）。

此外，布迪厄关于“象征资本”与“文化资本”的概念实际上是将“地位”与“尊重”这种抽象的概念进行具体化，因此“韦伯称之为‘地位’的一系列关系和评价性话语，在布迪厄的理论里被看作‘资本’，这种准事物（quasi-thing）是（个体）持有的，而不是直接依赖于承认”（Free，1996：402）。将象征资本与文化资本表述为是“客观的”，掩饰了对个体或群体的声望评价存在不同意见的事实。事实上，布迪厄将象征行动视为“经济性的”、受自私自利的计算和竞争的驱使，这种观念导致了他对结构主义的分析中曾经批判过的问题：行动者的描述仍然与分析者的陈述相矛盾。礼物的赠予依赖于“对一种不涉及个人私利的交换进行的真诚虚构”（Bourdieu，1977：171），但“误识”这个概念似乎淡化了行动者的主观解释。象征资本的概念依赖于一种类似于神秘化的误识观念，布迪厄的理论有时看起来像是试图纠正或完善马克思的辩证唯物主义。在这种观点中，能动性如此受制于性情倾向——它再生产了结构性不平等，以至于几乎沦为再生产出这些结构性不平等的工具。

布迪厄的实践理论给我们留下了一种经久不衰的分析视角以及一套可用于社会分析的新术语，然而，从许多方面来看，布迪厄的理论与结构主义之间的决裂不如巴斯的交易主义那么激进和雄心勃勃。巴斯的研究将社会结构置于一边，试图建立机制模型来解释其起源，而布迪厄则内化了社会结构。在这样做的过程中，布迪厄将关注点转向实践、过程与具身化，将它们作为分析思考的主题，从而引领了社会科学研究的新一波浪潮。

## 注 释

1.在某些段落里，弗思的观点似乎类似于符号互动主义者。例如，他强调，“社会性至关重要。任何一个人的选择、行为与价值观都受其他人制约……这些其他人的行动赋予个体的观念系统与符号系统以意义”（Firth，1951：124）。

2.参见Barth，1959：9。

3.巴斯承认，这种剥削的程度极其严重，因为“非土地所有者的生活水平仅仅勉强达到温饱线，若不是他们所缴纳的一部分税款将会在‘男人屋’里以殷勤款待的方式返还给他们，他们的生活水平将低于温饱线”（Barth，1959：68）。

4.例如，艾哈迈德指出，巴斯对“圣人”观念的理解含混不清（Ahmed，1976：17，56），而且他对某些地方性术语的翻译也是错误的（Ahmed，1976：

148，另见Ahmed，1976：9，13，59）。

5.巴斯在后来的一项研究中对部分批评作出了回应，驳斥有关他的一些指责，如未能承认权力的重要性，或者未能关注个体之外的因素。相反，巴斯认为这些因素是"通过社会行动发挥作用的"（Barth，1981：88）。

6.当根据观察到的现实检验他的模型时，有时会发现一些不一致的现象，诸如可汗出现新的行为模式，然而，巴斯——也许是令人失望地——不是通过修改自己的模型，而是将其解释为外部的"策略性因素"发生了改变，例如不断扩大的粮食市场和统治者日益增强的权力。巴斯还指出，他在1960年重返斯瓦特时发现，"男人屋主要用作向富裕的精英阶层成员展示财富的场所，而曾经非常重要的庇护关系则正在逐渐消失"（Barth，1966：17）。这就丧失了原初模型里的一个关键部分，在原初的模型中，"酋长"在男人屋里好客款待是维持其跟随者的核心机制。然而，对于巴斯来说，这种不匹配相对来说并不重要，因为他要解释的是"传统的"部落政治——正如许多结构功能主义者做的那样，而不是当代的斯瓦特。巴斯执意将斯瓦特视为一个没有首领的裂变式"部落"社会，这使他的研究后来招致很多批评。

7.类似地，巴斯在关于斯瓦特的模型中所探讨的"地位"这一观念也与社会结构非常相似。普什图人的地主与无地佃农的身份如此深刻地影响了行动者的资源、目标、价值观和选择，以至于对他们的"交易"进行博弈论分析似乎并不能让我们更多地知道关于他们的社会生活的情况，而只能说明定义身份的结构。

8.然而，朱利安·葛（Go，2013：49）认为，布迪厄确实有一套关于殖民主义的理论。

9.例如，思鲁普与墨菲批评布迪厄对现象学的描述，指出"布迪厄几乎没有承认这样一个事实，即意识本身必须在某种程度上被结构化，这样才有可能将外部的结构内化"（Throop and Murphy，2002：201）。

# 参考文献

Ahmed, Akbar 1976. *Millennium and Charisma Among Pathans: A Critical Essay in Social Anthropology.* London: Routledge & Kegan Paul.

Ahmed, Akbar and Gustaaf Houtman 2009. Swat in the eye of the storm. *Anthropology Today* 25 (5): 20–22.

Asad, Talal 1972. Market model, class structure and consent: A reconsideration of Swat political organisation. *Man* (N.S.) 7 (1): 74–94.

Asad, Talal 1973. Introduction. In Asad, T. (ed.), *Anthropology and the Colonial Encounter.* London: Ithaca Press.

Bailey, Frederick G. 1969. *Stratagems and Spoils: A Social Anthropology of Politics*. Oxford: Basil Blackwell.

Bailey, Frederick G. 2001. *Treasons, Stratagems, and Spoils. How Leaders Make Practical Use of Beliefs and Values*. Boulder, CO: Westview Press.

Barth, Fredrik 1959. *Political Leadership among Swat Pathans*. London: Athlone Press.

Barth, Fredrik 1966. *Models of Social Organization*. London: Royal Anthropological Institute of Great Britain and Ireland, Occasional Papers no 23.

Barth, Fredrik 1969. *Ethnic Groups and Boundaries: The Social Organization of Culture Difference*. Oslo: Universitetsforlaget.

Barth, Fredrik 1981. *Process and Form in Social Life: Selected Essays of Fredrik Barth*. London: Routledge & Kegan Paul.

Barth, Fredrik 2007. Overview: Sixty years in anthropology. *Annual Review of Anthropology* 36: 1–16.

Blumer, Herbert 1969. *Symbolic Interactionism: Perspective and Method*. Englewood Cliffs, NJ: Prentice- Hall.

Bourdieu, Pierre 1977. *Outline of a Theory of Practice*. Cambridge: Cambridge University Press.

Brubaker Rogers 1985. Rethinking classical theory: The sociological vision of Pierre Bourdieu. *Theory and Society* 14 (6): 745–775.

Brubaker Rogers 2009. Ethnicity, race, and nationalism. *Annual Review of Sociology* 35: 21–42.

Firth, Raymond 1951. *Elements of Social Organization.* London: Watts and Co.

Cancian, Frank 1968. Maximization as norm, strategy, and theory: A comment on programmatic statements in economic anthropology. In Edward LeClair and Harold Schneider (eds.), *Economic Anthropology*, pp. 228–233. New York, NY: Holt, Rinehart & Winston.

Cook, Scott 1966. Maximization, economic theory, and anthropology: A reply to Cancian. *American Anthropologist* 68 (6): 1494–1498.

Durkheim, Émile 1897. *Le suicide: étude de sociologie*. Paris: Les Presses universitaires de France. Durkheim, Émile 1982 [1895]. *The Rules of Sociological Method*. New York, NY: The Free Press.

Elias, Norbert 1978 [1939]. *The Civilizing Process, Vol. 1: The History of Manners*. New York, NY: Urizen Books.

Evens, Tim 1977. The predication of the individual in anthropological interactionism. *American Anthropologist* 79 (3): 579–597.

Free, Anthony 1996. The anthropology of Pierre Bourdieu. *Critique of Anthropology* 16 (4): 395–416.

Garfinkel, H. 1967. *Studies in Ethnomethodology.* Englewood Cliffs, NJ: Prentice-Hall.

Go, Julian 2013. Decolonizing Bourdieu: Colonial and postcolonial theory in Pierre Bourdieu's early work. *Sociological Theory* 31(1): 49–74.

Goffman E. 1959. *The Presentation of Self in Everyday Life*. New York, NY: Anchor.

Herskovits, Melville 1952 [1940]. *Economic Anthropology: The Economic Life of Primitive Peoples.* New York, NY: Norton.

Herzfeld, Michael 1987. *Anthropology through the Looking-Glass: Critical Ethnography in the Margins of Europe.* Cambridge: Cambridge University Press.

Kapferer, Bruce 1976. Introduction: Transactional models reconsidered. In Bruce Kapferer (ed.), *Transaction and Meaning: Directions in the Anthropology of Exchange and Symbolic Behavior*, pp. 1–13. Philadelphia, PA: Institute for the Study of Human Issues.

Mauss, Marcel 1935. Les techniques du corps. *Journal de psychologie normale at pathologique* 32: 271–293.

Lévi-Strauss, Claude 1963. *Structural Anthropology*. New York, NY: Basic Books.

Neumann, John and Morgenstern, Oskar 1944. *Theory of Games and Economic Behaviour*. Princeton, NJ: Princeton University Press.

Ortner, Sherry 1984. Anthropological theory since the sixties. *Comparative Studies in Society and History* 26 (1): 126–166.

Said, Edward 1989. Representing the colonized: Anthropology's interlocutors. *Critical Inquiry* 15 (2): 205–225

Schneider, Harold 1974. *Economic Man: The Anthropology of Economics.* New York, NY: The Free Press.

Throop Jason and Murphy, Keith 2002. Bourdieu and phenomenology: A critical assessment. *Anthropological Theory* 2 (2): 185–207.

第五章

# 人类学与历史

Anthropology and history

苏珊 · 贝利

# 引 言

人类学与历史从来不是完全融洽的盟友。然而，两者之间的紧张关系以及关于人类学家应该如何以及是否应该采用历史工具和历史视角的争论，已经产生了影响深远的理论创新。如今，人们广泛认可的一种观点是，倘若不将历史视为一个重要的关注点，那么人类学在观念上将无从发展。但是，人类学家关注历史的方式与大多数历史学家截然不同。

历史学家可能会有针对性地提出这样的问题，诸如为什么这场或那场战争、革命或其他重大事件会以这样的方式、在特定的时间和特定的地点发生？并且产生了怎样的后果与影响？这些问题能够帮助历史学家卓有成效地开展研究。当人类学家根据田野调查结果讨论时间与变化问题时，我们往往会追究并质疑那些被历史学家视为普遍的和不言而喻的东西，这些历史学家采用独特类型的证据来检验他们所定义的真实性与合理性。

对历史的关注使我们意识到，对于那些我们在田野中接触到的人们而言，历史可能体现在活着的祖先身上，并且因此“持续存在于当下”（Lambek，2002：66），历史不是缺乏人情味的、遥远的或者已经终结的。我们当中的许多人在诗意的想象与道德推理的领域里建构历史，尽管这种建构过程中往往交互贯穿着对过去进行客观的和分析性的思考。这让我们开始反思时间本身是如何在我们的研究背景中被观念化的。我们采用各种工具和模型，以理解我们的对话者在一个动荡的和不确定的世界里如何协调延续性与断裂性问题，以及他们如何认识生命历程中的各种重要时刻与转变：在时间的流逝之中，并且也正是通过时间的流逝，在一个不确定世界的经历中感受到富含意义的事件与变化。

由此，我们提出了以下问题：

- 那些生活在危机与颠沛流离中的人们，如何理解他们的过去和未来之间的连接与关联？
- 倘若某种经历被认为是崭新的、变革性的，或者是熟悉的、反复发生的，因而生活之流中任何特定的事例都可以被理解成某种事件、发生或经历，这意味着什么？
- 在剧烈变化与不确定性的背景下，例如殖民征服和全球资本主义渗透等，有关时间之流以及关于集体的和个体的过去之意义等，会产生哪些新的观念？
- 谁拥有以时间性的方式给自身和他人贴上标签的权力，诸如现代或传统、落后或进步、“原始”或前瞻？这种权力的来源和影响分别是什么？

与所有这些问题相关的是一个更深层次的问题，即如何通过对历史叙述的掌控以及对事件发生的年代顺序和时间制度的管理来构建和/或争夺权威。“时间性”这个术语被广泛用于表达这样一种观念，即权力源于对时间的意义与标记的掌控。它还反映了这样一种认识，即可以截然不同或相互交织的形式和模式来体验时间，人类学家在这方面广泛借鉴了哲学家的时间意识模型，尤其是现象学的批评者和继承者提出的模型。因此，时间可以是广阔无边的，是众多繁杂的时间尺度与时间层次的交织，它可以通过仪式展演，以模仿或重构的方式影响日常存在（Kapferer，2013）。时间既可以被体验为序列性的、渐进式的与历法的，也可以被体验为神话性的、片段化的与“启示性的”。这正是斯特拉斯勒在印度尼西亚所发现的，在那里，记录过去能够预示性地瞥见未来，同时也能够追忆过去发生的事情（Strassler，2010）。[1]而且，就像“多重现代性”（Faubion，1988；Thomassen，2010）的概念一样，对时间性的关注也已成为一种重要的标志，它意味着将能动性、碎片化和权力等要素相互作用的思想融入我们将人类学这门学科的核心概念——社会与文化——进行观念化的方式之中（Lambek，2002）。

人类学家在建立自身理论框架的过程中，确实会与历史学家以及其他具有历史意识的领域发生互动，这些领域包括考古学和历史社会学等。[2]我们与这样一些历史学家的关系尤为密切，他们跟我们一样，会向自己提出“后实证主义”的认识论问题，这些问题涉及他们的知识策略的有效性以及何为定义和评估证据的合理方式等（Hastrup，2004）。然而，与我们的前辈一样，当代的人类学家仍然致力于理解我们所探索的民族志背景中持续存在的现象以及那些习俗性的现象，但不再想当然地认为，在我们的研究对象的生活中存在系统、结构或规律。我们广泛采取各种不断改变的理论框架，以设法把握社会和文化生活中短期与长期的流动和变化。我们也会对那些研究过去的行为进行研究，并对这样一种做法有着浓厚的兴趣，即将关于过去的生活和时代的表征看作是当代事务中道德与政治权威的重要来源（例如 Humphrey，1992）。

对我们来说，不言而喻的是，即使缺乏钟表、日历和书面记录，或者这些东西都不常见，也不存在所谓的“没有历史的人民”。埃里克·沃尔夫在一项具有里程碑式意义的研究中，采用“没有历史的人民”这个短语来讽刺性地驳斥那些陈腐的观点，他的研究表明，非洲人的部落身份曾经被认为是一种永恒的民族志事实，但它实际上是欧洲对非洲大陆实行残酷的殖民统治的产物：尤其是北大西洋奴隶贸易造成的创伤性分裂（Wolf，1982）。另一位人类学家西敏司研究了全球资本主义现代性的阴暗面，他以民族志的方式研究味觉和阶级认同问题，帝国时代的欧洲人对奴隶生产的糖逐渐形成了一种品味，西敏司探讨的正是这种品味是如何养成并得到满足的（Mintz，1985；另见第三章）。

如今的民族志工作者非常清楚地意识到，我们的学科被指责否认与他者之间的“同时代性”（coevalness），也就是说，在民族志中通常以现在时态书写那些被称之为“信息提供者”的人。法比安认为，这意味着他们的生活具有自我延续的同一性，从而将他们置于我们自身所处的动态“时空”之外（Fabian，1983）。因此，许多人类学家深入探讨他们与研究对象在互动过程中随着时间推移而出现权力关系的变化（例如 Birth，2008）。此类研究是对这样一种观点作出的富有成效的回应之一，该观点认为人类学这门学科存在历史污点，它自身曾经作为殖民主义的“婢女”，继承并延续了支撑帝国统治的压制性知识策略（Asad，1973；另见第一章）。

这些争论产生了新的、重要的理论工具，尤其是运用马克思主义和后结构主义的文化与意识理论，将民族志置于创伤性“关键事件”的记忆（Das，1995）以及殖民主义的影响和遗产的背景下进行研究。[3] 该领域的主要贡献者已经运用这些视角研究不断变化的环境和意识如何参与并介入一个充满行动、能动性、表演和实践的世界。现在，人类学家试图了解意义和权力关系是如何产生的或是如何进行争夺的，以及它们产生了哪些良性的或恶性的影响。这里可以列举一个重要的例子：通常被认为是古老传统的实践与身份标识，实际上是特定历史情境中形成的构建物，这一观点便借鉴自历史学家（Hobsbawm and Ranger，1983），并为了方便人类学的使用而对它进行了改造。[4]

人类学家已经认识到，几乎所有的传统与身份都是过程性的与构建性的，即使是那些在我们的田野调查地点被认为是永恒的和根本性的传统与身份亦是如此。试图表明阶级、性别、种族、种姓、部落、民族与“土著”共同体等集体性的身份是如何被建构和解构的，以及对谁有利、对谁不利，已经成为历史学家和人类学家之间既共同关注又存在激烈争论的领域。[5] 在其他一些领域里，我们还试图解释各种令人惊讶的看待和处理时间性、过程性与历史性要素的方式，以及对于我们在田野调查中接触到的人们而言，什么样的原因可能会使时间、变化与断裂等问题成为令人困惑的和破坏性的，或者成为能够赋权的和鼓舞人心的。

## 历史性

人类学并不是轻易地或毫无争议地就接受了这些关注点。因此，本章接下去将探讨，那些对如何将历史意识纳入我们的理论体系有着截然不同看法的人们对变化与历史性议题的不同定义方式以及相关争论。它注意到了以下事实：在20世纪早期一些重要先驱者的研究里，他们先是拒斥历史，随后又复兴历史；20世纪80年代为“文化与实践”之争提供支持的时间与变迁模型；以及马歇尔·萨林斯呼吁将民族志重新界定成注重事件意识的“结构主义历史学”而引发的嘲讽（Sahlins，1985）。它还探讨了在殖民主义、革命与后社会主义转型的背景下时间性、叙事和记忆的理论化，以及人类学家试图从理论上加深我们对现代性、后现代性以及充满争议的“多重现代性”观念的理解。

现代人类学诞生之时，正值学术界出现关于历史意识的争辩（参见第一章）。如同马林诺夫斯基的功能主义一样，拉德克利夫-布朗的理论——后来被称为结构功能主义—— 建立在强烈地否定进化论与扩散主义先辈的作品之基础上。拉德克利夫-布朗对进化论者与扩散主义者贴上了“臆断历史”的贬抑性标签（Radcliffe-Brown，1941），认为这是一种暮气沉沉、执迷不悟的做法，它将人类学家所称的“主体”简化为“活着的祖先”或者是泛历史的文化特质之去人性化的具身体现。因此，功能主义与结构功能主义都向历史问题宣战，后者将人种类型或种族想象成以扩散主义的互动形式进行的一场跨越时间的巨大运动，或者是一种更偏爱进化论上的“适者”而非“不适者”的新达尔文式竞争（Carneiro，1973）。

然而，功能主义与结构功能主义的传统接受了很多关于西方现代性的观念，这些观念在如今的人类学家看来是颇成问题的，其中包括认为现代人对时间与变化的理解是基于日历和历史，因此与那些曾经被归类为传统的、“尚无文字的”或者“原始的”族群对时间的理解完全不同。埃文思-普里查德关于“牛钟”（cattle clock）的著名论述就是基于这种观点（Evans-Pritchard，1940：103），据称苏丹尼罗河流域的努尔人通过它来管理日常生活，他们会采用“挤奶时间”等作为标识，而不是非人化的度量单位。[6]

马林诺夫斯基及其继任者有一个密切相关的观点，即当“没有文字”的人们思考过去时，他们是以神话的方式进行思考的。这种观点也契合英语人类学界很流行的一种看法，即人类学是一门独特的学科，它能够理解“非事件的历史”（Fogelson，1989，转引自Hoffman and Lubkemann，2005：317），也就是人类生活中塑造与延续“结构连续性”的各种方式。作为——并且仍将继续作为——一种社会性的存在，在共同体中共同生活，遵循着某种具有结构、秩序原则与共享意义体系的生活方式，这就像非人类的自然世界一样令人称奇，它们同样需要进行复杂的研究和分析。

因此，20世纪早期的人类学家对“简单社会”的人类起源故事很感兴趣，因为这些故事是能够满足结构或功能目的的叙事，例如，作为“特许证”合法化酋长和族长的权威（Fortes，1953）。因而，“部落”共同体被认为缺乏任何西方或现代形式的历史感：也就是说，过去被理解为一系列可明确定义的历史时刻，这些历史时刻不仅彼此关联，而且按照单向流动的日历或时钟控制的时间序列相继发生。20世纪70年代，当历史关切重新回到人类学的主流时，这些假设被重新定义，以解决新一代具有历史意识的民族志工作者提出的具有挑战性的新问题。其中一个问题是：作为一种社会现象的读写能力究竟是什么，以及对于那些掌握了新的技术来记录其祖先的叙述以及根基传承的人们来说，读写能力的获得具有多大的变革意义？[7]与此密切相关的是，人们重新发现了莫里斯·哈布瓦赫（Maurice Halbwachs）在20世纪20年代关于社会记忆的研究，这引起了人们对纪念与记忆过程的广泛兴趣，在这样的背景下，遗忘和回忆某种创伤性的过去都可以被理解为一种强大的、能够赋权的道德实践形式（Connerton，1989；Antze and Lambek，1996）。

然而，并不是所有20世纪早期信仰结构与功能的人类学家都是反历史主义者。在殖民主义成为人类学研究之重要主题的30年前，埃文思-普里查德就进行了大胆的尝试。第二次世界大战前后，利比亚的昔兰尼加（Cyrenaica）地区发生了前所未有的大规模社会动荡，正是在这样的背景下，埃文思-普里查德在那里撰写了一部关于历史变迁的民族志，探讨英国殖民统治造成的影响与后果以及意大利法西斯占领军在该地区的残暴行动。埃文思-普里查德的理论框架非常符合当时的时代背景：他将裂变式政治秩序模型进行调整，以解释"部落"结构向中央集权的君主制转化的过程（Evans-Pritchard，1949）。[8]

尽管埃文思-普里查德坚持认为，"简单"社会与"部落"社会的人们也有真正的历史可供书写——这种观念在当时具有一定的新颖性，但他的研究基于一个未经审视的观念，即将有边界的社会作为民族志研究的核心单元。1954年，埃德蒙·利奇对缅甸高地克钦人的政治秩序进行的民族志研究在观念上更加激进，并且也得到了更广泛的阅读。利奇找到了一种能够使历史关切变得新颖而引人注目的方法：重新思考关于"结构"的概念，否定前辈关于社会的理解，即认为社会是由任何一种单一的结构性原则——如裂变、平等主义或等级制度等——组织起来的结构化的均衡系统。

利奇发现，克钦人的社会生活既不是亘古不变的自我重复，也不是像埃文思-普里查德研究的昔兰尼加那样会发生决定性的、彻底转变的斗争场域。利奇所描述的历史是变化的，而非断裂的：这是一种在克钦人的两种对立的政治秩序形式——他所称的等级制（*gumsa*）与平等制（*gumlao*）——之间不断来回摆动的模式。无疑，这是一个充满活力而不是停滞的世界。然而，这不是后来的马克思主义者或非马克思主义者在这样的环境中想要寻找的东西。无论是马克思主义者还是非马克思主义者，他们若要取代利奇提出的关于变迁的钟摆式解释，就需要与既有的模式和规范产生重大决裂：大规模反抗殖民统治，或者至少产生新的意识形态和维持生计的策略，以应对基督教化的影响以及由滥伐森林、种植侵入性经济作物与机械化战争造成的破坏等。利奇的历史意识也不是对我们在接下去要讨论的马歇尔·萨林斯等人作品的一种先见之明。萨林斯启发性地提出了这样的问题，即是否存在诸如“其他时间——其他历史性”的东西（Sahlins，1985）？这意味着在地方性的语境中以独特的方式感知历史与变迁，尤其是在充满动荡与变革的年代，当人们从截然不同的意义上使用“结构”这个术语时——作为普遍流行的文化原则或权力差异——可能会发生戏剧性的转换与变化。

因此，利奇提出的这个简洁的摆动模型，并没有吸引20世纪80年代以来参与“实践与能动性”之争的主要学者，也没有吸引那些将殖民主义与全球资本主义作为其核心关注点的研究者。然而值得注意的是，一些具有历史意识的人类学家，他们关注的问题和采用的理论工具与利奇存在共鸣之处。杰克·戈迪（Jack Goody）、艾伦·麦克法兰（Alan Macfarlane）与欧内斯特·盖尔纳（Ernest Gellner）还大胆而全面地探讨了在他们所研究的环境中，变迁是如何被模式化的，他们关注的是区域性与世界性的全球化背景下发生的观念变革与物质变革。[9]

戈迪等人没有采用结构主义的视角——在利奇后期的研究中，

结构主义成为核心的分析视角——而是基于众多现代性的社会理论家，尤其是韦伯的作品，试图从人类学的角度回答有关现代性运作原理的经典社会理论问题。尽管如此，盖尔纳最具挑衅性的作品以一种极为独特的方式运用摆动原则回答了全球现代性的问题，这一做法源于他对韦伯与中世纪伊斯兰历史学家伊本·赫勒敦（Ibn Khaldun）的观点进行融合。这构成了盖尔纳备受质疑的关于伊斯兰教历史的解释基础，他将伊斯兰教的历史描述成一种在分权式与集权式政治秩序模型之间长期交替进行的“钟摆运动”（Gellner，1981），直到取下钟摆的铰链，钟摆运动就此终止。[10]

这些历史问题没有吸引更多的人类学家关注，相反，他们更多地沉浸在这样一些理论思想之中，它们包括结构主义、女性主义和东方主义的批判、葛兰西式马克思主义与福柯的权力和主体性理论以及随后出现的后现代与后结构主义文化理论的影响。20 世纪 60 年代，由克洛德·列维–斯特劳斯开创的法国结构主义产生了爆炸性效应（参见第二章），它向既有的社会与文化观念宣战：也就是说，社会秩序是能够被具体描述的角色与地位之体系，它可以通过结构功能主义的方法论进行记录，以及受制约的“文化”是可解码的意义之网（Geertz，1973）。

列维–斯特劳斯的结构主义分析以历史为框架，但又具有高度的原创性。他关注的不是复数形式的文化，而是单数形式的“文化”，即人类以模式化与动态的方式产生和传达意义的能力。列维–斯特劳斯将“结构”这个术语应用于人类心智在文化中表现出来的深层结构规律：先是符号化；在很长的一段时期内，通过无数二元对立的关系模式（如生命—死亡、自然—文化、生—熟等），以一种动态的、活跃的方式，将意义附加到人类心智所感知的事物上；不断地调解并解决这些二元对立，从而进一步形成结构化的观念配对模式。这就是列维-斯特劳斯通过对神话以及其他创造性、思维性的人类生活的产物进行符号学分析所揭示出来的历史：这是一种连续的、长期的结构性变化，他称之为“转化”，这种转化以象征性的观念碎片的形式构成了神话叙事的结构。

列维-斯特劳斯（Lévi-Strauss，1966）提出了一种被广泛引用的对比：“热”的社会，也就是以变化为导向的社会；“冷”的社会，也就是以停滞 / 静止为基础的社会，它的思维方式是神话性的。这种对比似乎非常接近于结构功能主义的观点，它将神话看作是“原始的”思维方式，而将历史看作是现代的或西方的思维方式。人们经常这样评价列维-斯特劳斯关于“拼凑”（*bricolage*）的描述：“修补匠”或“制陶工”的思维运作方式与现代科学家或工程师打破常规的思维方式形成了鲜明的对比。[11] 事实上，列维-斯特劳斯将这视为每个人的头脑中存在的思维运作图景，这些思维活动使处于流动状态的生活变得秩序井然，并且体验它一切痛苦的困境与复杂之处，而人类学家可以更容易地从“客体化”的文化形式中——例如神话——认识这些思维活动。

列维-斯特劳斯还借鉴了辩证法思想，尽管这是马克思主义的重要概念工具，但对列维-斯特劳斯而言，辩证法是理解人类思维对符号材料进行不断变化的模式化与重新组合的一种手段。因此，马克思主义者显然不会以这样的方式提出历史问题：神话是在哪些不断变化的物质与社会条件下产生的？谁创造并控制着它？它为谁的利益服务？在特定的场所与环境里，谁从神话的使用中获益或受损？结果它改变了什么或没有改变什么？

## 实践中的历史化

然而，人类学家已经找到了将结构主义方法与具有历史框架的政治经济学相结合的方式，譬如，戈夫对亚马孙神话的阐释就将殖民主义的历史经历纳入其象征性的框架之中（Gow，2001）。通过历史民族志，马克思主义对意识形态与阶级统治的理解也得到了更新。布洛赫（Bloch，1989）指出，马达加斯加王室仪式的象征性语言是统治阶级意识形态力量的来源，它掩盖了统治的历史渊源，从而使王权显得是永恒的、不可挑战的，因为它在时间上与可确定年代的历史事件相距甚远。[12]

因此，结构主义以及其他形式中的象征主义研究成为关于殖民主义、性别不平等与全球资本主义动荡的民族志的一种衬托和资源。它的使用也引发了关于“人类学家应该如何理解文化概念并使之问题化”这一挑战性的问题。科马洛夫研究了殖民主义与种族隔离统治下南非塔斯迪人（Tshidi）的精神性，这是人类学探讨在压迫与奴役状况下存在抵抗可能性的早期尝试之一，该研究结合了符号学分析与葛兰西式马克思主义观念，后者关注文化权力和庶民意识（Comaroff，1985）。[13]科马洛夫认为，塔斯迪信徒对基督教进行的独特重构是一种“融合式拼凑”，他们的色彩象征和商品禁忌表达了一种未曾言明的“文化逻辑”，以抵抗权力剥夺与无产阶级化。

其他具有历史框架的民族志也试图表明，那些被强制纳入统治体系的人们可能会利用语言、仪式或自我—他者想象的模仿可能性来颠覆支配性的权威。对于那些在面对狡黠的现代权力形式时——尤其是那些使现代主体成为自我奴役工具的权力形式——似乎陷入困境和失声的人们来说，这些挑战能否被辨识出来，仍然存在着诸多争议（Scott，1990；Brown，1991；Kaplan，1994；Sivaramakrishnan，2005）。

马歇尔·萨林斯通过运用“神话实践”（mythopraxis）与“并置结构”（structure of the conjuncture）等概念，以一种大胆而与众不同的方式采用结构主义符号学来探讨帝国历史中的重要时刻。其中包括他关于1778年夏威夷岛民杀害英国探险家兼航海家詹姆斯·库克船长的著名描述（Sahlins，1985）。此外，萨林斯还对一些事件作出了发人深省的解释，例如，他认为两种对立的“资本主义宇宙观”影响了清朝皇帝宫廷里发生的中英外交冲突（Sahlins，1994），以及殖民地传教士卷入19世纪在斐济爆发的争夺首领地位的血腥战争（Sahlins，2004）。

因此，萨林斯是另一位具有历史意识的人类学家，他坚持认为充满暴力的殖民互动世界应该成为人类学的研究核心，在他那里，这些关于殖民遭遇的内容是他打造的一项全新事业的原材料，即所谓的“结构主义历史学”。萨林斯打算通过这种方式对历史与文化本身提出意义深远的问题，尽管他的研究也丰富了关于殖民权力关系以及如何抵抗或消灭帝国及其遗产的辩论。

在萨林斯的研究计划里，更宏大的框架是由来已久的“文化与实践”之争（参见第四章），它涉及在充满不可预测性和变化的环境里采取行动的人是否应被视为创造世界的能动者，他们不受符号规则或意义系统制约。雷纳托·罗萨尔多（Renato Rosaldo）是这场争论的重要贡献者，他研究了菲律宾伊隆戈特人（Ilongot）间歇性的猎头活动。罗萨尔多发现，伊隆戈特人通过在穿越森林时讲述的口述史，从而使400年的殖民入侵与殖民战争的历史代代相传（Rosaldo，1980）。罗萨尔多将该发现看作是这样一种观点的确凿证据，即文化是一种持续进行的片段式创造，而不是“意义之网”或固定不变的集体脚本（Rosaldo，1980）。

萨林斯采取了一种截然不同的方法。与他关于家庭生产方式和“原始富裕社会”的论述不同，这种新的研究方法宣告了一种以历史为基础的文化人类学之诞生，它结合了结构主义以及仅在最低程度上与科马洛夫采用的葛兰西式马克思主义相重叠的思想资源。萨林斯的这一转向与费尔南·布罗代尔（Fernand Braudel）的研究有关，后者是以“年鉴学派”著称的一群法国历史学者的领袖。这些学者对心智与文明的“总体史”提出了这样一种观念，即不同的变化形态或变化节奏在复杂的时间关系中相互作用，年鉴学派称之为“并置”（Golub et al.，2016：18）。然而，他们关注的是不同节奏逐渐趋于一致的过程中那些最缓慢的节奏。年鉴学派的思想家们很少关注在“并置”时刻发生的事情，因此他们对历史学家通常关注的可确定时代的事件几乎不感兴趣。相反，他们聚焦于环境和地理的深刻、缓慢而平静的变化，这些变化是在“长时段”（*longue durée*）的大规模范围内发生的。

然而，对萨林斯而言，这意味着有可能研究彼此纠缠在一起的全球性历史事件，从而彻底颠覆年鉴学派的事业：重构关于“并置”的概念，并且提出“那些人在那个特定的时刻遭遇了什么”的问题。在年鉴学派看来，这样的问题显得既肤浅又无足轻重。萨林斯的关注点非常简单，它甚至简单得容易让人产生误解，即那些只发生一次的历史时刻，它涉及有名有姓的行动者和引人瞩目的个体性事件。在他看来，正是这些绝无仅有的历史时刻能够回答一个更为根本性的问题：究竟何谓事件？对此，萨林斯的答案与罗萨尔多的观点截然相反：事件是被文化塑造并定义的，“是一种对所发生事情的文化性解释”（Strathern，1990：160），也就是说，参与者为了理解所发生的事情，他会运用各种视角和脚本，而事件正是通过这些视角和脚本被感知到的。这一观点支撑了萨林斯从档案记录中挖掘出来的所有关于血腥杀戮和宇宙论冲突故事的叙述。因此，库克船长被杀害是以夏威夷人的方式进行的，并且有着夏威夷人独特的理由。正是这种明显决定论式的“文化学”，使萨林斯的论述在那些反对者和批评者看来是如此具有挑衅性，尽管他关于“并置结构”的概念是为了重新思考文化的概念，从而允许行动与变化的发生：文化的结构性力量和能量被理解为是塑造出来的，而不是固定存在的，它们充满了辩证性的能量，并且会按照一定的模式永恒地变化着。

因此，萨林斯所主张的是，通过研究是什么因素将一系列经验与感知标志为某个独特的时刻，可以转变和重塑人类学现有的文化观念。正是为了实现这个关键性的目标，萨林斯创造了“并置结构”这一重要术语。他借用这个术语指某种既存的框架或脚本——经验通过它们变得组织化并据此采取行动——与任何给定时刻的新奇事物之间的接触或碰撞点，此时这些框架将受到考验。

萨林斯对夏威夷事件的分析依据的是这样一种观念，即岛民与库克船长之间的致命遭遇遵循着一种独特的结构化的文化逻辑，夏威夷岛民不是从“贸易与帝国”这样世俗的视角将库克看作是一位敌对的入侵者，而是将他视为他们的国王与神——洛诺（Lono）——的化身。这个超自然的神秘存在是夏威夷人不断延绵的生命与丰饶的保证者，他与战争和死亡之神——库（Ku）——处于永恒的结构性对立的位置，在献祭性牺牲与重生这种永无止境的序列之中不断地生死轮回。因此，夏威夷人的时间观念是神话式的，是循环重述那些反复出现的原型，而不是关于独特日期的历法安排。

由此，萨林斯将这次杀戮描述为神话中一个重要事件的重演：创生性的献祭，通过它世界被永恒地创造和重塑。

然而，萨林斯的核心观点是：这是一种高度动态的文化脚本形式，它辩证地作用于一个并置时刻，即一方面是既有的参照框架，另一方面是调用这些感知时所经历的新颖体验。萨林斯创造的新术语“神话实践”呼应了马克思主义的实践（praxis）观念：这是思想与行动交汇在一起的临界点，在这个临界点上，现有的形式或结构可能发生转变。夏威夷人将他们在仪式上庆祝的重大事件视为神话原型的再现，在无尽地重演中，永恒重复的根本性事件在当下得以再次体验。对于洛诺降临人世这样的重要事件，夏威夷人并不感到新奇：因为他们对时间的感知是循环往复的，而不是渐进的或定向发展的。

在萨林斯的抨击者看来，这些观点都是不可接受的。对于奥伯耶塞克雷而言，在关于库克船长的故事中，唯一真实的神话是白人自古以来就有的自我美化的观点，即在帝国建设的残酷世界里，这些白人将自己视为“土著”眼里神一般的存在（Obeyesekere, 1992）。

玛里琳·斯特拉森就事件的性质与感知提出了一种更令人信服的可能性：即使是像第一次遭遇白皮肤的陌生人这样气氛高度紧张的事件，也未必需要任何形式的解释性框架。她指出，在哈根（Hagen）的文化背景下，带入此类事件的更多的是视觉感知，而不是分析性的认识。与之相关的经历可能是一场壮观的面具舞表演，这意味着这样的事件是以图像给观众造成强烈冲击的方式被记录下来的。这意味着它有能力迫使观众同时观看、理解并记录：也就是说，作为一次性的事件，通过对眼睛和视觉造成的瞬间影响，而不是借助于人们的说明或解释能力——就像人们经常做的那样，将这些经验插入到口头叙述之中，并且将它们与持续的或正在进行的时间流里的其他实例联系起来（Strathern，1990；可与 Hirsch，1999 进行比较；亦可参见 Peel，1984）。

## 持续的发展

在人类学的研究领域里，历史性仍然是一个持久的关注点。从后结构主义的身份与语言理论中借鉴的解构技术，引发了关于具有历史意识的人类学家的方法论与知识实践的广泛争论。因此，当人类学家运用历史学家的分类法来区分不同形式的殖民统治导致的结果时，他们的努力可能会遭到指责：例如，作为一种对差异的界定行为，它通过“命名权”这种结构性暴力，再生产了殖民者对被殖民主体的压制。[14] 对于历史视角在多大程度上能够通过与多元的、交叉的或本土化的“多重现代性”思想的交融，从而帮助人类学捍卫或挑战对过时的现代性与现代化理论的攻击，同样也产生了激烈的争论。[15]

对于那些试图质疑人类学家关注持续存在的结构性规范的人来说，通过聚焦于分裂和根本性断裂等观点，已经富有启发性地探讨了基督教化等背景（例如 Robbins，2014）。另一项重要的论述来自凯若琳 · 汉弗莱（Caroline Humphrey），她在蒙古国动荡的革命剧变与历史性断裂的背景下研究了所谓的“决策性事件”。这是一项细致入微的反思性研究，具体而言，它通过结合哲学家阿兰 · 巴迪欧（Alain Badiou）对诸如“圣保罗皈依”这样的决定性转变事件的讨论，从而深入思考备受争议的“主体之死”现象（Humphrey，

2008；亦可参见 Humphrey and Hurelbaatar，2013）。

在我们与历史的互动过程中，仍然在不断地涌现出新的可能性，而通过运用历史视角来解决的议题，很可能会继续产生丰硕的理论成果。在道德与伦理人类学这一新兴的研究领域里，当我们将历史性作为一个重要的关注点时，无疑会获得各种深刻的洞见。这方面的一个显著例子是关于国家历史如何被理解与挑战的研究，此类研究将国家历史视为一种道德叙事的形式，这就要求以复杂的方式理解超越历史的国家与作为公民和伦理能动者的自我——他们具有某种共享的或争议性的国家身份。因此，无论是现在还是将来，关于过去及其想象无疑仍然是人类学理论研究的重要领域：显然，我们的学科将以不断变化的和富有成效的形式与历史视角进行交融，从而继续反思自身的过去、现在与未来。

## 注　释

1.它们之间可能存在富有成效的"交流"。其他的事例可以参见：Gell（1992）、Munn（1992）、Ssorin-Chaikov（2006）以及Guyer（2007）等。

2.例如，埃里克森（Eriksen，2002）、赫茨菲尔德（Herzfeld，2005）和英戈尔德（Ingold，1993）等人类学家与波兰尼的"大转型"观念（Polanyi，1944）、沃勒斯特的"世界体系"理论（Wallerstein，1976）以及安德森关于民族主义的历史社会学（Anderson，1983）进行了对话。此外，人类学家也与海登·怀特（Hayden White）以及其他历史学家的研究之间进行了富有成效的互动，后者受到后结构主义批判的启发，挑战实证主义的历史分析模式，例如他们采用罗兰·巴特（Roland Barthes）和保罗·利科（Paul Ricoeur）的理论，将关注点聚焦于表征过程以及叙事、文本和话语的动态运作（Ulin，1994）。

3.例如，相关研究可以参见Appadurai（1981）、Werbner（2002）、Comaroff and Comaroff（1991）、Kaplan（1994）、Luhrmann（1996）、Stoler and Strassler（2000）以及De L'Estoile（2008）。

4.这包括在应付令人痛苦的“文化接触”的过程中，不仅要认识到社会中存在的分裂与争议，也要理解其中的活力与创造力：例如，要审慎地对待外国入侵者宣称的某些族群和社会的“文化特质”，诸如食人习俗以及对寡妇的仪式性杀戮（Thomas，1992；Hawley，1994）。

5.就像关于种姓制度的争论那样，譬如，种姓究竟是印度文明的基本事实、还是东方主义知识实践的发明，抑或持久的殖民主义与全球化进程之间的“纠缠”所产生的动态构建（Thomas，2009；亦可参见Bayly，1999；Gupta，2005。另可比较Friedman，1992；Li，2000）。历史学家与人类学家以不同程度的热情进行互动。历史人类学家与具有人类学思维的历史学家（例如Burke，2005）既受到褒扬，也受到批评，这些褒贬不一的评价主要来自这样一些学者，他们认为历史学家将人类学看作是将一种将“文化”实体化的“许可证”，而人类学家在讨论历史趋势或事件时则脱离了背景，并且过度理论化。

6.“事件按照某种逻辑次序发生，但……不受某种抽象系统的控制”（Evans-Pritchard，1949：103）。现在人们普遍认为，这种观点夸大了“我们的时间”——它会“逐渐流逝、度过”——与那些以不可测量、非序列性或神话性的方式看待时间的人们具有的时间观之间的区别（Adam，2013）。拉德克利夫-布朗以及与他同时代的人将现代性视为一种无法抵挡的力量，它摧毁了“无文字”社会的人民和生活方式。拉德克利夫-布朗认为，这意味着民族志工作者所观察到的东西——结构、均衡以及社会秩序的所有要素（制度）都发挥着一种“社会整合”的功能——将会失去其整合性，并陷入结构性崩溃的状态，导致一种创伤性的混乱，他为此创造了“社会失调”一词，这是“与白人文明接触”的结果。耐人寻味的是，拉德克利夫-布朗找到了一种方法，将他关于社会功能性思维与实践的观念转化成一种对这些人中兴起新宗教运动的愿景，这与他同时代人的看法大相径庭，后者认为这些新宗教运动只不过是“原始”的非理性和面对令人迷失的“文化接触”时精神或社会崩溃的征兆，然而，对于拉德克利夫-布朗来说，它们是功能性的和具有积极作用的，是“朝向重新整合的自发性运动”(Radcliffe-Brown, 1935: 399)。

7. 参见Goody(1977)、Ong(1982)以及Bloch(1989)的研究；另请参阅Messick(1996)；关于算术的民族志研究，可参见Crump(1990)；关于运用统计学作为现代统治者征服他人的权力知识之来源，可参见Scott(1998)。

8. 埃文思-普里查德没有将萨努西人(Sanusi)的转变看作是一个关于原住民脆弱性的故事，即原生的社会形态被无所不能的西方现代性所摧毁的故事，与之相反，他认为社会变迁的根源在于萨努西人自身的政治秩序。埃文思-普里查德指出，裂变是一种秩序化的原则，它通过动态的复制来实现。他的观点是：萨努西人在殖民地时期和战争时期所经历的动荡导致这种动态的复制形成一种新的、可行的模式。这就是意大利法西斯主义压迫者的集权逻辑，在埃文思-普里查德看来，萨努西人成功地汲取并改造了这一逻辑，为他们自己所用。

9. 相关研究可以参见Goody(1983; 2012)、Macfarlane(1978; 2000)以及Gellner(1981)。

10. 随后，盖尔纳以同样富有胆魄的方式概述了现代民族主义的兴起(Gellner, 1983)，并将整个人类历史描绘为一个宏大的变革序列，由“犁、剑与书”三部分构成，它们分别形成了截然不同的文明秩序(Gellner, 1988)。

11. 像一位“拼凑者”那样思考，意味着将现有的符号元素以不同的模式与构造组合在一起：就像“万事通/多面手”或“善于做各种杂活的人”那样利用手头的任何东西来满足自己的需求，因此，这也意味着从不以真正创新的方式思考，也从不发明某种新的工具或方法来满足新的、不同的需求。因而在拼凑中，既有的符号与象征作为一种理解世界并使世界有序化的手段，在不断变化的模式和构造中对它们进行利用和再利用，从而满足自身的需求。这便是列维-斯特劳斯认为他在有关部落神话与艺术的研究中发现的东西。对于神话与历史这种过于简单化区分的质疑，可参见Herzfeld（1985）。

12.关于仪式的研究继续使历史性成为核心的关注点（例如Lambek，2002）。

13.这是葛兰西的关键术语*subalterno*通常的英译法，意为“被支配者/从属者”。这是人类学领域内外的一个重要概念工具，对于在殖民地和其他背景下有关权力之文化基础的讨论——无论采纳还是质疑福柯与葛兰西的视角，这个概念都是争论的核心（例如，可参见Gledhill，2001）。

14.转引自Bayly（2016：6）。可参见Krautwurst（2003）。

15.可参见Miller（1994）、Englund and Leach（2000）、Osella and Osella（2006）以及Thomassen（2010）。此外，亦可参见多纳姆在埃塞俄比亚动荡的20世纪的历史背景下，对不同革命现代性叙事的探讨（Donham，1999）。

## 参考文献


Adam, B. 2013. *Timewatch. The Social Analysis of Time*. Cambridge: Polity Press.

Anderson, B. 1983. *Imagined Communities. Reflections on the Origin and Spread of Nationalism*. London: Verso.

Antze, P. and M. Lambek 1996. *Tense Past: Cultural Essays in Trauma and Memory*. London: Routledge.

Appadurai, A. 1981. The past as a scarce resource. *Man* (N.S.) 16: 201–219.

Asad, T. (ed.) 1973. *Two European Images of Non-European Rule, Anthropology and the Colonial Encounter.* New York, NY: Humanity Books.

Bayly, S. 1999. *Caste, Society and Politics in India from the 18th Century to the Modern Age*. Cambridge: Cambridge University Press.

Bayly, S. 2016. Colonialism/Postcolonialism. In F. Stein, S. Lazar, M. Candea, H. Diemberger, C. Kaplonski, J. Robbins and R. Stasch (eds.), *The Cambridge Encyclopaedia of Anthropology*.

Birth, K. 2008. The creation of coevalness and the danger of homochronism. *The Journal of the Royal Anthropological Institute* 14 (1): 3–20.

Bloch, M. 1989. The disconnection between power and rank as a process. An outline of the development of kingdoms in central Madagascar. In M. Bloch (ed.), *Ritual, History and Power. Selected Papers in Anthropology*, pp. 46-88. London & Atlantic Highlands, NJ: Athlone Press.

Brown, M. 1991. Beyond resistance: A comparative study of utopian renewal in Amazonia. *Ethnohistory* 38 (4): 388–413.

Burke, P. 2005. *The Historical Anthropology of Early Modern Italy*. Cambridge: Cambridge University Press.

Carneiro, R. 1973. Structure, function, and equilibrium in the evolutionism of Herbert Spencer. *Journal of Anthropological Research* 29 (2): 77–95.

Comaroff, J. 1985. *Body of Power, Spirit of Resistance: The Culture and History of a South African People*. Chicago, IL: University of Chicago Press.

Comaroff, J. L. and J. Comaroff. 1991. *Of Revelation and Revolution: Christianity,*

*Colonialism, and Consciousness in South Africa*. Chicago, IL: University of Chicago Press.

Connerton, P. 1989. *How Societies Remember.* Cambridge: Cambridge University Press.

Crump, T. 1990. *The Anthropology of Numbers*. Cambridge: Cambridge University Press.

Das, V. 1995. *Critical events: An anthropological perspective on contemporary India*. Delhi: Oxford University Press.

De L'Estoile, B. 2008. The past as it lives now: An anthropology of colonial legacies. *Social Anthropology* 16 (3): 267–279.

Donham, D. 1999. *Marxist Modern.* Berkeley, CA: University of California Press.

Englund, H. and Leach, J. 2000. Ethnography and the metanarratives of modernity. *Current Anthropology* 41(2): 225–248.

Eriksen, T.H. 2002. *Ethnicity and Nationalism. Anthropological Perspectives*. London: Pluto Press.

Evans-Pritchard, E.E. 1949. *The Sanusi of Cyrenaica.* Oxford: Oxford University Press.

Faubion, J. 1988. Possible modernities. *Cultural Anthropology* 3(4): 365–378.

Fortes, M. 1953. The structure of unilineal descent groups. *American Anthropologist* (N.S.) 55(1): 17–41.

Friedman, J. 1992. The past in the future: History and the politics of identity. *American Anthropologist* 94 (4): 837–859.

Geertz, C. 1973. *The Interpretation of Cultures. Selected Essays.* New York, NY: Basic Books.

Gell, A. 1992 *The Anthropology of Time: Cultural Constructions of Temporal Maps and Images*. Oxford: Berg.

Gellner, E. 1981. *Muslim Society.* Cambridge: Cambridge University Press.

Gellner, E. 1983. *Nations and nationalism*. Oxford: Blackwell.

Gledhill, J. 2001. Deromanticizing subalterns or recolonializing anthropology? *Identities* 8 (1): 135–161.

Golub, A., D.D. Rosenblatt and J.D. Kelly 2016. Introduction. *A Practice of Anthropology. The Thought and Influence of Marshall Sahlins*, pp. 3–39. Quebec: McGill-Queen's University Press.

Goody, J. 1977. *The Domestication of the Savage Mind*. Cambridge: Cambridge University Press.

Goody, J. 1983. *The Development of the Family and Marriage in Europe*. Cambridge: Cambridge University Press.

Goody, J. 2012. *The Theft of History*. Cambridge: Cambridge University Press.

Gow, P. 2001. *An Amazonian Myth and its History*. Oxford: Oxford University Press.

Gupta, D. 2005. Caste and politics: Identity over system. *ARA* 43: 409–427.

Guyer, J. 2007. Prophecy and the near future: Thoughts on macroeconomic, evangelical, and punctuated time. *American Ethnologist* 34 (3): 409–421.

Hastrup, K. 2004. Getting it right. Knowledge and evidence in anthropology. *Anthropological*

*Theory* 4 (4): 455–472.

Hawley, J. (ed.) 1994. *Sati, the Blessing and the Curse: The Burning of Wives in India*. Oxford: Oxford University Press.

Herzfeld, M. 1985. Lévi-Strauss in the nation-state. *The Journal of American Folklore* 98 (388): 191–208.

Herzfeld, M. 2005. *Cultural Intimacy. Social Poetics in the Nation State*. Oxford: Routledge.

Hirsch, E. 1999. Colonial units & ritual units. Historical transformations of persons and horizons in Highland Papua. *Comparative Studies in Society and History* 41 (4): 805–828.

Hobsbawm, E. and T. Ranger (eds.) 1983. *The Invention of Tradition*. Cambridge: Cambridge University Press.

Hoffman, D. and S. C. Lubkemann. 2005. Warscape ethnography in West Africa and the anthropology of 'events'. *Anthropological Quarterly* 78 (2): 315–327.

Humphrey, C. 1992. The moral authority of the past in post-socialist Mongolia. *Religion, State and Society* 20 (3–4): 375–389.

Humphrey, C. 2008. Reassembling individual subjects. Events and decisions in troubled times. *Anthropological Theory* 8 (4): 357–380.

Humphrey, C. and U. Hurelbaatar. 2013. *Monastery in Time. The Making of Mongolian Buddhism*. Chicago, IL: University of Chicago Press.

Ingold, T. 1993. The temporality of the landscape. *World Archaeology* 25 (2): 152–174.

Kapferer, B. 2013. Montage and time. In Suhr, R. and R. Willerslev (eds.), *Transcultural Montage,* pp. 20–39. New York, NY and Oxford: Berghahn.

Kaplan, M. 1990. Meaning, agency and colonial history: Navosavakadua and the Tuka movement in Fiji. *American Ethnologist* 17: 3–22.

Kaplan, M. 1994. Rethinking resistance. Dialogics of disaffection in colonial Fiji. *American Ethnologist* 21 (1): 123–151.

Krautwurst, U. 2003. What is settler colonialism? An anthropological meditation on Frantz Fanon's 'concerning violence'. *History and Anthropology* 14: 55–72.

Lambek, M. 2002. *The Weight of the Past. Living With History in Mahajanga, Madagascar*. New York, NY: Palgrave.

Lévi-Strauss, C. 1966. *The Savage Mind*. Chicago, IL: University of Chicago Press.

Li, T.M. 2000. Articulating indigenous identity in Indonesia: Resource politics and the tribal slot. *Comparative Studies in Society and History* 42(1): 149–179.

Luhrmann, T.M. 1996. *The Good Parsi: The Fate of a Colonial Elite in a Postcolonial Society.* Cambridge, MA: Harvard University Press.

Macfarlane, A. 1978. *The Origins of English Individualism: The Family, Property and Social Transition*. London: Wiley-Blackwell.

Macfarlane, A. 2000. *The Riddle of the Modern World.* Basingstoke: Palgrave Macmillan.

Messick, B. 1996. *The Calligraphic State. Textual Domination and History in a Muslim Society*. Berkeley, CA: University of California.

Miller, D. 1994. *Modernity. An Ethnographic Approach. Dualism and Mass Consumption in Trinidad.* Oxford: Berg.

Munn, N. 1992. The cultural anthropology of time: A critical essay. *Annual Reviews of Anthropology* 21: 93–123.

Obeyesekere, G. 1992. *The Apotheosis of Captain Cook.* Princeton, NJ: Princeton University Press.

Ong, W. 1982. *Literacy and Orality: The Technologizing of the Word*. New York, NY: Methuen.

Osella, C. and F. Osella. 2006. Once upon a time in the West? Stories of migration and modernity from Kerala, South India. *JRAI* 12 (3): 569–588.

Peel, J.D.Y. 1984. Making history: The past in the Ijesha present. *Man* (N.S.) 19: 111–132.

Radcliffe-Brown, A.R. 1935. On the concept of function in social science. *American Anthropologist* 37 (3): 392–402.

Radcliffe-Brown, A.R. 1941. The study of kinship systems. *JRAI* 71 (1–2): 1–18.

Robbins, J. 2014. The anthropology of Christianity. Unity, diversity, new directions. *Current Anthropology* 55 (S10): S157–S171.

Rosaldo, R. 1980. *Ilongot Headhunting*. Palo Alto, CA: Stanford University Press.

Sahlins, M. 1985. *Islands of History.* Chicago, IL: University of Chicago Press.

Sahlins, M. 1994. Cosmologies of capitalism. In Dirks, N., G. Eley and S. Ortner (eds.), *Culture/Power/History. A Reader in Contemporary Social Theory*, pp. 412–456. Princeton, NJ: Princeton University Press.

Sahlins, M. 2004. *Apologies to Thucydides. Understanding History as Culture and Vice Versa.* Chicago, IL: University of Chicago Press.

Sivaramakrishnan, K. 2005. Some intellectual genealogies for the concept of everyday resistance. *American Anthropologist* 107 (3): 346–355.

Scott, J. 1990. *Domination and the Arts of Resistance. Hidden Transcripts.* New Haven, CT and London: Yale University Press.

Scott, J. 1998. *Seeing like a State*. New Haven, CT and London: Yale University Press.

Ssorin-Chaikov, N. 2006. On heterochrony: Birthday gifts to Stalin, 1949. *Journal of the Royal Anthropological Institute* 12 (2): 355–375.

Stoler, A.L. and K. Strassler. 2000. Castings for the colonial: Memory work in 'New Order' Java. *Comparative Studies in Society and History* 42 (1): 4–48.

Strassler, K. 2010. *Refracted Visions. Popular Photography and National Modernity in Java.* Durham, NC and London: Duke University Press.

Strathern M. 1990. Artifacts of history. Events and the interpretation of images. In J. Siikala (ed.), *Culture and History in the Pacific, The Finnish Anthropological Society, Transactions*, No. 27, pp. 25–43. Helsinki: Finnish Anthropological Society.

Thomas, N. 1992. The inversion of tradition. *American Ethnologist* 19 (2): 213–232.

Thomas, N. 2009. *Entangled Objects. Exchange, Material Culture and Colonialism in the Pacific*. Cambridge, MA: Harvard University Press.

Thomassen, B. 2010. Anthropology, multiple modernities and the axial age debate. *Anthropological Theory* 10 (4): 321–342.

Trouillot, M.-R. 1995. *Silencing the Past*. Boston, MA: Beacon.

Ulin, R. C. 1994. The anthropologist and the historian as storytellers. *Dialectical Anthropology* 19 (4): 389–400.

Werbner, R. 2002. Introduction: *Postcolonial Subjectivities: The Personal, the Political and the Moral.* In R. Werbner (ed.) *Postcolonial Subjectivities in Africa.* London and New York: Zed Books, pp. 1–21.

第六章

# 从扩展个案法到多点民族志（再返回）

From the extended-case method to multi-sited ethnography (and back)

哈里 · 英格伦

## 作为理论的方法

人类学的实践者不仅研究澳大利亚原住民的梦境，而且也研究加利福尼亚的网络虚拟世界，那么究竟是什么东西将这些形形色色的实践者维系在一起呢？对于许多人类学家来说，答案不是这些实践者可能会运用于各自不同研究主题的任何理论，而是人类学研究所采取的方法。细察之下就会发现，理论与方法之间的这种划分似乎有些可疑，因为倘若一门学科的核心在于如何实践它的规约，那么这些规约对知识生产具有的影响无疑要比仅仅作为技术或技巧的方法大得多。在社会科学的历史上，这一点已经得到广泛认同。半个多世纪之前，C. 怀特 · 米尔斯（Mills，1959：216）曾将一门学科的研究比作一门技艺的实践。在社会文化人类学领域里，这门技艺被称为“参与式观察”。

本章的主题——扩展个案法——是一种对社会文化人类学领域的“以方法为理论”产生很大影响的研究方法。扩展个案法由 20 世纪中叶与曼彻斯特学派相关的人类学家逐渐发展形成，它提醒我们人类学关注的问题具有递归性。除了别的方面以外，扩展个案法还预示了当代关于如何划分研究领域的争论，人类学家正是在这些领域里开展他/她的研究。扩展个案法强调社会生活的突生性，强调在事件发生与发展的过程中对其进行跟踪，从而较早地对结构功能主义将社会视为稳定整体的纲领性倾向发出了挑战（参见第一章）。

对于曼彻斯特学派当时闻名遐迩的思想碰撞而言，扩展个案法是不可或缺的一部分。诸如网络、情境、社会戏剧与社会场域等概念的出现，增加了扩展个案法的研究范围，为人类学能够研究什么以及应该研究什么提供了新的可能性。城市化、工业化、种族关系、殖民主义与冲突等议题使这些人类学家在研究过程中同时进行方法论创新与观念创新。这些议题既扩大了人类学的影响范围，同时也使它的实践者深刻地意识到，需要承认这种扩大的范围是有限度的。从这种思想碰撞中汲取的经验教训还包括对最近在人类学领域出现的明显具有划时代意义的多点民族志进行冷静的思考。

## 1940 年

1940 年，世界上有许多远比社会文化人类学的理论与方法更为深切的问题正处于危急关头。然而，这一年在人类学的学科发展史上也具有一定的意义，这主要是由于发生了两件事情。其中一件事情是拉德克利夫–布朗在皇家人类学协会上发表的主席演讲。在这篇后来被视为结构功能主义之奠基性文献的演讲稿里，拉德克利夫–布朗以毫不含糊的措辞明确区分了理论与方法：

> 科学（不同于历史或传记）不关心特殊的、不同寻常的事物，而只关心普遍性、种类和重复发生的事件。汤姆、

迪克与哈里之间的真实关系，或者杰克和吉尔的行为，都可能会被记录在我们的田野笔记本里，从而为某种普遍性的描述提供例证。然而，对于科学的目的而言，我们需要的是一种关于结构形式的论述。

(Radcliffe-Brown，1952：192)

该陈述包含了与结构功能主义相关联的若干原则（亦可参见第一章）。例如，它强调“重复发生的事件”，后来在 1953 年时，梅耶·福特斯（Meyer Fortes）又重新强调了这一点。福特斯写道，结构性的参照框架“为我们提供了调查和分析的程序，通过这些程序，一个社会系统可以被理解为由各个部分与过程构成的统一体，这些部分和过程之间通过数量有限的原则相互关联，而这些原则在同质性的且相对稳定的社会里具有广泛的适用性”（第 39 页）。从拉德克利夫-布朗“只关心普遍性”的科学观念到福特斯强调“数量有限、具有广泛适用性的原则”，对于以田野为基础的知识生产而言，其结果是显而易见的。“汤姆、迪克与哈里的真实关系”只能是短暂的，从中可以提取出用于说明普遍性原则的例证，但不会成为知识生产的手段。难怪结果将会是一种关于“同质性的且相对稳定的社会”的描述，因为获取信息的方法已经假设了这一点！[1]

另一件事情是，在一项首次出版于 1940 年的著作中，有位学者提出了一种极为不同的人类学研究设计。这项研究便是马克斯·格拉克曼的《现代祖鲁兰一个社会情境的分析》（*Analysis of a Social Situation in Modern Zululand*），该书于 1958 年再版，关注的正是不会重复发生的事件——一座桥梁的开通。这个事件不是一次惯例性的庆祝活动，是第一次举办的活动，而且没有任何参与者预计今后还会举办这样的活动。对于格拉克曼来说，这座大桥的正式开通提供了一种研究南非复杂的社会与政治关系的方式，当时的南非正处于种族隔离的痛苦挣扎之中。简言之，参加该庆典仪式的祖鲁人（Zulu）与白人之间既是密切关联的，又是充满敌意的。祖鲁人内部又分为基督徒与非基督徒、贵族与平民，而白人内部的南非官员与瑞典传教士之间也存在明显的紧张关系。格拉克曼详细描述了这些分歧如何通过身体举止、衣着打扮和说话方式以及仪式的空间组织体现出来。在密切关注仪式及其参与者的同时，他也没有忽略仪式本身之外的社会和经济因素。格拉克曼还探讨了祖鲁人的历史、南非的种族政治以及世界经济等内容，以表明在他所观察到的多重分歧与张力中，黑人与白人之间的敌对关系处于最核心的位置。格拉克曼这项研究的目的不是将丰富的细节简化为某种单一的结构性原则，相反，恰恰是为了展示大桥的开通提供了一种独特的视角来观察南非的社会场域。另一组事件可能会产生另一种观察南非社会领域中联盟与分裂的视角。

在进一步探讨扩展个案法如何超越这种早期的情境分析之前，值得注意的是格拉克曼这种研究方式本身具有的新颖性。格拉克曼将自己的研究内容描述为“我在一天之中记录下来的一系列事件”（Gluckman，1958：8），但正是他笔下的“我”使这部著作有别于当时英国社会人类学界的其他作品。勃洛尼斯拉夫·马林诺夫斯基曾在《西太平洋上的航海者》（1922）里刊登了一张关于他自己帐篷的照片，以（隐晦地）表明他在田野现场，而格拉克曼则毫不掩饰他自身的存在对他所呈现的特定视角造成的影响。格拉克曼描述了与祖鲁人一起旅行的经历，在他们的造访之处，这些祖鲁人不得不在厨房里吃饭，而他则在大厅里与其他白人一起就餐。当格拉克曼进入厨房与正在那里的人们聊天时，明显可以感觉到一种种族不和谐的气氛。这不是克利福德·格尔茨所说的“我见证”(I-witnessing)，他用这个术语形容“高度‘作者饱和’，甚至超饱和的人类学文本”(Geertz，1988：97)；20 世纪 80 年代，人类学家对他们自己的文本实践进行批判之后，此类文本开始涌现（Clifford and Marcus，1986；参见第八章）。确切地说，格拉克曼本人只是探索社会情境的工具之一，他的在场并不是一种让人类学家成为关注焦点的自恋策略。这种写作方式可能从一开始就比后来出现的、遭到格尔茨批判的文本更为成功，它开创了一种更加个人化的人类学写作方式，这在马林诺夫斯基与拉德克利夫-布朗的科学观中是不可能实现的。然而，这不是格拉克曼在 1940 年的这项研究中开创的唯一方法。它还是最早详细论述族群、种族与宗教如何取决于历史和政治情境的人类学研究之一。但是，扩展个案法确实不是它的情境分析所开创的。

## 从情境到扩展个案

1949 年，格拉克曼成为曼彻斯特大学第一位社会人类学教授。他的任命预示着后来长达数十年的方法论创新与观念创新，这些创新是在田野调查的基础上产生的，此类调查的地点主要是在南部和中部非洲，后来又扩展到以色列和欧洲。格拉克曼为曼彻斯特大学带来了许多人类学家，他们之前隶属于赞比亚（当时叫北罗得西亚）的罗兹-利文斯通研究所（Rhodes-Livingstone Institute）。格拉克曼曾经是罗兹-利文斯通研究所的第二任主任，在他离开之后，该研究所仍然是曼彻斯特大学的人类学家在这个地区开展田野调查的重要基地。在南非政府实施种族隔离政策之后，他们希望开展的研究在当地变得越来越难以执行。相比之下，赞比亚和马拉维（当时叫尼亚萨兰）为人类学家研究城市化、工联主义等新兴的课题以及仪式、亲属关系和法律等人类学的核心旨趣提供了较为有利的条件。他们的实践活动推动了社会文化人类学发展成为一门关于田野的科学，正如琳·舒马克（Lyn Schumaker，2001）所强调的，非洲人在这门田野科学中扮演着至关重要的角色，并且做出了重大贡献。我在后文将会再次探讨曼彻斯特大学的人类学家深刻意识到的政治与知识生产之间的相互关系。

从格拉克曼在 1940 年的研究中采取的情境分析到扩展个案法的提出，便是这种协同努力的产物。克莱德·米切尔（Clyde Mitchell）是扩展个案法发展过程中的另一位关键人物，他指出，不管外人如何看待曼彻斯特学派，在其内部，智识上的差异与个体之间的差异往往被认为更加重要（Werbner，1984：158）。然而，从米切尔和格拉克曼为他们的同事与学生的专著——通常由曼彻斯特大学出版社出版——撰写的序言里，在众所周知的充满尖刻之辞的开放性研讨会的辩论之中，以及格拉克曼坚持要求所有人类学家都聚集在老特拉福德球场（Old Trafford）观看曼联足球俱乐部的比赛等，从中都可以明显地感受到一种学术共同体的意识。正如前文提到的，从这种思想的激荡中产生的不仅仅是扩展个案法，还有其他人类学研究的新创见，特别值得注意的是米切尔与 J. A. 巴恩斯（Mitchell and Barnes，1954）提出来的网络分析，这种研究方法最初是为了应对新的田野点出现的各种复杂性，但该方法也使他们和其他曼彻斯特大学的人类学家能够将参与式观察与统计方法相结合。人类学、社会学、判例法与社会心理学之间在思想和方法层面的交流是这种知识碰撞的另一个维度，尽管类似的研究取向——如芝加哥社会学学派——对采用个案法所产生的确切影响仍然存在争议。例如，伊丽莎白·科尔森（Elizabeth Colson）以她的亲身经历指出，她难以苟同戴维·米尔斯（Mills，2006：171–172）的观点，而认为芝加哥学派“没有（米尔斯）想象得那么重要”（Colson，2008：336）。伊丽莎白·科尔森还提到了在社会学领域运用个案法的另一位先行者——乔治·霍曼斯（George Homans），她曾向格拉克曼推荐了霍曼斯的著作《人类群体》（*The Human Group*，1951），随后格拉克曼邀请霍曼斯来曼彻斯特大学进行为期一学期的访学。[2]

这些简要的评述表明，个案研究的采用既不是曼彻斯特学派发明的，也不是它所独有的。当然，格拉克曼本人在学术经历中曾经接触过法律与精神分析领域的个案法。从这些不同的影响中，尤其是从田野工作的实践中，格拉克曼与他的同事意识到，1940 年的研究中对社会情境的分析还不足以成为一个扩展个案。后来，格拉克曼在反思个案法的发展演变过程时，他高度评价马林诺夫斯基，称赞后者将田野工作提升为“一门专业艺术”（Gluckman，2006：14）。然而，在格拉克曼看来，马林诺夫斯基的研究是围绕着“举例法”展开的，而不是个案法。在以某些普遍性的原则为基础的论证中，举例法被用来突显特定的习俗或社会关系。请注意格拉克曼是如何以这种方式描述人类学的论证手法的：“每个案例都是根据它在论证过程中对某个特定要点具有的适当性而进行选择的，在论证中彼此相近的案例可能来自完全不同的群体或个人的言行”（Gluckman，2006：15）。举例法没有暗示人类学家通过密切关注社会生活中具体的事例以及具体的个人或群体，可以做更多的事情——而不仅仅是通过例证来说明已经被确认的事实。在个案法的演变过程中，米切尔（Mitchell，2006）认为，格拉克曼在 1940 年采取的情境分析是超越举例法的重要一步（亦可参见 van Velsen，1967）。然而，米切尔将扩展个案法视为发展演化过程中的更高阶段，其理由很有启发性。他说，在扩展个案法里，人类学家对"一连串事件感兴趣，这些事件序列有时会跨越很长一段时间，在这些事件中，相同的行动者卷入一系列情境，他们的结构性位置在这些情境里必须不断地被重新确定，行动者在不同位置之间的流动也必须被确定"（Mitchell，2006：28–29）。格拉克曼对祖鲁兰的一个社会情境进行的分析并不符合这些标准，因为它仅仅聚焦于那些主要人物在一天之内经历的事件。

例如，在《瑶寨》（*The Yao Village*，1956）一书里，米切尔用长达 8 页的篇幅描述了一个村庄在 6 年时间里出现的关于巫术的指控，从而对该村庄里的个人关系与群体关系提供了一个扩展个案。事实上，在研究各种类型的指控与冲突时，这种方法被证明是不可或缺的：从巫术（Marwick，1965）到纠纷（Gluckman，1955；1965）和罢工行动（Epstein，1958；Kapferer，1972）。格拉克曼本人特别欣赏维克多 · 特纳（Victor Turner）的《一个非洲社会的分裂与延续》（*Schism and Continuity in an African Society*，1957），认为它展示了这种方法的"最佳效果"（Gluckman，2006：19）。《一个非洲社会的分裂与延续》追踪记录了桑多姆布（Sandombu）经历的考验与磨难，从而表明生活史研究与扩展个案法之间的亲和性。桑多姆布是一位雄心勃勃但最终注定失败的人物，特纳将他的艰辛命运比作希腊悲剧。这项研究还表明，人类学家在研究社会结构时所采用的方法——无论它是以某个性格鲜明的人还是以一组相互关联的行动者为核心——与分析之间存在着密切的联系。正如下文在讨论扩展个案的局限性时还会进一步详细论述的那样，曼彻斯特的人类学家认为没有必要摒弃社会结构的概念。对于桑多姆布来说，他的命运悲剧是由从夫居与母系继嗣之间的结构性矛盾所决定的。

同样的方法可能会产生不同的侧重点，例如，与曼彻斯特学派的其他人类学家相比，亚普·范·费尔森（Jaap van Velsen）在他的《亲属关系政治》（*The Politics of Kinship*，1964）一书里更多地关注操控与偶然性。[3] 而特纳本人则是通过他开创性的仪式研究逐渐发展形成了关于表演的研究方法（Turner，1968；1974）。早在《一个非洲社会的分裂与延续》里，特纳就已经提出了一个能够引发戏剧联想的概念：社会戏剧。它既捕捉到了对冲突的兴趣，也体现了随着时间推移不断追踪事件的方法论原则。在特纳著名的定义中，“社会戏剧是常规且平淡无奇的社会生活之不透明的表面上出现的一块有限的透明区域”（Turner，1957：93）。社会戏剧并不为人类学家提供恰当的例证，它们是社会生活之流中具有转变潜质的时刻。

扩展个案法对田野工作者的要求非常高。这种方法的真正目标是产生超出论证所需的观察资料和其他信息。对于范·费尔森而言，其中一个目标是让读者参与评估和解释田野调查的发现：

> 通过这种方法，民族志工作者不仅向读者提供了他从田野材料里获得的抽象概念和推断结论，而且还提供了部分田野材料本身。这使读者不仅能够根据论证的内在一致性，而且能够对民族志资料和从这些资料中得出的结论进行比较，从而更好地评估民族志工作者的分析。尤其是当若干或大多数行动者在不同的情境里反复出现时，包含这种情形的资料可以减少个案仅仅作为“恰当的例证”的可能性。
>
> （van Velsen，1964：xxv-xxvi）

分析性的论证，不仅仅是体现了社会生活本身的特征，而且也是以田野调查为基础的知识生产的一种突生性属性，它不是在空间和时间上脱离于田野调查的高深理论。

上文关于曼彻斯特学派的思想影响的论述表明，并不是针对理论本身的敌意推动了这种方法论上的创新与观念创新。正如撰写扩展个案的体裁可以多种多样一样，这些人类学家想要解决的理论争议也是如此。一端是交易主义，它认为扩展个案法与关注个体之间明显存在相容性（Kapferer，1972）。另一端是现象学，它关注具身化、感官与经验，特纳再次成为这种方法的开拓者（Werbner，1984：177）。较晚些时候，人们重新提出了在运用扩展个案法时涉及的过程性观点，这是对人类学忽视历史分析作出的一种较早的回应（参见第五章）。对于重新评估曼彻斯特学派而言，高深理论亦有其吸引力，譬如，夸耀性地将欧陆哲学家作为知识来源，从而放大曼彻斯特学派某些方面的遗产。“黑格尔式 / 马克思主义的逻辑”被认为是“格拉克曼的结构性分裂、系统性矛盾等观念里所固有的”，而特纳的研究则“以德勒兹与瓜塔利（Guattari）的后结构主义术语重新得到表达”（Kapferer，2006：136）。这种将人类学推向让人意想不到的新高度的做法，还包括利用马丁 · 海德格尔（Martin Heidegger）来揭示扩展个案法蕴含的全新的本体论意义（Evens，2006）。通过重温这门学科的经典著作来推动人类学理论前沿的发展，这种热情无疑是值得称道的。至于它是否有助于我们注意和思考扩展个案法对作为田野科学家的人类学家提出的要求，则另当别论。

## 多点民族志的现代主义

这种方法无疑仍然留下了一些重要的方法论与理论问题，譬如，究竟是谁对情境或事件的定义推动着田野工作——是人类学家，还是人类学家的对话者？在本章讨论的范围内，与其设法对这个问题以及其他悬而未决的问题提供答案，不妨探讨一下社会科学领域的其他创新性尝试是如何认识这一思想遗产的。自从20世纪70年代以来，社会理论开始充斥着对实践的关注，并以结构与能动性或者实践理论等不同的方式进行观念化（Ortner，1984；参见第四章）。其中有些理论家似乎意识到，曼彻斯特学派对相关问题有着浓厚的兴趣。例如，皮埃尔·布迪厄将“回归到个体及其选择的前结构主义阶段”归功于范·费尔森（Bourdieu，1977：26），同时还在一个脚注中留下了更加慷慨的评论：“范·费尔森的分析与我自己对策略性地利用亲属关系的分析基本一致。”（Bourdieu，1977：202）就我们这里讨论的方法而言，最为密切相关的发展是后来所称的“多点民族志”（Falzon，2009）。

1986年，乔治·马尔库斯（George Marcus）与詹姆斯·克利福德（James Clifford）合著的关于人类学构建其自身文本的作品引起了广泛关注，随后在20世纪90年代，马尔库斯又开始重新构想田野调查的实践。“多点民族志”作为定义这种新实践的术语，最早出现在1995年马尔库斯发表于《人类学年鉴》（*Annual Review of Anthropology*）的一篇论文里，后来他又在出版于1998年的一部民族志著作里对其进行了阐述。马尔库斯尝试阐述的人类学具有明显的美国倾向，同时它还受到法国后结构主义以及诸如文化研究等跨学科领域里某些发展的影响。然而，尽管与后现代主义之间存在微妙的联系，当马尔库斯宣告人类学对研究实践的构想方式将发生划时代的转变时，其背后真正的现代主义驱动力已无法掩盖。现代主义体现在马尔库斯将“传统的”这个术语作为需要深刻反思甚至摒弃的实践之代名词。例如，他多次提及“传统的民族志关注点”(Marcus，1998：82)、“传统的田野工作”（第85页)、“人类学传统的主题”（第87页）以及“传统的单一地点的田野工作”（第99页）等。在这篇论文的结尾处，马尔库斯还采用了“美丽新世界”这样的表述（第99页)，这表明他嘲讽性地与当代世界向人类学提出的新主题与新对象保持着距离，但马尔库斯希望改革人类学“传统”实践的诚挚意愿是毋庸置疑的。这种改革的动力源自一系列知识和政治上的迫切需要，其中最迫切的动力受到这样一种观念启发，即“世界体系”与“全球”应成为民族志研究的一部分。通过追踪在地理空间上分散的研究对象之间的关系与联结，人类学家并不将那些抽象的概念视为研究的背景，相反，而是试图通过民族志研究使它们成为可知的，从而表明它们是突生性的，而不是预先给定的存在(第81页)。

扩展个案法被纳入这场方法论的改革运动之中。在马尔库斯提出的关于多点田野工作的方法论指导原则中，其中一个原则是在多个田野点之间“跟随”研究对象（人、物、隐喻)。马尔库斯指出，冲突作为另一个重要的研究主题，需要由阅历丰富的人类学家进行跟踪调查，这时他简单提及了扩展个案法：“在小规模的社会里，扩展个案法已经是法律人类学领域一项成熟的技术。”（第95页）值得注意的是，这个简短的表述涉及三个限定性的条件。扩展个案法似乎仅限于法律人类学这个子领域研究小规模社会的冲突。我已经列举了扩展个案法面临的一些挑战，以及它如何在观念与方法论的创新中进行定位。冲突与争端确实是曼彻斯特学派特别关注的议题，但他们的研究不仅仅是为了实现狭隘的子学科的目标。如前文所述，问题在于如何替代结构功能主义中“同质且相对稳定的社会”这一抽象概念。小规模社会适合于进行参与式观察，这种方法围绕着同一群人展开，并且跨越不同的时间段。然而，这并不意味着最终的研究结果也一定是关于“小规模社会”的。即使在格拉克曼（Gluckman，1958）原创性地采用情境分析的研究中，他在一天内观察到的事件也提供了一种关于南非的视角，在该视角中，黑人与白人被整合到统一的、对抗性的而且是大规模的社会场域。

现代主义的改革主义因热衷于抹除过去的痕迹而闻名，[4]但如果人类学也陷入这种狂热之中，那未免就得不偿失。除了其他东西之外，同时失去的还有 20 世纪中叶罗兹–利文斯通研究所的人类学家对南部和中部非洲的世界社会提出的早期洞见（参见 Wilson，1941）。例如，我们可以试想一下，20 世纪 50 年代初 A. L. 爱泼斯坦（Epstein，1958）在赞比亚铜带地区从事田野调查期间是如何发展出扩展个案法的。在充满种族歧视的环境下，罢工、联合抵制与公开集会成为一个矿区小镇许多非洲男性的日常生活内容。尽管爱泼斯坦围绕着“个人的敌对关系”与“效忠对象的频繁变更”来组织扩展个案（第 179 页），但他没有忽视一个更重要的问题，即“城市非洲人正在要求承认他们是工业社会的正式成员”（第 157 页）。为了打消欧美读者心头挥之不去的假设，即认为他研究的是一个小规模社会里的“部落成员”，爱泼斯坦补充道：“通过接受工会，非洲人表明他们完全忠于这个工业体系，并且正在为努力改善自己在该体系中的地位而斗争。”尽管城市里的非洲人经常遭受剥削，但他们必须当作都市社会的正式成员来研究，而不是被迫迁离农村栖息地的

“土著”。那些仅从殖民征服的视角来看待20世纪中叶在非洲开展人类学实践的人，需要记住格拉克曼的批评：“人类学的传统仍然是‘部落主义’的，与之伴随的是一种将部落和部落民作为分析起点的倾向”（Gluckman，1961：69）。因此，格拉克曼有一句著名的格言：“非洲的城市居民就是城市居民，非洲的矿工就是矿工。”

马尔库斯（Marcus，1998）探讨了一些需要采用多点民族志来研究的新兴主题，这些主题包括社会发展与人道主义的项目以及传媒产品。然而，由于将扩展个案法局限于研究小规模社会的冲突，马尔库斯错失了思考这些主题如何受益于该方法的机会。以我个人的研究经历为例，我早年在莫桑比克-马拉维边境地区研究战争、流离失所与遣返现象时，采用的核心方法就是扩展个案法。我采用这种方法“引起人们关注难民与他们在当地的收容者，他们之间的关系已经超越了前所未有的危机带来的直接挑战”（Englund，2002：164）。这场“前所未有的危机”源于区域性乃至全球性的地缘政治，在这场危机中，南非的种族隔离政权与美国右翼支持者一起，在新独立的莫桑比克鼓动了一场暴力反叛运动。当我在20世纪90年代初期从事田野调查时，人道主义救援已经成为亲属关系和其他个人关系影响战争、流离失所与遣返过程的复杂方式的一部分。也就是说，这些过程具有深刻的跨地域的维度，但若要分析它们是如何实际展开的，则需要扩展个案：既考察危机期间的各种关系，又考察危机之外的各种关系。

在最近的一个研究项目中，我运用扩展个案法研究了一档大众广播节目的录制与接受情况，该节目由马拉维的公共广播公司播出（Englund，2011）。每天晚上，《本地新闻》（*Nkhani Zam'maboma*）都会播放由听众讲述的关于当地的不端行为和丑闻的故事。事实表明，扩展个案法不仅是研究“编辑困境”（editorial dilemmas）的有效方式，而且也是研究传媒产品如何融入并进一步塑造与听众之间关系的有效方式。例如，我追踪调查了一则关于一位品行恶劣的村落头人的报道如何影响到在广播节目里没有提到的另一个农村地区出现的类似困境。在这个地方，村落的头人长期发生性侵犯行为，并且狂妄自大，最终他被剥夺了公职。当这则报道播出时，正值他重返公众生活之时，这提醒他不要违背村民的意志，同时也警告他以及他的下属：他的权威是多么脆弱。我写道，《本地新闻》“在当地产生了很有效的影响力，从而防止以一种更加对抗性的方式来处理（村落头人）的品行不端问题”（Englund，2011：196）。扩展个案法将地方性的和个人的冲突、全国范围内的广播节目以及其他地方的故事对道德想象的影响纳入一个整合性的框架里。这种方法是人类学式“接受研究”（reception study）[①]的关键。通过将关注点扩展到单一的传媒产品之外，这种多层次的分析获得了一种过程性的特征，而媒体研究者的“接受研究”往往缺乏这种特征。

## 扩展的限度

这种过程性的方法不仅在空间方面扩大了研究范围，而且还关注社会生活中的时间性。最近，马尔库斯试图将研究重点从田野工作的多点性转向多时间性，但他的灵感来源仍然是现时主义（Presentist）。“现代化研究”，他写道，“与突生性具有的时间性或者

① “接受研究”通常研究媒体的受众如何接收、解读并回应媒体内容的过程，以及传媒产品如何影响这些受众的思想与行为。

当代性相关，它研究的是动态的当下发生的变迁，而这个动态的当下处于刚逝去的过去与不久的将来之交汇处”（Marcus，2010：32）。正如我们看到的，作为一个时间性问题，突生性几乎无须等待全球化研究即可进入人类学。如同他在将扩展个案法运用于研究小规模社会时一样，马尔库斯在这里也错过了这样的机会，即探讨全球化研究可能会对人类学家带来怎样的挑战，而这些人类学家已经掌握了多时间的和多地点的方法论。问题不在于对“全球化”这样的抽象概念可能提出的新问题表现得漫不经心，真正的问题在于：由于马尔库斯的人类学存在现代主义与现时主义的倾向，它已经无法准确地评估究竟是哪些因素可能会让人类学家对这些问题感到“新奇”。

在这种对空间与时间扩展的兴趣背后，还隐含着其他问题。这种扩展的边界是什么？人类学家如何知道适可而止？对此，马尔库斯（Marcus，2010：34）赞同玛里琳·斯特拉森的观点，后者在思考危机与不可预料的状态时指出：“社会人类学有一个诀窍，即在收集资料时，有意地产生比调查者意识到的更多的资料。”（Strathern，2004：5）她进一步描述了人类学的这种做法：“与先制定研究方案从而在分析之前就净化数据资料的做法不同，人类学家从一开始就参与了那些将会产生资料的研究步骤，而针对这些资料的分析方案通常是在事后设计的。”（第5—6页）这些做法被称作是“开放性的研究模式”，可以“使人们从不是为此目的收集而来的资料中重新发现未来危机之前兆”（第7页）。斯特拉森提醒人们警惕那些将预测变成“惯例化”的方法，同时称赞社会人类学在预测“未来需要了解的，而在当下无法定义的东西”方面具有的优势（第7页）。这让我们想起范·费尔森（van Velsen，1964：xxv-xxvi）提出的呼吁，即“数据”应超出某个论点之所需。虽然范·费尔森的主要目标是引导读者评估论证的有效性——可能还要进一步扩展它——但扩展个案法为人类学家提供了一种通过关注事件与关系来“重新发现未来危机之前兆”的途径，而不需要期待它们中的任何一种材料都是与分析密切相关的。如同田野工作一样，对于分析而言，问题的关键是何时停止。

田野工作者不可避免地会将注意力集中在有限的个人或群体成员身上，并追踪他们之间随着时间变化出现的各种关系。由于扩展个案法并不将数据收集与分析划分为不同时间段的任务，因此，回顾与反思成为田野工作中的重要时刻，即使它的目标仍然不是预先设定的。该方法的早期倡导者明确意识到限定研究范围之必要性。例如，在评论“网络”这个概念时，米歇尔指出“必须对任何特定网络确定性的联结数量设定某种限制，否则，它与整个网络的范围是一样的”（Mitchell，1969：40）。[5] 1964 年，格拉克曼等人编辑出版了一部关于“跨学科性”议题的论文集，尤为深入地讨论了个人知识的局限性。尽管欢迎不同学科之间的合作，但格拉克曼与他的同事强调，任何一个学科都必须限制自己涵盖的研究领域，并对其他专业领域作出所谓“天真”的假设，这样方能集中精力对自己的特定主题进行深入分析。该论文集的作者们还解释了“他们如何判定已经达到了自己研究领域的适当界限，以及他们在达到这些界限时如何能够或者不能有效地停止他们的分析”（Devons and Gluckman，1964：18）。

马尔库斯与他的支持者（Clifford and Marcus，1986；Marcus，1998）所倡导的改革存在一个悖论，即尽管他们对民族志写作的批判可能削弱了人类学家的权威感，然而他们欣然接受各种“新”议题的现代主义倾向，却没有对人类学家的研究范围施加任何限制。

在这些改革之后，诚如马特·坎迪亚所指出的，人类学可以“在任何地方、以任何方式谈论任何事物”（Candea，2007：170）。针对这种“新整体主义”，坎迪亚强调有界场所的价值，“它的力量不在于实现，而恰恰在于不断地延迟结束”（第179页；原文强调）。如同旧的整体主义一样，在这种新的整体主义中，“对整体的想象是民族志的一种修辞要求，因为正是这种整体性的形象给予民族志一种实现了‘结束’的感觉，而其他文体类型是通过不同的修辞手法来达成的”（Thornton，1988：286）。[6]对扩展个案法中的扩展加以限制，并不影响为了对整个社会形成看法而进行的“结束”。相反，通过强调过程与突生性，该方法对自身施加各种限制，从而“不断地延迟结束”。[7]

曼彻斯特学派的有些人类学家的个人背景就与此相关。在格拉克曼看来，南非的种族隔离现象是人类学在其职责范围内尤为应该关注的重要问题。在早年批评马林诺夫斯基（Malinowski，1945）的“文化变迁”研究时，格拉克曼反对这样一种观点，即认为南非的困境是由于多种不同的文化之间令人不安地接触所导致的（Gluckman，1949；亦可参见Kapferer，2006：129–130）。在去世的那一年，格拉克曼再次提出了这样的批评，这一次抨击的对象是20世纪中叶曾经在剑桥大学任职的人类学家埃德蒙·利奇，因为他认为在“强调人类文化之间存在根本性差异”的观点与认为“所有人类都是相似的”这种感情上的坚持之间不存在折中立场（Gluckman，1975）。格拉克曼在抨击中采用了一个令人感到不安的类比，即将利奇在他当时的著作里倾向于以一种结构主义的方式来研究内在一致的文化语法跟某些种族隔离制度的拥护者对待不同文化时惺惺作态的仁慈态度进行对比，格拉克曼以这样的话结束了他的抨击：

> 在剑桥大学国王学院与尘世隔绝的僻静之地，强调那些让人棘手的差异，或许是可能的，但对于那些“自由的”南非人而言，他们面临着种族隔离政策、作为“他者”被纳入这个国家并得到不同的也就是低人一等的对待，这则是不可能的。
>
> （第 29 页）

“社会场域”和“网络”等概念的出现，是这种学术上与政治上迫切希望通过扩展个案法打破诸如“社会”与“文化”等传统范畴限制的必然结果。正如个案能够以及应该扩展到什么程度是有限制的一样，格拉克曼也对那些打破限制，以至于任何结构分析都变得多余的倾向感到遗憾。在生命的最后，格拉克曼又进行了一次干预，他指出个案法使法律人类学聚焦于争议而非规则：“如果以研究争议作为口号，那么它可能会像只报道规则本身一样变得呆板乏味。”（Gluckman，1973：636）格拉克曼认为，那些在特纳（Turner，1957）的知名著作中只看到社会戏剧的人忽略了重要的事物：“几乎所有读过这本书的人类学家都忽略了该书前 90 页中所包含的对外部环境与恩德姆布人（Ndembu）的社会结构进行的详尽的量化分析。”（Gluckman，1973：636）一方面，其他同样重要的方法对扩展个案法设定了限制，每一位田野工作者都必须考虑使用这些方法。另一方面，《现代祖鲁兰：一个社会情境的分析》里提出的一种观点也是问题之所在，这种观点认为，即使是那些稍纵即逝、小范围的社会互动，也必须在另一种秩序井然的关系场域里进行理解，这种关系场域虽然是结构化的，但它不是由政治、经济与意识形态的力量所决定，而对参与式观察者来说，这些力量并不是显而易见的。

## 结　论

在 21 世纪讨论扩展个案法时，我们无法回避一些问题，自从社会文化人类学作为一门田野科学诞生以来，这些问题明确定义了该学科的特征。在生成分析性与比较性的洞见时，日常生活的瞬息万变及其危机处于怎样的地位？如何在田野调查结束后的写作中对田野工作者进行定位？换言之，田野工作与写作（或者制作电影或播客）作为人类学研究过程中的两个不同时刻，它们之间究竟存在多大的差别？倘若人类学知识要超越单个田野地点的时空边界，那么它又如何认识到自身研究范围的界限？这些问题以及其他诸如此类的问题不是专门针对采用扩展个案法的人类学家提出来的，扩展个案法也没有对这些问题提供详尽无遗的答案。就像在讨论人类学理论的发展时那样，发掘理论与方法的历史也总是能够产生新的洞见。探讨扩展个案法的发展以及它带给我们的遗产，无疑会缓和这样一种现代主义的观念，即将我们的全球化时代看作是对人类学知识提出全新挑战的时代。

## 注　释

1.然而，应该指出的是，1953年福特斯在关于“单系继嗣群体”的概述中认为，根据曼彻斯特学派的人类学家的研究，中非的社会生活并不符合法团继嗣群体的模型（Fortes，1953：37）。事实上，实际的研究很少会像后来对结构功能主义的批判所暗示的那样，盲目地固守那些纲领性的声明。例如，福特斯（Fortes，1945；1949）本人关于加纳塔伦西人的研究是参与式观察的典范，至今仍启发着人类学关于道德情感、亲属关系、养育子女、丧亲之痛以及区域信仰的研究。

2.其他人也向格拉克曼介绍了一些他之前从未接触过的思想。曼彻斯特学派的“第二代”人类学家罗纳德·弗兰肯伯格（Ronald Frankenberg）就曾说，早在欧文·戈夫曼来曼彻斯特大学举办研讨会的五年前，他就给了格拉克曼一本戈夫曼的《日常生活中的自我呈现》（*The Presentation of Self in Everyday Life*, 1956）（Mills, 2006：175）。

3.颇为独特的是，范·费尔森也将他的研究方法称作“情境分析”，认为“‘个案’一词已经被赋予了太多不同的含义”（van Velsen, 1964：xxv）。除了格拉克曼本人之外，曼彻斯特学派中还存在其他个性鲜明的人物，这一点可以在1990年关于范·费尔森的讣告里找到进一步的说明。范·费尔森之前的一位学生回忆道，他是“一个巨人，身高远超过那些通常被认为是高大的人，在研讨会上，他会毫不客气地大声提出批评意见。胆怯的本科生还以为他会把他们当作早餐吃掉”（Shurmer-Smith, 1990：26）。回忆中还出现了作为一门田野科学的人类学产生的有趣洞见：“东加人（Tonga）与亚普[①]以民族志里经常出现的古怪方式彼此完美地结合在一起——‘反对政府’（任何政府！），不顾礼仪、好争辩且勇于冒险。”

4.类似于这种充满热情的关于西非的精彩研究，可参见McGovern（2013）。

5.最近，随着对行动者网络理论的兴趣逐渐增加，人们也意识到了一个类似的问题，如斯特拉森（Strathern, 1996）质疑它似乎不加限制地对网络进行追溯。关于非洲和美拉尼西亚人类学中对“尖酸刻薄型与积极联结型”关

① 东加人（Tonga）是范·费尔森曾经研究过的一个族群，“亚普”是范·费尔森的名字，此处引文的意思是作为研究者的范·费尔森与作为研究对象的汤加人气质相仿、趣味相投。

系和网络的讨论，可参见Myhre（2016）。

6.有关在人类学中以多元整体主义取代单一整体主义的观点，可参见Bubandt and Otto（2010）。

7.莉萨·马尔基（Liisa Malkki，2007：179–186）关于人类学知识生产中"即兴创作传统"的观点，可以用来说明彼此关联的思想是如何在人类学家之间流传的，无论这些人类学家是否关注扩展个案法。由于这个观点诞生于美国，因此它主要借用格尔茨而不是格拉克曼的思想，但它也表达了同样的看法，即在一定的界限范围内进行即兴创作。

# 参考文献


Barnes, John A. 1954. Class and committees in the Norwegian island parish. *Human Relations* 7 (1): 39–58.

Bourdieu, Pierre 1977. *Outline of a Theory of Practice*, translated by Richard Nice. Cambridge: Cambridge University Press.

Bubandt, Nils and Ton Otto 2010. Anthropology and the predicaments of holism. In Ton Otto and Nils Bubandt (eds.), *Experiments in Holism: Theory and Practice in Contemporary Anthropology,* pp. 1–15. Oxford: Wiley-Blackwell.

Candea, Matei 2007. Arbitrary locations: In defence of the bounded field-site. *Journal of the Royal Anthropological Institute* 13(1): 167–184.

Clifford, James and George E. Marcus 1986. *Writing Culture: The Politics and Poetics of Ethnography.* Berkeley, CA: University of California Press.

Colson, Elizabeth 2008. Defining 'the Manchester School of Anthropology'. *Current Anthropology* 49(2): 335–337.

Devons, Ely and Max Gluckman 1964. Introduction. In Max Gluckman (ed.), *Closed Systems and Open Minds: The Limits of Naïvety in Social Anthropology,* pp. 15–19. Chicago, IL: Aldine.

Englund, Harri 2002. *From War to Peace on the Mozambique–Malawi Borderland.* Edinburgh: Edinburgh University Press for the International African Institute.

Englund, Harri 2011. *Human Rights and African Airwaves: Mediating Equality on the Chichewa Radio*. Bloomington, IN: Indiana University Press.

Epstein, Arnold L. 1958. *Politics in an Urban African Community*. Manchester: Manchester University Press.

Evens, Terence M.S. 2006. Some ontological implications of situational analysis. In Terence M.S. Evens and Don Handelman (eds.), *The Manchester School: Practice and Ethnographic Praxis in Anthropology*, pp.49–63. Oxford: Berghahn.

Falzon, Mark-Anthony (ed.) 2009. *Multi-Sited Ethnography: Theory, Praxis and Locality in Contemporary Research*. Farnham: Ashgate.

Fortes, Meyer 1945. *The Dynamics of Clanship among the Tallensi*. Oxford: Oxford

University Press for the International African Institute.

Fortes, Meyer 1949. *The Web of Kinship among the Tallensi.* Oxford: Oxford University Press for the International African Institute.

Fortes, Meyer 1953. The structure of unilineal descent groups. *American Anthropologist* 55(1): 17–41.

Geertz, Clifford 1988. *Works and Lives: Anthropologist as Author.* Cambridge: Polity.

Gluckman, Max 1949. *An Analysis of the Sociological Theories of Bronislaw Malinowski.* Oxford: Oxford University Press.

Gluckman, Max 1955. *The Judicial Process among the Barotse of Northern Rhodesia.* Manchester: Manchester University Press.

Gluckman, Max 1958 [1940]. *Analysis of a Social Situation in Modern Zululand.* Manchester: Manchester University Press for the Rhodes-Livingstone Institute.

Gluckman, Max 1961. Anthropological problems arising from the African industrial revolution. In Aidan Southall (ed.), *Social Change in Modern Africa*, pp. 67–82. Oxford: Oxford University Press for the International African Institute.

Gluckman, Max (ed.) 1964. *Closed Systems and Open Minds: The Limits of Naïvety in Social Anthropology.* Chicago, IL: Aldine.

Gluckman, Max 1965. *The Ideas in Barotse Jurisprudence.* New Haven, CT: Yale University Press. Gluckman, Max 1973. Limitations of the case-method in the study of tribal law. *Law and Society Review* 7(4): 611–642.

Gluckman, Max 1975. Anthropology and apartheid: The work of South African anthropologists. In Meyer Fortes and Sheila Patterson (eds.), *Studies in African Social Anthropology*, pp. 21–39. London: Academic Press.

Gluckman, Max 2006 [1961]. Ethnographic data in British social anthropology. In Terence M.S. Evens and Don Handelman (eds.), pp. 13–22. *The Manchester School: Practice and Ethnographic Praxis in Anthropology.* Oxford: Berghahn.

Goffman, Erving 1956. *The Presentation of Self in Everyday Life*. Edinburgh: Edinburgh Social Sciences Centre.

Homans, George C. 1951. *The Human Group*. London: Routledge & Kegan Paul.

Kapferer, Bruce 1972. *Strategy and Transaction in an African Factory*. Manchester: Manchester University Press.

Kapferer, Bruce 2006. Situations, crisis, and the anthropology of the concrete: The contribution of Max Gluckman. In Terence M.S. Evens and Don Handelman (eds.), *The Manchester School: Practice and Ethnographic Praxis in Anthropology*, pp. 118–155. Oxford: Berghahn.

Malinowski, Bronislaw 1922. *Argonauts of the Western Pacific*. New York, NY: Dutton.

Malinowski, Bronislaw 1945. *The Dynamics of Culture Change: An Inquiry into Race Relations in Africa.* New Haven, CT: Yale University Press.

Malkki, Liisa H 2007. Tradition and improvisation in ethnographic field research. In Allaine Cerwonka and Liisa H. Malkki (eds.), *Improvising Theory: Process and Temporality in*

*Ethnographic Fieldwork*, pp. 162–187. Chicago, IL: University of Chicago Press.

Marcus, George E. 1998. *Ethnography Through Thick and Thin*. Princeton, NJ: Princeton University Press.

Marcus, George E. 2010. Holism and the expectations of critique in post-1980s anthropology: Notes and queries in three acts and an epilogue. In Ton Otto and Nils Bubandt (eds.), *Experiments in Holism: Theory and Practice in Contemporary Anthropology*, pp. 28–46. Oxford: Wiley-Blackwell.

Marwick, M.G. 1965. *Sorcery in Its Social Setting: A Study of the Northern Rhodesian Cewa*. Manchester: Manchester University Press.

McGovern, Mike 2013. *Unmasking the State: Making Guinea Modern*. Chicago, IL: University of Chicago Press.

Mills, C. Wright 1959. *The Sociological Imagination*. Oxford: Oxford University Press.

Mills, David 2006. Made in Manchester?: Methods and myths in disciplinary history. In Terence M.S. Evens and Don Handelman (eds.), *The Manchester School: Practice and Ethnographic Praxis in Anthropology*, pp. 165–179. Oxford: Berghahn.

Mitchell, J. Clyde 1956. *The Yao Village: A Study in the Social Structure of a Nyasaland Tribe*. Manchester: Manchester University Press.

Mitchell, J. Clyde 1969. The concept and use of social networks. In J. Clyde Mitchell (ed.), *Social Networks in Urban Situations*, pp. 1–50. Manchester: Manchester University Press.

Mitchell, J. Clyde 2006 [1983]. Case study and situation analysis. In Terence M.S. Evens and Don Handelman (eds.), *The Manchester School: Practice and Ethnographic Praxis in Anthropology*, pp. 23–42. Oxford: Berghahn.

Myhre, Knut Christian (ed.) 2016. *Cutting and Connecting: 'Afrinesian' Perspectives on Networks, Relationality, and Exchange*. Oxford: Berghahn.

Ortner, Sherry B. 1984. Theory in anthropology since the sixties. *Comparative Studies in Society and History* 26(1): 126–166.

Radcliffe-Brown, A.R. 1952. *Structure and Function in Primitive Society*. London: Routledge and Kegan Paul.

Schumaker, Lyn 2001. *Africanizing Anthropology: Fieldwork, Networks, and the Making of Cultural Knowledge in Central Africa*. Durham, NC: Duke University Press.

Shurmer-Smith, Pamela 1990. Obituary: Jaap van Velsen. *Anthropology Today* 6 (4): 26.

Strathern, Marilyn 1996. Cutting the network. *Journal of the Royal Anthropological Institute* 2 (3): 517–535.

Strathern, Marilyn 2004. *Commons and Borderlands: Working Papers on Interdisciplinarity, Accountability and the Flow of Knowledge*. Oxford: Sean Kingston Publishing.

Thornton, Robert 1988. The rhetoric of ethnographic holism. *Cultural Anthropology* 3 (3): 285–303.

Turner, Victor 1957. *Schism and Continuity in an African Society: A Study of Ndembu Social Life*. Manchester: Manchester University Press.

Turner, Victor 1968. *The Drums of Affliction: A Study of Religious Processes among the Ndembu of Zambia.* Oxford: Clarendon Press.

Turner, Victor 1974. *Dramas, Fields, and Metaphors: Symbolic Action in Human Society.* Ithaca, NY: Cornell University Press.

van Velsen, J. 1964. *The Politics of Kinship: A Study in Social Manipulation among the Lakeside Tonga of Nyasaland.* Manchester: Manchester University Press.

van Velsen, J. 1967. The extended-case method and situational analysis. In A.L. Epstein (ed.), *The Craft of Social Anthropology*, pp. 129–149. London: Tavistock.

Werbner, Richard P. 1984. The Manchester School in South-Central Africa and beyond. *Annual Review of Anthropology* 13: 157–185.

Wilson, Godfrey 1941. *An Essay on the Economics of Detribalization in Northern Rhodesia, Part II.* Manchester: Manchester University Press for the Rhodes-Livingstone Institute.

第七章

# 作为认识论批判的认知人类学

## Cognitive anthropology as epistemological critique

理查德 · 欧文

## 失去我们的心智

1898 年，哈登带领着一支由剑桥大学的科学家组成的团队前往托雷斯海峡进行开创性的民族志考察，其中三位参与者是心理学家，分别是里弗斯、迈尔斯（C. S. Myers）和麦克杜格尔（W. McDougall），他们携带着各种实验设备前往实地开展实验研究［关于这项研究的介绍，可参见 Richards (1998)］。例如，里弗斯带了测量视力与色觉的仪器，旨在查明不同人群对颜色的感知是否存在差异。[1]

在英国人类学被认为已经走出书斋的标志性时刻，反思该团队采取的方法很有意义。在方法论上，人们热切期望将民族学研究与心理学研究结合起来，并希望将实验方法融入田野调查之中。在理论上，人们渴望理解心智在社会生活中的作用，并探究什么是普遍的，什么是特殊的：人类心理过程与经验的普遍特征是什么？有什么证据可以表明不同人群之间存在差异？同样，反思这种研究路径的发展走向也颇有意思。里弗斯的谱系学方法成为社会人类学的主要关注点，然而，尽管他对心理学领域做出了重要贡献，但他对实验的关注以及希望将心理过程的理解成为人类学研究的一部分等，却并没有在我们的领域里产生类似的影响。我之所以从这个反思作为切入点，是想问一问：究竟发生了什么？我们如何解释这种对心智现象明显失去兴趣的情况？心智在哪里？

当然，其中一种解释是，随着20世纪人类学转向研究人的特殊性，人们摒弃了进化论的解释模型，随之也失去了对人类作出普遍性解释的兴趣。正如布洛赫（Bloch，2005：7）指出的那样，对于拒绝进化论的人类学家来说，“解释历史的不是人类根本性的本质特征，而是我们与谁在一起以及曾经与谁在一起的偶然性”——这样一来，所研究人群的独特社会史与人类作为一个物种的自然史之间就产生了割裂（参见第一章）。

除了民族志的特殊性之外，形塑人类学对其研究领域之认知（尤其是在英国社会人类学的背景下）的另一个因素是涂尔干的影响力以及他关于“社会是自成一体的现实”之主张。涂尔干在《社会学方法的准则》（*Rules of Sociological Method*）一书里指出，社会事实“由外在于个体的行为、思维与感受等方式构成”[Durkheim，1982（1895）：52]，“因此，当社会学家研究任何一种社会事实的秩序时，他必须努力从这样一个视角来考虑它们，即将它们从其个体表现形式中分离出来”（第82—83页）。这实际上宣告了社会学的学科独立性。涂尔干坚持认为，对社会现象的解释就其本质而言必须与心理学的解释区分开来。试图对社会事实进行心理学的解释：

> 是不适合的……除非扭曲它们的本质……由于它们的本质特征是具有对个体意识施加外部压力的力量，这表明它们不是源于这些意识，因此社会学不是心理学的必然结果。
>
> （第127页）

涂尔干将社会研究不同于心理学研究的观点表述为一条规则，即“社会事实的决定性原因必须从先行的社会事实中去寻找，而不是从个体意识的状态中寻找”（第 134 页）。

正如埃文思–普里查德（Evans-Pritchard，1965：68）等人指出的那样，涂尔干并不总是遵循他自己确立的规则。在《宗教生活的基本形式》里，涂尔干［Durkheim，1915（1912）：216］将宗教仪式中体验到的“欢腾”描述为一种可以将社会群体凝聚在一起的力量，这里我们可以对它进行驳斥，即他关于宗教仪式具有凝聚力的解释依赖于个体在人群中产生的情绪激动的心理特征。然而，无论我们如何评价涂尔干在这一点上的一致性，重要的是这一规则对人类学理论的发展产生的影响。20 世纪上半叶，拉德克利夫–布朗的结构功能主义对英国的社会人类学产生了重要影响（参见第一章），他声称“社会现象构成了一类独特的自然现象”（Radcliffe-Brown，1940：3），这事实上重申了涂尔干的观点。“人类作为个体是生理学家和心理学家的研究对象”，但对于人类学而言，研究对象不是作为个体的人类，而是作为“社会关系复合体”（第 5 页）的人。

因此，心理学与社会科学之间的这种分工可能导致了 20 世纪初英国社会人类学对心智问题的无视，但是，随着人类学这门学科越来越倾向于接受更大的理论异质性，一定会有其他影响因素重新使它变得重要起来吧。譬如，格尔茨式象征人类学的出现（参见第八章）预示着从涂尔干式思维转向韦伯式从人类的“意义之网”（Geertz，1973：5）中寻求意义，而事实上，格尔茨在“文化的发展与心智的进化”（“The growth of culture and the evolution of mind”）一文里详细探讨了认知的进化是符号思维的重要条件。然而，在试图理解人类文化时，格尔茨聚焦于心智的研究取向也存在自身的局限性。有些人可能认为“文化是由心理结构组成的，个体或由个体构成的群体通过这些心理结构来引导他们的行为”（第 11 页），针对这种观点，格尔茨坚持认为必须将文化与心理过程和身体过程区分开来——就像必须将一场音乐表演与表演者的行为和演奏的乐器区分开来一样（第 11—12 页）。对于格尔茨来说，研究人类就是研究“想象性的世界，他们的行为在其中都是符号”——我们的任务就是关注符号，而不是处理这些符号的大脑。然而，这里的问题在于，如果将人类文化与人类认知割裂开来，我们有可能极大地高估人类心智在适应文化变异方面的可塑性，此外，我们还可能冒着这样一种风险，即想当然地认为表征是人类心智如何体验事物的直接表达。这样一来，我们很容易就陷入一个“无所不能”的世界。

## 彻头彻尾的社会性？

认知批判要求我们审查自己的认识论假设。首先，我们必须提出这样的问题，即倘若对社会生活的描述独立于对个体心理过程之描述，是否会导致忽略那些使社会生活成为可能的过程？其次，我们不得不问，我们的人类学分析在多大程度上假设人类心智是一块“白板”（*tabula rasa*）——只有人类生命过程中的社会互动过程才会在上面留下痕迹。

布洛赫（Bloch，1977）对格尔茨的论文《巴厘岛上的人、时间与行为》（“Person, time and conduct in Bali”）进行的分析很好地体现了这种批评路径。在这篇文章中，格尔茨从这样的观点出发，即“人类的思想彻头彻尾是社会性的：其起源是社会性的，其功能是社会性的，其形式是社会性的，其应用也是社会性的”（Geertz，1973：

360)。他证明这个观点的方式之一是研究在巴厘人的生活中时间是如何被理解成一种观念的。格尔茨描述了一种轮换历法，它由一圈圈同时运行的轮中之轮构成：由不同日期名字构成的十天周期、由不同日期名字构成的九天周期、八天周期，以此类推，直到最短的一天周期，即“一种‘同代化的’时间观之极致”（第 392 页）。这些不同的周期相互作用，会产生具有不同意义的特殊结合，它决定着节庆、庙宇举行宗教仪式，以及表明对于建造房屋或举行木偶戏表演等活动而言是吉利的还是不吉利的。在这种计算系统中，时间并不是连续性的，而是断点式的。格尔茨告诉我们，这种历法不是为了标记流逝的时间数量，而是告诉你时间的意义。“这些周期与超级周期是无穷无尽、未被锚定、数不尽的，而且由于它们的内部秩序没有意义，因此也没有顶点。它们不积累、不发展，亦不被消耗”（Geertz，1974：393）。通过这一观察，格尔茨从巴厘人那里辨识出一种他称之为“去时间化”的时间观念（第 398 页），“将时间之流粉碎成离散的、无维度的、静止的微粒”（第 399 页），并且将其与巴厘人社会生活中更加广泛的“稳定状态”联系起来，在这种稳定状态中，人们并不被认为过着一种具有历史独特性的生活。简而言之，格尔茨在这里论述的时间感与他自己所属的美国文化里的时间感截然不同，对于后者来说，时间是持续性的与累积性的。

布洛赫（Bloch，1977）对这种研究取向提出了严厉批评。他认为这是一种贫乏的社会生活观，因为它基于一种贫乏的人类思维观。布洛赫认为，问题的根源在于“知识是社会性地决定的”这一观点。格尔茨假设“人类的思维彻头彻尾是社会性的”，他从有关时间的社会表征（轮换历法）出发，建立了一个关于时间在心智中是如何处理与体验的模型。在这样做的过程中，格尔茨似乎给人以这样一种印象，即时间感知是高度可塑的，并且在不同的文化中会有不同的表现。与此相反，布洛赫指出巴厘人在社会生活的各个领域其实依赖于持续性和累积性的时间观念。他们利用“时间之箭”测量时间长度，并以可以预料的时间性来预测因果关系，尤其是，诸如农业等实践活动依赖于这种更为我们所熟悉的时间感。因此，对于布洛赫来说，研究者的工作不是简单地将巴厘人的时间描述为“与众不同的”，而是要指出在实践情境中时间观念是“基于认知的普遍原则”（第 285 页），在宗教仪式情境中则涉及一种“特殊类型的交流”（第 284 页）。因此，知识的社会决定性是有限度的：仪式形式可能会掩盖“我们赖以认识世界的系统”（第 290 页），但它们不应该被误认为是那些系统。[2]

布洛赫利用格尔茨关于时间的论述来为认知相对主义进行辩护，这种做法的合理性存在争议。盖尔的评价则较为谨慎：

> 格尔茨只是对巴厘文化中的某些重要主题作出了解释，而不是对巴厘人的心理与认知的明确描述……格尔茨的相对主义不是教条，而是文学艺术的副产品。
>
> （Gell，1992：82）

然而，布洛赫对他所认为的关于“思维的社会决定”这一未经审查的假设提出疑问，从而引出了一个至今仍然非常重要的关键问题。人类学在多大程度上将社会生活与使之得以可能的心理过程分离开来？我们的分析在多大程度上假设人类心智是一块“白板”？

语言学领域的“乔姆斯基革命”严重质疑这样的观念。诺姆·乔姆斯基（Noam Chomsky）将语言习得问题以及儿童掌握的语言数据

（即在婴幼期接触到的所有语言）与儿童逐渐形成的语言知识之间的关系作为他的核心问题：

> 一个成年人，甚至是一个幼儿，他的能力是如此之强，以至于我们必须认为他的语言知识远远超过了他所学到的任何东西……因此，作为输入的数据只是被完全掌握的语言材料的一个微小样本。
>
> （Chomsky，1967：3–4）

乔姆斯基的观点是，我们的语言组织能力的某些方面是先天性的——是大脑结构的一部分，这样才能解释语言是如何被迅速而一致地习得的。因此，他假设存在一种“语言习得装置”（Chomsky，1965），这是一种特定的、与生俱来的能力，我们依靠这种能力来整合学到的知识。这种研究取向的重大意义超越了语言学，促使人们广泛研究先天性特征的作用。诚如布洛赫所言：“将心智视为一块‘白板’或者认为它倾向于某些类型的信息，在这两种观点之间的差异中，进化的意涵是最为根本性的。”（Bloch，2012：60）事实上，心理学家兼语言学家史蒂芬·平克以一种在人类学家看来颇具挑衅性的方式阐述了这种意涵：“普遍的心理机制可以解释不同文化之间表面上的差异。”（Pinker，2002：37）

因此，认知人类学是一种以人类大脑在进化过程中形成的特殊能力为基础的学科，它重视使社会生活成为可能的普遍心理基础。正如心理学家勒达·科斯米德斯（Leda Cosmides）与人类学家约翰·图比（John Tooby）和杰罗姆·巴尔科（Jerome Barkow）一起合作写道：“文化并非无原因、无实体的。它是由位于人类心智中的信息处理机制通过丰富而复杂的方式生成的。而这些机制又是进化过程中精心雕琢的产物。”（Cosmides et al.，1992：3）为了阐明自己的观点，他们再次将格尔茨作为批评对象，认为后者的立场代表了社会科学中的一种潜在假设，即“人性是一个空洞的容器，等待着社会过程来填充”（Tooby and Cosmides，1992：29）。在格尔茨的研究中，他们看到了一种明确的因果方向，即个体心智完全受社会文化世界形塑，并依照后者而行动。勒达·科斯米德斯等人认为，社会过程依赖于人类大脑的普遍机制——也就是说，社会生活是由特殊的心智能力产生的，而不是试图证明心智是如何被社会生活所形塑的——这与格尔茨的观点完全相反。有一种方法能够帮助我们理解科斯米德斯等人提出的心智观念，即“瑞士军刀”的类比，“（心智）在如此多的不同情境下都能够发挥作用，这是因为它包含了许多组件……能够用来解决不同的问题”（Cosmides and Tooby，1994：60）。这是一种心智结构，它由不同的先天性的模块构成，这些模块经过进化能够执行特定的功能，譬如之前提到的“语言习得装置”。这种关于“心智的模块性”的研究取向也不是没有批评者，尤其是卡米洛夫-史密斯（Karmiloff-Smith，1992），他虽然承认人类心智的先天性倾向，但反对认为存在预先指定特定领域的“模块”，而是认为模块化是逐渐发展形成的产物。这里涉及一个重要的观点，它对人类学关注的文化差异问题具有重要意义，这种观点认为此类研究取向削弱了我们对大脑灵活性的认知：一方面，我们认为心智模块扮演着固定的角色；另一方面，又认为人类神经具有可塑性，那么，如何调和这两者之间的关系（Buller，2005）？诚如汉密尔顿所言，“从进化的视角来看，这种灵活性本身可以被看作是独特的人类适应”（Hamilton，2008）。

这里值得强调的重要一点是，诸如科斯米德斯与图比等认知学家所指出的，这个工具箱所适应的生活方式不一定是当下的生活方式。相反，它经过了逐渐演化，以更好地应对更新世[1]的挑战，而我们正是在更新世成为解剖学意义上的现代人类（Tooby and Cosmides，1992：109），“重要的是要认识到，由适应于古代某种生活方式的机制产生的行为不一定适应于现代世界”（Cosmides et al.，1992：5–6）。这一点非常关键，因为它认识到，理解当代人类生活的过程不能变成这样一种简单的推断，即我们逐渐进化形成的心理“倾向于”我们做什么。苏珊·麦金农（McKinnon，2005）等人对这种进化论取向提出了人类学批评，认为它以当代经济学所假定的理性选择理论来解读自然史——将个体“最大化自我”的观念作为选择的基础——并将关于性别角色，尤其是男性统治的文化假设自然化。然而，尽管这种观点会使我们在解释有关我们物种历史的证据时变得更加谨慎，但是倘若将对我们的进化历史作出独特见解的科学构建观念，转变成否定进化历史本身对今日之我们的塑造作用，那么无疑是一种范畴错误。从这个角度来看，加强关注认知问题的呼吁也提醒我们，“社会”与“文化”不是自由漂浮的现实，而是以特定的心智能力为基础的，如果想要理解人类社会生活的大部分结构，那么正确理解我们能够适应不同环境的大脑仍然是至关重要的。

① 更新世（Pleistocene epoch）是一个地质年代的称呼，时间范围为距今约260万年前至1.17万年前，其特点是冰川活动频繁、哺乳动物大量繁衍。

## 宗教的解释?

为了理解“文化并非无原因、无实体的”这一说法以及它对人类学的意义，我们可以转向社会生活的某个特定领域——在这个领域里，该观点已经得到了应用——这样或许会有所帮助。贾斯汀·巴雷特在一部综合了有关宗教研究的各种认知方法的著作里指出：“文化无法解释文化，宗教也无法解释宗教。”（Barrett，2004：ix）他的观点是，关于“宗教作为一种社会形式”的论述，需要基于这样一种有关心智倾向的理解，即这种社会形式是通过心智倾向形成的。“宗教认知科学”领域的研究——其中很大一部分建立在人类学家的观点基础上——内容非常丰富[3]（有关该领域研究的综述，可参见 Barrett，2004；2007），在此我们将着重介绍若干关键概念，以阐明宗教研究的认知取向是如何进行的。

帕斯卡尔·博耶将宗教描述为“寄生”在我们的认知框架上。也就是说，宗教利用了人们已经具备的并在其他活动领域里使用的能力（Boyer，2001：231）。这里指的是哪种类型的能力？对此，斯图尔特·古斯瑞的研究给了我们相关的暗示（Guthrie，1980）。他注意到一个反复出现的观察结果，即人类所信仰的神 被赋予了人类的特征，古斯瑞不仅仅试图将这视为宗教的一个特征，而且将它看作是宗教的根源：“宗教是普遍化与系统化的神人同形同性论（anthropomorphism）之实例。”（第 192 页）[4] 古斯瑞的观点［在《云中的面孔》（*Faces in the Clouds, 1993*）一书里进一步得到阐述］认为，我们在自然界里寻找人类特征的倾向源于一种根深蒂固的感知策略，在充满不确定性的情况下，假设存在能动性[①]是有意义的。由于其他行动者既是我们最大的威胁，同时也是我们获取生存的最大机会，因此古斯瑞认为，偏爱能动性探测的知觉偏差将赋予生存优势，故而可以被认为在进化上是有利的。

巴雷特（Barrett，2000）的研究正基于这一理论，并且注意到人类甚至会热切地赋予小圆点和形状以能动性的经典研究（Heider and Simmel，1944），以及相关的实验证据表明 5 个月大的婴儿似乎能够识别出那些自主性的与目的性的行动具有能动性（Rochat et al., 1997），在这些研究的基础上，巴雷特提出了人类认知中的“能动性探测装置”（Agency Detection Device）概念，也就是说，即使在证据非常有限的情况下，我们也倾向于寻找存在于周围的能动者（故而称作“超灵敏的能动性探测装置”）。因此，赋予某种超人类能动性的倾向——这里被认为是宗教的特征——根源于人类的认知属性。

博耶（Boyer，2001：147–148）认识到，人类学的记录里充满了这种对能动性行为的归因。例如，在他自己关于喀麦隆芳人（Fang）的民族志研究中，博耶特别注意到有些事件被归因于死者灵魂（*bekong*）之所为。然而，在此需要注意的一点是，先在的观念赋予经验以意义：感知到死者灵魂的存在并非从不确定状态下的能动性归因中产生的，而是在此之前就产生了——它可以存在于人们的脑海里，即使从未有过与之接触的经历。因此，博耶同意古斯瑞和巴雷特的观点，即对能动性的直觉理解很重要，但他坚持认为，如果我们要解释某种社会性的现象，那么就有必要解释人们所凭借

① 这里的“能动性”（agency）指某种具有目的与意识的行为主体（万物，包括超自然神灵）的意图性施为。

的观念如何形成一种稳定的形式，从而能够在人与人之间传播。

对于博耶来说，这种传播过程的关键在于违反了我们环境中对物体与生命的直觉。他指出，沟通时最容易记住的是那些“最小反直觉”[5]（Minimally Counterintuitive，MCI）的信号：它满足了人们对某类给定对象的直觉假定，但又以细微的方式违反其中部分假定，从而使由此产生的观念特别吸引注意力。我们可以思考以下这样的例子：山岳高耸立于我们之上……*却倾听我们的声音*；一个女人生下了孩子……*却一直没有性生活*。这两个例子都是在一个领域里符合直觉假设，但在另一个领域里却违反了直觉假设，对于博耶来说，这样的信号更容易成功传播，因为在很多方面，它们激活了我们的预期（从而使我们无须过多的解释就能理解），同时又包含了一个令人难忘的元素，因为它违反了我们的预期。从这个角度来看，神人同形同性论本身可以被看作是一种“最小反直觉”观念（Boyer，1996）。[6]例如，把一棵树当作聆听与沟通的对象，[7]它既利用了生物学的直觉观念（树仍然是一棵树，具备所有作为树的植物学假定），同时也利用了心理学的直觉观念（我们对人类心智能力的感知）——但同时又违反了直觉，因为该心理学被应用到一种通常不会以这种方式被视为具有“心智”的有机体上。“直觉意向心理的投射利用了人类思维中可以使用的最为丰富的推断领域，同时违反了直觉本体论的核心方面”（第96页）。以美国大学生为对象的实验研究（Barrett and Nyhof，2001）证实了博耶关于“最小反直觉”观念具有易记性的说法，而在加蓬的芳人与中国西藏的佛教僧侣中进行的跨文化研究也得出了相同的结论（Boyer and Ramble，2001），从而进一步证明了记忆效应可能具有普遍性的观点。

因此，认知方法试图解释某种社会形式（这里我们探讨的是宗教）背后的物质原因，并认为它是基于大脑里存在的普遍“机制”。但问题在于：这能在多大程度上有助于我们的理解？詹姆斯·莱德劳（Laidlaw，2007）虽然认同认知科学为我们提供了关于宗教思维与行动所涉及的某些心理活动的解释，但他还是提醒我们应该谨慎。在莱德劳看来，认知科学的贡献大致相当于材料科学对美学与艺术史的贡献。不管怎样，了解特定形式的物质基础——认识到某些事物是我们经过进化的大脑结构的副产品——是非常有用的，但这并不能解释这种物质基础如何以历史和文化偶然性的方式发挥作用。根据人类学对耆那教和上座部佛教的研究，莱德劳认为，这些宗教传统的许多基本特征都无法用认知科学来描述。例如，虽然能动性探测与最小反直觉信号的突显性可以用于解释神、鬼与灵魂在这些传统中所扮演的不同角色，但将这些特征看作是实践者所理解的“宗教”之核心则是错误的。莱德劳认为，核心的问题是人们如何以及为何追求某些价值观和美德——在这方面，认知方法很难提供一种令人满意的解释。认知方法可能寻求*解释*机制，但这不一定会产生这样一种*理解*，即“理性、想象与意志是偶然的历史创造”（Laidlaw，2007：223）。

詹金斯（Jenkins，2014）也提出了类似的批评，他明确赞同我们在前文提到的涂尔干关于社会科学独立于心理学的宣言。詹金斯观察到，认知解释是通过识别心理装置来进行的，但并没有试图解释思维如何转化为有意义的行动。它关注的是某种信念所包含的机制，而不是这种信念被用于什么样的目的。

这些批评对仅以认知机制来解释社会现象的方法所具有的恰当性提出了重要关切。但是，让我们先不要急于加固学科之间的壁垒。倘若真如莱德劳（Laidlaw，2007：242）所说的那样，“认知科学永远只是辅助于……人类学和历史学的宗教研究者所做的事情”，那么可能存在这样一种危险，即我们严重夸大了经过进化适应的大脑中显性的自我理解与隐性的运作之间的不一致程度。这种有关显性与隐性的思维层次之间关系的理解，对于人类学来说，既是必要的，也是有益的，为了探讨这一点，我们接下去将转向人类学关于心智理论的讨论。

## 读心术

“心智理论”这个术语指的是将心理状态——思想、信念与意图——归因于自身和他人的能力，并且认识到他人的心理状态与自己的不同。[8]正如丽塔·阿斯图蒂（Astuti，2012）所说：

> 拥有了心智理论，相当于能够以一种非行为主义的方式来看待世界。当你看到一个人在奔跑时，你看到的不仅仅是一个处于加速度状态的物质身体——你还看到了追赶公共汽车或赢得奖牌的意图或欲望；当你看到一只手伸向某个物体时，你看到的不仅仅是空间里的轨迹——你还看到了获取那个物体的目标，诸如此类。

通常认为，儿童在3到4岁左右就会表现出心智理论。在发展心理学中，幼儿出现心智理论已经得到“错误信念”测试的有力验证。“错误信念”测试是由威默与佩尔奈（Wimmer and Perner，1983）开创的一种实验方法，旨在检测儿童是否能够根据他人的信念而不是自己的知识来预测他人的行为。该测试的一个经典形式

（Baron-Cohen et al.，1985）是让两个木偶“莎莉”（Sally）与“安妮”（Anne）表演如下剧情：莎莉拿起一个玻璃球，将其藏在她的篮子里。然后，莎莉离开了房间。当她不在时，安妮从莎莉的篮子里拿出玻璃球，将它放到自己的盒子里。然后重新介绍莎莉，并向被测试的孩子问道：“莎莉会去哪里找她的玻璃球？”对这个问题的回答旨在揭示这个孩子是否认识到：莎莉的心理状态与他/她自身的心理状态是不同的。如果孩子认识到莎莉仍然相信玻璃球在她自己的篮子里（即使孩子知道实际情况不是这样），那就表明他/她有能力识别自己的心理状态以外的心理状态。尽管这个测试已经开发出许多不同的形式，但它们都证实了这样一种观点，即在神经典型的（neurotypical）儿童中，大约从3岁至4岁开始心智理论就已经很明显（我稍后将会讨论“神经典型的”这个术语的用法）。

根据前文描述的关于心智结构的模块方法，巴伦-科恩（Baron-Cohen，1995）将这看作是先天性的心智理论模块（Theory of Mind Module，ToMM）走向成熟的终点，它是儿童早期能力发展轨迹的一部分。相关实验证据表明，即使是非常幼小的婴儿也同时具有“意图觉察器”与“视觉方向觉察器”。这两种能力汇聚于“共同注意机制”（跟随某个人对特定对象的注意），并通过利用关于他人感知状态的可用信息，从而建立起三合一的表征体系——这些表征包括：

1. 一个能动者
2. 自我
3. 一个客体

心智理论正源于这种共同注意机制，它不仅考虑到了通过三元表征体系显现出来的倾向，而且根据这种倾向采取相应的行动。

现在，我们在前文看到的关于“神经典型”的用法——即“心智理论作为标准发展轨迹的一部分出现于童年期”这样的观念——可能被认为恰好强调了人类学应该关注的那种认知方法，这种方法似乎根据一种普遍的认知发展轨迹来定义“正常性”。我们按照谁的标准来定义典型性？这是一个特别值得关注的问题，因为心理学文献往往只关注亨里奇等人（Henrich et al.，2010）所谓的“WEIRD”人群的样本，即西方的（Western）、受过教育的（Educated）、工业化的（Industrialized）、富裕的（Rich）与民主（Democratic）的群体。[①] 由于这个原因，正如我们将会看到的那样，人类学研究的一项重要任务就是探索心智理论在不同文化背景下的表现形式。事实上，在探讨心智理论的发展时，考虑这种显而易见的“典型性”之外的社会互动形式无疑也很重要，例如，奥克斯与所罗门（Ochs and Solomon，2010）关于自闭症患者的社交性的民族志研究就表明了这一点。从这样的观点来看，可以颠覆关于正常性的假设（尽管这主要是通过理解关于认知差异的特定神经学基础来实现的），例如，巴格泰尔（Bagatell，2010）描述了一位被诊断患有自闭症的人，他嘲讽性地为《精神障碍诊断与统计手册》写了“神经典型综合征”（Neurotypical syndrome）这一条目。

然而，这种假设的“心智理论模块”可能被认为在人类学家关

① 此处是一个双关语，这里的WEIRD是“西方的”“受过教育的”“工业化的”“富裕的”“民主的”这五个英文词汇首字母的组合；而WEIRD作为一个英文单词本身又有“离奇”“诡异”“不可思议”等含义。亨里奇等人用这个术语表明，由具有这些特征的个体构成样本是“非典型的”。

注的诸多最基本的社会行为中扮演着核心角色。毕竟，它在我们这个依赖于社会关系的物种的进化过程中发挥着至关重要的作用。例如，心智理论对符号思维起着关键作用（Hobson，2000；Zunshine，2006），它涉及关于他人表征的认知，心智理论还可能在互惠性中发挥着核心的作用（Sally and Hill，2006；Takagishi et al.，2010），它使我们能够理解并推断交流伙伴的心理状态。

但是，对互动所涉及心理机制的描述是否能告诉我们任何有关这些互动的特征，以及由此产生的社会生活的意义与形式？换句话说，回到莱德劳提出的艺术史的隐喻，即关于材料的了解对正确理解由材料制成的事物有多重要？这里有两点值得说明。

首先，当我们谈论社会生活（以及使之成为可能的心理过程）时，我们谈论的是我们作为一个物种如何生存下来的生物学故事的一部分。我们的社交性与我们这个物种的生物学解释之间不是无关联的，相反，它与生物学解释密不可分。社会互动富有意义的协调作用以及建立社会纽带的能力，增强了智人（*Homo sapiens*）的适应性（Dunbar，1998），并且在过去的300万年里，人类脑容量的增加与对更高级社交智能[①]的需求密切相关：需要强大的思维装置处理大规模群体中行为的复杂性（Baron Cohen，1995：13–20）。正如莱德劳（Laidlaw，2007）正确指出的那样，社会现象是历史现象，而不仅仅是认知机制的副产品，然而，这样的历史内置于我们的进化史之中，而不是与之分离的，因此关键问题是“历史与自然之间的关系，以及进化时间的范围”（Jenkins，2014：188）。按照这种逻辑，

① “社交智能”（Social intelligence）指有效地与他人沟通的能力，包括理解他人的情感、意图与行为等。

将关于人类生活的各种目标和意义的描述与关于我们物种进化的生物学描述分离开来是错误的，因为前者构成了根本的社交性，而这对于我们的自然史而言至关重要。

其次，关于心智理论中社会互动之认知基础的理解，可以在人类学的比较研究中发挥重要作用。这种心理状态的归因能力在不同文化中是如何表现出来的？其中一种富有成效的研究方式是探究这样一些情境，在这些情境里，"读心术"明显地被这样一种理解干扰，即"你不可能知道别人心里在想什么，即使他们通过语言告诉你"（Robbins，2008：422）。乔尔·罗宾斯（Joel Robbins）对巴布亚新几内亚的乌拉普米人（Urapmin）进行了民族志研究，他谈到了"心智的不透明性"：在沟通过程中，有时会缺乏那些假定了解他人心理状态的言语行为（如道歉和撒谎），以及广泛存在的认为"人的心智是私人领域"的理念（Robbins，2008：426），这使人们对可能知道他人在想什么产生了一种"几乎恐惧或厌恶"的反应。[9]在美拉尼西亚的其他地方，研究者也观察到了类似的"心智的不透明性"现象，例如，可以参见斯瑞菲林（Streiffelin，2008）关于巴布亚新几内亚博萨维（Bosavi）部落的研究。那么，在不同的文化背景下，心智理论是否会以不同的方式表现出来呢？

为了探讨这个问题，塔尼娅·鲁尔曼（Tanya Luhrmann）召集了大约30位学者——主要是人类学家——共同分享他们在民族志研究中发现的关于不同心智模型的证据，并且考虑到不同维度的差异，譬如：内部性有多重要？心智是如何"有界限的"或者"可渗透的"？哪些感官被认为是重要的？参与者提出的模型可以被分为六种"不同的心智理论"（Luhrmann，2011）：

1. 欧美现代世俗的心智理论，持该心智理论的人们认为，心智与外界之间存在明确的界线。

2. 欧美现代超自然主义的心智理论中，对于上帝等实体、死者或具有特定能动性的“能量”而言，心智—外界之间的边界是可以渗透的。

3. 心智的不透明性理论（如上所述），该理论在美拉尼西亚尤为显著。

4. 语言的透明性理论，相关实例来自中美洲（参见Danziger，2006），在这种理论中，语言被理解为它与世界之间的真实关系，而不是与说话者意图之间的关系。

5. 心智控制理论，其中一个例子来自泰国佛教（参见Cassaniti，2006），这种理论认为，他人的意向性会直接影响一个人自身的心智，因此关于心智的最重要的关注点是：如何通过强烈地意识到他人影响的存在，很好地控制心智。

6. 视角主义[①]（与亚马逊地区的民族志最密切相关），该理论认为内部性是由关联性决定的（参见第十四章）。

这里一个核心的观点是：不应该将这些不同的模型归为一类，也就是说，欧美现代世俗的心智理论以一种特定的方式对世界进行建模，这种理论模型背后的假设可能与其他心智模型是相悖的（例如，心智被理解成是有边界的而非可渗透的，心智的内在状态被认

① “视角主义”（Perspectivism）认为所有思想源自不同的视角，并且是由个体独特的内在驱动力产生的。个体不同的视角和经验导致了对世界的多样化理解，同时每个人的经验和理解都是有限且相对的。

为独立于这些状态的表征）。如果忽略人们对心智的理解以及对其能力的认知存在差异，那么就可能扭曲人与人之间的互动赖以存在的基础。然而，这岂不是又使我们重新回到了格尔茨的论断吗？即“人类的思想彻头彻尾都是社会性的：其起源是社会性的，其功能是社会性的，其形式是社会性的，其应用也是社会性的”（Geertz，1973：360）。

在这一点上，我们有必要回到关于具有进化适应性的人类大脑的显性模型与隐性运作之间的关系。阿斯图蒂（Astuti，2012）曾提醒她的人类学同行，不要过于轻信这种证据的影响范围。在反思的过程中，人们可能会将不同的民间见解表述成关于他们的心智如何在世界中运作的明确反思，但这不应该被误解为心理学家所说的那种隐性运作的心智理论，即“个体自动地和无意识地跟随某个人的眼神，解释她的话语，或者根据她的欲望、情感或信念预测她的下一步行动”（Astuti，2015）。

肖勒与莱斯利（Scholl and Leslie，1999）提出了这一立场最极端的形式——虽然阿斯图蒂没有完全采纳这一观点，但仍然认为在考虑民族志的证据时牢记这一点很重要——也即，无论人们对心智产生了何种显性的民间见解，它都不会对隐性的心智理解能力产生任何影响，因为这种能力是由（普遍的）心智理论产生的。因此，当乌拉普米人说不可能知道别人心里的想法时，这可以告诉我们很多关于他们的礼仪观念以及他们对个体自主性的重视等方面的信息。然而，不愿意揣测他人的心理状态并不等同于“头脑一片空白”，或者对他人的心智一无所知。[10] 按照这种逻辑，将心智理论理解为一种与生俱来的潜能与我们物种进化的产物，可以使我们认识到文化差异的本质，即表征的差异。不过，正如阿斯图蒂（Astuti，2015）

所指出的那样，我们仍然有必要跟随着人们走出实验室，进入他们生活、互动与运用心理机制的世界。因此，将心智理论解释为物种层面的一种进化适应，不应该摒弃在特定的民族志环境中对心智进行分析：相反，它提供了一个语境，在这个语境之中，我们可以看到心智理论是如何在特定的发展轨迹中发挥作用的，同时它还提供了一个背景，根据这个背景，我们得以理解诸如“心智的不透明性”等观点具有的特殊属性。

## 结　论

从根本上而言，认知人类学是唯物主义的一种形式。[11] 它的特点是认为社会生活之所以可能，是因为大脑的活动，并且认为这种活动依赖于一种认知结构，而这种认知结构是我们作为社会物种在进化过程中形成的产物。它拒绝将文化视为非实体的存在，而是将其根植于我们的心智能力之中。

对认知的深入研究要求我们仔细审视人类学这门学科的认识论基础。将社会过程确立为独特分析对象的“独立宣言”，是否导致了学科内部的心智盲视，即一种对处于人类互动之核心的心理过程的无知？既然我们对心智问题如此感兴趣，我们是否将它想象成是文化决定的结果，或者是社会化的产物？一种以认知为基础的人类学研究取向，可以帮助我们解决对心智的“白板”模型的过度依赖，并在此过程中克服过分夸大文化差异程度的倾向。

当然，对于认知方法在多大程度上会使其他形式的人类学研究变得过时，在这个问题上我们完全没有必要狂妄自大。对于我们的认知结构的理解，并不能提供关于目的与意义的详尽描述，它也不能阻止我们继续探索心理机制是如何运作的。无论如何，我们都应该关注人类生活充满历史偶然性的轨迹——但我们需要认识到，这个历史不能与我们的自然史孤立开来。

## 注 释

1.里弗斯谨慎地提出，颜色感知差异主要表现为托雷斯海峡的岛民对蓝色不敏感(Rivers, 1901)。随后对实验结果的分析发现，几乎没有证据支持关于岛民的颜色感知存在特殊性的观点(Titchener, 1916)，而且总的来说，这次考察的结果可以被视为严重削弱了进化论者认为“不同人群的心理能力之间存在巨大差异”的观点(Richards, 1998)。

2.值得注意的是，布洛赫在这里采用的研究取向具有典型的马克思主义特征(参见第三章)，同时也具有典型的认知主义特征。他认为，经济过程(农业)可以通过时间认知的普遍现实来理解，但又通过仪式历法的方式被神秘化了——这是知识与意识形态之间的区别。

3.尽管“科学宗教认知”这面旗帜具有整合效应，但其特征仍然表现为“一种零碎的方法”(Barrett, 2007: 768)，故此我们不应该假定在这个名号下开展的所有研究都是高度整合的，甚至不能假设它们都是朝着同一个方向推进的。

4.在这里，古斯瑞(Guthrie, 1980: 193)明确指出，他采用的是一种唯智主义的方法，认为宗教根植于心理过程，这与涂尔干对宗教的定义相反，涂尔干认为，宗教从根本上而言是一种根植于社会联结之中的社会现象[Durkheim(1912), 1915]。

5.在讨论博耶的理论时，巴雷特(Barrett, 2000)创造了“最小反直觉”(MCI)这个术语。

6.值得注意的是，博耶的解释与古斯瑞的观点有些不同，古斯瑞将神人同形同性论视为一种直觉现象。

7.作为例证，博耶（Boyer，2001：62–63，69–70）详细讨论了苏丹说乌杜克语（Uduk）的族群中存在的“乌木占卜”现象，詹姆斯（James，1988）曾描述过这一现象。

8.普雷马克与伍德拉夫（Premack and Woodruff，1978）提出了“心智理论”这一用法。有意思的是，这种用法起源于灵长类动物学，它用于辨别非人类灵长类动物是否能够将自我与他人的心理状态观念化。他们提出的问题——“黑猩猩是否具有某种心智理论？”——仍然继续引发讨论（Call and Tomasello，2008）。

9.因此，在与基督教对话的背景下，新出现的一种期望尤为具有破坏性，这种期望与“新教徒要求成为真诚地谈论他们脑海里所知事物的主体，同时也成为能够读懂他人心智的主体”（Robbins，2008：425）密切相关。

10.这种立场与斯塔什（Stasch，2008：448）的观点相一致，后者在描述西巴布亚科罗威人的“心智的不透明性”时指出：“否认有能力知道他人的意图……并没有准确地总结科罗威人对心智的全部理解，而仅是道出了主要的文化敏感点所在。”

11.亦可参见施佩贝尔（Sperber，1996）关于“如何成为一位真正的唯物主义者”的论述。

# 参考文献


Astuti, Rita 2012. Some after dinner thoughts on theory of mind. *Anthropology of this Century* 3.

Astuti, Rita 2015. Implicit and explicit theory of mind. *Anthropology of this Century* 13.

Bagatell, Nancy 2010. From cure to community: Transforming notions of autism. *Ethos* 38 (1): 33–55.

Baron-Cohen, Simon 1995. *Mindblindness: An Essay on Autism and Theory of Mind*. Cambridge, MA: MIT Press.

Baron-Cohen, Simon, Alan M. Leslie, and Uta Frith 1985. Does the autistic child have a 'theory of mind'? *Cognition* 21 (1): 37–46.

Barrett, Justin L. 2000. Exploring the natural foundations of religion. *Trends in Cognitive Sciences* 4 (1): 29–34.

Barrett, Justin L. 2004. *Why Would Anyone Believe in God?* Lanham, MD: AltaMira.

Barrett, Justin L. 2007. Cognitive science of religion: What is it and why is it? *Religion Compass* 1(6):768–786.

Barrett, Justin L., and Melanie A. Nyhof 2001. Spreading non-natural concepts: The role of intuitive conceptual structures in memory and transmission of cultural materials. *Journal of Cognition and Culture* 1 (1): 69–100.

Bloch, Maurice 1977. The past and the present in the present. *Man* 12 (2): 278–292.

Bloch, Maurice 2005. *Essays on Cultural Transmission*. Oxford: Berg.

Bloch, Maurice 2012. *Anthropology and the Cognitive Challenge*. Cambridge: Cambridge University Press.

Boyer, Pascal 1996. What makes anthropomorphism natural: intuitive ontology and cultural representations. *Journal of the Royal Anthropological Institute* 2 (1): 83–97.

Boyer, Pascal 2001. *Religion Explained: The Evolutionary Origins of Religious Thoughts*. New York, NY: Basic Books.

Boyer, Pascal, and Charles Ramble 2001. Cognitive templates for religious concepts: Cross-cultural evidence for recall of counter-intuitive representations. *Cognitive Science* 25 (4): 535–564.

Buller, David J. 2005. *Adapting Minds: Evolutionary Psychology and the Persistent Quest for Human Nature.* Cambridge, MA: MIT Press.

Call, Josep, and Michael Tomasello 2008. Does the chimpanzee have a theory of mind? 30 years later. *Trends in Cognitive Sciences* 12 (5): 187–192.

Cassaniti, Julia 2006. Toward a cultural psychology of Buddhism in Thailand. *Ethos* 34 (1): 58–88.

Chomsky, Noam 1965. *Aspects of a Theory of Syntax.* Cambridge, MA: MIT Press.

Chomsky, Noam 1967. Recent contributions to the theory of innate ideas. *Synthese* 17 (1):2–11.

Cosmides, Leda, John Tooby, and Jerome H. Barkow 1992. Evolutionary psychology and conceptual integration. In Jerome Barkow, Leda Cosmides and John Tooby (eds.), *The Adapted Mind: Evolutionary Psychology and the Generation of Culture*, pp. 3–15. New York, NY: Oxford University Press.

Cosmides, Leda, and John Tooby 1994. Beyond intuition and instinct blindness: Toward an evolutionarily rigorous cognitive science. *Cognition* 50: 41–77.

Danziger, Eve 2006. The thought that counts: Understanding variation in cultural theories of interaction. In N. Enfield and S. Levinson (eds.), *Roots of Human Sociality: Culture, Cognition and Interaction*, pp. 259–278. Oxford: Berg.

Dunbar, Robin I.M. 1998. The social brain hypothesis. *Evolutionary Anthropology* 6 (5): 178–190.

Durkheim, Emile. [1895]. 1982. *The Rules of Sociological Method*, edited by Steven Lukes, translated by W.D. Halls. New York, NY: The Free Press.

Durkheim, Emile 1915 [1912]. *The Elementary Forms of the Religious Life*, translated by Joseph Ward Swain. London: George Allen and Unwin.

Evans-Pritchard, E.E. 1965. *Theories of Primitive Religion*. Oxford: Clarendon Press.

Geertz, Clifford 1973. *The Interpretation of Cultures*. New York, NY: Basic Books.

Gell, Alfred 1992. *The Anthropology of Time: Cultural Constructions of Temporal Maps and Images.* Oxford: Berg.

Guthrie, Stuart 1980. A cognitive theory of religion. *Current Anthropology* 21 (2): 181–203.

Guthrie, Stuart 1993. *Faces in the Clouds: A New Theory of Religion.* New York, NY: Oxford University Press.

Hamilton, Richard 2008. The Darwinian cage: Evolutionary psychology as moral science. *Theory, Culture and Society* 25 (2): 105–125.

Heider Fritz, and Marianne Simmel 1944. An experimental study of apparent behavior. *The American Journal of Psychology* 57 (2):243–259.

Henrich, Joseph, Stephen J. Heine, and Ara Norenzayan 2010. The weirdest people in the world? *Behavioral and Brain Sciences* 33 (2–3): 61–83.

Hobson, Peter R. 2000. The grounding of symbols: A social-developmental account. In Peter Mitchell and Kevin Riggs (eds.), *Children's Reasoning and the Mind*, pp. 11–36. Hove: Psychology Press.

James, Wendy 1988. *The Listening Ebony: Moral Knowledge, Religion, and Power among the Uduk of Sudan*. Oxford: Clarendon Press.

Jenkins, Timothy 2014. The cognitive science of religion from anthropological perspective. In Fraser Watts and Leon P. Turner (eds.), *Evolution, Religion, and Cognitive Science: Critical and Constructive Essays*, pp. 173–190. Oxford: Oxford University Press.

Karmiloff-Smith, A. 1992. *Beyond Modularity: A Developmental Perspective on Cognitive Science*. Cambridge, MA: MIT Press.

Laidlaw, James 2007. A well-disposed anthropologist's problems with the 'cognitive science of religion'. In Harvey Whitehouse and James Laidlaw (eds.), *Religion, Anthropology, and Cognitive Science*, pp. 211–246. Durham, NC: Carolina Academic Press.

Luhrmann, Tanya 2011. Toward an anthropological theory of mind. *Suomen Antropologi* 36 (4): 5–69.

McKinnon, Susan 2005. *Neo-Liberal Genetics: The Myths and Moral Tales of Evolutionary Psychology*. Chicago, IL: Prickly Paradigm.

Ochs, Elinor, and Olga Solomon 2010. Autistic Sociality. *Ethos* 38 (1): 69–92.

Pinker, Stephen 2002. *The Blank Slate: The Modern Denial of Human Nature*. New York, NY: Viking.

Radcliffe-Brown, A.R. 1940. On social structure. *The Journal of the Royal Anthropological Institute of Great Britain and Ireland* 70 (1): 1–12.

Premack, David, and Guy Woodruff 1978. Does the chimpanzee have a theory of mind? *Behavioral and Brain Sciences* 1 (4):515–526.

Richards, Graham 1998. Getting a result: The Expedition's psychological research 1989–1913. In Anita Herle and Sandra Rouse (eds.), *Cambridge and Torres Strait: Centenary Essays on the 1878 Anthropological Expedition*, pp. 136–157. Cambridge: Cambridge University Press.

Rivers, W.H.R. 1901. Colour vision. In W.H.R. Rivers (ed.), *Reports of the Cambridge Anthropological Expedition to Torres Straits, Volume II: Physiology and Psychology*, pp. 48–96. Cambridge: Cambridge University Press.

Robbins, Joel 2008. On not knowing other minds: Confession, intention, and linguistic exchange in a Papua New Guinea community. *Anthropological Quarterly* 81 (2): 421–429.

Rochat, P., R. Morgan, and M. Carpenter 1997. Young infants' sensitivity to movement information specifying social causality. *Cognitive Development* 12 (4): 537–561.

Sally, David, and Elisabeth Hill 2006. The development of interpersonal strategy: Autism, theory-of-mind, cooperation and fairness. *Journal of Economic Psychology* 27 (1): 73–97.

Schieffelin, Bambi B. 2008. Speaking only your own mind: Reflections on talk, gossip and intentionality in Bosavi (PNG). *Anthropological Quarterly* 81 (2): 431–441.

Scholl, B.J., and A.M. Leslie 1999. Modularity, development and 'theory of mind'. *Mind and Language* 14 (1): 131–153.

Sperber, Dan 1996. *Explaining Culture: A Naturalistic Approach*. Oxford: Blackwell.

Stasch, Rupert 2008. Knowing minds is a matter of authority: political dimensions of opacity statements in Korowai moral psychology. *Anthropological Quarterly* 81 (2): 443–453.

Takagishi, Haruto, Shinya Kameshima, Joanna Schug, Michiko Koizumi, and Toshio Yamagishi 2010. Theory of mind enhances preference for fairness. *Journal of Experimental Child Psychology* 105 (1–2): 130–137.

Titchener, E.B. 1916. On ethnological tests of sensation and perception with special reference to tests of color vision and tactile discrimination described in the reports of the Cambridge Anthropological Expedition to Torres Straits. *Proceedings of the American Philosophical Society* 55 (3): 204–236.

Tooby, John, and Leda Cosmides 1992. The psychological foundations of culture. In Jerome Barkow, Leda Cosmides, and John Tooby (ed.), *The Adapted Mind: Evolutionary Psychology and the Generation of Culture*, pp. 19–136. New York, NY: Oxford University Press.

Wimmer, Heinz, and Josef Perner 1983. Beliefs about beliefs: Representation and constraining function of wrong beliefs in young children's understanding of deception. *Cognition* 13 (1): 103–128.

Zunshine, Lisa 2006. *Why We Read Fiction: Theory of Mind and the Novel*. Columbus, OH: Ohio State University Press.

第八章

# 阐释性文化人类学：格尔茨与他的“写文化”批判者

Interpretive cultural anthropology: Geertz and his “writing-culture” critics

詹姆斯·莱德劳

我们现在所称的“阐释性”人类学方法，实际上是对人类学中一种非常广泛的趋势之表述，这种趋势影响了整个人文艺术领域。对于这种广泛存在的现象，当时普遍的表述方式是“语言转向”，尤其指“普通语言”或“语言”分析哲学先在哲学内部，然后在哲学之外的领域产生的影响。尽管“普通语言哲学”这一短语出自G. E. 摩尔（G. E. Moore），但它最具影响力的思想来源是剑桥大学的另一位哲学家路德维希 · 维特根斯坦（Ludwig Wittgenstein）后期的思想。确切而言，其中最重要的思想来源是维特根斯坦的《哲学研究》（*Philosophical Investigations*，1953）以及他逝世后出版的遗作，此外还有吉尔伯特 · 赖尔（Ryle，1949）与J. L. 奥斯汀（J. L. Austin，1962）等追随者诠释的著作。其他哲学家——无论这些哲学家来自以英语为母语的国家还是来自欧洲大陆——的许多思想，以及某些来自技术语言学领域的思想与观念，也成为普通语言哲学思想来源的一部分。从来没有某种单一的、连贯一致的哲学学说被“应用”于其他人文科学，除此之外，有关维特根斯坦思想的阐释也晦涩难懂，而且充满争议。另一方面，思想从来不是单向传播的。在这个时代，其他学科的学者也会学习并借鉴人类学。在这方面，最有影响力的人类学家是克利福德·格尔茨（Clifford Geertz，1926—2006）。还有其他一些学者在人类学领域的影响力与之旗鼓相当——尤其是马歇尔·萨林斯和戴维·施耐德（David Schneider），爱德华·埃文思–普里查德也以不同的方式与风格产生了很大的影响力——但在这个时代，没有其他人能够像格尔茨那样，如此清晰地表达出一种人类学的愿景，使其在语言转向中居于如此核心的地位，或者使它对其他学科的学者如此具有启发性。正因如此，当开始出现反对阐释性人类学的意见时，这些反对意见通常将矛头指向格尔茨。鉴于此，在探讨阐释性人类学以及它的发展历程时，以格尔茨与他的思想作为主要参考，这样做也是不无道理的。

格尔茨在哈佛大学跟随克莱德·克拉克洪（Clyde Kluckhohn）接受人类学训练，当时的人类学隶属于社会理论家塔尔科特·帕森斯（Talcott Parsons）领导的一个跨学科机构社会关系系，帕森斯的学说综合了韦伯式社会学、涂尔干式功能主义（参见第一章）以及舒茨式现象学，从而提供了一个极为宏大的分析框架。格尔茨攻读博士学位时的田野调查是在印度尼西亚完成的，主要是在爪哇的一个小镇，后来他又在印度尼西亚的其他地方（尤其是巴厘岛）和摩洛哥从事田野研究。格尔茨的学位论文与第一部专著是关于爪哇宗教的（Geertz，1960），之后，他早期的研究主要关注与“新兴国家”有关的政治和经济发展问题（Geertz，1963a；1963b；1965），这也是当时的“社会关系计划”提出的研究议题，同时，格尔茨还撰写了一部著作，对印度尼西亚与摩洛哥的伊斯兰教进行历史比较（Geertz，1968）。但在20世纪60年代，格尔茨的思想经历了相当大的转变，他逐渐更多地借鉴马克斯·韦伯的哲学观念，而不是后者关于经济的论述，并以韦伯关于人类行为区别于自然界其他事件的丰富论述作为基础，也就是说，人类行为具有符号性的维度，它内在地蕴含着意义，并且是主体间性的。在这个过程中，格尔茨广泛涉猎了许多哲学家和其他思想家的观点，这使他越来越多地参与到既跨越学科界限又跨越盎格鲁–撒克逊与欧洲大陆思想界限的对话之中。关于这一思想转变的学术成果，后来收录在一部论文集里，即《文化的阐释》（*The Interpretation of Cultures*，1973），它可以说是20世纪单独由一位人类学家撰写的最具有影响力的论文集。在这些论文以及十年后收录于《地方性知识》（*Local Knowledge*，1983）的论文里，格尔茨综合了两种思想：一种是以语言转向为特征的人类行为观念，它认为人类行为不仅是内在社会性的，而且它具有的意义是构成性的；另一种是在美国人类学的博厄斯传统中发展起来的文化观念。这是格尔茨始终坚持如一的观点，并在他后来的论文、演讲以及回忆录中多次强调（Geertz，1995；2000；2012）。因此，通过分别考察格尔茨关于“阐释”与“文化”的理解，可以阐明他的人类学思想的核心。

格尔茨声称，人类学必须进行阐释，这意味着它寻求提供的解释类型在性质上不同于自然科学追求的解释，自然科学为社会学和哲学思想领域的其他学派提供了模型和启示，而在当时的人类学领域，这种影响主要在 A. R. 拉德克利夫–布朗（Radcliffe-Brown，1952；参见第一章）、莱斯利 · 怀特（White，1949）与克劳德 · 列维–斯特劳斯［Lévi-Strauss，1962（1953）；参见第二章］等人的不同研究取向中表现出来。阐释与因果解释之间的区别根源于德国的历史学思想，即认为在自然科学（Naturwissenschaften）与精神科学（Geisteswissenschaften）中，成功解释的可能形式有着本质的区别。这种观点的基本主张是，正如查尔斯 · 泰勒的名言所说的那样，人类是“自我阐释的动物”（Taylor，1985）。根据这种观点，人们所持有的观念和价值观塑造了他们的自我描述，而这些自我描述与他们所做的行为之间不仅仅存在着一种外部的因果关系，而且还内在地构成了他们是谁以及他们正在做什么。倘若是这样的话，那么按照自然科学模型中的因果法则来解释人类行为必定是一种错误的做法。这不仅是因为在实践中很难实现这样的抱负，而且甚至以此为目标在原则上都是错误的。在阐释性的领域里，需要采取一套完全不同的标准才能获得成功。这一点在语言转向中是普遍的共识，格尔茨也强调这种普遍性的立场。此外，他还指出人类进化的一个事实是，我们以这样一种方式逐渐进化，即那些曾经被文化塑造的东西现在已经成为人类“本性”的一部分，因此，倘若没有文化，人类将从根本上变得不完整，并且无法生存。故而对格尔茨来说，具有内在意义的人类行为为什么无法用科学来解释，这是有科学依据的。

对人类学实践产生更实际影响的是，格尔茨全面论述了人类学阐释的独特目标：它所追求的卓越形式，以及它对实践者提出的要求。这一目标将人类学与其他人文科学——诸如文学或文本分析和历史研究——联系起来，同时使它与经济学、社会学等“社会科学”保持距离。格尔茨认为，人类学阐释的目标——借用牛津大学的哲学家吉尔伯特 · 赖尔（Gilbert Ryle）的说法——应该是“深描”：对任何特定的（譬如，最初令人感到困惑的或者从表面上看起来是毫无意义的）行为或实践进行全方位的描述，同时提供充足的背景信息，包括地方性的信仰、习俗、价值观以及相关实践，以便读者能够理解这些实践——作为它们所属的生活形式或“文化”的一部分——具有的意义。

格尔茨将文化视为人类学阐释的对象，这使他与美国文化人类学的博厄斯式传统（参见第一章）不谋而合。与泰勒、列维–斯特劳斯或认知主义的研究取向不同，格尔茨关注的不是人类思维的普遍特征，也不是作为人类生活之普遍特征的“文化”，而是在特定的时间和地点独特的、相对内部整合的并且相对独立自主的生活方式，因此，它是复数形式的“文化”。格尔茨摒弃了前一代最著名的那些学者使用的心理学术语（如米德、本尼迪克特等人关注文化的人格模型以及“濡化”过程），转而采用维特根斯坦关于符号意义的观点，即符号意义不是心理表征，而是社会实践中的运用，通过这样做，格尔茨不仅使自己区别于博厄斯式研究，而且进一步发展了后者的思想，将它从智识上融入更广泛的语言转向之中。维特根斯坦与其他人提出的反对私人语言之可能性的观点（参见 Kripke，1982）被用来构建一种文化观，这种观念认为，文化存在于公共领域的行为与实践之中，人类学家可以很方便地观察到这些行为与实践。

另一个观点进一步将人类学阐释的对象与心理学的对象分离开来。如同维特根斯坦等人所指出的那样，倘若意义是语言和其他符号在不断进行的社会实践与互动过程中的使用，那么在观察这种正在进行的互动时，人类学家如何将属于特定参与个体的或观察到的特定场合所涉及的意义与社会文化生活中制度化的意义区别开来？特定的宴席、研讨会、理发、网球赛、祭祀或购物出行等，之所以具有某些特征，是因为它们属于那种特定文化里的某类事件或实践，而这些特征对于该文化里的其他宴席、研讨会、理发等事件或实践，是否也同样适用？另一方面，什么是偶然事件？如何区分文化事件与特殊事物？格尔茨从法国哲学家保罗 · 利科（Ricoeur，1973）的建议中找到了答案。利科认为，社会或文化事件可以按照书面文本的模式加以理解。利科的观点是，当某种行为成为社会性的或从文化上被制度化时—— 就像这次进食行为成为“一顿宴席”，或者这场谈话成为“一场研讨会”——互动的意义就被铭记下来，它的转变方式与口头语言变成书面文本时发生的改变大体相同。在关于这种转变的各种特征中，最重要的是，意义不再像在口头话语中那样以说话者的意图为基础。与口头话语相比，书面文本的意义可能与说话者的意图相去甚远。在这个意义上，业已确立的或者制度化的社会实践，也就是我们所说的“文化性的”事件或实践，在很大程度上类似于文本。

格尔茨并不是毫无保留地赞同利科的论点，他还强调其他模型对文化或社会实践的有用性，譬如博弈（追随维特根斯坦和欧文·戈夫曼的观点）与戏剧［追随肯尼斯·伯克（Kenneth Burke）和维克多·特纳的观点］。但是，文本模型对格尔茨来说至关重要，因为他认为优秀的人类学阐释之所以区别于拙劣的人类学阐释，本质上在于它对文本的卓越解读能力。格尔茨描述了优秀的人类学阐释是如何进行的——它在细节观察与整体描述之间游刃有余——这与诠释诗歌的方式如出一辙。而格尔茨关于应该如何使用理论语言的看法——在“近距经验”与“远程经验”这两个概念之间保持平衡——也同样建立在一种对文学的阐释性实践观念的基础上。如同在文学解读的过程中一样，内容与风格是密不可分的。人类学家的写作方式非常重要。无论在特定的地方开展田野调查可能需要其他什么技巧和能力，对格尔茨而言，人类学阐释通常所需要的技巧和能力与文学评论或者历史文本阐释所需的技巧和能力是一样的，而不是像其他有些人所认为的那样需要拥有超凡的人际共情能力或者心理洞察力。由于文化意义存在于公共实践之中，而不是存在于个体的“脑海里”，因此人类学家不需要成为心灵感应者、精神病医生或间谍。

因此，尽管格尔茨赞同马林诺夫斯基对人类学家提出的著名训诫，即理解“土著的观点”，但他坚持认为这并不意味着要“进入”后者的内心世界。相反，在他最具影响力的一篇论文（“Deep play”，1973）里，格尔茨指出，理解“土著的观点”需要解读在我们的信息提供者的生活中具有重要意义的文化文本——即对他们的生活方式很重要的习俗、实践和机构——这需要“越过他们的肩膀”进行观察。巴厘文化的一个重要关注点是人性与动物性之间的区别。在日常生活的几乎所有方面，人们付出了巨大的努力来抑制和约束动物性的表达，一切破坏性的行径和应该谴责的行为都被归咎于它。然而，在巴厘人的村落生活中，最具影响力的间歇性活动之一是斗鸡，尽管警方严格地执行相关禁令，人们仍然会违抗禁令举行斗鸡活动：它以一种戏剧性的方式展示动物的凶残，整个村庄的人聚集在一起，充满狂热地观看，每个人都对比赛结果下注。格尔茨对此的解读是，斗鸡活动之所以让巴厘人如此无法自拔，正是因为它体现了沉溺于动物性的结果。格尔茨认为，这种违反最重要的美德、颠覆道德秩序的生动体验，是巴厘人约定俗成的道德教育之构成。格尔茨将它与《麦克白》（*Macbeth*）进行比较，后者向个体主义文化中的人们展示了当其强烈的竞争性不受限制时会发生什么，即使一个人获得了整个世界，但如果失去了自己的灵魂，那么一切都没有意义。因此，巴厘人的生活在某种程度上是由重复发生的事件组成的，在这些事件中，普通巴厘人对这一重要文化实践的文本进行了充满强烈感情的、共同体验的“解读”。而人类学的阐释就涉及对这种阐释过程的阐释。尽管对大多数巴厘人来说，将斗鸡与《麦克白》进行比较，意义不大或者根本毫无意义，但它是格尔茨“越过他们的肩膀”看到东西的一部分，并使读者能够——倘若这种比较是恰当的——理解他从巴厘人的生活方式的文本中看到的意义。

很明显，正如格尔茨本人明确强调的那样，这种阐释的积累永远不会对巴厘文化或普遍意义上的人类生活产生可验证的假设或预测性的法则。那么，除了让人们对异国的生活方式产生一种令人愉悦的和富有启发性的熟悉感之外，这样的阐释还有什么作用？对于一门致力于生产这些阐释的学科而言，它的目的又是什么？对此，格尔茨的回答是，人类学的目的在于“扩增人类话语体系”，它将其他新的文化“带入对话”。虽然格尔茨从未明确地阐述这种对话的参与者究竟是谁，或者对话的内容是什么，但他的意思似乎很清楚，大体而言，就是“我们”的人类学家——无论这里的“我们”到底是谁——能够使我们很好地理解其他生活方式的价值观和理念、道德观和世界观，从而使它们成为我们可以思考、想象性地参与并且欣赏的价值观和理念。数世纪以来，熟悉和了解古希腊罗马是受过教育的欧洲人心智结构的一部分，类似地，格尔茨式对其他文化进行的人类学阐释，也将使它们成为现代社会受过教育的世界主义成员的“话语体系”之构成。显然，这是一种不对称的状态。它的确可以将巴厘人纳入“我们”的对话范围，但其本身并不是将他们作为参与者纳入进来（尽管同样地，它在原则上也不排斥或者阻止巴厘岛的人类学家书写美国等其他文化）。格尔茨通常默认人类学家书写的对象（或许不同于像他自己这样的人类学家）将他们的文化信仰与实践视为不言而喻的日常生活。人类学家在从事实践研究时所具备的自我意识与世界主义的视野被认为是不寻常的。倘若人类学阐释消除了对文化差异的误解或不理解，那么它只是对那些接受这种阐释的人而言的，它隐含着让那些被描述的人们保持原状。正如我们将会看到的那样，这是后来的人类学家认为阐释性人类学存在不足之处的诸多特征之一。但在当时，许多人认为阐释性人类学是一种自由和文明的替代性方案，可以取代发展导向的社会科学具有的“命令与控制”的野心，这种社会科学在介入世界上遥远的地方时通常基于这样的前提，它认为适应与学习应以这样的方式进行，即由现代专家教导“传统”社会如何“发展”。而格尔茨式人类学为我们提供了一个“章程”，告诉“我们”应该向“他们”学习，而不是发展、改革或改进“他们”。

这有助于解释格尔茨在人类学领域内外产生的影响力，因为他试图促成的“对话”是跨学科性的，事实上，已经超越了学术界，扩展到了受过教育的广大读者群体。在芝加哥大学任教了几年之后，格尔茨成为普林斯顿高等研究中心为数不多的终身教授之一，该中心接待访问学者，让他们在有限的时间内完成著作或研究项目。格尔茨显然胜任这个角色，数十年来，他的影响力得到了人文学科领域许多学者的承认，譬如罗伯特·达尔顿（Darnton，1984）、斯蒂芬·格林布拉特（Greenblatt，1980）、威廉·H. 修威尔（Sewell，1980）以及娜塔莉·泽蒙·戴维斯（Davis，1983）。对许多人来说，“深描”已成为他们想象性地建构特定的历史与文学世界时偏爱使用的一个术语。作为《纽约书评》的一位非常活跃的评论家，格尔茨也成为广大受过教育的读者群体的向导，向他们介绍应该关注哪些人类学著作。对于普通读者来说，完整的民族志专著并不总是能够像对职业人类学家那样具有吸引力，而格尔茨作为一位论说文作家所掌握的技巧无疑在一定程度上增加了他的影响力。在完成早期关于爪哇岛的专著之后，格尔茨与他的第一任妻子希尔德·格尔茨（Hildred Geertz）合著出版了一部关于巴厘人亲属关系的著作（Geertz and Geertz，1975），并且还与她以及劳伦斯·罗森（Laurence

Rosen）在摩洛哥田野调查的基础上合作出版了一部大型民族志（Geertz，Geertz and Rosen，1979），但这些著作的阅读量远不及《文化的阐释》与《地方性知识》。这些文集里的论文被广泛引用，20 世纪 70 年代末和 80 年代许多更具影响力的民族志都或多或少地明确呈现出一种格尔茨所定义的阐释模式（例如 Ortner，1978；Meeker，1979；Rosaldo，1980；Lambek，1981；Rosen，1984）。

格尔茨最后的民族志著作《尼加拉》（*Negara*，1980）是一部历史民族志作品，它是对前殖民地时期巴厘岛的原住民政权进行的想象性重构。事实上，它也是一篇很长的论文，异常冗长的尾注里充斥着有关技术的研究。《尼加拉》提出的基本观点是：巴厘人政治体制的华丽戏剧性不是一种表象或虚饰的一面，而正是这些体系中权力的本质。政治科学家或社会学家对权力冷静而“机械”的理解，并不像他们所认为的那样普遍适用于潜在的物质现实，它忽略了真实的现实。在格尔茨看来，不存在“非文化的政治事实”这样的东西，这种事实与其“文化”诠释之间也没有区别。理解前殖民地时期巴厘岛上高度仪式化的原住民政权是如何运作的，将有助于我们认识到，在“我们自己”的社会里，权力的行使也是通过符号意义来进行的。这告诉我们，在不同的文化中，“国家治理”的方式存在着根本的不同；同时也告诉我们，我们所实践的政治比我们所知道的更具“文化性”。因此，格尔茨的观点是，巴厘人的案例使我们能够保持足够的距离，让我们得以看到这样一种符号语言，正是在这种符号语言中，我们自己的权力“文本”被书写出来，“真实与想象一样，都是被想象出来的”。

一门学科的理论取向的改变往往以一种俄狄浦斯式方式进行，对格尔茨所倡导的阐释性人类学发起最猛烈攻击的人里，有些曾是他以前的学生和追随者。最重要的批判性文本是《写文化》（Clifford and Marcus，1986），这部文集在出版之后十年左右的时间里，对许多人类学家产生了极度混乱的影响，它引发了关于知识危机的广泛讨论，以及担心（有些人则是希望）人类学会被文化研究压倒和超越，同时还导致出现了一些非常拙劣的作品。关于普遍的“表征危机”已经有很多讨论，这些讨论将两类观点结合在一起——有时是被混淆在一起——来质疑格尔茨与其他人所构想的文化阐释的可能性和政治性。首先，新出现的具有自我意识的“文学理论”，这是一种马克思主义与后结构主义研究取向（诸如德里达的解构主义和拉康的精神分析理论）的混合物［伊格尔顿（Eagleton，1983）是早期很有影响力的一位综合者］，它被用来强调在差异（différance）和扩散的无政府状态下，不可能存在稳定的参照，从而削弱了格尔茨的观点，即对阐释的内容和质量存在共同的标准，并且能够理性地作出共识性的判断。其次，对米歇尔·福柯思想的早期诠释，如爱德华·赛义德（Said，1978）倾向于简化处理的那样，导致人们质疑任何文化表征行为在政治上都不太可能是清白无辜的。为了帝国统治的利益，欧洲人对非欧洲社会的知识被系统性地扭曲和伪造，对原住民进行讽刺与诽谤，以此作为压迫他们的借口，并将图式化的分类强加于他们，以之作为胁迫和控制的辅助性手段。关于“异域”社会的人类学著作与殖民知识 / 权力的政治统治沆瀣一气，这在某些情况下或许是无意识的，但仍然无法避免。现在，这两类观点之间明显存在很大的张力：如果像解构主义者所声称的那样，稳定的表征是不可能的，那么很难理解它如何能够像赛义德及其追随者所指控的那样是有效的，反之亦然。但是，这并没有阻止拥护者同时主张这两种观点，它们的结合产生了一种让人感到忧虑的认识，即认为格尔茨将其他文化引入“我们”的对话，这样的雄心注定会失败，而且会造成严重的破坏。

《写文化》一书里有多个独立的章节都直接针对格尔茨，詹姆斯·克利福德（Clifford，1986）撰写的纲领性导言题为“部分的真理”（“Partial truths”），将格尔茨的人类学风格视为过时的，并且认为它正在被更复杂、政治上更加正确的形式所取代。克利福德基本上忽略了他所考察的民族志文本的实质性内容，而是选择性地将人类学史呈现为占支配地位的民族志写作类型的交替更迭，并且强调民族志工作者他/她自身如何在文本中得到体现。这种叙述是通过对民族志进行分类来构建的，同时它也是一种进步叙事与道德评判，尽管克利福德否认这一点。这篇导言先介绍了“参与式观察者的民族志”，即像勃洛尼斯拉夫·马林诺夫斯基和玛格丽特·米德等人的作品，这些作品呈现为第一手资料的描述，它们是由亲身参与所描述事件的人类学家写成的，表现出一种宽松的、文化相对主义的态度。它们关注语言和翻译问题，并且不论主题焦点或理论取向如何，都采取一种整体主义的表征策略。在克利福德提出的主要民族志写作类型的序列里，“参与式观察者的民族志”之后是“阐释性民族志”，根据他的论述，“阐释性民族志”通过一系列逃避和不诚实的行为——正如文森特·克拉帕扎诺（Crapanzano，1986）在讨论格尔茨的著名著作《深层游戏》的章节里无情地揭示出来的那样——来摆脱它由于政治共谋导致的后果。但是，拯救之道已经出现，或者至少正在形成，它表现为“对话式民族志”的形式，在这种民族志形式中，民族志工作者的“位置性”直接在文本中体现出来，它同时呈现了与信息提供者对话生成“资料”的情境与过程，并且最为重要的是，这些信息提供者的声音也得以被倾听。这通常意味着，此类民族志是人类学家与一个人或几个人之间对话的记录（例如 Rabinow，1977；Crapanzano，1980；Shostak，1981；Dwyer，1982）。尽管克利福德欢迎这种新出现的民族志写作方式，但他认为其局限性在于这样的事实，即人类学家仍然保留了编辑控制权，故而掌握着呈现他人声音的权力（它必然是殖民主义的、压迫性的和扭曲的）。因此，在后殖民秩序不平等的权力结构中，“对话式民族志”仍然是共谋性的。但克利福德提出了在文本中放弃或分享著作者控制权的方法（并且枚举了若干事例），这些方法能够产生由内部碎片化的不同声音拼接而成的文本。克利福德将这种新兴的民族志写作方式称为“多声部民族志”，“多声部”（heteroglossic）这个术语以及另一个术语“对话式”都是他从俄国哲学家兼文学理论家米哈伊尔·巴赫金（Bakhtin，1981）那里采借来的。克利福德预言，随着这种写作方式的不断发展，最终将超越人类学这门学科的局限性，使之成为一种更加开放、更具参与性以及更加积极活跃的文化参与形式（亦可参见 Clifford，1988）。必须指出的是，《写文化》的内容远不止克利福德在导言中所涉及的这些——我们无法忽略其中保罗·拉比诺（Rabinow，1986）写的论文，它可以被视为对该文集里其他论文的一种幽默诙谐的回应——然而，这篇导言很快就被认为是提供了整本书的主要观点。

我认为现在可以毫无争议地说，事实并不完全如克利福德与他的支持者所预测或建议的那样。克利福德所推崇的“多声部民族志”的典范仍然默默无闻，基本上没有人效仿。对话式文本的流行已经结束：很少有这样的人类学家，他们有能力或意愿以一种他们有理由期待他人会觉得有趣的方式，详细地书写自己，实际上，大多数人发现他们想要谈论的关于他们所研究的人和地方的内容需要采取某种文本策略——特别是证据和论证的处理，以及与现有文献的互动——而被提议的新的民族志写作类型是无法胜任这一点的。有些备受瞩目而又令人失望的作品（例如 Menchu and Burgos-Debray，1984），使人们不再认为替作者推诿或分散责任是道义所在。从更宽泛的意义上而言，后现代主义文学理论对于解决随后十年间世界上出现的各种突出问题（如社会主义阵营的瓦解、新的种族与民族主义冲突、全球化）发挥的作用有限，并且那种经常令人反感、矫揉造作与术语繁杂的写作，也难以维持人们的兴趣或者对紧迫性和包容性的诉求。与 20 世纪 80 年代以前相比，如今大多数人类学家在他们的著作里确实更多地描述了田野调查过程与他们的研究实践，但与直接受到《写文化》影响的那些年代相比，那种过度自我质问与反省的描述仍然要少得多。“苦难人类学”这一子领域（例如 Biehl，2005；相关讨论参见 Robbins，2013）可能是这种影响最为直接可见的领域，它通过那种使其备受瞩目的写作方式，仍然在积极地探索自身关注的问题。

当然，在格尔茨的批评者里，也有截然不同于《写文化》作者群体的批评者，这些人认为，格尔茨在《写文化》以及其他地方遭受的责难，完全是自食其果。例如，厄内斯特·盖尔纳在其职业生涯之初，曾猛烈地抨击在维特根斯坦影响下的普通语言哲学运动（Gellner，1959），而格尔茨正是从维特根斯坦的普通语言哲学中汲取了许多灵感。同时，盖尔纳还坚持认为，格尔茨对摩洛哥文化的描述受到浪漫主义理想化与哲学唯心主义的双重影响（Gellner，1981）。盖尔纳还指责格尔茨打开闸门使后现代主义与相对主义泛滥成灾，而《写文化》正是这方面的代表作（Gellner，1992）。在盖尔纳看来，格尔茨夸大了文化差异（“文化”内部的同质性以及它们之间的深刻差异），并且忽略了实质性的政治与经济现实所具有的重要解释力，从而抛弃了启蒙运动留下来的遗产，随之抛弃的还有人类学的使命——解决重大的历史问题和比较问题（对格尔茨类似的批评，亦可参见 Bloch，1989；2012，尽管它先是从马克思主义的视角，然后从认知主义的视角进行批评的）。虽然盖尔纳对格尔茨的解读不是最敏锐或最有洞察力的，但他却挑明了一个事实，即尽管 20 世纪 80 年代初期格尔茨在人类学领域取得了崇高的地位，却没有形成一个可持续推进的思想议程。趋之若鹜者很少能够效仿他的论说文中的精湛技艺。而格尔茨对博厄斯式文化观念的忠诚，即认为文化是相对同质性的且相对有边界的，这几乎断绝了任何系统性比较的可能性。格尔茨确实赞成“文化系统”观念——这种观念认为，宗教、政治、常识等都是具有某些共同特征的生活领域，即使在截然不同的文化里也是如此——但他从未具体阐述过这个观念，也不清楚他对这种观念所导致的结果有何看法。倘若存在格尔茨式研究，那它就要有对另一种文化提出新阐释的抱负，并且这种阐释与格尔茨自己的作品一样出色。然而，他的研究没有形成序列性或累积性的意识。在格尔茨的影响力处于巅峰时期，他发表了一场备受关注的演讲，即 1983 年美国人类学协会年度会议的“杰出讲座”（Geertz，1984），在这场演讲中，格尔茨为文化相对主义的理念进行辩护，虽然后来他承认这是“不明智的”（Geertz，2000）。他这样做的理由很简单，就是不愿意与那些整日聒噪却思想浅薄的普遍主义的支持者为伍，尽管他很清楚在这两种立场之间作出非此即彼的选择是错误的。格尔茨最终还是不愿意放弃在解释时依赖于博厄斯式文化观念，因此无法有效地否定相对主义的结论。在这次演讲中，格尔茨（一反常态地）拐弯抹角、闪烁其词，使原本要讨论的主题变得更加令人困惑。

有意思的是，就在同一年，格尔茨在斯坦福大学举行了一系列讲座，尽管这发生在《写文化》出版之前，但这些讲座的内容后来经过修订，最终以《论著与生活》（*Works and Lives*，1988）为名出版，这些讲座内容构成了对《写文化》作出有力回应的基础。这个回应体现在两个层面。在整本书的层面上，格尔茨提出了一个关于民族志写作形式与人类学真相之间关系的观点，这个观点建立在对福柯进行更敏锐和更扎实的阅读基础上，它比曾经影响了《写文化》的那种对福柯的理解要深刻得多。格尔茨断然驳斥了这样一种想法，即认为有可能找到一种表达民族志真相的方式，通过这种方式，可以剔除作为作者的人类学家所具有的个体独特性。摒弃作者身份，让民族志主体和资料直接发声的想法，既是一种天真的政治幻想（你无法如此轻易地改变世界），又带着一种不被承认的对实证主义真理观念的留恋（马克思主义认为“意识形态”是导致真理“部分”扭曲的原因）。格尔茨试图表明，那些最伟大、最有影响力的人类学家之所以具有独创性和力量，正是由于他们创造了新的叙述方式，从而创造了人类学真相的*新形式*。在《论著与生活》的各个章节里，格尔茨探讨了列维-斯特劳斯、埃文思-普里查德、马林诺夫斯基和本尼迪克特的文学风格，以此阐明这个观点。在探讨每一位学者时，格尔茨采取了一种不同于正式的、学术性的人类学写作方式。对于《写文化》的副标题声称要揭示“民族志的诗学与政治”，隐含的回应是：其诗学过于简单化，而其政治则显得幼稚和不切实际。

但格尔茨的回应还有第二个层面，因为他对《写文化》的具体评论出现在关于马林诺夫斯基的章节里。这一章探讨了马林诺夫斯基在特罗布里恩群岛从事田野调查期间记录的日记，该日记在马林诺夫斯基去世之后出版（Malinowski，1967），引发了一些争议，格尔茨的主要观点是，从马林诺夫斯基在日记里拐弯抹角地表达出来的焦虑中可以看出，他对自己与研究主体缺乏共情感到苦恼不已——他的孤独、挫折、爆发出来的愤怒与怨恨情绪以及他用来缓解这些怨恨所采用的诋毁性的刻板印象与亵渎性言辞——它们之所以让马林诺夫斯基如此感到恐惧，是因为它们直接暴露了他的人类学真相观存在的缺陷。马林诺夫斯基天真的现实主义作风使他希望有一种语言能直接运用于他希望描述的现实。他对心理因素的重视使他认为，若要理解特罗布里恩群岛的文化，就必须深入了解作为个体的特罗布里恩人的心灵奥秘。因此，马林诺夫斯基对权威的宣称以及对自己分析的正确性的信心似乎并不取决于他的观察与论证的质量，而是取决于他能够与特罗布里恩人保持的个人关系以及他能够与他们建立的心理认同程度；不是取决于专业技能与智识，而是取决于无可比拟的敏感性与不容置疑的道德操守。无疑，按照后者的标准，马林诺夫斯基注定会失败。格尔茨说，结果就是他患上了“日记病”。在这一章里，对于曾经引起《写文化》激烈讨论的焦虑和担忧，格尔茨只花了很少的篇幅直接进行评论，因为他的观点很简单：他们让自己陷入了与马林诺夫斯基同样的困境，因为他们有着类似的天真的野心，想要直接获得研究主体的心灵真相。因此，他们的著作也患上了“日记病”，现在的症状表现为强迫性地试图让读者相信他们对信息提供者的主观认同的深度以及他们的政治情感的纯洁性。

当然，这部自信而令人印象深刻的著作里还有一个未曾明言的主张，那就是除了这四位伟大的人类学家之外——他们通过其独具一格的与富有影响力的写作方式，创造了自己独特的且改变了整个学科的人类学真相的形式——还可以有充分的理由再加上第五位，因为格尔茨在某种程度上认为自己也成功地创造了一种新的、独特的人类学写作方式。在他看来，这些批评者的反对意见最终没有撼动这一成就。我倾向于认为，尽管格尔茨在某些方面确实存在局限性，但他的自我评价也终将成为历史的评价。

# 参考文献


Austin, John L. 1962. *How to Do Things with Words*. Oxford: Clarendon Press.

Bakhtin, Mikhail 1981. *The Dialogic Imagination: Four Essays*, edited by Michael Holquist. Austin, TX: University of Texas Press.

Biehl, João 2005. *Vita: Life in a Zone of Abandonment*. Berkeley, CA: University of California Press.

Bloch, Maurice 1989. *Ritual, History and Power: Selected Papers in Anthropology.* London: Athlone.

Bloch, Maurice 2012. *Anthropology and the Cognitive Challenge.* Cambridge: Cambridge University Press.

Clifford, James 1986. Introduction: Partial truths. In James Clifford and George E. Marcus (eds.), *Writing Culture: The Poetics and Politics of Ethnography*, pp. 1–26. Berkeley, CA: University of California Press.

Clifford, James 1988. *The Predicament of Culture: Twentieth-Century Ethnography, Literature, and Art.* Cambridge, MA: Harvard University Press.

Clifford, James and George E. Marcus (eds.) 1986. *Writing Culture: The Poetics and Politics of Ethnography*. Berkeley, CA: University of California Press.

Crapanzano, Vincent 1980. *Tuhami: Portrait of a Moroccan.* Chicago, IL University of Chicago Press.

Crapanzano, Vincent 1986. Hermes' dilemma: The masking of subversion in ethnographic description. In James Clifford and George E. Marcus (eds.), *Writing Culture: The Poetics and Politics of Ethnography.* Berkeley, CA: University of California Press.

Darnton, Robert 1984. *The Great Cat Massacre: And Other Episodes in French Cultural History.* Chicago, IL, University of Chicago Press.

Dwyer, Kevin 1982. *Moroccan Dialogues: Anthropology in Question.* Baltimore, MD: Johns Hopkins University Press.

Eagleton, Terry 1983. *Literary Theory: An Introduction.* Oxford: Blackwell.

Geertz, Clifford 1960. *The Religion of Java*. New York, NY: Free Press.

Geertz, Clifford 1963a. *Agricultural Involution: The Process of Ecological Change in*

*Indonesia.* Berkeley, CA: University of California Press.

Geertz, Clifford 1963b. *Peddlars and Princes: Social Change and Economic Modernisation in an Indonesian Town.* Chicago, IL: University of Chicago Press.

Geertz, Clifford 1965. *The Social History of an Indonesian Town*. Cambridge, MA: MIT Press.

Geertz, Clifford 1968. *Islam Observed: Religious Development in Morocco and Indonesia*. Chicago, IL: University of Chicago Press.

Geertz, Clifford 1973. *The Interpretation of Cultures: Essays in Interpretive Anthropology*. New York, NY: Basic Books.

Geertz, Clifford 1980. *Negara: The Theater State in Nineteenth-Century Bali*. Princeton, NJ: Princeton University Press.

Geertz, Clifford 1983. *Local Knowledge: Further Essays in Interpretive Anthropology.* New York, NY: Basic Books.

Geertz, Clifford 1984. Distinguished Lecture: Anti anti-relativism. *American Anthropologist* 86: 263–278.

Geertz, Clifford 1988. *Works and Lives: The Anthropologist as Author.* Palo Alto, CA: Stanford University Press.

Geertz, Clifford 1995. *After the Fact: Two Countries, Four Decades, One Anthropologist.* Cambridge, MA: Harvard University Press.

Geertz, Clifford 2000. *Available Light: Anthropological Reflections on Philosophical Topics.* Princeton, NJ: Princeton University Press.

Geertz, Clifford 2012. *Life Among the Anthros and Other Essays*, edited by Fred Inglis. Princeton, NJ: Princeton University Press.

Geertz, Clifford, Hildred Geertz and Lawrence Rosen 1979. *Meaning and Order in Moroccan Society.* Cambridge: Cambridge University Press.

Geertz, Hildred and Clifford Geertz 1975. *Kinship in Bali.* Chicago, IL: University of Chicago Press.

Gellner, Ernest 1959. *Words and Things: An Examination of, and an Attack on, Linguistic Philosophy.* London: Gollancz.

Gellner, Ernest 1981. *Muslim Society.* Cambridge: Cambridge University Press.

Gellner, Ernest 1992. *Postmodernism, Reason and Religion*. London: Routledge.

Greenblatt, Stephen 1980. *Renaissance Self-Fashioning: From More to Shakespeare*. Chicago, IL: University of Chicago Press.

Kripke, Saul A. 1982. *Wittgenstein on Rules and Private Language*. Oxford: Basil Blackwell.

Lambek, Michael 1981. *Human Spirits: A Cultural Account of Trance in Mayotte*. Cambridge: Cambridge University Press.

Lévi-Strauss, Claude 1962 [1953]. *Structural Anthropology.* New York, NY: Basic Books.

Malinowski, Bronislaw 1967. *A Diary in the Strict Sense of the Term.* London: Routledge and Kegan Paul.

Meeker, Michael E. 1979. *Literature and Violence in North Arabia.* Cambridge: Cambridge

University Press.

Menchu, Rigoberta, with Elisabeth Burgos-Debray 1984. *I, Rigoberta Menchu: An Indian Woman in Guatemala*. London: Verso.

Ortner, Sherry B. 1978. *Sherpas Through their Rituals*. Cambridge: Cambridge University Press.

Rabinow, Paul 1977. *Reflections on Fieldwork in Morocco*. Berkeley, CA: University of California Press.

Rabinow, Paul 1986. Representations are social facts: Modernity and post-modernity in anthropology. In James Clifford and George E. Marcus (eds.), *Writing Culture: The Poetics and Politics of Ethnography*, pp. 234–261. Berkeley, CA: University of California Press.

Radcliffe-Brown, A.R. 1952. *Structure and Function in Primitive Society*. London: Cohen and West.

Ricoeur, Paul 1973. The model of the text: Meaningful action considered as a text. *New Literary History* 5: 91–117.

Robbins, Joel 2013. Beyond the suffering subject: Toward an anthropology of the good. *Journal of the Royal Anthropological Institute* 19: 447–462.

Rosaldo, Michelle Z. 1980. *Knowledge and Passion: Ilongot Notions of Self and Social Life*. Cambridge: Cambridge University Press.

Rosen, Lawrence 1984. *Bargaining for Reality: The Construction of Social Relations in a Muslim Community*. Chicago, IL: University of Chicago Press.

Ryle, Gilbert 1949. *The Concept of Mind*. London: Hutchinson.

Said, Edward W. 1978. *Orientalism*. London: Penguin Books.

Sewell, William H. 1980. *Work and Revolution in France: The Language of Labour from the Old Regime to 1848*. Cambridge: Cambridge University Press.

Shostak, Marjorie 1981. *Nisa: The Life and Words of a !Kung Woman*. Cambridge, MA: Harvard University Press.

Taylor, Charles 1985. *Human Agency and Language: Philosophical Papers 1*. Cambridge: Cambridge University Press.

White, Leslie A. 1949. *The Science of Culture*. New York, NY: Grove Press.

Wittgenstein, Ludwig 1953. *Philosophical Investigations*. Oxford: Blackwell.

Zemon Davis, Natalie 1983. *The Return of Martin Guerre*. Cambridge, MA: Harvard University Press.

第九章

# 法兰克福学派、批判理论与人类学

The Frankfurt School, critical theory and anthropology

克里斯托·林特利斯

人类学理论的教科书和论文经常以一种辩护性的方式提到，法兰克福学派“对人类学的影响微乎其微”（Morris，2014：298）。因此，在一本探讨人类学主要理论趋势的著作里出现关于法兰克福学派以及更广泛意义上的批判理论，可能会令人感到惊讶。然而，或许正是这种能够在视野边缘继续存在并发挥作用的能力，使得批判理论对人类学如此重要。本章的目的不是回顾人类学家如何运用那些来自批判理论的方法或观念，也没有兴趣去发掘法兰克福学派对人类学的“影响”——这更像是占星术的做法，而不是分析性的或者是历史性的做法。相反，我的目的是阐明人类学的批判理论潜质，展示它富有成效的实现方式，以及最重要的是，它如何形成一股罕见的、取之不竭的潜流，这种潜流所涉及的不是某一门视野或方法受到一定限制的学科，而是人类学的思维本身。确切地说，这是一种能够为我们生活于其中并开展行动的社会世界创造出新观念的能力。

乔治·马尔库斯和迈克尔·费舍尔在他们具有里程碑意义的著作《作为文化批判的人类学》（*Anthropology as Cultural Critique*）里，将法兰克福学派视为“也许是 20 世纪 60、70 年代美国年轻一代人类学家复兴文化批判意识最重要的刺激因素”（Marcus and Fischer, 1986：119）。然而，他们似乎怀疑批判理论会产生持久的影响力，因为他们将批判理论的许多著作所具有的零散特质以及它们注重理论而非经验的研究取向看作是严重的缺陷。他们对批判理论的遗产进行了保守性的评价，最后得出结论说，“虽然在20世纪70年代的时代氛围下很有吸引力，但早期法兰克福学派的贡献如今已经不再适用”（第122页）。

事实上，批判理论非但没有过时，反而成为重塑后冷战时代人文社会科学知识图景的重要力量。其中一个核心的因素是学术界重新认识瓦尔特·本雅明（Walter Benjamin），并首次将他的著作系统地翻译成英文。较为典型的是，在《作为文化批判的人类学》问世二十年后，费舍尔将自己的研究视为与本雅明的巨著进行对话“这一越来越丰硕的研究”（Fischer，2009：27）的一部分。

但是，究竟什么是批判理论？这个问题可能比初看起来要难回答得多。鉴于篇幅有限，我在本章将只探讨所谓的第一代法兰克福学派以及与之相关联的人员，而不涉及第二代批判理论家，比如尤尔根·哈贝马斯（Jürgen Habermas）和阿克塞尔·霍内斯（Axel Honneth）这样的哲学家。我的讨论中也不包括赫伯特·马尔库塞（Herbert Marcuse）和埃里希·弗洛姆（Erich Fromm）的著作，尽管它们在法兰克福学派的思想与制度生活的不同阶段都是重要的组成部分，但这些著作更适合归入精神分析学和人类学的范畴，或者，就前者而言，属于人类学和所谓的“弗洛伊德式马克思主义”的范畴。

## 批判理论概述

法兰克福大学的社会研究所（简称“法兰克福学派”）成立于1923年，最初它是一个受马克思主义思想启发的研究机构，在马克斯·霍克海默（Max Horkheimer）的领导下（1930—1953年），同时借助于它的主要出版物《社会研究杂志》（*Zeitschrift für Sozialforschung*），逐渐发展成为20世纪最有影响力的研究机构之一。数十年来，社会研究所吸引了许多开创性的学者，诸如狄奥多·阿多诺、埃里希·弗洛姆、赫伯特·马尔库塞、尤尔根·哈贝马斯、弗朗茨·勒奥波德·诺伊曼（Franz Leopold Neumann）、列奥·洛文塔尔（Leo Löwenthal）以及阿克塞尔·霍内斯等，同时它还与瓦尔特·本雅明和齐格弗里德·克拉考尔（Siegfried Kracauer）等杰出思想家保持着联系与交往。1933年，社会研究所被纳粹德国取缔，之后它先是迁往日内瓦，两年之后又迁往纽约，在那里对纳粹主义与“威权型人格”（Adorno et al.，1951）开展了具有标志性意义的研究，最后于1949年迁回德国。在这一系列发展过程中，社会研究所的成员与同仁采取的研究路径往往殊途同归，同时与其他著名的学者（其中许多人也是流亡者），如格哈德·谢姆（Gerhard Scholem）、马丁·布伯（Martin Buber）、恩斯特·布洛赫、汉娜·阿伦特和贝托尔特·布莱希特（Bertolt Brecht）等人有着频繁的交流。本雅明是唯一留在欧洲的研究所成员。1940年，他试图逃离法国前往西班牙，但未能如愿，随后结束了自己的生命。

尽管有其制度性的背景，但是批判理论从未发展成为一种规范性的社会理论，因此，按照苏珊·巴克-莫斯（Buck-Morss，1977）的说法，“批判理论”这个术语可能缺乏实质性和历史的准确性。然而，如果像马丁·杰伊（Jay，1996：41）所说的那样，批判理论只是一种对话性的“其他体制的挑战者”，那就言过其实了。正如道格拉斯·凯尔纳（Kellner，1994）所指出的，这将掩盖一个事实，即批判理论的发展是与当时迫在眉睫的社会问题直接相关的，其中最突出的问题就是法西斯主义在整个欧洲的兴起。

为了充分理解这一社会理论学派的范围，通常我们以马克斯·霍克海默写于1937年的纲领性论文《传统理论与批判理论》（“Traditional and critical theory”）作为起点，这么做事实上也很有帮助。在这篇论文里，霍克海默批评社会科学模仿自然科学的建模方式（这在当时是一种霸权倾向，参见第一章），他认为，“我们的感官呈现给我们的事实是通过两种社会性的方式进行的：一是通过被感知对象的历史特质；二是通过感知器官的历史特质”[Horkheimer，2002（1944）：200]。类似地，霍克海默的密切合作者、杰出的哲学家狄奥多·阿多诺也反对社会学的实证主义和预测性陈述，他坚持认为研究方法与研究对象之间的分离是一个神秘化的过程。相反，阿多诺强调“研究所采用的方法不仅应始终与被研究的社会现象密切关联，而且应该来源于被研究的社会现象”（Morris，2014：333）。

这一方法源于马克思主义辩证法（参见第三章），它借鉴了马克思和恩格斯对乔治·黑格尔思想的唯物主义重构，即历史是通过“正反合”（thesis–antithesis–synthesis）的三重过程进行的。按照马克思和恩格斯的观点，只有将黑格尔的理论颠倒过来，并且用聚焦于人类存在的唯物主义取代他聚焦于人类意识的唯心主义，历史进程才能被理解成为一个辩证的社会转型过程，“其中一个社会阶段，即正题，通过包含着其对立面，即反题，不可避免地‘播下了自身毁灭的种子’”（Erickson and Murphy，2008：44）。然而，批判理论拒绝将辩证法转变成为一种如苏联所倡导的“辩证唯物主义”那样的知识理论。因此，批判理论在其基础上保留了从认识论和方法论上对主体与客体的关系提出根本性的挑战，从而直接对抗“这样一种认知范式，该认知范式是作为完全独立的客体领域的一种理论表征而存在”(Bernstein，1994：1)。

发展一种人类学的唯物主义方法，不仅要摒弃客观主义的本体论，而且也要拒绝将主体作为“资产阶级哲学”的起点与核心 [Horkheimer，2002（1944)：211]。一方面，这使人们认识到知识的生产是一个需要克服主体 / 客体二分法的过程，这种二分法主导着当时的社会科学；另一方面，它也使人们认识到社会科学在研究过程中对其主体产生的影响。换句话说，批判理论为 50 年后人类学的重要发展（参见第八章）提供了关键性的观念和方法论基础，它使人们认识到，各种形式的社会研究不仅通过文字输出影响社会，而且作为一种行为方式，在研究社会的同时也改变着社会，就人类学而言，这意味着我们在进行民族志田野调查的同时，也在改变着社会。

阿多诺和霍克海默对思想与现实之间的分离进行的批判在他们的重要著作《启蒙辩证法》[*Dialectic of Enlightenment*，2002 (1944)] 一书里达到了顶峰。他们将现实转化为与理性主义的产生有关的检验或知识的对象，用布鲁斯 · 卡普费雷尔的话来说，这种理性主义“在产生所谓的非理性主义方面发挥着重要作用，它与之交锋并经常试图控制后者”(Kapferer，2007：86)；这种对立在纳粹主义那里变得无以复加。类似地，正如陶西格（Taussig，1989：12）所指出的，本雅明在《拱廊街计划》(*Passagen-Werk*) 的各个片段里遵循着批判理论的研究路径，在理性主义中寻找非理性主义，以揭露“商品如何在它的现代性和世俗性中召唤出古老与奇异、原始与神秘”（关于本雅明与神话的论述，可参见 Menninghaus，1991；Mali，1999）。这一点非常重要，不仅因为它将辩证可逆性方法（如前文讲到的，正题的过程包含反题的种子）作为现代社会的一个核心要素（Abélès，2008），而且还因为它遵循着阿多诺的观点［本雅明的通信，参见 Benjamin，2006（1935）］，使人们能够对马克思所认定为的商品拜物教特性进行分析，指出它不仅仅是关于人类意识的事实，而且也是在特定的历史条件下产生并组织化的意识。

这种“将古老的元素与最现代的现象对应起来”（Buck-Morss，1977：58）的技术，是各种形式的批判理论之关键。对于人类学分析而言，它在理论上的密切关联与潜力也尤为明显。在阐明（而不是在黑格尔的意义上“解决”）现代性的矛盾特征时，这种方法的目的不是揭示某种自我包含的现实，而是——用本雅明的话来说——让我们意识到（而非脱离）建构现代生活的梦境。这一研究方案的核心是运用“微观凝视”（阿多诺用来形容本雅明的一个短语）：“一种让对象的特殊性释放出意义的手段，这种意义消解了其具象化的外表，揭示出它不仅仅是一种简单的同义反复，也不仅仅是简单地等同于自身。”（第 74 页）这种凝视既保留了被审视的各种细微的社会文化现象的特殊性，同时超越了它们“给定”的直接性。尽管它对阿多诺的“文化生产”研究也非常重要（文化生产这一研究领域对媒体研究产生了深远影响；参见 Adorno，2001），但没有哪一部作品比《拱廊街计划》更能够体现这种方法，这部著作可以被视为“现代性的资本主义起源的历史词典，［同时］也是城市经验之真实、具体形象的集大成者”（第 33 页），其核心的做法是“通过当下伸缩过去”（Benjamin，2002：588）。正是在那里，我们看到了“辩证意象”的出现，这种观念，或者说这种方法，它具有的分析性与观念性的潜质，令那些执着于阐释现代生活之构成性矛盾的人类学家感到着迷、困惑和兴奋（有关阿多诺对这一观念的批评，可参见Benjamin，2006）。

## 辩证意象

辩证意象是这样一种意象，假如从更广泛的批判理论的视角来看，我们可以说它起着一种“转换”的作用，因为它“捕捉到了转瞬即逝的现象”，并且“使具象化的对象运动起来”（Buck-Morss，1977：106），从而将历史或民族志时刻的非同一性呈现为一种无意识的真相：

> 不是过去阐明现在，或者现在阐明过去；确切地说，意象是过去和现在瞬间结合在一起，形成一系列相关的想法。换言之，意象是处于静止状态的辩证法。
>
> （Benjamin，2002：462/N2a, 3）

对此，乌罗什·奇沃（Cvoro，2008：92–93）解释说，“本雅明的历史”：

> 是通过意象的索引产生的，这种索引既是对某个意象所属的特定历史时刻的识别（过去），又是对这种意象最初变得可识别的另一个时刻的识别（现在），同时也是两者交锋的场所。

因此，辩证意象的关键作用是“揭示历史领域关于时间性与差异性的不同观念之间存在的潜在张力”（第89页）。让我们来看一个例子，它不仅对人类学，而且对整个人文社会科学领域都产生了深远的影响：游荡者（flâneur）。

在《拱廊街计划》里，本雅明对19世纪中叶的法国诗人夏尔·波德莱尔（Charles Baudelaire）进行了广泛的研究（关于这些片段的系统性整理，可参见Agamben et al.，2013），他从中探讨了“游荡者”的形象。这是一个中产阶级的游手好闲者，在法国巴黎的车水马龙与购物商场里漫无目的地闲逛，迷失在千变万化的商品幻境之中：

> 街道成了游荡者的住所，他在这些房屋的外墙之间如鱼得水，就像一个市民身处由四堵墙围起来的家里一样感到熟悉自在。对他来说，光亮、涂了珐琅的商业标志牌就像是墙上的装饰物，它至少与资产阶级家庭客厅里的油画一样美好。墙壁是他安放笔记本的书桌，报摊是他的图书馆，而咖啡馆的露台则是他完成工作后俯瞰自己家中的阳台。
>
> （Benjamin，2002：37）

对本雅明而言，游荡者不仅引领着一种新的城市体验，而且产生了一种新的人类学类型，游荡者“为意识与经验之间的普遍性关系提供了一种模式，这种关系在……发达资本主义时代的大都会中心居于主导性地位”（Brand，1991：7–8）。反过来，从这个视角来看，游荡者在人类学乃至更广泛的社会科学中被视为“我们自身在此世的消费主义模式”的辩证意象（Buck-Morss，2006：35）；这种人物形象自从在我们大都市的街头消失后，正如阿多诺（Adorno，1939）所指出的，取而代之的是不断切换无线广播电台的“听觉游荡者”，以及更晚近以“网络游荡者”的形式出现的互联网冲浪（Manovich，2001；Hartmaan，2004；Hogan，2016）。从这个角度看来，正如达娜·布兰德（Dana Brand）在她备受赞誉的关于美国游荡者历史的著作中所讨论的那样，透过辩证意象的棱镜，这个形象远不仅仅是关于过去的模型或是关于当下的前身，在本雅明的作品里，它更多地充当着“每个时代都对自己的后继者充满美好梦想”这一人类学基本信条（应用于现代性）的例证作用，同时它也是我们自己社会的一面棱镜，其“毋庸置疑的认知地位”（Lauster，2007：139）与批判潜力从以下事实中可见一斑：它仍然明显地让学者、批评家和评论者感到兴奋、困惑和恼怒（Stephen，2013；Livingstone and Gyarke，2017）。

通过考察辩证意象——这个谜一般的著名概念，正如爱德华多·卡达瓦（Cadava，1997）指出的那样，这是一个“摄影”概念，它“从未实现术语上的一致性”（Tiedemann，1999：942）——马克斯·彭斯基解释道，它“挑战了人们所熟悉的康德式理解观念，即认为理解是通过将某种受规则制约的概念应用于感官数据来生成世界知识的能力”（Pensky，2006：117）。从这个意义上讲，它不仅彻底转变了“主体与客体之间截然对立的关系”（Buck-Morss，1977：83），而且还在分析时前所未有地关注所研究的社会结构与逻辑结构中出现的破裂、断裂和分裂。因此，除了本雅明的方法所延续的关系认识论（这也出现在阿多诺的“否定辩证法”中），需要指出的重要一点是，作为文化批判的场所与方法，辩证意象构成了“某种时间断裂的场景、空间和形式；在这种断裂中，时间与空间是脱节的”（Richter，2006：148）。换言之，按照西格丽德·魏格尔（Weigel，1996）的解释，它使我们能够看到并理解民族志连续统之外的事物，或者是瓦索斯·阿吉柔（Argyrou，2002）所说的人类学“寻求意义的意志”。“作为一种在其具有可识别性（*Erkennbarkeit*）的当下闪现的意象”（Benjamin，2002：473/ N9，7），辩证意象从档案或民族志的碎片中呈现，作为一系列相关的观念，它拒绝从分析上迅速撤退到“意义”层面，而是迫使我们转而采取另一种意义生成的方法：蒙太奇。

马尔库斯（Marcus，1995b）在将碎片进行并置，同时将它们连接成迄今尚未得到认可的组合结构时，表明蒙太奇手法对于民族志写作的实验至关重要。正如谢尔盖·爱森斯坦（Sergei Eisenstein）、超现实主义者以及贝托尔特·布雷希特（Bertolt Brecht）等人所开创并应用的那样，蒙太奇不仅仅是一种技术，而且是一种方法，同时还是现代主义的一个关键理论概念（第 37 页）。马尔库斯认为，就人类学领域而言，在应用这种方法方面具有里程碑意义的作品是迈克尔·陶西格（Michael Taussig）在哥伦比亚亚马逊地区对殖民地“黑暗之心”的一项重要研究，即《萨满教、殖民主义与野人》（*Shamanism, Colonialism and the Wild Man*，1986），该书巧妙地运用蒙太奇“打破社会科学写作的有序叙事，并作为一种展演性的治愈话语，对恐怖主义与种族灭绝的历史作出回应”（Marcus，1995b：47–48）。

将蒙太奇的原则“延续”（套用本雅明的说法）到民族志里，无异于在被抢救的碎片之间建立一种全新的、启发性的关系，而且正如彭斯基（Pensky，2004：186）提醒我们的那样，这也是一种必要的关系。与我们称之为“系统的”观念——它在数十年来强调人类学流派的多样性甚至对立性——相比，这种方法不仅承认通常被忽略或者遭贬抑的社会生活之碎片的重要性，而且还彻底转变了它们的使用价值，因为它促进了一种反沉思、反全景以及由此产生的一种反具象化的人类学方法，在那里，民族志工作者扮演着“拾荒者”的角色，这种本雅明式人物形象与“游荡者”截然不同（游荡者从根本上是一种浪漫、冲动和狂热的人物），他是“有条不紊的、自反性的和桀骜不驯的”（Berdet，2012：425）：

> 一个人吹着口哨，旁若无人，五光十色的霓虹灯分散了他的注意力，最新的时尚深深地吸引着他，他徘徊在充满梦幻的街道上，若有所思地逃避资本主义对有用性提出的要求。另一个人咕哝着、眉头紧蹙，低头仔细察看着地面，他痴迷于隐匿处、阴暗的角落，以及被社会遗弃的各种物品，他不能自已地跟在第一个人后面，不停地窥探着，将“不再有用”的一切重新赋予新的效用。第一个人是游荡者，而第二个人则是拾荒者。
>
> （第 425 页）

鉴于“后现代”民族志的倡导者（Köpping，2005；Soukup，2012）以及一些都市人类学家（Jenks and Neves，2000；Lucas，2004；Kramer and Short，2011；Nas，2012）分别从不同的视角认同将游荡作为一种人类学研究的方法（相关评述可参见 Coates，2017），我们不禁要问，就方法论上的创新而言，“拾荒者”是否无法提供一种更加富有成效的形象？因为在“拾荒者”的系统轨迹里，他或她的特征是“专注于新事物，但不陷入疯狂”（Berdet，

2012：428)。虽然朱迪思·奥克利（Okely，2012）在《人类学实践》（*Anthropological Practice*）一书中没有提到“拾荒者”这个形象，但当她采用安德烈·布勒顿（André Breton）的“可自由处理 / 无约束”（*disponibilité*）这一概念来描述人类学家需要对出乎意料的遭遇保持开放性时，提出了类似的表述：“这种在游荡中寻找一切事物的渴望，将在我与其他可用的或可获得的存在进行神秘交流的过程中得以保持。”（Breton，1937，转引自 Okely，2012：54）正如伯德特（Berdet）对拾荒者的解读一样，这种偶然性倾向取决于一个人的专注接受能力：“探求者必须准备就绪（伺机等待），处于一种专注的状态。”（第 55 页）通过仔细研究社会结构的裂痕，并将其残骸与废墟看作是经验的惯习、同时也是观念的惯习，人类学的思维就能够如同阿多诺所说的那样，“在不失严谨性的同时获得经验的密度”（参见 Richter，2006：148；有关将历史学家比作拾荒者的比较分析，可参见 Wohlfarth，1986）。

## 模仿（Mimesis）

批判理论——尤其是本雅明的研究——在人类学领域得到了广泛应用，尽管这种应用只是“碎片化”的。其中有些应用难免是轻率的，但作为一种方法，这种对碎片的碎片化使用已经产生了若干成功而富有启发性的人类学分析，譬如运用本雅明的“1927 年密西西比河洪水”（“Flooding of the Mississippi 1927”）电台广播对飓风“卡特里娜”（Hurricane Katrina）进行批判性的解读（Fischer，2009），阿尔琼·阿帕杜莱借助于“机械复制”的观念分析全球化（Appadurai，1996），以及通过“作为生产者的作者”这一视角将艺术家解读成民族志工作者（Marcus，1995a：303）。同样成果卓著的是，人类学的某些领域就这样的问题展开了争论，即如何将批判理论关于片断性与毁灭性的观念应用于讨论有关破坏性的积极方面，这些人类学领域既赞同“后现代”人类学对碎片 / 片断的迷恋，同时又批判性地与之保持距离（Gordillo，2001；Navaro-Yashin，2009；Lee Dawdy，2010；Ladwig et al.，2012；Stoler，2013）。

毫无疑问，人类学思维在模仿问题上最成功地实现了这种批判理论的潜力。虽然关于人类如何彼此模仿以及超越自身的研究可以追溯到柏拉图和亚里士多德，并由萨缪尔 · 泰勒 · 柯勒律治（Samuel Taylor Coleridge）和埃里希 · 奥尔巴赫（Erich Auerbach）等富有影响力的现代思想家进一步发展，但当代人类学对这一观念的运用根源于本雅明的一项简短却思想丰富的研究：《论模仿能力》（“On the Mimetic Faculty”）；这是一篇本雅明在生前从未发表过的草稿，是他较早之前《相似性原则》（“The Doctrine of the Similar”，1979）一文经过修订后的缩略版。

本雅明将“变得相似的和行为模仿的强烈欲望”（Benjamin，2005：720）看作是重要的人类学特质，他试图研究模仿在现代性中是如何实现与转化的。可以说，在批判理论关于“经验结构变化”（Benjamin，2003：314）——这是具有重大人类学意义的领域——的研究中，《论模仿能力》是一篇具有重要意义的文献。

这篇文章是以与当时流行的社会思想进行论辩式对话的方式写成的，这些对话的对象包括人类学理论［列维-布留尔（Lévy-Bruhl）和卡西尔（Cassirer）］、马克思主义语言学［马尔（Marr）和维果茨基（Vigotsky）］、弗洛伊德式精神分析学以及卡巴拉式神秘主义（Rabinbach，1979；Hanssen，2004），该文更广泛地体现了本雅明的人类学唯物主义，它在结尾处如此写道：

> 语言可以被看作是最高级的模仿行为，也是非感官相似性的最完整档案：它是一种媒介，早先模仿式生产与理解的力量从中没有留下任何痕迹，以至于甚至消除了魔法的力量。
>
> （Benjamin，2005：722）

尽管通过本雅明深刻且同样复杂的唯物主义语言哲学，可以最准确地解释这篇文章（Hanssen，2004），但迈克尔·陶西格（Taussig，1993）最早对它进行了社会 / 文化人类学的解读，并且获得了广泛的认可，这种解读更多地端赖于苏珊·巴克-莫斯（Susan Buck-Morss）对该作品的理解，同时结合本雅明关于摄影与更一般意义上的机械复制等相对较容易理解的著作（Benjamin，2008）。"这些技术"，巴克-莫斯声称，"为人类提供了前所未有的感知敏锐度，本雅明相信，他所处的时代正在发展形成一种不那么神奇、更加科学的模仿能力"（Buck-Morss，1989：267）。这种解读设法在本雅明思想的不同维度（和时代）之间创造出一种令人意想不到而又富有成效的协同效果。对陶西格而言，它为探讨这样一种观念提供了契机，即现代大众文化"既激发了感知的模仿方式，同时又以感知的模仿方式为前提"（Taussig，1993：20），并且探讨在殖民主义的背景下，"如同历史进入模仿能力的功能运作之中一样，模仿能力又是如何进入这些历史之中的"（第 xiv 页）。

尽管陶西格的分析受到批判理论中更加注重规范分析的学者批评（例如 Jay，1993），但他采取了多层次、相互交织的方法来研究模仿现象。其中主要包括巴拿马圣布拉斯库纳人（Cuna of San Blas）的萨满治疗仪式与尼日尔的豪卡（Hauka）灵体附身仪式采用雕刻成欧洲人形状的小雕像。将这些不同案例联系起来的相关问题涉及以模仿作为一种“成为他者”的技术，更确切地说，是一种成为殖民地他者的技术。陶西格试图阐明这对反抗殖民统治和欧洲人如何遭遇这些模仿现象产生的影响，后者包括人类学家自身遭遇这些模仿现象，以及“这种模仿如何侵蚀了（我们）的科学赖以为生的他异性”（第 8 页）。通过这种方式，陶西格巧妙地将模仿转化成为一种人类学式辩证意象，与此同时，也将它转化为一种关于人类学的辩证意象。

在本章中，我将简要讨论陶西格关于“豪卡”的案例，因为正是通过这个案例，使他关于模仿能力的研究能够与其他人类学家以及他们的研究展开广泛的对话。20 世纪 20 年代末，陶西格在研究桑海人（Songhay）的豪卡运动时，聚焦于灵体附身实践。他特别注意到豪卡运动模仿殖民地人物的方式，在这个过程中，被附身者模仿殖民地官员的姿态与言谈举止，甚至以令人难以置信的灵巧性模仿殖民地机车的运动和声音，同时还包括一些身体特征，例如口吐白沫、浑身抽搐或眼睛凸出等，这些特征与欧洲人或殖民者的身体形象相去甚远。

陶西格从批判理论的角度来看待这种矛盾，将它视为一种殖民主义的辩证意象，他认为：

> 正是这种被附体的能力，对于欧洲人来说，这种能力意味着令人敬畏的他者性，甚至是彻头彻尾的野蛮，这使得他们能够扮演欧洲人的身份，与此同时又明确地、不可

逆转地与之区别开来。

（Taussig，1993，241）

然而，陶西格更感兴趣的是人类学最杰出的导演让·鲁什（Jean Rouch）在其著名（且被禁数十年）的纪录片《通灵仙师》（*Les maîtres fous*）里对这一运动的“捕捉”。他将这部纪录片的强大效果归因于“模仿性的身体与模仿性的机械之间的交互作用”（第 244 页），也就是说，被附体者的身体与用来捕捉其动作的运动摄像机之间的结合。

陶西格将鲁什的纪录片看作是“一个边缘领域的新纪元，在那里‘我们’和‘他们’失去了极性，而在对焦与失焦之间游走”（第 246 页），他借鉴了贝托尔特·布莱希特（Bertolt Brecht）关于戏剧距离化 / 疏离［即所谓的陌生化效应（*V-effekt*）］的思想（参见 Jameson，1998），同时还借鉴了罗杰·卡洛瓦斯关于模仿的研究，即模仿不是努力变得与某种事物相似的过程，而仅仅是为了表现出相似（Caillois，1984），从而启发性地宣称，“被模仿的正是模仿自身”（Taussig，1993：241）。陶西格援引了巴克-莫斯对本雅明著作的综述，之后接着说，这部纪录片：

在拍摄过程中，它借用了神奇的模仿实践……在这个殖民地的世界里，当摄像机与神灵附体的人们相遇时，我们确实可以认为，西方的模仿能力通过现代的模仿机械得到了重生。

（第 242 页）

尽管陶西格对模仿的解读，尤其是对鲁什的纪录片的解读，并非毫无争议（例如 Kien，2002），但他关于模仿能力的观点在后殖民主义研究和视觉人类学领域引发了持久的讨论，同时它也与人类学的核心问题相关，因为它假定模仿从根本上是一个感官过程。

在人类学和社会科学整体上对身体与具身化产生新的兴趣时（某些情况下产生了极为细致的研究），这一观点的提出为相关讨论提供了肥沃的土壤；由此，保罗·斯托勒（Stoller，1995）提出了一种涉及巫术等过程的“肉身认知”模式。斯托勒重新回到陶西格通过本雅明的模仿观念来解读弗雷泽关于“共情魔法”[①] 的思想，即“巫师暗示他仅仅通过模仿就能够产生自己想要的任何效果”（Taussig，1993：47），他给我们举了一个关于桑海人巫师的例子，这位巫师制作了魔法弓箭的仿制品，并对着它们说：“告诉我受害者的姓名。”斯托勒写道，射箭本身可以被看作是人类学文献里模仿性写作的重要时刻：

> [箭的] 仿制品掉落在受害者的住所或村庄的地上，它不会造成任何伤害；但是，“内在的”箭矢则会穿越夜空。如果巫师瞄得准……“内在的”箭矢就会击中受害者。受害者会在午夜惊醒，尖叫着，腿部突然剧烈疼痛。一旦中箭之后，他们的身体会变得越来越虚弱。如果他们不寻求治疗，很可能会死于看不见的（内在的）伤口。
>
> （Stoller，1995：41）

① “共情魔法”(sympathetic magic)，即通过模仿等手段与目标对象建立联系，从而达到影响或控制它的目的。

模仿能力是当代人类学关于具身化研究的重要组成部分，最近，它也在人类学本体论转向的一个重要案例中找到了一种新颖且具有挑战性的应用（参见第十四章）。在《猎魂者》（*Soul Hunters*）一书里，雷恩·威勒斯列夫（Willerslev，2007）探讨了西伯利亚尤卡吉尔人（Yukaghirs）如何依靠模仿能力狩猎麋鹿。威勒斯列夫主张“万物有灵论即模仿”的研究取向，为此他撰写了一部复杂的民族志，以反驳这样一种观点，即认为万物有灵论是人类将动物“当作”人来对待的系统。在威勒斯列夫看来，要超越对万物有灵论的隐喻性解读，就需要将它看作是一种模仿实践，通过这种模仿实践，动物和人类都卷入到“相互模仿的矛盾情境之中”（第11页）。威勒斯列夫从与殖民主义相关的模仿研究——它迄今为止占据着主导地位——转而探索模仿能力具有的本体论潜力，这一举动体现了过去十年来人类学的发展趋势。

威勒斯列夫将注意力聚焦于“为了对被模仿的对象产生影响，仿制物必须与原物相似”的方式（第11页），他要求我们重新将模仿看作是一种不完美的复制过程。威勒斯列夫坚称，正是这种不完美、“复制性”或差异，而不是感官上的接触，才是模仿的有效能力。换句话说，这让模仿者（狩猎者）能够保持一种双重视角——同时处于一种既不是自我又不是非自我、既不是动物又不是非动物的状态——从而对被模仿者（猎物）施加影响。倘若我们要讨论“视角主义”，或者人类/非人类关系如何端赖自身以及他人的视角差异与交流［尤其是在亚马逊地区，如爱德华多·维韦罗斯·德·卡斯特罗（Eduardo Viveiros de Castro）所阐述的那样；参见第十四章］，威勒斯列夫认为，就尤卡吉尔人的情况而言，这需要被看作是一种“模仿式共情”的过程，它不是基于“从一种视角转向另一种视角”，而是基于“不屈从于某种单一的视角”（第 110 页；亦可参见 Bubandt and Willerslev，2015）。

## 前景与危机

因此，通过肉身知识与视角共情、从政治抵抗到本体论悬置，可以说，“模仿”这一批判理论观念不仅是作为一种被考察的关于社会的辩证意象，同时也是作为人类学思维在不同历史时期具有的批判理论之潜质的意象。这种潜质的独特之处在于，它与其他已经被认可的人类学批判传统或者所谓的宏大叙事不同，尤其是与自从 20 世纪 80 年代以来在人类学领域盛行的宏大叙事不同。传统的批判性人类学的目标是“解构”社会现实，使之“去神秘化”，而批判理论的主要目标不是否定，而是拯救，也即“当原本被遮掩或遗忘的与过去的联系被揭示出来时，通过对另一种未来的短暂一瞥，促进新的社会生活形式的建构”（Taussig，1984：89）。倘若忘记了这一点，将批判理论的人类学潜质理解为人类学中的“后现代”或解构主义取向的一部分或附属物，这将使这些辩证观念脱离于它们的历史，并消解其解放潜质。因此，将批判理论归结为一种知识迷信，换句话说，将它们简化成一种抽象观念，将其“应用”到不同的民族志背景，尽管或多或少会取得一定的效果或“成功”，但这会带来严重的分析危险，尤其是由于批判理论处于人类学正统的社会理论之外，使其特别容易被误用。这些误用的例子包括从政治人类学的角度采用本雅明关于“例外”和“紧急状态”的思想［尤其是意大利哲学家乔尔吉奥 · 阿甘本（Giorgio Agamben）进行的阐述］，忽略了这些观念复杂的理论谱系和辩证潜力（Jennings，2011）。还有一种普遍流行的做法，那就是习惯性地从本雅明的《历史哲学论纲》（*Theses on the Philosophy of History*）中剥离出一些细枝末节的片段，这些片段富有诗意，容易唤起情感，同时又具有深奥的哲学意涵，譬如本雅明对保罗·克利（Paul Klee）的《新天使》（*Angelus Novus*）[①] 意象所作的评论，在该意象中，天使被前进的风暴推动着"进入未来——这是他背对着地方，而他面前堆积的废墟已经高耸入云"（Benjamin，1999：249）。

批判理论和法兰克福学派及其合作者的著作与制度性的社会 / 文化人类学之间存在着一种矛盾的关系。尽管其人类学唯物主义方法和分析的批判潜力渗透到了社会 / 文化人类学的各种研究取向之中，经常在明确使用诸如"模仿"、"毁灭"或"例外"等观念时显现出来，但除了陶西格之外，与城市研究、地理学或政治理论等领域相比，人类学作为一门学科并没有系统地参与批判理论的研究。批判理论远不仅仅是众所周知的那种"离经叛道"的理论，作为欧洲批判性地思考现代性及其最悲惨后果的重要传统，对于人类学而言，它仍然是社会理论思维中一种庞大且富有挑战性的资源。

① 《新天使》是瑞士画家保罗·克利的一幅画作，本雅明对它情有独钟，称之为"历史的天使"。

# 参考文献

Abélès, M. 2008. Anthropologie, anticipation, utopie. *Cahiers d'anthropologie sociale 4: Walter Benjamin, la tradition des vaincus*: 13–25.

Adorno, T.W. 1939. *Radio Physiognomik.* Frankfurt-am-Maim: Adorno Estate.

Adorno, T.W. 2001. *The Culture Industry: Selected Essays on Mass Culture*. London: Routledge.

Adorno, T.W., E. Frenkel-Brunswik and D.J. Levinson 1990 [1951]. *The Authoritarian Personality*. London: Norton.

Agamben, G., Chitussi, B. and Härle C.-C. 2013. *Baudelaire, by Walter Benjamin*, translated by Patrick Charbonneau, Martin Rueff, and Étienne Dobenesque . Paris: La Fabrique éditions.

Appadurai, A. 1996. *Modernity at Large: Cultural Dimensions in Globalization*. Minneapolis, MN: University of Minnesota Press.

Argyrou, V. 2002. *Anthropology and the Will to Meaning: A Postcolonial Critique*. London: Pluto Press.

Benjamin, W. 1979 [1935]. Doctrine of the similar, translated by Knut Tarnowski. *New German Critique* 17, Special Walter Benjamin Issue (Spring 1979): 65–69.

Benjamin, W. 1999 [1940]. *Illuminations*, translated by Harry Zorn. London: Pimlico.

Benjamin, W. 2002. *The Arcades Project*, translated by Howard Eiland and Kevin McLaughlin. Cambridge, MA: Harvard University Press.

Benjamin, W. 2003 [1940]. On Some Motifs in Baudelaire. In Howard Eiland and Michael W. Jennings (eds), *Walter Benjamin Selected Writings, Volume 4, 1938–1940*, translated by Edmunt Jephcott and others, pp. 313–355. Cambridge MA: The Belknap Press of Harvard University Press.

Benjamin, W. 2005 [1933]. On the mimetic faculty. In M.W. Jennings, H. Eiland and G. Smith (eds.), *Walter Benjamin Selected Writings, Volume 2, Part 2, 1931–1934*, translated by Rodney Livingston and others, pp. 720–722. Cambridge, MA: The Belknap Press of Harvard University Press.

Benjamin, W. 2006 [1935]. Exchange with Theodor W. Adorno on the essay 'Paris, the capital of the nineteenth century'. In *Walter Benjamin Selected Writings, Volume 3, Part 2, 1935–1936*, translated by Edmund Jephcott, Howard Eiland and others, pp. 50–67. Cambridge, MA: The Belknap Press of Harvard University Press.

Benjamin, W. 2008 [1936]. *The Work of Art in the Age of Mechanical Reproduction*. London: Penguin books.

Berdet, M. 2012. Chiffonnier contre flâneur: Construction et position de la Passagenarbeit de Walter Benjamin. *Archives de Philosophie* 75 (3): 425–447.

Bernstein, J. 1994. Introductory essay: Critical theory – the very idea (reflections on nihilism and domination). In J. Bernstein (ed.), *Frankfurt School, Critical Assessments*, Vol. 1, pp. 1–40. London and New York, NY: Routledge.

Brand, D. 1991. *The Spectator and the City in Nineteenth Century American Literature*. Cambridge: Cambridge University Press.

Bubandt, B. and Willerslev, R. 2015. The dark side of empathy: Mimesis, deception, and the magic of alterity. *Comparative Studies in Society and History* 57 (1): 5–34.

Buck-Morss, S. 1977. *The Origin of Negative Dialects. Theodor W. Adorno, Walter Benjamin, and the Frankfurt School.* New York, NY: The Free Press.

Buck-Morss, S. 1989. *The Dialectics of Seeing. Walter Benjamin and the Arcades Project.* Cambridge, MA: MIT Press.

Buck-Morss, S. 2006. The flâneur, the sandwichman and the whore: The politics of loitering. In B. Hanseen (ed.), *Walter Benjamin and The Arcades Project*, pp. 33–65. London and New York: Continuum.

Cadava, E. 1997. *Words of Light: Theses on the Photography of History*. Princeton, NJ: Princeton University Press.

Caillois, R. 1984 [1935]. Mimicry and Legendary Psychasthenia, translated by John Shepley. October 31 (Winter): 16–32.

Coates, J. 2017. Key figure of mobility: The flâneur. *Social Anthropology* 25 (1): 28–41.

Cvoro, U. 2008. Dialectical image today. *Continuum, Journal of Media and Cultural Studies* 22 (1): 89–98.

Erickson, P.A. and L.D. Murphy 2008. *A History of Anthropological Theory,* 3rd edition. Ontario: University of Toronto Press.

Fischer, M.M. J. 2009. *Anthropological Futures.* Durham, NC and London: Duke University Press.

Gordillo, G. 2011. Ships stranded in the forest: Debris of progress on a phantom river. *Current Anthropology* 52(2): 141–167.

Hartmaan, M. 2004. Technologies and utopias: The cyberflaneur and the experience of 'being Online' (Doctoral thesis, London: University of Westminster).

Hanssen, B. 2004. Language and mimesis in Walter Benjamin's work. In D.S. Ferris (ed.), *The Cambridge Companion to Walter Benjamin*, pp. 54–72. Cambridge: Cambridge University Press.

Hogan, A. 2016. Network ethnography and the cyberflâneur: Evolving policy sociology in education. *International Journal of Qualitative Studies in Education* 29 (3): 381–398.

Horkheimer, M. 2002 [1937]. Traditional theory and critical theory. In M. Horkheimer, *Critical Theory, Selected Essays*, translated by M.J. O'Connell et al., pp. 188–243. London: Continuum.

Horkheimer, M. and T.W. Adorno 2002 [1944]. *Dialectic of Enlightenment, Philosophical Fragments*, translated by Edmund Jephcott. Palo Alto, CA: Stanford University Press.

Jameson, F. 1998. *Brecht and Method*. London: Verso.

Jay, M. 1993. Unsympathetic magic. *Visual Anthropology Review* 9: 2 (Fall): 79–82.

Jay, M. 1996 [1973]. *The Dialectical Imagination: A History of the Frankfurt School and the Institute of Social Research 1923–1950*. Berkeley, CA: University of California Press.

Jenks, C. and T. Neves 2000. A walk on the wild side: Urban ethnography meets the flâneur. *Cultural Values* 4: 1–17.

Jennings, R.C. 2011. Sovereignty and political modernity: A genealogy of Agamben's critique of sovereignty. *Anthropological Theory* 11 (1): 23–61.

Kapferer, B. 2007. Anthropology and the dialectic of enlightenment: A discourse on the definition and ideals of a threatened discipline. *The Australian Journal of Anthropology* 18 (1): 41–62.

Kellner, D. 1994 [1973]. The Frankfurt School revisited: A critique of Martin Jay's The Dialectical Imagination. In J. Bernstein (ed.), *Frankfurt School, Critical Assessments*, Vol. 1, pp. 1–40. London and New York, NY: Routledge.

Kien, K. L. 2002. Of mimicry and white man: A psychoanalysis of Jean Rouch's *Les maitres fous*. *Cultural Critique* 51 (Spring 2002): 40–73.

Köpping, K-P. 2005. The fieldworker as performative flâneur: Some thoughts on postmodernism and the transfiguration of doing anthropology. *Zeitschrift für Ethnologie* 130 (1): 1–22.

Kramer, K. and J.R. Short 2011. Flânerie and the globalizing city. *City* 15: 322–342.

Ladwig, P., R. Roque, O. Tappe, C. Kohl and C. Bastos 2012. Fieldwork Between folders: Fragments, traces, and the ruins of colonial archives. *Max Planck Institute for Social Anthropology Working Papers*, Working Paper No. 141.

Lauster, M. 2007. Walter Benjamin's myth of the 'flâneur'. *The Modern Language Review* 102 (1): 139–156.

Lee Dawdy, S. 2010. Clockpunk anthropology and the ruins of modernity. *Current Anthropology* 51 (6): 761–793.

Livingstone, J. and L. Gyarkye 2017. Death to the flâneur. *New Republic* (27 March).

Lucas, R. 2004. Inscribing the city: A flâneur in Tokyo. *Anthropology Matters* 6 (1): 1–11.

Mali, J. 1999. The reconciliation of myth: Benjamin's homage to Bachofen. *Journal of the History of Ideas* 60 (1): 165–187.

Manovich, L. 2001. *The Language of New Media*. Cambridge, MA: MIT Press.

Menninghaus, W. 1991. Walter Benjamin's theory of myth. In G. Smith (ed.), *On Walter Benjamin: Critical Essays and Recollections*, pp. 292–325. Cambridge, MA: MIT Press.

Marcus, G. 1995a. *The Traffic in Culture: Refiguring Art and Anthropology*. Berkeley, CA: University of California Press.

Marcus, G. 1995b. The modernist sensibility in recent ethnographic writing and the cinematic metaphor of montage. In L. Devereaux and R. Hillman (eds.), *Fields of Vision: Essays in Film Studies, Visual Anthropology, and Photography*, pp. 35–55. Berkeley, CA: University of California Press.

Marcus, G. and M. M. J. Fischer 1986. *Anthropology as a Cultural Critique: An Experimental Moment in the Human Sciences*. Chicago, IL: Chicago University Press.

Morris, B. 2014. *Anthropology and the Human Subject.* Bloomington: Trafford.

Nas, E. 2012. The urban anthropologist as flâneur: The symbolic pattern of Indonesian cities. *Wacana, Journal of the Humanities of Indonesia* 14: 429–454.

Navaro-Yashin, Y. 2009. Affective spaces, melancholic objects: Ruination and the production of anthropological knowledge. *Journal of the Royal Anthropological Institute* 15(1): 1–18.

Okely, J. 2012. *Anthropological Practice: Fieldwork and the Ethnographic Method*. London: Berg.

Pensky, Max 2004. Method and time: Benjamin's dialectical images. In David S. Ferris (ed.), *The Cambridge Companion to Walter Benjamin*, pp. 177–198. Cambridge: Cambridge University Press.

Pensky, Max 2006. *Geheimmittel*: Advertising and dialectical images in Benjamin's *Arcades Project*. In B. Hanseen (ed.), *Walter Benjamin and The Arcades Project*, pp. 113–131. London and New York, NY: Continuum.

Rabinbach, A. 1979. Introduction to Walter Benjamin's 'Doctrine of the similar'. *New German Critique*, 17 Special Walter Benjamin Issue (Spring): 60–64.

Richter, G. 2006. A matter of distance: Benjamin's *One-Way Street* through *The Arcades*. In B. Hanseen (ed.), *Walter Benjamin and the Arcades Project*, pp. 132–256. London and New York, NY: Continuum.

Soukup, C. 2012. The postmodern ethnographic flâneur and the study of hyper-mediated everyday life. *Journal of Contemporary Ethnography* 42 (2): 226–254.

Stephen, B. 2013. In praise of the flâneur. *The Paris Review* October 17.

Stoler, A.L. 2013. *Imperial Debris: On Ruins and Ruination*. Durham, NC: Duke University Press.

Stoller, P. 1995. *Embodying Colonial Memories: Spirit Possession, Power and the Hauka in West Africa.* New York, NY and London: Routledge.

Taussig, M. 1984. History as sorcery. *Representations* 7 (Summer): 87–109.

Taussig, M. 1986. *Shamanism, Colonialism and the Wild Man. A Study in Terror and Healing.* Chicago, IL: University of Chicago Press.

Taussig, M. 1989. History as commodity. In some recent American (anthropological) literature. *Critique of Anthropology* 9 (1): 7–23.

Taussig, M. 1993. *Mimesis and Alterity: A Particular History of the Senses.* Chicago, IL: University of Chicago Press.

Tiedemann, R. 1999. Dialectics at a standstill. In Walter Benjamin *The Arcades Project*, translated by Howard Eiland and Kevin McLaughlin. Cambridge, MA: Harvard University Press

Weigel, S. 1996. *Body- and Image-Space: Re-Reading Walter Benjamin*. London: Routledge.

Willerslev, R. 2007. *Soul Hunters, Hunting, Animism, and Personhood among the Siberian Yukaghirs*. Berkeley, CA: University of California Press.

Wohlfarth, I. 1986. Et cetera? The historian as chiffonnier. *New German Critique* 39, Second Special Issue on Walter Benjamin (Autumn): 142–168.

## 进一步阅读

Adorno, T.W. 1981 [1966]. *Negative Dialectics*. London: Continuum.

Adorno, T.W. 1999. *Introduction to Sociology*, translated by Edmund Jephcott. Palo Alto, CA: Stanford University Press.

Adorno, T.W. 2005 [1951]. *Minima Moralia: Reflections on Damaged Life*. London: Verso.

Arendt, H. 1967. *Men in Dark Times*. New York, NY: Harcourt Publishers.

Benjamin, A. (ed.) 2005. *Walter Benjamin and History*. London: Continuum.

Benjamin, W. 2009. *The Origin of German Tragic Drama*. London: Verso.

Bernstein, J.M. 2010. *Adorno: Disenchantment and Ethics*. Cambridge: Cambridge University Press.

Connerton, P. 1980. *The Tragedy of Enlightenment. An Essay on the Frankfurt School*. Cambridge: Cambridge University Press.

Dews, P. 2007. *Logics of Disintegration: Poststructuralist Thought and the Claims for Critical Theory*. London: Verso.

Gilloch, G. 2002. *Walter Benjamin: Critical Constellations*. London: Polity.

Jameson, F. 2007. *Late Marxism: Adorno: Or, the Persistence of the Dialecti*c. London: Verso.

Jennings, M. 1987. *Dialectical Images: Walter Benjamin's Theory of Literary Criticism*. New York, NY: Cornell University Press.

Hanssen, B. 2000. *Walter Benjamin's Other History: Of Stones, Animals, Human Beings, and Angels*. Berkeley, CA: University of California Press.

Gilloch, G. 1999. *Myth and Metropolis: Walter Benjamin and the City*. London: Polity.

Leslie, E. 2000. *Walter Benjamin. Overpowering Conformism*. London: Pluto Press.

Lowy, M. 2016. *Fire Alarm: Reading Walter Benjamin's 'On the Concept of History'*. London: Verso.

O'Connor, B. 2004. *Adorno's Negative Dialectic: Philosophy and the Possibility of Critical Rationality*. Cambridge, MA: MIT Press.

Richter, G. 2016. *Inheriting Walter Benjamin*. London: Bloomsbury.

Rose, G. 2010. *The Melancholy Science: An Introduction to the Thought of Theodor W. Adorno*. London: Verso.

Ross, A. 2016. *Walter Benjamin's Concept of the Image*. London: Routledge.

Savage, M. 2000. Walter Benjamin's urban thought. A critical analysis. In Mike Crang and N.J. Thrift (eds.), *Thinking Space*, pp. 33–53. London and New York, NY: Routledge.

Smith, C. 2006. Resurrecting Benjamin. *Anthropological Quarterly* 79(3): 541–546.

Taussig, M. 1989. Terror as usual: Walter Benjamin's theory of history as a state of siege. *Social Text* 23 (Autumn–Winter): 3–20.

Taussig, M. 2006. *Walter Benjamin's Grave*. Chicago, IL: University of Chicago Press.

Wheatland, T. 2009. *Frankfurt School in Exile*. Minneapolis, MN: University of Minnesota Press.

Wolin, R. 1994. *Walter Benjamin: An Aesthetic of Redemption*. Berkeley, CA: University of California Press.

第十章

# 米歇尔·福柯的人类学思想

The anthropological lives of Michel Foucault

詹姆斯·莱德劳

尽管法国学者米歇尔·福柯（1926—1984）本人不是人类学家，他称自己是一位“思想体系史学家”，然而自从20世纪70年代以来，他一直是对人类学理论有着巨大影响力的学者之一。这种影响力分为两种形式与两个阶段，分别通过他早期和后期的著作表现出来。前者包括以英文出版的一系列著作，诸如《临床医学的诞生》[*The Birth of the Clinic*，1973（1963）]、《词与物》[*The Order of Things*，1970（1966）]、《规训与惩罚》[*Discipline and Punish*，1977（1975）]以及同时包含这两种影响力的重要著作《性史》[*The History of Sexuality*，1978（1976）]。后者包括许多论文、访谈与讲座，以及《性史》系列的第二卷和第三卷，它们共同构成了福柯所说的“伦理谱系学”的研究议程。关于福柯全部作品的连续性程度，我们可以展开一场复杂的辩论。在对福柯本人的思想进行诠释时，倘若认为存在一种彻底的断裂，那可能是错误的，因为福柯的思想是一个连续的、不断发展的过程。由于本章关注的是福柯的著作对人类学影响最深的方面，因此我将围绕着这种相当明显且重要的断裂来组织我的讨论。从某种意义而言，尽管整体上福柯的学术研究具有统一性，但在人类学的理论史里，呈现出了有些不同的福柯。

早期的福柯为人类学家提供了关于欧洲现代性的论述，这种论述尤其有助于人类学家理解殖民主义以及他们所研究的社会是如何被欧洲殖民统治所塑造的（例如Rabinow，1995；Bayly，1996；Cohn，1996；Inda，2005），与之相关的是对人类学本身的理解（例如 Clifford and Marcus，1986；Marcus，1998；Rabinow，2003；Faubion and Marcus，2009），以及对人类学在殖民权力体系中所处位置的理解（例如Mitchell，1988；Thomas，1994；Stoler，2005）。这种关于现代性的理解并不是仅仅基于福柯的某一部著作，而是基于这一时期他的全部作品所共有的某些特征。福柯的每一部重要著作都描述了知识组织中普遍存在、彻底断裂的某个方面，即他所说的“古典时代”如何逐渐让位于现代时代。在每一种情况下，新的知识形式都体现在新的制度中，这些制度既规范又监督着它们所掌管的新兴“学科”，并监管着将这些新的知识形式应用到对象身上的“规训过程”，这些规训的对象包括疯子、病人、罪犯，并且日益涉及整个人口。欧洲国家治理方式的这一总体性改变在以下方面亦可见一斑：将疯子投入精神病院的“大规模监禁”[Foucault，2006（1961)]；以新的医学科学的形式，包括创建新的机构来实现独具权威性的医学“凝视”[1973（1963)]；以及对如今被称作人文学科与社会科学的不同学科进行万花筒般的重组，因为“人”已经成为现时代我们关于自身知识的核心组织范畴［1970（1966)]。当然，在福柯看来，现在可以从外部掌握整个真理体系这一事实证明，“人”的时代开始走向终结。

《规训与惩罚》与之前的著作一样，都是对普遍性叙述的扼要重述，但它在解释方式上独具一格，同时也是最全面、最具修辞效果的论述。它也是迄今为止福柯最具影响力的著作，这在人类学领域也是如此。《规训与惩罚》开篇就描述了两种形成鲜明对比的惩罚方式：一种是对一个弑君者进行声势浩大、分阶段的惩罚，包括公开施以酷刑、残害、处决和肢解；另一种惩罚涉及一个少年监狱的管理体制，其中身体暴力远不及详细规定的活动时间表重要，后者旨在通过灌输纪律严明的习惯与某种性情倾向来改造和塑造被监管者的行为。这些例子之间时间相隔不过几十年，但福柯认为它们代表了截然不同的权力与知识的模式。君主意志力量的壮观、公开的展示——它直接施加于肉体，被一种旨在逐步改造囚犯的例行程序所取代（当然，这种君主的意志力量从未完全被取代），可以这么说，这是一种由内而外的改造。杰里米·边沁（Jeremy Bentham）构想的著名的"全景敞视"监狱最生动地体现了这种内在化与规范化，在这种监狱里，狱警监视的可能性始终存在，但事实上这种监视的可能性是不确定的，从而通过训练囚犯的自我监视能力来改造他们的行为。正是这种建筑物的形式，与类似于少年监狱的那种日常生活制度相结合，使其成为一种改造囚犯内在倾向、进而改变外部行为的机器。

虽然边沁的监狱从未完全按照他所设想的形式建造，但却对监狱设计以及其他诸如学校和诊所等不同程度的全控机构（total institutions）[①]的设计产生了广泛影响；福柯认为，它巧妙地总结了现代世界中权力与知识之主要构型的基本运作方式。在旧的治理体制中，知识与权力之间是一种外部关系，因为知识通常是以申诉或吁请的形式向君主提出的（即"向权力说出真相"），而在一种惩戒性

① "全控机构"又可理解为"总体性机构"，其典型形式包括监狱、精神病院、军营、修道院等。具体可参见欧文·戈夫曼在《收容所》（*Asylums*, 1961）里的论述。

的权力体制下，真相 / 真理是权力的组成部分，权力作用于主体，并将主体重构成改造的对象。在“权力 / 知识”这一表达的背后，正是真相与权力的这种内在关系。刑事司法的注意力从被禁止的物质形式与禁止的行为转移到了“激情、异常、缺陷”以及其他揭示行为真实本质的内在状态。疯癫不再是将案件排除在司法系统之外的理由，而是成为司法系统内部需要权衡的一个因素，因为在“医学—司法治疗”的创立过程中纳入了精神病学的专业知识。在人口管理、城市规划以及现代的“社会科学”中，随着类似的知识模式支配并试图改造整个人口，犯罪行为与社会之间的界线逐渐变得模糊，而 20 世纪的欧洲福利国家则完全实现了这种治理模式，即福柯所说的“生物权力”。

对许多人来说，阅读《规训与惩罚》是一次颇具启发性的经历，其中一个原因是它促使人们从根本上重新思考并从道德上重新评价那些曾被简单地当作是启蒙改革与人性提升的叙事。福柯让我们看到，新的、强调“康复”的惩戒模式并不比之前的惩罚模式更加仁慈和人道，相反，这是一种更不妥协、更具侵入性的干预，一种对主体彻底机械性的改造，它能比单纯的外部强制实现更彻底、更全面的控制。福柯戏谑性地颠倒了柏拉图的说法，断言在这一过程结束时，“灵魂终成肉体的监狱”。

福柯早期作品的一个显著特征是，虽然描述了权力 / 知识结构的深刻变化，但没有提供关于这种变化如何发生或者为何发生的解释。尽管福柯在某些方面具有敏锐的社会学观察力，但在很大程度上缺乏关于宏大历史力量的观念，而且他不认为自己有必要用还原论或唯物主义的措辞来解释这些思想是如何变化的，因此，福柯在分析权力 / 知识系统时采用“话语”，从而明显回避了马克思主义的

“意识形态”观念中固有的两个观点：一是所讨论的思想是对真理的扭曲或颠倒，而我们的（历史唯物主义）理论将独立地为我们提供客观和确凿的认识，这种认识对于那些处于所讨论的系统内部的人来说是无法获得的；以及这些扭曲和颠倒无一例外地必然是为那些可辨识的利益服务的（同样，我们的理论可以帮助我们辨别这些利益）。所以毫不奇怪，福柯经常与马克思主义保持距离，也与他那个时代其他包罗万象的元叙事和总体性的解释框架——弗洛伊德式精神分析学——保持距离。确实，福柯的思维方式和治学之道与这两种思想体系极不相容，因此他没有理由觉得自己需要它们。《规训与惩罚》在这方面算是一个例外，受到当时他与吉尔·德勒兹（Gilles Deleuze）之间友谊的影响，这本书被解读为是对传统马克思主义观点的支持（如 Hoy，1986），即书中所描述的变迁之所以会发生，是因为它们对资本主义的政治经济具有功能性。许多人，包括人类学家在内，对福柯的思想主要是通过本书了解到的，因此他们认为将福柯的思想与马克思主义的思想结合起来是自然而然的。然而，就在完成《规训与惩罚》的当天，福柯着手撰写另一部著作，即《性史》第一卷，倘若接受了它的论点的话，那么我们就可以明确地排除这种结合的可能性，因为它否定了前一部著作中可以看到的马克思主义—功能主义的独特观点，同时也否定了马克思主义的历史唯物主义与弗洛伊德式精神分析学，甚至否定了当时在法国左翼知识界占主导地位的这两种思想体系的综合。后来的作者，包括人类学家在内，都忽略了福柯在这两部著作之间作出的深刻而重要的转变，但德勒兹本人并没有：在阅读完了这部后来以《性史》作为题名出版的著作之后，他再也没有跟福柯说过话。

《性史》延续了前作的风格，也是通过驳斥一种广为接受的叙事来展开论述，但是这一次，福柯否定的不是关于日益人性化的惩罚制度之自由进步的叙事，而是一种马克思主义—弗洛伊德式精神分析学的建构，福柯称之为“压抑假说”。在当时的左翼思想中，这种观点几乎没有受到挑战，而且马尔库塞和德勒兹等不同思想家也阐述过这一观点，即资本主义为了其运作的需要，带来了普遍的性压抑，这是一种极其偏执、畸形的劳动规训机制。根据这个“假说”，性欲的解放——任何反抗资产阶级性压抑的东西——是推翻资本主义制度的重要步骤。福柯对压抑假说提出了四个明确的反对意见。伴随着资本主义的发展，并没有出现压制性地扼杀一切关于性欲的言论，相反，这一时期出现了与性有关的“话语爆炸”：大量涌现出一批新的学科，它们声称了解性的真相及其对教育、生育、心理与生理健康等具有的重要意义。因此，权力的行使不再是通过禁止表达性欲来实现，而是通过激发性欲表达的技术来实现：将自我的真相作为欲望的真相来表达的仪式。因此，“性”不是一种需要解放的永恒之善，而是这个时期的一种发明，具有不同性欲的人被定义为不同的人类类型，他们的本质真相通过这些欲望被揭示出来。这就意味着，马克思主义-弗洛伊德式关于解放“性”的观念并非对现行权力/知识形式的一种有效抵抗；相反，它们是在不知不觉的情况下串通一气地强化了这些形式。性革命的预言者推进并完成了治疗师与其他专业人士的工作：要求我们向他们倾诉我们的欲望，并接受将揭露出来的真相作为我们的本质属性，这样，我们的自由就只剩下忠实于这一本性的义务了。福柯嘲讽地说，倘若性压抑真的对资本主义制度如此重要，那么它就不会如此轻易地被纵欲所取代。

在《性史》里，福柯分析了性、生殖、健康和人口的知识形式在现代治理形式（生物政治学）中的重要性，这给福柯提出了两个新的问题。首先，如果“解放”的预言者对自由的理解是错误的（并且是危险的陷阱），那么应该如何理解“自由”？如何构想一种值得行使的自由？其次，欧洲社会如何在性欲中寻求关于自我的真理——以至于认为“它”需要被解放？“性”这一主题从何而来？对这些问题的回答使《性史》中原本所设想的“关于性的历史”转变成了一个完全不同的议题，正如它在该系列的后续两卷中所呈现的那样，福柯将其命名为“伦理谱系学”。

《性史》包含着一种揭示“我们自身的历史本体论”的方案，即现代欲望主体是如何形成并被视为是自然的和必要的过程。福柯从尼采那里借鉴了谱系学方法，它通过追溯其构成部分是何时聚合起来的，揭示表面上的必然性背后具有的偶然性（Nietzsche，1994）。与他之前的所有著作一样，福柯最初认为，这种谱系学可以在欧洲（后文艺复兴时代）这一时间范围内完成。但他发现，若想找到以一种连贯一致且与众不同的方式提出欲望主体问题的那个时间点，就必须追溯到更久远的年代。关于权力与自由的问题亦是如此。

《主体与权力》（“The subject and power”）（收录于 Foucault，2006）是福柯后期最重要的论文之一，他在这篇论文里提出有必要发展一种他所称的“非法律的权力观念”，从而为他对自由的谱系学研究奠定了基础，即一种不受主权想象限制的权力观念，在这种权力观念中，权力的行使采取禁止的形式，并且我们可以认为知识存在于权力之外。这种思想是由《疯癫与文明》（*History of Madness*）、《规训与惩罚》等早期作品中一个核心的主题直接发展而来的，这也是不应该将早期福柯与后期福柯的思想断然分裂开来的原因之一。福柯将通常在社会关系中行使的“权力”与纯粹作为身体力量的“能力”区分开来。后者无疑在人类关系中发挥着一定的作用，但在大多数情况下，我们并不通过行使这种蛮力来对他人施加影响，使他们按照我们的意愿行事（就像我们推着一辆手推车，或者将一只动物关在笼子里那样）。相反，我们将他人作为具有自身意图和能力的主体加以影响，使他们采取我们希望他们采取的行动。福柯将此称为“行为的引导”，它涉及精心地协调或引导的问题，如同指挥一个音乐合奏团一样，因此在人与人之间行使权力需要考虑到彼此的自由。这意味着通过他人的自由来影响他们的行动。所以，想象一个没有权力关系的社会，或者想象通过消除权力而让我们变得“更加自由”，这是不合逻辑的。自由并不意味着权力的缺席：“权力只存在于自由的主体之上，并且仅当他们是‘自由的’时才存在。”不幸的是，我们对权力的理解，包括“解放”的预言者以及自由主义传统中大多数思想家的观点，仍然被抵制主权国家强制权力的问题所支配着，而这个问题现在从根本上而言已经变得不合时宜。那么，我们曾经有过思想没有如此受到禁锢的时候吗？不被视为权力之缺席的自由问题是何时提出来的？福柯得出的结论是，这些问题的答案与“主体何时不是以欲望主体的方式被理解”这一问题的答案是相同的，这并非巧合。在古雅典时期，主体与自由都曾以根本不同的方式得到系统性的理解。

这一结论推迟了《性史》后续各卷的完成，因为它们现在必须采取的形式和涉及的历史时期与第一卷所设想的完全不同，福柯不得不去掌握整个全新的历史时期以及相关的文献体系。“晚期的福柯”——他对人类学产生了第二次决定性的影响——构成了一个非常统一的研究计划，福柯称其为“伦理谱系学”。这些著作大致涵盖了一千年的历史，包括《性史》的另外两卷，其中一卷讨论古雅典，另一卷讨论希腊化时期（根据福柯自己的说法，还有第四卷是讨论早期基督教的，但未完成）以及许多相关的论文和讲座系列。

就这项研究对人类学的影响而言，我们应该从福柯为了完成这一研究而提出的一套概念和分析方法谈起，因为除了受到他关于欧洲伦理生活史的实质性结论的影响之外，人类学家在研究其他不同时代和地点的伦理生活时，也采纳了这套分析框架的主要组成部分，并对其进行调整。这套分析框架主要有三个组成部分。

首先是“主体化”（*assujetissement*）的概念，用来描述主体的形成过程。这里需要指出的一点是，这些过程处于社会结构和制度背景之中，但又不能还原成这些社会结构和制度背景。在福柯看来，主体也积极参与自身的自我构建，尤其是通过它的反身性思维的能力（“与自身行为相关的自由”），这种能力涉及：与自身确立某种反身性距离，将自身与自身的行为作为知识的对象，而且以能够改变它的方式采取行动。承认这种可能性是与唯物主义化约论以及阿尔都塞等人的结构主义马克思主义的主要分歧点。正是在这种背景下，我们必须看到福柯对他自己早先关于精神病院和监狱研究的评论，即认为这些著作过于强调统治技术，而忽略了权力关系的其他维度。他写道，有生产技术、统治技术和意指技术，但也有自我技术。福柯早期的作品倾向于强调前两种技术，或者在某些情况下（如《词与物》和《知识考古学》），强调第三种技术。但是，第四种技术，即我们作为主体积极参与自我建构的技术，同样也是社会生活材料的一部分，关于任何历史时代或社会系统的完整描述都必须包含它们。

福柯的伦理谱系学方法的第二个组成部分是道德准则与伦理之间的区分。福柯所说的“道德准则”是指关于人们应该做什么和不应该做什么的规则，以及这些规则如何在制度中被定义、编纂和执行的问题，还有人们如何遵从、抵制、挑战或规避这些规则的问题。

所有这一切无可置疑地是任何一种道德生活形式的重要组成部分。但除此之外，根据福柯对主体化和反身性思维的描述，还存在他所说的“伦理”，它指的是人们如何对各种规定作出回应或者接受各种规划，以使自己成为某种类型的人。当然，他们并不是从一开始就这样做的；他们在自己的文化中找到理想、价值和榜样，在某些情况下还会找到精心制定的有关自我形塑或自我转变的规划，但对于如何对这些理想型作出回应，在某种程度上始终取决于他们自己。在任何历史时期或文化背景中，道德话语和实践的领域都包含了这种意义上的道德准则与伦理。它们不是两个完全分离的问题，在所有情况下都是“同一枚硬币的两面”。然而，某些形式的道德生活更多地受到道德准则的支配，有些形式的道德生活则更多地受到伦理的支配。不同道德生活形式之间的历史与文化差异，主要体现在伦理方面的差异。无论从哪个方面而言，道德准则（不杀戮、不偷盗）都表现出极大的相似性；不同社会之间最深刻的差异就在于它们的伦理，包括这些伦理中相当微妙的差异。道德准则与伦理可以彼此独立地发生变化，而道德生活的变化主要是伦理的变化，福柯在他的伦理谱系学中所描述的一千年来的情况就是如此，他认为在这一千年里，道德准则几乎没有什么不同，但伦理却发生了缓慢但决定性的变化。

这就解释了福柯的伦理谱系学方法中第三个组成部分的必要性，即他关于如何理解伦理规划的分析。福柯写道，可以通过提出与伦理规划相关的四个问题，从而对其进行比较和对照。首先，它们的本体论是什么？自我的哪些部分或要素具有伦理意义？我是否应该关注并努力提升我的行为、欲望、内心、灵魂和美德？其次，是关于道义论的问题。我是通过何种主体化的方式来承认伦理规定或标准？它是如何适用于我的？是因为我是理性的，是为了响应神的命令，还是因为我是一位勇士、国王或母亲，抑或仅仅是作为人类的个体？再次，还有苦行禁欲的问题。有哪些具体的技术和实践可用于开展必要的工作，以实现我所追求的任何改变？我必须禁食、记日记、忏悔、冥想、锻炼身体？最后，是关于目的论的问题。我想要实现的品质或状态以及我正在努力追求的目的是什么？我如何构思指导我行为的理想？

在某种特定的社会背景下，只要存在或倡导一种或多种相对一致的自我塑造规划，那么运用这种分析方法并回答这四个问题，就能够使我们揭示出它们的特殊性，发现那些即使在显性的规则与章程保持不变的情况下也可能发生的微妙转向，甚至在截然不同的文化背景之间进行比较与对照。事实上，它使我们能够对“文化背景”这个模糊的概念赋予相当精确的内容。尽管福柯将他的新规划称为“伦理谱系学”——这个术语能更好地体现其范围和比较区间，但在他 1984 年去世前不久同时出版的两部著作里，仍然保留了“性史”作为它们的副标题。这两部著作分析了关于自我塑造的伦理规划，福柯发现，古代世界的很多充满争辩色彩的实用性文本中都详细阐述了这种伦理规划——当然，它们通常不是集中在一个地方进行阐述的；这些文本主要是向古代世界的男性精英提供建议（因为书面建议几乎只针对男性精英）。《快感的享用》（*The Use of Pleasure*）分析的是古代雅典的情况，而《关注自我》（*The Care of the Self*）分析的则是希腊化时期。值得注意的是，这些著作对“性史”的贡献仅是特定意义上而言的，即它们描述了一个正处于变化之中的世界，而在这个世界里，“性”尚未存在。

在我们今天看来，《快感的享用》与《关注自我》里占重要地位的文本涉及的一系列主题，它们与我们的“性”范畴存在部分重叠，但并不完全一致：它们共有的一般性主题，也就是福柯说的它们关注的问题化领域，是“性快感”（*aphrodisia*）：如何自我管理与快感有关的行为。福柯将性快感划分为四个广泛的领域：饮食与健康，包括关于锻炼以及如何应对天气变化的建议；婚姻关系与家庭管理，包括如何对妻子、孩子和奴隶行使权力；“爱欲”，这里特指与年轻男性的激情关系；以及禁欲能够使人获得某种特殊真理的观念。在福柯看来，这四个领域在古代世界具有结构相似性，因为它们属于同一个问题化领域，并且构成了男性精英在自我修养中应该关注的一般性伦理问题。因此，未完成的《性史》成了这样一项研究议程，它旨在描述这种伦理形式如何在一千多年的时间里缓慢地发生转变，以及性快感如何逐渐让位于“性”。

所有这些复杂的解释工具都是为了表达福柯看到的古代世界与我们现代世界的伦理之间存在的巨大而重要的区别，尽管从表面上看起来，两者在道德准则方面非常相似。福柯认为，在古代的世界里，它对自我的理解不是通过对其欲望的定义来实现的，因此认识与改造自我的最佳途径并不是通过了解并改变其欲望，所以这是一个“性之前”的世界（参见 Halperin et al.，1990）。与此同时，在这样的世界里，对于“什么是自由”的问题，并不被看作是权力缺席的问题。这两个事实是紧密联系在一起的，福柯在描述古雅典的性快感伦理与晚期古代[①]初次形成的伦理（后者是现代“性”的前身）之间的变化时，将这种联系归结为*存在美学*向*欲望解释学*的转变。

① “晚期古代”（late antiquity）通常指古典文明衰落与中世纪文明兴起之间的过渡时期。

虽然《性史》没有使用“欲望解释学”这个术语，但它却总结了福柯近十年前在该书中所说的大部分内容：即使是那些声称要对我们的社会与政治结构进行批判的左翼知识分子，他们也理所当然地认同这样一种观念，即自我内在真实的本质是由我们的欲望决定的；由于这些欲望对我们来说不是直接透明的，所以我们需要通过专家对其进行解读来指导我们的自我认知；而解放就在于我们“忠于”他们为我们揭示出来的本质，因而只需要消除对其表达的限制。但对于福柯来说，这种“解放”是一种奴役，是对我们自身责任的逃避，因为它涉及接受“我们本质上必然是谁”这一永远既定的事实。

当然，人类学家无须因福柯的个人偏好与政治倾向而必须同意他关于自我创造的价值的看法，而反对他所认为的自我发现与“真实性”的虚构。福柯的质疑态度确实对人类学家产生了直接的影响，因为他强调当我们将当代关于自我理解的任何方面都看作是必然的和不可改变的之前，应该先了解人类社会的全部经验；他还潜心寻找不同的时代与地点，在那里，截然不同于现在的理解居于支配地位，从而更好地认识我们自身的局限性与可能性。正是在这种促动力的驱使下，福柯在《快感的享用》中进行了深入的民族志研究，尤其是想象性地重构一种根本不同的伦理规划，即古代的存在美学。

福柯认为，雅典公民践行的存在美学不同于后来的欲望解释学，两者在饮食、家庭关系、与年轻人的爱欲关系以及禁欲和真理问题等方面都存在显著区别。重要的是，基督教的出现是一个渐进而复杂的重构过程中的重要节点，而不是一个突然发生的断裂点。核心的伦理内容（本体论）逐渐从愉悦变成欲望，这种变化是从动态地关注愉悦活动的效果以及这些活动如何对时效性、频率、需求以及参与者的相对地位等因素作出回应，转变为关注被允许和被禁止行为的形态学知识。存在美学要求以一种“随机应变”（savoir-faire）的方式掌握知识，并努力通过快感的享用来实现自由，但这种自由被认为不是没有约束，而是一种自我管理。它涉及权力的行使，而非权力的缺席，因为就像一位无法控制自己愉悦享乐的统治者将无法很好地照顾那些处于他统治之下的人们，从而成为暴君的化身那样，一个无法控制自己享乐的人，也终将沦为享乐的奴隶。

福柯对同性关系在古代制度中为何以及如何被问题化的阐述，更清楚地说明了存在美学的独特性以及它与性伦理之间的区别。成年男性与年轻人（那些即将成年的男子）之间的爱欲关系，事实上并不像人们有时所说的那样，以一种宽松的方式被看待，或者被认为不是一个道德问题。这种关系远非是道德中立的或“被容忍的”，相反，它们被高度问题化，有些人认为这是最崇高、最美好的关系，而另一些人认为这是年轻人堕落的表现。此外，它们之所以被讨论的原因也与性态无关：同性关系本身并没有受到特别的赞美或谴责。同性关系这一事实本身不具备任何伦理意义。重要的不是你的欲望对象是什么，而是在享受你所渴望的任何东西时是否能够保持自我控制。因此，譬如说，在讨论一个男人在什么样的情况下可以与他的奴隶发生性关系时，这些奴隶是男人还是女人并不重要。在这种关系中，就像一个男人与妻子的关系以及他对家庭的管理一样，美德通常被认为是对那些自己拥有权力的人行使自由时要有节制。然而，公民与年轻人之间关系的不同之处在于，在这里，正确的行为是顺应他人的自由，因为与妻子或奴隶不同，年轻人自己将来也会成为公民。因此，他必须学会自由，并对那些自己拥有权力的人行使自由。他必须符合相应的资质，从而使自己能够与其他同胞一起参与公民大会。对娈童式友谊的伦理关注点在于，它们是有助于还是妨碍了年轻人担当这些责任。这种关系——如同那些将它理想化的人所认为那样——是他的教育过程中的最高阶段？抑或如同那些反对这种关系的人所认为的那样，它们会使他停滞在未成熟的状态？这个问题涉及年轻人在这种关系中是否学会主宰自己的欢愉，而不是成为他人欢愉的对象。任何一位公民，如果他不能成为自己的主宰者，以至于沦为他人意愿的奴隶，那么这样的人将不适合作为公民行事；在雅典这样的直接民主（direct democracy）制度下，这样的人会对国家的完整与安全构成威胁。因此，这种关系的道德危险与现代意义上的性态无关。与之相关的是一个根本性的政治问题，即谁适合行使自由。

显然，福柯对这整个主题产生了浓厚的兴趣，他详细阐述了古代雅典精英男性的爱欲特征，部分原因在于他对自己所处时代男男爱欲关系的实验性探索感兴趣。但福柯对古希腊民族志研究提出的主要观点以及他声称它可以对他那个时代的思想做出的贡献，则是另一种意义上的：就我们应该如何思考自由的问题而言，它给了我们重要的启示。当然，福柯反复强调，古希腊无论如何都不可能成为现代社会的典范。其中的原因不胜枚举，且显而易见。然而，作为人类学家应该特别意识到的是，关于其他时代和地点的民族志研究可以从多个角度拓宽我们的思维、丰富我们的知识。福柯提出的主要观点相当具有针对性。古希腊人曾经问自己：什么是自由？为了能够自由，你需要做些什么？这不是一个如何从人际关系中消除权力的问题，也不是一个如何使自己摆脱权力关系的问题，福柯认为这两种情况都是不可能的；相反，这是一个关于如何行使权力的问题。福柯没有声称古希腊人对这个问题提供了可用的答案，毋宁说这个问题根本就不可能有一个明确的答案。他仅仅是说，我们可以从提出这个问题的可能性中学到一些东西。

在福柯后期的著作中形成的伦理谱系学，对伦理与道德人类学的发展产生了诸多影响，其中有些影响更为明显。福柯提出的宽泛意义上的观念框架，已成为早期伦理人类学研究的重要起始点（例如 Faubion，2001a；2011；Laidlaw，1995；2002；2014）；他对“主体是如何构成的”这一普遍性主题的探讨，即关于主体如何在“自我与自我的关系”和“自我与他人的关系”的交互作用中形成的，包括他在法兰西学院最后两个系列的讲座中所讲到的，关于主体如何在与治理程序相关的“说真话实践”（*parrēsia*）中形成的（Foucault，2010；2011），以及他用于探讨自我塑造规划的分析方法：所有这些丰富的智识资源都为人类学分析不同背景下的伦理生活提供了重要的启示。诸如各种宗教传统与虔敬运动（Asad，1993；Laidlaw，1995；Faubion，2001b；Mahmood，2004；Robbins，2004；Hirschkind，2006；Cook，2010）、面对国家发展主义的日常农村生活（Pandian，2009）或非政府的人权组织（Englund，2006）、父母角色（Paxson，2004；Clarke，2009；Kuan，2015）、艺术职业（Faubion，2014）与行动主义（Dave，2012；Heywood，2015a；2015b；Lazar，2017），以及对人类学实践的伦理反思（Faubion，2009；Laidlaw，2014：Ch. 6），等等。

人类学家采纳和改造福柯思想的两种不同方式之间存在明显的分歧，这更多的是由于人类学家在阅读福柯时具有不同的关怀以及他们在阅读福柯时与其他思想传统之间的碰撞导致的，而不是由于福柯本人的思想前后存在巨大的断裂。从总体上而言，福柯的思想是循序渐进的，当出现新的问题和疑惑时，他就着手钻研，纠正他认为之前的研究过度强调或忽略的地方，并扩大其探究的历史与文化范围，从而设法解决那些更深层次、根本性的问题。

# 参考文献

## 福柯的主要著作

[1961] *Folie et déraison: histoire de la folie à l'âge classique*. (Translated first as *Madness and Civilization*, 1967; and then *History of Madness*, 2006.)

1963. *Naissance de la clinique: une archéologie du regard medical*. (*The Birth of the Clinic* 1973.)

1966. *Les mots et les choses: une archéologie des sciences humaines*. (*The Order of Things* 1970.) 1969. *L'archéologie du savoir*. (*The Archaeology of Knowledge* 1972.)

1975. *Surveiller et punir: naissance de la prison*. (*Discipline and Punish* 1977.)

1976. *La volonté de savoir: histoire de la sexualité, I*. (*The History of Sexuality. Vol 1. An Introduction* 1978.)

1984. *L'usage des plaisirs: histoire de la sexualité, II*. (*The Use of Pleasure: The History of Sexuality, Vol. 2*, 1985.)

1984. *Le souci de soi: histoire de la sexualité, III*. (*The Care of the Self: History of Sexuality, Vol. 3*, 1986.)

## 论文集

最好的英文文集是三卷本的《重要作品》(*Essential Works*)：

1997. *Essential Works of Michel Foucault*, Vol 1: *Ethics, Subjectivity and Truth*, edited by Paul Rabinow.

1998. *Essential Works of Michel Foucault*, Vol 2: *Aesthetics, Method, Epistemology*, edited by James D. Faubion.

2000. *Essential Works of Michel Foucault*, Vol 3: *Power*, edited by Paul Rabinow.

## 去世后出版的著作

福柯去世之后出版的最重要的著作是他在法兰西学院的讲座记录。其中最重要的是：*Society Must be Defended: Lectures at the Collège de France, 1975–1976* (2003).

*The Birth of Biopolitics: Lectures at the Collège de France, 1978–1979* (2008).
*The Hermeneutics of the Subject: Lectures at the Collège de France, 1981–1982* (2005).
*The Government of Self and Others: Lectures at the Collège de France, 1982–1983* (2010).
*The Government of Self and Others II: The Courage of Truth. Lectures at the Collège de France, 1983–1984* (2011).

## 其他参考文献

Asad, Talal 1993. *Genealogies of Religion: Discipline and Reason of Power in Christianity and Islam.* Baltimore, MD: Johns Hopkins University Press.

Bayly, Christopher A. 1996. *Empire and Information: Intelligence Gathering and Social Communication.* Cambridge: Cambridge University Press.

Bourg, Julien 2007. *From Revolution to Ethics: May 1968 and Contemporary French Thought.* Montreal: McGill-Queens University Press.

Clarke, Morgan 2009. *Islam and the New Kinship: Reproductive Technology and the Shariah in Lebanon.* Oxford: Berghahn.

Clifford, James and George E. Marcus (eds.) 1986. *Writing Culture: The Poetics and Politics of Ethnography.* Berkeley, CA: University of California Press.

Cohn, Bernard S. 1996. *Colonialism and its Forms of Knowledge: The British in India*. Princeton, NJ: Princeton University Press.

Cook, Joanna 2010. *Meditation in Modern Buddhism*. Cambridge: Cambridge University Press.

Dave, Naisargi N. 2012. *Queer Activism in India: A Story in the Anthropology of Ethics.* Durham, NC: Duke University Press.

Englund, Harri 2006. *Prisoners of Freedom: Human Rights and the African Poor.* Berkeley, CA: University of California Press.

Eribon, Didier 1991. *Michel Foucault.* Cambridge, MA: Harvard University Press.

Faubion, James D. 2001a. Toward an anthropology of ethics: Foucault and the pedagogies of autopoiesis. *Representations* 74: 83–104.

Faubion, James D. 2001b. *The Shadows and Lights of Waco: Millennialism Today*. Princeton, NJ: Princeton University Press.

Faubion, James D. 2009. The ethics of fieldwork as an ethics of connectivity, Or the good anthropologist (isn't what she used to be). In James D. Faubion and George E. Marcus (eds.), *Fieldwork is Not What It Used to Be*. Ithaca, NY: Cornell University Press.

Faubion, James D. 2011. *An Anthropology of Ethics*. Cambridge: Cambridge University Press.

Faubion, James D. 2014. Constantive Cavafy: A parrhesiast for the cynic of the future. In James D. Faubion (ed.), *Foucault Now: Current Perspectives in Foucault Studies.* Cambridge: Polity Press.

Faubion, James D. and George E. Marcus (eds.) 2009. *Fieldwork is Not What It Used to Be.*

Ithaca, NY: Cornell University Press.

Foucault, Michel. 2006 [1961]. *The History of Madness,* translated by Jean Khalfa. London: Routledge.

Halperin, David M., John J. Winkler and Froma I. Zeitlin (eds.) 1990. *Before Sexuality: The Construction of Erotic Experience in the Ancient Greek World.* Princeton, NJ: Princeton University Press.

Heywood, Paolo 2015a. Freedom in the code: The anthropology of (double) morality. *Anthropological Theory* 15: 200–217.

Heywood, Paolo 2015b. Agreeing to disagree: LGBTQ activism and the Church in Italy. HAU: *Journal of Ethnographic Theory* 5: 59–78.

Hirschkind, Charles 2006. *The Ethical Soundscape: Cassette Sermons and Islamic Counterpublics*. New York, NY: Columbia University Press.

Hoy, David Couzens (ed.) 1986. *Foucault: A Critical Reader.* Oxford: Blackwell.

Inda, Jonathan Xavier (ed.) 2005. *Anthropologies of Modernity: Foucault, Governmentality and Life Politics.* Oxford: Blackwell.

Kuan, Teresa 2015. *Love's Uncertainty: The Politics and Ethics of Child Rearing in Contemporary China.* Berkeley, CA: University of California Press.

Laidlaw, James 1995. *Riches and Renunciation: Religion, Economy, and Society among the Jains*. Oxford: Clarendon Press.

Laidlaw, James 2002. For an anthropology of ethics and freedom. *Journal of the Royal Anthropological Institute* 8: 311–332.

Laidlaw, James 2014. *The Subject of Virtue: An Anthropology of Ethics and Freedom*. Cambridge: Cambridge University Press.

Lazar, Sian 2017. *The Social Life of Politics: Ethics, Kinship and Union Activism in Argentina.* Palo Alto, CA: Stanford University Press.

Macey, David 1993. *The Lives of Michel Foucault.* London: Hutchinson.

Mahmood, Saba 2004. *Politics of Piety: The Islamic Revival and the Feminist Subject.* Princeton, NJ: Princeton University Press.

Marcus, George E. 1998. *Ethnography Through Thick and Thin.* Princeton, NJ: Princeton University Press.

Miller, James 1993. *The Passion of Michel Foucault.* Cambridge, MA: Harvard University Press.

Mitchell, Timothy 1988. *Colonising Egypt.* Cambridge: Cambridge University Press.

Nietzsche, Friedrich 1994 [1887]. *On the Genealogy of Morality*. Cambridge: Cambridge University Press.

Pandian, Anand 2009. *Crooked Stalks: Cultivating Virtue in South India*. Durham, NC: Duke University Press.

Paras, Eric 2006. *Foucault 2.0: Beyond Power and Knowledge.* New York, NY: The Other Press.

Paxson, Heather 2004. *Making Modern Mothers: Ethics and Family Planning in Urban*

*Greece*. Berkeley, CA: University of California Press.

Rabinow, Paul 1995. *French Modern: Norms and Forms of the Social Environment*. Cambridge, MA: MIT Press.

Rabinow, Paul 2003. *Anthropos Today: Reflections on Modern Equipment.* Princeton, NJ: Princeton University Press.

Robbins, Joel 2004. *Becoming Sinners: Christianity and Moral Torment in a Papua New Guinea Society.* Berkeley, CA: University of California Press.

Stoler, Ann Laura 1995. *Race and the Education of Desire: Foucault's History of Sexuality and the Colonial Order of Things.* Durham, NC: Duke University Press.

Thomas, Nicholas 1994. *Colonialism's Culture: Anthropology, Travel, and Government.* Cambridge: Polity Press.

第十一章

# 借助于现象学：从“身体”到“具身化”

From “the body” to “embodiment”, with help from phenomenology

马里恩·麦克唐纳

# 引 言

20 世纪 80 年代末和 90 年代初，结构主义（参见第二章）似乎已经悄然远去，然而在英国人类学的主要讲坛上，仍然在继续上演着一场庆祝思想、阐释、神话、象征主义以及其他“表征”的尴尬派对。新的理论试图让人类学重新回到实践中，无论是通过马克思主义（例如 Bloch，1975；参见第三章），还是通过“语义人类学”定义的现实（例如 Ardener，1982）。在某种程度上，语义人类学预示了晚近出现的“本体论转向”（参见第十四章），但当时的人类学大多对此视而不见或横加指责。马克思主义人类学强调它自身的分析性现实——我们可以认为，这是它们自身在特定背景下的语言——而语义人类学则严肃对待作为人类学家研究对象的现实。在这一时期，其他反对结构主义的理论，尤其是那些从现象学中汲取灵感的理论，也有这样的抱负。尽管这些研究取向彼此之间大相径庭，但它们有一个共同之处，那就是都主张对“现实谈话”（reality talk）进行广泛的探索，否则这一时期的人类学似乎漂浮在观念结构这一巨大的气球之上。随之而来的是反唯心主义与反客观主义的争论，而正是在这种普遍的后结构主义的追求中，“具身化”的分析性语言应运而生。身体是真实存在的。

本章将阐明“具身化”的一些创新性维度，这种创新如此之流行，以至于它变得无处不在、不言而喻，后来使布鲁诺·拉图尔（Latour，2004：209；亦可参见第十三章）宣称：“具身的反面就是死亡。”

## 从“身体”到“具身化”

在许多社会分析中，“身体”长期以来一直被当作是理所当然的研究对象——通常被认为是一个普遍存在的、自然的对象，最好交由生物学家和医生来研究。20 世纪 60 年代、70 年代以来，社会科学开始对身体感兴趣，这主要是由于受到多种因素的影响，其中最经常提及的因素包括晚期资本主义的消费文化、女性主义（参见第十二章）、福柯的研究（参见第十章）以及不断增长的“生物”产业（Lambert and McDonald，2009）。现在，“身体”——连同自然的领域——已经被问题化，并且与工作和生产中灵活的新模式相一致，对“身体”的客体化也开始倾向于将其视为一个灵活、可变的实体（Martin，1994）。在这种更广泛的身体—意识的背景下，我们才能够理解具身化的吸引力。

在社会人类学领域，托马斯·克索达斯（Thomas Csordas）是研究具身化最广为人知的学者之一，他于 1994 年编辑出版的《具身化与经验》（*Embodiment and Experience*）一书成为该领域程碑式的著作。我们稍后将详细讨论该著作。克索达斯不是第一个使我们注意到肉身具有分析重要性的学者。在他之前，有不少人注意到这一点

（参见第二章），诸如莫斯［Mauss，1979（1935）］以及后来的布迪厄（Bourdieu，1977）等。“具身化”通常被归因于现象学对社会科学产生的影响，通常援引的哲学家包括胡塞尔、梅洛–庞蒂和海德格尔。一些人类学家接受了现象学的见解，并将其与他们在马塞尔·莫斯的著作中发现的早期关于身体的观点结合起来。莫斯曾经论述过“身体技术”，它们指的是“不同社会的人们掌握的如何运用自己身体的方式”（Mauss，1979：97）。这些“技术”包括我们走路、跑步、跳舞、游泳、骑自行车等行为的方式。对莫斯来说，所有这些技术都是“社会性的”，因为它们是通过后天的学习获得的，并成为习惯或习俗 / 惯例，共同形成了他所说的*惯习*。用莫斯的话来说，身体被社会化为一种*惯习*。

后来，一位知名的社会理论家采纳了莫斯的思想，包括他的*惯习*观念，这位理论家就是布迪厄（Bourdieu，1977；亦可参见第二章）。对于布迪厄来说，*惯习*是“一种持久的、可转换的性情倾向系统，它整合了过去的经验，在每时每刻都发挥着感知、理解与行动的综合作用”（Bourdieu，1990：70）。他谈到了“社会化”，这是性情倾向与生成图式的灌输。与当时的其他人一样，布迪厄也试图超越结构主义显而易见的唯心主义与客观主义的抽象观念。利用现象学将有感知能力的身体重新引入研究视野，似乎是实现这个目标的重要途径之一。在布迪厄的著作中，身体通过“社会化”形成了“自动化”（automatism）[①]，社会秩序也因此被自然化。你在特定的时

① 这里的“自动化/自动主义”是指一种无意识的行为，在文学和绘画等艺术领域，它指的是一种运用无意识来创作的方法，即避免意识思维、任凭想象力自由发挥创作。

间以特定的方式说话、吃饭、坐着、书写，而不需要对这些行为进行深思熟虑：它开始变得自然而然。布迪厄通过研究完善了莫斯的惯习概念，而克索达斯认为布迪厄也进一步完善了梅洛-庞蒂的思想：梅洛-庞蒂强调“朝向世界之存在”（being toward-the-world）①，而布迪厄则注入了“身体—世界的交互性”（Csordas，2011：138）。然而，即使是那些最初热衷于惯习观念的人，也认为它缺乏历史性（Toren，2012：71–72）。一旦习得之后，惯习似乎意味着性情倾向的固化，以及习俗或传统的固化。布迪厄的批评者认为，惯习的固化特征可能是由于布迪厄对卡拜尔人的世界——他在那里进行了学术生涯中的第一次田野调查——过于浪漫主义的想象所导致的（Roodenburg，2004）。

克索达斯自己的研究领域部分涉及仪式，这是结构主义所特有的具有异域色彩的三要素之一：神话、仪式与象征。这样的关注点很容易让人觉得将经验现实——无论这种经验现实被视为是政治的、经济的还是自然科学关注的事物——留给了其他人来研究。然而，克索达斯不满足于这种状况。他渴望重新注入他认为缺失的东西。对他而言，这种缺失的东西就是身体，但克索达斯在引入身体这一要素时没有将它视为一种“纯粹的自然事实”（Csordas，1994：1）。他非常明确地希望身体不是被视为客体，而是被视为能动者——作为“一个不断体验着的能动者”（第2页）。克索达斯认为，结构主义只是鼓励研究“脖子以上的文化”（第2页）。心灵 / 身体二分法是具身化力图超越的一个核心的二元对立。在面对唯心主义的指责时，

① “朝向世界之存在”（being toward-the-world），可参照现象学里关于“在世界之中存在”（being-in-the-world，或译成“在世存有”“在世之在”）的思想。

列维-斯特劳斯的宇宙客观性最终被归结于某种普遍性的“人类大脑”，因而无法破除这种二元对立。具身化的研究取向摆脱了结构主义的唯心主义及其对观念的关注，也摆脱了将我们引向“普遍性的人类大脑”的客观主义。克索达斯所指的身体不是这种普遍的、自然化的或者本质化的身体；相反，它是一种始终“被定位”的身体。感知始终是具身性的，它以特定的具身性的位置为基础。这种研究取向对当时的其他人类学流派提出了告诫，包括阐释主义（参见第八章）：它意味着接受由于偏颇、不完美的沟通或者克索达斯所说的我们作为存在之间“关联性”（第 2 页）而产生的“阐释性后果”。借用别处的一句话来说就是：没有不被定位的解释、没有“上帝视角”（例如 Haraway，1991）。

长期以来，人类学的研究表明，“身体”作为一种独特的实体是由基督教、医学和殖民主义引入世界上的某些地方的，例如可以参考利恩哈特［Leenhardt，1979（1947）］关于新喀里多尼亚（New Caledonia）卡纳克人（Canaques）的研究（转引自 Csordas，1994：6–8）。基督教、消费主义以及生物和医学科学不断塑造并促进了我们现在已经如此熟悉的“身体”之客体化进程。这种客体化的结果之一是进一步促进了个体化，以及给人类学分析造成障碍的二元对立——克索达斯列举的这些二元对立包括“文化与生物、精神与物质、文化与实践理性、社会性别与生理性别”（第 7 页）。正是这些二元对立渗入这样一种区分，它的一方面是精神 / 主体 / 文化，另一方面是身体 / 客体 / 生物，前者似乎是衍生的或仅仅是“表征”。“具身化”似乎是一种语言和方法，它提供了一种摆脱这种框架的方式，能够同时避免和消解其中涉及的二元对立。对于克索达斯和其他人来说，“具身化”意味着改变分析思路，转而采用现象学的“在世存有”（being-in the-world）观念。关注“在世存有”的优先性，可以将具身化转变成为历史性地参与身体所属的世界。在这种方法中，诸如主体与客体以及意义与物质世界（涉及心灵 / 身体的问题）这样的二元对立可以被消解。它们在分析的世界中被消解——但也可能会转变成一种民族志的现实，成为我们研究对象的经验现实。

对于克索达斯来说，“具身化”是一种“范式”与“方法论视角”，而不是通往任何特定理论的途径（Csordas，2011）。在这个框架内，我们必须重新调整民族志的关注点，并停止任何关于“身体”的随意讨论，仿佛它是我们想当然的既定客体。这一时期对生物学的批判——这些批判主要来自福柯和女性主义（两者的英语词汇 Foucault 和 feminism 都以 f 开头，故被称为双 f）——加上对疾病、疼痛的研究以及他自己对疗愈的研究，使克索达斯有信心不再将生物学视为“完全统一的客观性”（第 3 页）。相反，在这种方法中，“身体”发生了转变，我们转向了被先前的“身体人类学”视为理所当然的先验的“具身化”。只有通过具身化，“身体”才能首先被客体化。而正是身体使客体化成为可能。如果我们接受具身化的方法论框架，那么身体在分析上就不是作为某种给定的经验事物或有趣的主题，而是作为“文化与自我的存在基础”（Csordas，1990；2011：4）。在这一点上，克索达斯明确承认借鉴了梅洛-庞蒂（Merleau-Ponty，1962）的观点，但他强调通过这种方式将身体从客体转变为“以客体化为结果的感知过程的基础”（Csordas，2011：7）。正是这个客体化过程将那些同样在分析上存在问题的二元对立本体论化，这些二元对立包括心灵 / 身体、文化 / 生物（或文化 / 自然）或者社会性别 / 生理性别等（Csordas，1990；2011：7）。“具身化”的研究取向试图清楚地表明，民族志关注的二元对立问题，其实是我们人为制造出来的一种区分，而不是人类学家运用的任何分析框架中不言而喻的组成部分。通过民族志研究，我们可以发现它们在何时、何地构成了经验的结构，同时又得到经验的确证。

这是克索达斯的研究以及其他采用具身化方法的学者以不同方式提出的一个重要观点。结构主义所导致的观念 / 物质或心灵 / 身体的二元对立，即使这些二元对立只是通过它引发的争论而产生的，也必须加以克服。哲学家兼医生德鲁 · 莱德（Drew Leder）的著作《缺席的身体》（*The Absent Body*，1990）对心灵 / 身体作为一种分析框架提出了不无裨益的批评，而克索达斯明确地借鉴了莱德的这项研究。莱德在该著作里指出，在日常生活中，身体似乎从意识中消失了。然而，在出现疾病或功能障碍的情况下，身体会呈现出一种不受欢迎的外观，这是一种“外观失调”（dys-appearance）和异化。克索达斯认为，只有通过心智的具身性属性才会产生这种现象（Csordas，1994：7）。当生病时，对身体的不受欢迎的意识会促使我们关注作为一种客观现实的“身体”——并伴随着产生一种心灵和思维具有非物质性的感觉。这些现象突显出身心二元论是一种经验性的现实，而非自然的给定。克索达斯指出，在不同的情境下，无论心灵还是身体，都可以被视为客体——例如，认知科学将心灵客体化、生物科学将身体客体化——但人类学不能再将身体视为“生物原材料”，而“心灵”或文化正是在这种原材料上面运作的（第 8 页）。以这种方式使身体成为一种“前文化基质”，只不过是重现了那些相同的二元性，即心灵是主体、身体是客体。换言之，我们可以再次发现，“具身化”的倡导者似乎不仅要超越结构主义的客观主义，并且敦促我们以民族志的方式来研究二元对立，而人类学此时仍然将这些二元对立看作是理所当然的。

克索达斯编辑的《具身化与经验》（1994）一书所收录的各章节体现了他的一些目标。例如，塞萨·洛（Setha Low）撰写的那一章叫“具身性的隐喻：作为生活经验的神经过敏”（“Embodied metaphors: Nerves as lived experience”，1994），它清楚地表明我们正试图关注被研究者的具身性现实。她讨论了在哥斯达黎加、危地马拉以及其他地方出现的“应激性神经症”（nervios）。譬如，在贫困、迁移与歧视的情况下，就会出现这种神经症——患者会不断颤抖、感到头晕目眩、浑身虚弱乏力，并且无法入睡。塞萨·洛强调，谈论应激性神经症或神经过敏不是谈论关于身体的隐喻，也不是将隐喻加诸身体之上。它是真实的、具身性的，是我们可能看作是“社会性”的东西在身体经验中显现出来的一种状态。在这里我们注意到，对“具身化”的讨论并不排斥其他分析性的语言以某种方式描述身体所处的“社会背景”。如果身体是“被定位的”，那么通常需要民族志工作者采用一种分析性的语言来确定它们的位置，即对它们进行“定位”，而“具身化”没有规定应该采用什么样的语言。例如，我们可以引入“剥削”或“异化”等背景性的语言，但与此同时，这里始终潜伏着一种危险，这种危险也出现在该书的其他一些章节里，即将具身化置于这种“背景”的次属性地位。应激性神经症仍有可能被视为一种疾病，而这种疾病很容易被认为是其他更真实事物的某种隐喻或“表征”。这一背景问题的呈现方式非常重要，自从20世纪90年代以来，人类学逐渐完善了这种呈现方式。在1994年的这部著作里，克索达斯试图让我们认识到，人们具身体现的首先是他们自己所处的背景，就此而言，塞萨·洛的章节里提供的某些材料是很成功的，例如，有些患者在谈及他们的应激性神经症时，就将其置于家庭关系破裂的背景之中（第147—148页）。尽管如此，在整本书中，“身体”与具身化之间，以及“具身化”与如何谈论被具身化的事物之间，仍然存在着挥之不去的紧张关系，因此仍需要认真对待“具身化”这一概念。此外，该书中还频繁出现关于“身体”及其“文化建构”的划分。社会建构主义或文化建构主义是现象学影响下的另一种产物，它们在当时的学术研究中已经占据一席之地，这也困扰着许多开创性的“具身化”研究。这种建构主义重新唤起了具身化试图超越的二元对立，它假设存在某种客体（如身体），然后认为该客体是由文化或社会建构的（参见第十三章）。

## 具身化

在确立“具身化”的研究范式方面，克索达斯是最为成功的学者之一，他不仅开展了许多富有启发性的探索，并且作出了改进与完善。克里斯蒂娜·托伦（Christina Toren）的研究进一步完善了布迪厄和克索达斯的思想。“具身化”的倡导者有时会使用“意向性”和“主体间性”的概念（这些思想在现象学家的研究中非常重要）。克索达斯在他早期的著作中曾引用过这些思想，而在同一个时期，托伦（Toren，1999）随后也将这些思想置于重要的位置。在一部出版于 1999 年的著作里，托伦详细阐述了斐济人的等级关系是如何从幼年开始逐渐体现出来的。这部民族志在当时是一项不同寻常的研究，因为它明确地没有将任何所谓的“社会结构”或“结构”视为现成、既定的东西。她引入了历史性，从而使“儿童发展”呈现出一种新的民族志生命。托伦借鉴了现象学、布迪厄以及具身化的理论。通过将身体看作是“具身性的心灵”（或“心灵性的身体”），她重新反思了自己早年接受的心理学训练，最重要的是，她坚持具身化的历史性，坚持将身体视为一个过程。

对梅洛-庞蒂而言，“意向性”是很重要的概念，而托伦也经常引用这一概念。对于那些提倡具身化理论的学者来说，意向性意味着所有意识都是关于某种事物的意识，而我们意识到的事物，以及我们可能认为理所当然的事物，都是作为我们在这个世界上的生活经验的一部分而存在的。这里没有既定的心灵/身体或主体/客体的区别，现象学被认为在某种程度上颠倒了笛卡尔的观点。我们首先是具身性的：我们身处这个世界，并且与这个世界相互关联，只有通过这种关联性，我们才能思考、反思，才能知道我们自己是谁。从根本上说，世界是人类存在的构成部分，也是任何“自我”构成的内在要素。存在于这个世界上必然具有某种历史性，我们通过身体来体现我们生活于其中的世界所具有的时空维度。托伦强调，这不仅仅是一个在时间中存在的问题，而且也是一个通过身体来体现我们经历过的时间的问题（第13页）。主体性预设着主体间性——这种关系生成了自我。托伦非常明确地将意向性与主体间性这两种思想在人类学中结合起来，她援引梅洛-庞蒂的话阐述道：“我被安置在一座时间的金字塔上，而这座时间的金字塔构成了我的存在。”(Merleau-Ponty，1964：14，转引自 Toren，1999：13）在这个现象学的框架内，托伦以下面这句话总结了身体—自我的生成，也即一种关系性的具身化的生成：

> 你出生在与他人相关的一系列关系之中，而这些他人所持有的观念以及与之关联的实践已经并将继续影响你的成长过程。
>
> （第7—8页）

托伦努力将历史性融入分析视野，并思考诸如生物与文化这样的二元对立的瓦解可能意味着什么。这不仅仅意味着生物学作为一种话语是通过文化的方式生产的。更重要的是，倘若我们要使用这种语言，那么托伦认为我们在文化上是生物性的，而在生物性上又是文化的。这些见解坚定地将我们引向这样一种思考方向，即谈论具身化就是谈论（复数形式的）身体以及随着时间的推移而建构和重构的身体（Toren，2012）。另一位长期从事类似研究的人类学家是蒂姆·英戈尔德（例如 Ingold，1998，2000，2004）。不过，英戈尔德以略微不同的方式运用现象学和具身化，他引入了“技能融入”（enskilment）与“栖居”（dwelling）的概念［Heidegger，2001（1971）］。在其他情况下可能被草率地称为“文化变异”并将其与语言关联起来的事物，在英戈尔德看来则成为一种具身性技能的不同表现。与其他人一样，他在一定程度上反对结构主义以及其他当代以语言为主导的“文化”模型，但同时也反对与之相关的“知识传递”模型。英戈尔德认为，技能“会通过执行特定任务过程中的训练和经验，融入不断发展的人类有机体的操作方式之中”（Ingold，2000：5）。人们在任何情况下参与的任务都取决于他们的“栖居”方式，例如，他们的出行、娱乐活动，或者他们的生存方式与谋生手段等（Ingold，2000：Ch 3；2004；Ingold and Kurttila，2001）。技能融入不是被动地接受知识的“传递”，而是像一位学徒那样逐渐调整自己的感知的过程。这是通过“观察与模仿”来实现的，即积极关注他人对环境的定位（观察），并“使这种关注与自己对环境的实际定位相一致”（Ingold，2000：37）。由此，“学徒”、新生儿、初学者——或许还有从事田野调查的人类学家——学会了“感受这个、品尝那个，或者注意到另一件事情”（第 22 页）。

自从20世纪90年代末以来，以这种方式推动具身化方法的研究层出不穷（例如Gieser，2008）——但也有其他不同的方式。这种情况在医学人类学领域尤为明显，同时在关注特定主题的人类学研究中也是如此，譬如关于不同人群的比较研究（例如Lambek and Strathern，1998；Strathern and Stewart，2011）；此外，学术界还涌现出大量汇编性的文集，它们展现了各种不同的具身性研究对象，从新自由主义到品味等（例如Mascia-Lees，2011）。需要指出的是，尽管人们也对“具身化”理论作了一些改进和完善，但并非所有人类学家都认为这个术语是有用的或者是合适的。

## 继续发展

阿帕雷西达·维拉卡（Aparecida Vilaça）是具身化的批评者之一，她曾在亚马逊地区开展研究。她的导师是维韦罗斯·德·卡斯特罗（Viveiros de Castro）（参见第十四章）。维拉卡从亚马逊地区的民族志材料出发，对具身化进行了批评。她指出，具身化将身体视为感知的场所和主体间关系的基质。无疑，我们可以顺着这种思路认为，身体之间的差异会导致感知的差异，从而以一种特定的方式建构客体。但维拉卡认为，一般而言，似乎存在一种以个体和人类作为出发点的假设（尤其是在克索达斯的著作中）。

然而，在亚马逊地区，这种出发点必然是不同的：它必须是一个扩展性的人类观念，甚至包含各种类型的动物。人类是一种位置，是各种视角经过复杂博弈的暂时结果。正如维韦罗斯·德·卡斯特罗（de Castro，1998）所指出的那样，这是一个关于“多元自然主义”（multinaturalism）的视角主义的世界，它与“多元文化主义”

相对立（关于这种观点更详细的阐述，参见第十四章）。每一种生命都拥有“佳姆”（*jam*），即“改变情感与采用其他习惯”的能力，它能使其他类型的生命将人看作是与之相似的。各种生命都具有一种变形的能力，即一种转换“灵魂”的能力，人们会采取各种预防措施来控制这种转换能力，并固定“灵魂”，例如通过纹身使人与动物区分开来。维拉卡认为，具身化通常假定主体是事先构成的，即先于生成它们的各种关系。在亚马逊地区，不同的关系性背景不仅会产生不同的客体化现象，而且还会产生主体不同的身体构成。因此，在亚马逊地区，某种关系性背景的结果可能是一个印第安人，也可能是一头美洲豹，或者是一只貘（Vilaça，2005）。这是一个身体不稳定的世界，也没有稳定的基质。因此，维拉卡（Vilaça，2009）认为“具身化”是不合适的：它含有来自不同且广泛的“西方”背景的特定假设，这将扭曲 / 背离亚马逊式（以及其他的）存在方式。

亚马逊地区的民族志研究凸显出了“具身化”包含的一些虽然有趣但问题重重的假设。与其他人一样，维拉卡也从拉图尔（Latour，2004）对身体的反思中寻求帮助。拉图尔的研究以一种不同的方式扩展了人类（更全面的关于拉图尔研究的介绍，参见第十三章）。与此同时，拉图尔在某些方面也借鉴了托伦与英戈尔德的观点，强调历史性、变迁与学习，但他探讨的是一种“学会被影响”的过程。我们可以这样总结拉图尔的研究取向：他谈论的不是具身化或技能融入，而是*身体的习得*（参见 McDonald，2014）。拉图尔以法国香水行业培训“嗅觉专家”时使用的气味工具包为例。在这个培训过程中，该气味工具包与身体融为一体；身体是动态的轨迹，而气味工具包则会改变一个人的身体以及他所处的世界，一个元素关联着另一个元素，彼此相互影响。拉图尔强调说，这不是某个先在的主体（我的鼻子是否灵敏？）代表某个客体（它是否准确地代表了世界上已经存在的气味？）的问题。相反，这是一个“耦合”的问题，或者更确切地说是一个“相互耦合”的过程（McDonald，2014）。气味工具包已经通过出版物、会议、证明文件、培训、传统材料以及制造它的化学家和工程师的实践建立起来。在使用这套气味工具包的过程中，香水行业的学员学会了识别存在细微差异的香味。他们从只能作出简单、鲜明的区分变成能够作出精细的区分。也就是说，最初，“愚钝的鼻子”只能嗅出好闻 / 难闻的差异，最后变成能够嗅出更加细微的气味差别。学员们学会了如何感知这些与气味有关的化学物质，而这些化学物质以前可能“不会引起他们的任何反应”。人在习得“身体部位”的同时，“世界的对应物”也以一种新的方式被接受（Latour，2004）。这不是一个对世界上已经存在的气味进行越来越准确的“再现 / 表征”的问题，而是一个相互耦合的过程。学员习得的身体越是敏感，世界能给予他们的就更多，在这个例子中，也就是他们能够嗅到更加不易察觉的香气。

因此，在这个分析框架下，身体可以很容易地发生改变，并且是通过它身处其中的世界来习得的，而该世界也在这个过程中进行建构与重构。

## 结　论

对具身性的经验现实的关注，使人类学从一开始就成为对“表征”的另一种批判（Csordas，1994：9；参见第十三章和第十四章）。在人文学科领域，身体以前通常被理解为“文本”“符号”或者是各种政治和社会意义（例如性别或族性）的被动载体。结构主义（参见第二章）与阐释性理论（参见第八章）促进了这种看法。人们对身体感兴趣，是由于身体的象征意义，或者是对待身体的态度以及关于身体的话语。总是存在着一个“它”——身体。布迪厄的研究（参见第四章）以及随后“具身化”理论越来越灵活的修正，使人们对展演性和理解性的身体、作为行动者的身体以及作为生命体验的身体投以新的关注。逐渐地，人们认为既没有任何固定的、习惯性的性情倾向，也没有单数形式的“身体”，取而代之的是一个复数形式的身体世界，这些身体是通过它们与所处的环境相互作用来进行建构和重构的。也就是说，这些身体是通过其所处的世界获得的，而这个世界亦在这个过程中进行建构和重构。

与其他人类学家相比，克索达斯最成功地将“具身化”引入人类学的视野。托伦引入了历史性和关系性，并重新思考心理学的各个维度。英戈尔德引入了“技能融入”和“栖居”，并重新思考了旧的学习观念。维拉卡与拉图尔各自以不同的方式，超越了稳定的基质观念和传统的人类观念。以上这种叙事不可避免地是概要性的、简化的，并且是高度选择性的，仅仅涉及“具身化”采用的很多方法中的其中几种而已。自 20 世纪 90 年代以来，具身化及其后续理论在社会人类学领域越来越“主流化”，其普遍流行已经成为一种共识。对具身化的兴趣还促使相关领域（如“情感”和感官等）开展了大量新的、批判性的民族志研究（可参见其中某些例子，诸如 Clough and Halley，2007；Pink，2009；Howes，2011；Navaro-Yashin，2012）。自从医学和自然科学研究作为自然客体的身体以来，我们现在已经取得了长足的进展。如今，人类学家已经能够与自然科学展开对话，并通过诸如“地方性生物学”等概念重新思考“身体”及其“环境”；他们还指出，表观遗传学与微生物基因组是打破

旧有的身体 / 环境之区分的重要方法（例如 Lock and Nguyen，2010；Lock，2011）。从一种重要的意义上而言，身体就是环境——它们以身体化的方式体现了自己所处的环境［例如 Hamdy（2011）提供了深刻的民族志阐释］。具身化可能意味着，你就是你吃的东西，或者就是你栖身的方式；或者你的亲属和环境造就了你，而你也造就了他们。不存在这样一种普遍性的“人类身体”，它能够决定着关系性的具身化。这种“人类身体”是医学或美术等领域常见的客体化——在这些领域的训练中，特定的环境以身体化的方式体现出来，并且必须习得特定的身体，然后就可以在画布或笔记本上再现被客体化的“身体”。

# 参考文献

Ardener, E. 1982. Social anthropology, language and reality. In D. Parkin (ed.), *Semantic Anthropology.* London: Academic Press.

Bloch, M. (ed.) 1975. *Marxist Analyses and Social Anthropology*. London: Routledge.

Bourdieu, P. 1977. *Outline of a Theory of Practice*. Cambridge: Cambridge University Press.

Bourdieu, P. 1990. *The Logic of Practice*. Cambridge: Polity Press.

Clough, P.T. and J. Halley (eds.) 2007. *The Affective Turn: Theorizing the Social.* Durham, NC: Duke University Press.

Csordas, T 1990. Embodiment as a paradigm for anthropology. *Ethos* 18(1): 5–47.

Csordas, T (ed.) 1994. *Embodiment and Experience*. Cambridge: Cambridge University Press.

Csordas, T 2011. Cultural Phenomenology Embodiment: Agency, Sexual Difference, and Illness. In F.E. Mascia-Lees (ed.), *A Companion to the Anthropology of the Body and Embodiment*, pp.137–156. Oxford: Wiley-Blackwell.

Gieser, T. 2008. Embodiment, emotion and empathy. *Anthropological Theory* 8(3): 299–318.

Hamdy, S. 2011. When the state and your kidneys fail: Political etiologies in an Egyptian dialysis unit. *American Ethnologist* 35(4): 553–569.

Haraway, D. 1991. *Simians, Cyborgs, and Women: The Reinvention of Nature.* New York, NY: Routledge.

Heidegger, M. 2001 [1971]. Building dwelling thinking. In *Poetry, Language, Thought*, pp. 143–159. New York, NY: Harper Perennial Modern Classics.

Howes, D. 2011. The senses. Polysensoriality. In F.E. Mascia-Lees (ed.), *A Companion to the Anthropology of the Body and Embodiment*, pp. 451–460. Oxford: Wiley-Blackwell.

Ingold, T. 1998. From complementary to obviation: On dissolving the boundaries between social and biological anthropology, archaeology and psychology. *Zeitschrift für Ethnologie* 123: 21–52.

Ingold, T. 2000. *The Perception of the Environment: Essays on Livelihood, Dwelling and Skill.* London and New York, NY: Routledge.

Ingold, T. 2004. Culture on the ground: The world perceived through the feet. *Journal of*

*Material Culture* 9 (3): 315–340.

Ingold, T. and T. Kurttilla 2001. Perceiving the environment in Finish Lapland. In P. Macnaghten and J. Urry (eds.), *Bodies of Nature*, pp. 183–196. London: Sage.

Lambek, M. and A. Strathern (eds.) 1998. *Bodies and Persons. Comparative Perspectives from Africa and Melanesia.* Cambridge: Cambridge University Press.

Lambert, H. and M. McDonald 2009. Introduction. In Lambert,H. and McDonald,M. (eds.), *Social Bodies*, pp. 1–16. Oxford and New York, NY: Berghahn.

Latour, B. 2004. How to talk about the body? The normative dimension of science studies. *Body & Society* 10: 205–229.

Leder, D. 1990. *The Absent Body*. Chicago, IL: University of Chicago Press.

Leenhardt, M. 1979 [1947]. *Do Kamo: Person and Myth in the Melanesian World*, translated by B. Miller Gulati. Chicago, IL: University of Chicago Press.

Lock, M. 2011. Genomics. Embodying molecular genomics. In F.E. Mascia-Lees (ed.), *A Companion to the Anthropology of the Body and Embodiment*. Oxford: Wiley-Blackwell.

Lock, M. and V.-K. Nguyen (eds.) 2010. *An Anthropology of Biomedicine*. Oxford: Wiley-Blackwell.

Low, S. 1994. Embodied Metaphors: Nerves as Lived Experience. In T. J. Csordas (ed.) *Embodiment and Experience*. Cambridge: Cambridge University Press.

Martin, E. 1994. *Flexible Bodies. Tracking Immunity in American Culture from the Days of Polio to the Age of AIDS.* Boston, MA: Beacon Press.

Mascia-Lees, F.E. (ed.) 2011. *A Companion to the Anthropology of the Body and Embodiment.* Oxford: Wiley-Blackwell.

Maus, M. Mauss, Marcel 1979 [1935]. Body techniques. *Sociology and Psychology: Essays*, translated by Ben Brewster. London: RKP.

McDonald, M. 2014. Bodies and cadavers. In P. Harvey, E. Conlin Casells, G. Evans, H. Knox, E.B. Silva, N. Thoburn and K. Woodward (eds.), *Objects and Material*, pp. 128-143. *A Routledge Companion.* Abingdon: Routledge.

Merleau-Ponty, M. 1962. *Phenomenology of Perception*, translated by Colin Smith. London: Routledge & Kegan Paul.

Merleau-Ponty, M. 1964. *The Primacy of Perception*, translated by James Edie. Evanston, IL: Northwestern University Press.

Navaro-Yashin, Y. 2012. *The Make-Believe Space: Affective Geography in a Post-War Polity.* Durham, NC: Duke University Press.

Pink, S. 2009. *Doing Sensory Ethnography*. London: Sage.

Roodenburg, H. 2004. Bourdieu: Issues of embodiment and authenticity. *Etnofor* 17 (1/2): 215–226.

Rutherford, D. 2016 Affect theory and the empirical. *Annual Review of Anthropology* 45: 285–300.

Strathern, A. and P. Stewart 2011. Embodiment and Personhood. In F. Mascia Lees (ed.), *A Companion to the Anthropology of the Body and Embodiment*. Oxford: Wiley-Blackwell.

Toren, C. 1999. *Mind, Materiality and History Explorations in Fijian Ethnography*. London and New York, NY: Routledge.

Toren, C. 2012. Imagining the world that warrants our imagination. The revelation of ontogeny. *Cambridge Anthropology* 30 (1): 64–79.

Vilaça, A. 2005. Chronically unstable bodies: Reflections on Amazonian corporalities. *Journal of the Royal Anthropological Institute* (N.S.) 11(3): 445–464.

Vilaça, A. 2009. Bodies in perspective: A critique of the embodiment paradigm from the point of view of Amazonian ethnography. In Lambert, H. and M. McDonald (eds.), *Social Bodies*, pp. 129-147. New York, NY and Oxford: Berghahn.

Viveiros de Castro, E. 1998. Cosmological perspectivism in Amazonia and elsewhere. Four Lectures given in the Department of Social Anthropology, University of Cambridge, February–March. *Hau Masterclass Series Volume 1*.

第十二章

# 女性主义人类学与性别问题

Feminist anthropology and the question of gender

杰西卡·约翰逊

## 将女性引入议题

1974 年，对于米歇尔·罗萨尔多（Michelle Rosaldo）和路易斯·兰菲尔（Louise Lamphere）来说，她们有可能而且也有必要提出这样一个问题，即人类学家需要“开始思考女性”（Rosaldo and Lamphere，1974：vi）。事实上，在此之前，人类学领域几乎没有发表过详细研究女性生活与女性视角的论文（参见第一章）。当然，也有极少数例外，譬如奥黛丽·理查兹［Richards，1982（1956）］的研究，以及一些男性人类学家的妻子发表的若干让人印象深刻的女性研究，这些人类学家的妻子通常没有受过人类学的专业训练，她们发表的作品也很少受到职业人类学家的关注。[1] 从 20 世纪 70 年代开始，受到女性解放运动的启发，女性人类学家开始将女性置于她们研究的核心。她们深信，人类学作为一门学科，由于缺乏对女性的关注而变得贫瘠。她们认为，关注女性的生活将会带来更丰富的民族志描述和更可靠的理论。

这个早期的阶段我们可以称之为“女性人类学”（Moore，1988：6），而不是“性别人类学”，这一时期的开拓者留下了若干人类学文本，其中之一便是埃德温·阿德纳（Edwin Ardener）在一部书里撰写的一个章节“信仰与女性问题”（“Belief and the problem of women”，1972）。或许是无意为之，但阿德纳的这篇文献为早期的争论提供了重要参考。阿德纳指出，导致女性在人类学文本中相对缺席的原因并不是女性活动的内在意义（或其他意义），而是她们向到访的民族志工作者提供的社会信息往往不如男性令人满意，而且她们对社会生活的描述也不如男性那样全面。阿德纳认为，女性不太可能提供符合男性人类学家期望的见解和解释，结果，女性被认为不善于表达，并且成为让人沮丧的受访者。

阿德纳的文章被早期的女性人类学家视为具有开创性的文本，被认为是当时为数不多的关于女性的文本之一。它对罗萨尔多和兰菲尔无疑产生了深远的影响，而她们自己编撰的著作标志着女性人类学的到来。罗萨尔多和兰菲尔从男女普遍不平等的假设出发，认为女性普遍附属于男性。[2]她们认为：“所有当代社会在某种程度上都是男性主导的社会，尽管女性从属于男性的程度和表现形式千差万别，但性别不对称目前是人类社会生活的普遍事实。”（Rosaldo and Lamphere，1974：3）罗萨尔多在她的论文里则认为，女性的附属地位可以用这样一个事实来解释，即一般而言，“女性成年生活的大部分时间都用来生儿育女，这导致了家庭活动领域与公共活动领域的分化”（Rosaldo and Lamphere，1974：23）。女性被限制在家庭领域，在那里，她们与社会隔绝，忙于各种家务劳动和照料孩子，因而无法获得男性享有的那种地位、尊重或文化价值。

在同一部著作里，谢丽尔·奥特纳（Ortner，1974）提出了一种更具象征性（参见第八章）或结构主义（参见第二章）的分析。她问道：“在每一种文化所共有的普遍结构与生存条件中，是什么因素导致每一种文化都贬低女性的价值？”（第 71 页）。奥特纳的回答是，女性被认为比男性更接近自然，而男性则被认为更接近文化。她并不认为这些联系是必然的，即永远不可能改变，但她确实认为这种现象是普遍存在的。奥特纳认为，将女性与自然联系在一起，这为女性的附属地位提供了一个合理的解释。在奥特纳看来，文化是“人类意识的观念（如关于思想与技术的体系），人类试图通过它来控制自然”（第 72 页）。因此，根据这种定义，文化优越于自然。

在奥特纳的论述中，女性相对亲近于自然表现为三个方面：女性的生理特征，表现在生育和抚养子女方面；女性作为母亲和照料子女的社会角色；以及她所说的“女性心理”。奥特纳将这种心理与年轻姑娘和成年女性的社会化方式联系起来，通过这种社会化，女性以更加个人化的方式与他人交往，而男性则更多地采用抽象的或普遍化的方式与他人交往。因此，对于罗萨尔多和奥特纳来说，主要是由于女性在照料子女和生育方面的角色导致了她们的次属地位。这两位作者都试图寻找普遍性的答案，以此来解释似乎普遍存在的女性被支配的现象。

虽然罗萨尔多和兰菲尔这部编著里的撰稿者们都从女性普遍处于附属地位的假设出发，但她们试图表明，性别不平等“不是人类社会的必要条件，而是一种文化的产物，并且［因此］可以改变”（Rosaldo and Lamphere，1974：13）。这些章节综合在一起，共同突显出男女两性在民族志里的差异，女性所扮演的各种各样的社会角色，以及她们在公共地位、文化定义与日常活动等方面的差异。因此，她们展现出来的女性生活要比之前人们所想象的更加多样化和有趣。尽管将女性的次属地位与她们在生育中扮演的生物学角色联系起来，但她们并不认为女性的地位是生物性决定的。她们认识到：

文化对“生物学解释”的重要性（第 5 页）；不同的社会男性支配的程度不同；以及“随着技术、人口规模、观念与愿望的改变，我们的社会秩序也会改变”的可能性（第 7 页）。她们说：“当然，人类文化的多样性以及女性在某些社会已经获得相当程度的认可和社会地位的证据，会让我们对当今世界实现性别平等的可能性保持乐观的态度。”（第 14 页）这项旨在将女性纳入人类学领域的研究清楚地反映出 20 世纪 70 年代的女性主义政治以及女性斗争的紧迫性。

然而，没过多久，将女性与自然普遍联系起来的观点就受到了质疑。卡罗尔 · 麦考马克和玛里琳 · 斯特拉森（MacCormack and Strathern，1980）很快就改变了争论的措辞，她们指出自然和文化的观念以及与男性和女性相关联的意义并非“给定的”，它们不可能“不受建构这些观念的文化偏见影响”（MacCormack，1980：6）。因此，麦考马克认为奥特纳的观点“具有浓厚的种族中心主义色彩”（第 16 页）。卡罗尔 · 麦考马克和玛里琳 · 斯特拉森的著作具有双重意义。她们认为女性与自然之间的联系并不是普遍存在的，更激进地说，自然 / 文化的区分也不具有普遍性。相反，她们认为这种二分法最好被理解为一种特定的（文化的和西方的）解释世界的模式之产物。

斯特拉森非常明确地阐述了后一种立场，她以民族志的方式考察了巴布亚新几内亚高地的哈根人对驯养与野生范畴之间的区分，并表明这些区分是如何与他们关于男性和女性之间的区分联系起来的（Strathern，1980）。斯特拉森反对将“我们”关于自然与文化的区别直接投射到哈根人关于野生与驯养的区别，并详细说明了两者的不同之处。野生与驯养的区别不是以一种直接的方式与哈根人的性别范畴相关。在某些情况下，女性被认为是“野生的”，而男性被认为是“驯养的”；在另一些情况下，则可能刚好相反。驯养与野生彼此之间的关系也不同于奥特纳的分析框架中自然与文化之间的关系。它们虽然是对立的，但两者之间不是一种阶序性的或者过程化的关系，就像自然既可以转化为文化，也可以被文化支配一样。驯养领域并不被视为对野生领域的殖民，人类的社会化过程也并不意味着文化对自然的超越。这种批评削弱了早期女性人类学追求普遍性解释的信心，它表明在笼统地谈论女性的地位或附加于男女身份的意义时需要更加谨慎。[3]

麦考马克和斯特拉森的著作可以说标志着从女性人类学转变为性别人类学的一个关键点。20 世纪 80 年代及以后，这一转变继续迅速地推进，这主要是由于随着民族志和理论研究不断地动摇男性和女性社会角色之间的简单区分，揭示出社会再生产的文化阐释与性别身份的经验之间存在着巨大的差异，从而表明对“男性”与“女性”进行概括性的论述是没有意义的。同时，人们还清楚地认识到，性别是关系性的，并且认为关于男性气质和女性气质的研究将对人类学这门学科带来很多有价值的贡献（例如 Ortner and Whitehead，1981；Shapiro，1981；Collier and Yanagisako，1987；Cornwall and Lindisfarne，1994；Moore，1994）。然而，正如我们接下去将会看到的，这些引起性别解构的研究并不总是与聚焦于女性的女性主义研究和谐一致。

## 能否有一种女性主义的民族志

紧随着这些进展之后，明确自称为“女性主义人类学家”的莱拉·阿布–卢格霍德（Abu-Lughod，1990）提出了这样一个问题：“能否有一种女性主义的民族志？”阿布-卢格霍德在关注性别人类学发展的同时，主要研究的是不同社会文化背景下的女性生活。她的论文代表了超越女性人类学的另一种动向，即批判早期的研究未能质疑“客观性”这一社会科学的目标。正如我们看到的，早期的研究认为，将女性排除在民族志文本之外将扭曲人类学的描述。在她们看来，倘若人类学家在民族志研究中能够更好地将女性纳入进来，那么就能够更客观、更全面地了解人类学家试图理解的社会。

在米歇尔·罗萨尔多与路易斯·兰菲尔的著作出版后的几年里，女性主义人类学家开始质疑客观性的目标。她们不再将客观性视为中立的目标。这种观点建立在反身性人类学家的研究基础上，后者强调，所谓的“民族志事实”，实际上是特定背景下、特定互动的结果。她们的研究使人们意识到，即使是对同一人群与同一地点进行的人类学描述，也不可能完全相同。在这一时期，人类学家还更加关注书写和表述的过程与影响（Clifford and Marcus，1986；参见第八章）。

除了人类学领域的这些发展之外，其他学科的女性主义学者也抨击客观性的观念。阿布-卢格霍德对这些争论进行了梳理，并表明女性主义者采取了若干不同的角度。例如，在科学史与科学哲学领域，伊芙琳·福克斯·凯勒（Keller，1982；1985）认为，科学对主观性与客观性的区分具有严重的性别倾向，科学崇尚的那些品质被认为是男性气质的（例如理性、超脱、非个人性）。因此，凯勒区分了“客观主义”（这是科学的意识形态）与真正的“客观性”（Abu-Lughod，1990：13）。女性主义法学家凯瑟琳·麦金农（MacKinnon，1982）则更进一步，她认为，客观性是“男性权力的一种策略”，通过这种策略，“男性总是占据着支配性地位，他们从自身的角度创造世界，尤其是将女性客体化，然后采取一种与他们创造的世界相一致的认识论立场，即所谓的客观性”(Abu-Lughod，1990：14)。尽管阿布-卢格霍德对麦金农观点中的总体化倾向持谨慎的态度，但她强调了关键的一点，即如果我们相信男女之间存在不平等，并且这种视角影响了对世界的理解，那么“就不存在无性别的现实或无性别的视角”(MacKinnon，1982：636，转引自 Abu-Lughod，1990：15)。

1990 年，阿布-卢格霍德在回顾这些研究进展时感慨道：女性主义人类学家都去哪了？“能够生动地展现在其他地方以及在不同的条件下成为女性意味着什么”的研究在哪里？（第 27 页）她没有看到多少女性主义民族志，尽管人类学这门学科的理解不断发生改变，已经为它开辟了道路。例如，值得注意的是，尽管《写文化》一书反思了人类学家的书写方式以及他们生产的文本类型，然而该书中没有出现女性主义人类学家的身影（Clifford and Marcus，1986)。阿布-卢格霍德认为，女性主义人类学家之所以没有受到更多的关注，部分原因与学术界的政治因素有关。职业保障极大地提高了创新的可能性，而学术圈的职业保障（无论是当时还是现在）都是男性所独享的特权（Abu-Lughod，1990：17)。

问题的另一部分在于，女性早期的实验性文本（它们通常由人类学家未经训练的妻子撰写）都被忽略了。参与“写文化”研究的人类学家在反思人类学的书写类型时，没有从这些文本中汲取灵感，而是转向了哲学与文学研究等这些精英的、专业的学科。阿布-卢格霍德认为，正是在这样一种背景下（即女性的学术贡献被贬抑为不专业的、是描述性的而非理论性的、是基于个人经验的而不是权威文献等)，早期的女性主义人类学家忙于以女性主义者的身份“确立自己的信誉、获得承认，并进一步推动她们的学术目标和政治目标”(Abu-Lughod，1990：19)，因此她们无法在研究中进行创造性的冒险或实验。

尽管如此，阿布-卢格霍德还是以一种充满希冀的笔调结束了她的文章。她发现，人们越来越意识到“女性”这个范畴是多样化的，并且受到经济、种族、性态、国籍、宗教等因素影响；她还指出，在认识到这种多样性的同时，人类学家也日益变得多样化——无论是他们的出身还是性别。反过来，“故乡”与“田野”之间原先明确的区分也变得悬而未决，并且引发了广泛的争论。阿布-卢格霍德认为：

> 女性主义民族志，……此类民族志探讨工作、婚姻、母亲身份、性态、教育、诗歌、电视、贫困或疾病等对于其他女性来说意味着什么，它为女性主义者提供了一种方法，即以一种关于我们的共性与差异的现实感知来取代她们关于某种单一的女性经验的假定。
>
> （第 27 页）

事实上，为了回应女性主义对客观性与表征的批评，阿布-卢格霍德（Abu-Lughod，1993）出版了一部专著，审慎地避免概化，强调经验的特殊性以及叙事过程中不可避免的情境性，这是女性主义理论的两个要点。

## 与展演性理论的切磋

当从事性别研究的人类学家从其他理论家那里汲取灵感时，朱迪斯·巴特勒（Judith Butler），尤其是她的著作《性别麻烦》

（*Gender Trouble*，1990）占据着重要位置。该著作强调“展演”对于创造性别身份的重要性，可被视为提出了一种激进的构建主义立场。巴特勒在《性别麻烦》中的目标是“追溯将性别错误地看作自然事实的性别寓言是如何确立并传播的”（第 xiii 页）。根据巴特勒的观点，生理性别范畴（男性与女性）构成了“一种话语形式，它充当着一种自然化的基础之作用”（第 37 页），而社会性别被定义为“在一种极为僵硬的管控性框架内，身体重复发生的风格化……随着时间的推移，它凝结形成了实质的外观与某种自然存在的表象”（第 33 页，转引自 Franklin，2002：310）。巴特勒将这些过程称为“展演”。在某种意义上，巴特勒的观点让人联想到麦考马克和斯特拉森强调的一点，即所谓的自然状态具有情境特殊性。她认为，男女之间的二元差异并不是“作为一种前社会性的事实”而存在（Franklin，2002：310），这种差异是通过话语展演与具身性的展演来实现或产生的。因此，巴特勒以一种激进的方式质疑了这样一种观念，即认为生理性别是一种非文化的范畴，它可以与社会性别区分开来。

那些运用巴特勒的思想并对性别理论的边界提出挑战的人类学研究，通常出现在亲属关系领域。事实上，亲属关系研究与性别研究存在诸多共同之处。两者都是人类学研究的重要领域，它们都强调自然与文化、生物决定与人类创造之间的区别（Yanagisako and Collier，1987）。[4] 早期性别研究的一个重要维度是强调作为一种社会角色的社会性别与作为身体实在的生理性别之间的区别（例如 Ortner，1974；Rosaldo and Lamphere，1974；Ortner and Whitehead，1981）。女性主义学者阐明了有关身体的观念不同于身体本身，因此她们认为附着在身体上的文化价值会发生改变。此外，她们还质疑女性与家庭领域之间存在不可避免的联系。

珍妮特·卡斯滕（Carsten，2004）指出，将生理性别与社会性别区分开来，很快就导致了一种“理论僵局”（第 62 页）。这种区分的基础是生物学与文化之间的分离以及随后进行的那些研究，这些研究主要探讨关于社会性别的文化理解与性别符号的各种差异。但是，仍然有一个问题未被研究和理论化，那就是“身体的实际物理属性所具有的分析性意义”（第 62 页）。随后，人类学家被指责“假定男女两性之间存在自然差异，而他们本该设法解释这种差异是如何产生的”（第 62 页）。他们聚焦于文化（社会性别），而忽略了生物性（生理性别）。巴特勒的观点挑战了这些区分，她认为生理性别与社会性别一样，都是一种话语建构。

卡斯滕研究了建构主义的不同观点，包括巴特勒和米歇尔·福柯（Foucault，1978）的观点，她亦非常重视话语的文化与历史背景；卡斯滕认为，这些研究取向与它们试图超越的观点一样，过于总体化，从而使关于生理性别与社会性别的话语取代生物学的性别差异，成为决定性的话语（第 66 页）。在卡斯滕看来，将争论的框架建立在生理性别与社会性别之间的区别上，束缚了人类学的研究，最终将限制研究的可能性。卡斯滕根据自己对马来人（Malay）的民族志研究，阐明了社会性别差异如何在生命历程中随着出生、婚姻和死亡等事件出现变化。在这种情况下，社会性别差异与亲属关系相互作用，需要将两者结合起来进行研究。

卡斯滕并不主张摒弃生物学，也不主张摒弃固定的或给定的观念。她认为，西方的理解不仅仅包含对生理性别与社会性别、什么是先天给定的与什么是后天获得或习得的这样的区分，而且也包含这些差异会在整个生命历程中发生变化的认知。卡斯滕指出，与其想当然地假设这些区分是如何产生的，以及它们与人们对社会性别、亲属关系、社会关系等其他方面的思考是如何联系起来的，不如通过实地调查来研究这些范畴与过程。例如，她的马来人信息提供者认为，人们通过共同生活与共同饮食成为亲属，正如卡斯滕指出的那样，“很难确定这应该被视为一种‘社会’的过程抑或一种‘生物’的过程，因为它融合了两者的各个方面”（第 81 页）。因此，对卡斯滕来说，亲属关系为性别研究带来了经验性的实质内容与民族志的可能性，“通过将生理性别与社会性别结合起来，从而使生物学成为人类学家必须了解的一部分”（第 82 页），这样做对我们是大有裨益的。其他有些学者也是这样做的，他们在这一过程中借鉴并超越了巴特勒的展演性观念，其中包括米德尔顿（Middleton，2000）、拉姆贝格（Ramberg，2014）、韦斯顿［Weston，1997（1991）］和富兰克林（Franklin，2002）等人。

## 人类学与女性主义：一种令人尴尬的关系？

行文至此，让我们对人类学与女性主义之间的关系做一番思考，这些讨论受到更广泛的性别人类学领域发展的影响。

罗萨尔多［Rosaldo，2006（1980）］在一篇广为流传的论文里指出，尽管到 1980 年已经有了“大量‘关于女性’的资料”，但当撰写关于女性的文章时，很多人类学家都不知道该从何入手。她认为，问题不再是资料匮乏，而是研究问题的匮乏（第 108 页）。虽然从总体上看，人类学已经不再流行关于人类起源的问题，但在女性主义的著作中，这类问题仍然占据着主导地位，诸如“事情一直都像今天这样吗？”这样的问题仍然常常被问及（第 108 页）。在回答有关遥远过去的问题时，非西方社会被视为答案的来源，而这似乎正是女性主义者期望人类学家提供的那类信息。罗萨尔多担心的是，这种普遍主义的问题本身就容易导致普遍主义的答案（就像她自己在1974年提供的那种答案一样）。她认为，到了1980年，女性主义人类学家需要新的问题，而不是关于“这一切从何而来”的描述。通过提出不同的问题，罗萨尔多希望人类学家能够为女性主义争论做出更多贡献，而不仅仅是提供原始资料而已。在她看来，人类学家需要能够将男女之间的关系“作为更广泛的社会背景一个方面”（第120页）加以分析。在这一点上，她希望突出民族志的特殊性，而不是抽象的理论化。尽管罗萨尔多明确表示，她不想否认“诸如生育等生物学事实对女性生活造成的影响”，但她希望更加强调社会文化背景，而且聚焦于“男性与女性都参与并促成各种制度形式的方式，这些制度形式既可能压迫或分裂他们，也可能联合或解放他们”（第122页）。[5]除了关注人类学与女性主义之间关系的发展之外，我们从中还可以看到一种转变，即将男性纳入性别研究，而不再是倡导一种以女性为中心的人类学。

二十年后，安娜·玛丽亚·阿隆索（Alonso，2000）在一篇论文里对罗萨尔多进行了回应。在此期间，女性主义学术研究取得了长足的发展，性别研究领域的地位也更加稳固。像朱迪斯·巴特勒这样的学者已经声誉卓著，学术界一直在探讨的许多问题实际上也已经发生了改变。阿隆索在文章开头描述了一个女性主义读书小组的场景，当时一位新成员提出月经可以作为潜在的“女性共同感受的‘出发点’”（第221页）。她当场被指责为是“本质主义者”（认为性别是固定的和被决定的），对此，阿隆索回应说，目前女性主义学术界占主导的研究取向是“热衷于对身体的否定”（第221—222页）。

在回顾这一事件时，阿隆索问道，“本质主义者”是否已经成为一种“守门的标签”，妨碍了对“生物文化性的身体过程”的认可，随着理论上的探讨逐渐转向话语建构的论述，这种“生物文化性的身体过程”在很大程度上被搁置一旁（第222页）。她意识到，学术界的许多女性主义者担心，承认性别的身体基础将意味着性别不平等是不可避免的（第222页）。事实上，阿隆索自己的许多学生都将罗萨尔多的著作看作是“本质主义的”。这些学生大多是自由主义的女性主义者；对她们来说，“自由意味着选择，如果社会性别以任何方式根植于人类生物学（尤其是性繁殖），那么，社会性别就无法被选择”（第223页）。阿隆索对这种立场背后隐含的特权意识感到震惊。这些女性受益于以下诸方面的进步：

> 避孕、乳房X射线检查、乳房再造手术、婴儿配方奶粉、吸乳器、儿童保育替代品、卫生巾等。她们可能忘了自己之所以能够获得这些东西，是“之前数代人”为了反对男性控制女性［身体］、反对医疗机构中的性别偏见、［以及］反对国家管控女性性态而进行斗争的结果。
>
> （第223页）

与这些人不同，阿隆索指出，那些没有特权的女性，无论她们身处美国还是其他地方，往往“更能意识到身体的物质性，因为她们不得不以感官上更加直接的方式与月经、怀孕和疾病带来的变化作斗争”（第223页）。

阿隆索认为，与后来的性别研究相比，20世纪70年代的人类学研究实际上更具整体性；她觉得后来的研究过于强调话语，认为事物处于不断的流变之中，而不平等则是协商的结果。在阿隆索看来，晚近的研究解构了“女性”作为女性主义主体的观点，“这对学术界以外的女性或者……在受虐待女性的庇护所、法律援助机构以及众多关于女性的卫生组织、社会组织和政治组织中工作的活动家来说，几乎没有任何帮助”（第229页）。她得出结论说，“在那些相信女性的女性主义者与那些不相信女性的女性主义者之间”出现了严重的分裂（第229页），这种分裂削弱了女性主义的力量。由此可见，女性主义与性别研究是充满争议的领域，其特征表现为女性主义的学术研究与女性主义的政治行动之间充斥着辩论、分歧与张力。

斯特拉森在谈及这种分歧时，明确地将人类学与女性主义之间的关系描述为是一种“令人尴尬的”关系（Strathern，1987）。她之所以这样说，部分原因在于她注意到女性主义和女性主义人类学对整个人类学学科的渗透或改变程度有限。斯特拉森用“尴尬”一词来表示女性主义学术研究与人类学之间的张力，用她的话来说，这是一种“门前的踌躇不决，而非路障”（第286页）。斯特拉森的观点是，人类学与女性主义之间存在某些共同之处，尤其是两者都强调经验，但它们也存在不同之处，这意味着它们之间不会发生直接对抗或正面冲突，而是通过旁敲侧击或以嘲讽性的态度相互批评——这是由于它们具有不同的视角使然。

斯特拉森讨论的核心问题是，人类学和女性主义是如何与它们各自的“他者”发生关联的。她说，人类学研究的是在社会或文化上与众不同的他者，而对于女性主义而言，这个“他者”是父权制，“象征着男性统治的机构与个人”（第288页），或者简单说就是：男性。女性主义与它的“他者”相对立，而人类学则致力于对他者的经验和视角持一种开放的态度。人类学的目标是“与他者建立一种关系”（第 289 页）。斯特拉森表明，女性主义嘲讽人类学家与他们的信息提供者进行合作、对话甚至共同成为作者的努力，因为她们指出人类学家与他们合作、研究的对象之间不可避免地存在权力不对称。人类学家意识到了这一点，但合作仍然是他们“理想的伦理情境”（第 290 页）；而女性主义者质疑这一点，因为“从女性主义的视角来看……与他者合作是不可能的”（第 290 页）。尽管这种女性主义的批评基于不同的前提，但它击中了人类学的要害。反过来，人类学也嘲讽女性主义：女性主义包含了这样一种观念，即女性主义者通过与他者的差异来认识自我。对于女性主义者来说，“认识到［女性与父权制之间］这种鸿沟是一种成就，反过来看，它也是一种伦理立场，因为这证明了女性对彼此的承诺”（第 290 页）。人类学嘲讽女性主义者能够实现这种分离的想法，因为人类学家的民族志研究表明，女性主义者与她们所批判的社会存在诸多共同之处：女性主义者可以被视为是“在其自身社会的社会文化约束下”进行批判的（第 291 页）。

对于许多女性主义人类学家而言，这种“尴尬关系”的说法概括了她们在努力既成为女性主义者又成为人类学家的过程中个人所感受到的张力。这也涉及女性主义人类学家如何处理差异这一核心的问题。尽管如此，斯特拉森的观点还是招致了批评。阿布-卢格霍德认为，斯特拉森“规避了权力问题”，因而存在过失［Abu-Lughod，2006（1991）：154］。她指出，人类学家和女性主义者在与各自的他者接触时，她们具有的相对地位——就权力而言——是明显不同的。在西方与非西方的交锋中，人类学家通常站在更强势的西方一边（无论她们是否出生在西方、接受过西方教育或仅仅受过人类学学科的话语与实践训练），而女性主义者在与父权制的对抗中处于从属地位。此外，阿布-卢格霍德认为，与人类学相比，女性主义更公开、更成功地与自身内部的差异问题作斗争。在她看来，到了20世纪90年代，人类学内部的多样性不断增加。因此，阿布-卢格霍德谈到了“混血的”人类学家，包括她自己在内，“她们的民族或文化认同因移民、海外教育或出身而变得混杂”（第153页）。[6]阿布-卢格霍德认为，女性主义人类学家和“混血的”人类学家都无法“轻松自如地接受人类学的自我”（第155页）。这使她们对权力和立场问题产生了更强的意识，并且深刻地认识到她们为之写作的不同受众之间存在的差异。与前几代的人类学家不同，她们必须扪心自问：“当人类学家正在研究的他者同时也被构建为自我的一部分时，会发生什么？”（第155页）从某种程度上而言，阿布-卢格霍德在这里指出了女性主义和女性主义人类学之间围绕着性别、种族与阶级的差异而展开的争论（例如Sacks，1989）。

## 后殖民批评

其他学者对女性主义的看法并不像阿布-卢格霍德那样乐观（例如Amadiume，1987；Oyěwùmí，2003a）。[7]例如，王爱华（Aihwa Ong）赞同斯特拉森的观点，即女性主义者与他们所反对的父权制存在于同一个社会文化世界中，她指责女性主义人类学家不恰当地将西方关于“理性与个体主义”的标准与目标运用于其他社会［Ong，2001（1988）］。此外，王爱华还认为，“当女性主义者将目光投向海外时，她们经常试图站在非西方社会的女性身上来确立自己的权威，替她们决定生活的意义和目标”（第108页）。正是在这个意义上，她认为对于研究非西方社会的女性主义者来说，“他者”不是如斯特拉森所说的男性，而是非西方社会的女性，因此女性主义者与她们所研究的非西方社会的女性之间构成一种彼此对立的关系。

王爱华关注的是“殖民话语与女性主义对非西方女性的再现之间的交叉点”（第 108 页），她重点关注有关“发展中的女性”的著作，以此来阐述自己的观点。王爱华认为，女性主义学者对非西方女性的书写方式中存在一种新殖民主义的色彩，在许多这样的作品里，非西方女性“被视为一个不成问题的普遍性范畴”，并且她们的地位是根据“西方女性主义者认为在实现男女权力平衡方面至关重要的一系列法律、政治和社会基准”来评判的（第 110 页）。换句话说，非西方女性被西方的标准来衡量，并与西方女性主义者自己的目标和理想进行比较。结果，女性主义者强化了她们“对自身文化优越性的信念”（第 113 页）。王爱华敦促女性主义人类学家不要放弃，而是改变研究方法，根据世界上其他地方女性自身的状况来理解她们的生活和抱负，并“接受这样的事实，即他人对生活方式的选择往往与我们对未来的独特愿景是不同的”（第 116 页）。

王爱华的批评与钱德拉 · 莫汉蒂（Chandra Mohanty）同年发表的一篇极具影响力的文章有共鸣之处。莫汉蒂指出，许多西方女性主义作品抹杀了第三世界女性生活“物质与历史”的多样性，最终呈现出一种“复合的［和］单一的‘第三世界女性’”（Mohanty, 1988：62）形象，这种形象的典型特征是其附属地位。[8] 她从这种普遍的第三世界女性的创造中看到了权力在女性主义的写作中是如何运作的。王爱华和莫汉蒂的批评也与许多非洲女性主义学者的研究同声相应，这为那些试图从历史和当代意识的角度思考性别的人们提供了丰富的资源。譬如，伊菲 · 阿玛迪乌姆（Ifi Amadiume）（1987；1997）、奥耶隆基 · 奥耶乌米（Oyèrónké Oyěwùmí）（1997；

2003b）和尼基鲁·威恰·尼泽库（Nkiru Uwechia Nzegwu）（2006）以不同的方式促使我们重新思考“母职/母亲身份对女性社会地位具有重要意义”这一根深蒂固的假设，并强调殖民化对非洲性别关系造成的不利影响。她们强调欧洲女性与非洲女性之间截然不同的历史经验，并认为采用欧美女性主义的分析工具无法理解非洲女性的生活。

与此类似，萨巴·马哈茂德（Mahmood，2005）对开罗虔敬运动中埃及穆斯林女性成员的研究也对我们提出了深刻的挑战。马哈茂德研究的女性并不一定认同西方自由主义女性主义者的目标——也即所谓的自由和平等，因此马哈茂德问道：“在我们自身生活中对平等理念的承诺是否赋予我们一种能力，使我们能够知道这种理念是否也是其他人所追求的或者是能让她们感到满足的？”如果不是，她继续说道：“正如实际情况那样，那么我认为我们需要（以一种比我们所习惯的更加谦逊的态度）重新思考女性主义政治的真正含义。”（Mahmood，2005：38）事实上，这一挑战可以说是女性主义与人类学之间张力的核心所在。

2001 年 9 月 11 日的恐怖袭击事件发生之后，穆斯林女性的生活受到欧美媒体和社会评论家（包括女性主义者）的严格审视，阿布-卢格霍德在反思这一现象时，向女性主义人类学家提出了两点告诫。第一点告诫是，我们决不能陷入“女性主义站在西方一边”这样的两极分化的陷阱之中（Abu-Lughod，2002：788）。我们需要思考女性主义的多元性。第二点告诫是，我们反对这样一种使命，即“拯救”世界上其他地方的女性。在阿布-卢格霍德看来，拯救其他女性的想法本身就是一种自以为高人一等的傲慢态度，体现了对于以其他方式来理解她们的生活的无动于衷（Abu-Lughod，2002；2013）。

不是“拯救”穆斯林女性，阿布-卢格霍德呼吁：

> 当我们积极寻求参与遥远地方的事务时……我们之所以如此做是基于这样的精神，即支持那些在共同体内部致力于改善女性（和男性）生活的人们……［因此，我们］使用一种更加平等主义的语言，诸如联盟、结合与团结等，而不是拯救。
>
> （第 789 页）

## 结　语

本章从 20 世纪 70 年代女性主义人类学的形成开始，探讨了性别人类学的发展。性别人类学领域的先驱们意识到女性被排除在人类学的文本之外后，试图建立一种女性人类学，它很快就发展壮大、变得多元化，并对性别关系与性别身份开展了更广泛的研究。特别是，我们探讨了亲属关系研究领域最新取得的进展，在这一领域，人类学研究与性别理论家的著作之间的相互影响尤为明显。这些争论继续突显出与之前的研究相似的有关自然和文化的观点。然而，对自然 / 生物（而非仅仅关注文化 / 社会性别）的质疑已经动摇了生理性别与社会性别之间的界限，而这种区分在之前的研究中处于核心地位。在本章中，我未能详细探讨性别人类学领域其他的一些重要发展，包括新出现的男性气质研究［例如 Gutmann，1997；Osella and Osella，2000；Connell，2005（1995）；Simpson，2009］与性态研究（如 Kulick，1997；Boellstorff，2005；2007；Cornwall, et al.，2011；Lyons and Lyons，2011；Tamale，2011；Spronk，2014）。随着时间的推移，正如我们看到的那样，学者们一直在努力调和女性主义与人类学之间的关系：女性主义是一种追求性别平等的政治承诺，而对人类学来说，当务之急是不能想当然地假定其他地方的性别身份与性别关系具有的内容或意义。人类学与女性主义之间看似不可避免的张力或“尴尬关系”，引发了关于“女性主义人类学”这一说法是否自相矛盾的问题，然而，敏锐的女性主义人类学研究仍然能够提供具有启发性的民族志和理论介入（例如 Arnfred，2011；Hodgson，2011）。

最后，值得反思的是，女性主义人类学与性别人类学在多大程度上取得了成功。在 21 世纪，很难想象一位人类学家（无论是男性还是女性、无论是否明确表示自己是女性主义者）在论述某个社会或某种社会现象时，会不明确地考虑到性别的维度，这些性别维度包括与男性和女性进行交谈、仔细思索他们的视角有何不同及其背后的原因、研究他们各种各样的活动和角色，以及男性和女性在同一任务中的合作方式。当代的人类学家也不会想当然地默认二元对立的性别范畴在特定的民族志环境中具有的意义。无论他们最感兴趣的问题是什么，无论他们的民族志最终研究的是什么，所有这些有关性别的维度都会进入文本之中。在田野调查期间，研究者会将这些性别维度纳入研究方法里，以便找到合适的途径与男性和女性进行交谈、了解他们的观点并参与他们的活动。在无法做到这一点的情况下，研究者将会讨论性别视角缺失而导致的局限性，并反思民族志工作者自身的性别身份可能带来的潜在影响。这个领域确实已经发生了改变。

## 注 释

1.在这些文本中，最著名的是《妮萨：一名昆族女子的生活与心声》（*Nisa*, Shostak, 1981）。有关这类文献的综述，可参见卢因（Lewin, 2006）和阿布–卢格霍德（Abu-Lughod, 1990）的介绍。

2.值得注意的是，翌年出版的另一部著作（Reiter, 1975）没有采用这种方法。可参见盖尔·鲁宾（Gayle Rubin）撰写的那一章。

3.正如海伍德（第十四章）所阐明的那样，斯特拉森的观点产生了深远而持久的影响，甚至超出了关于性别的人类学争论，尤其是对后来被称作“本体论转向”的发展产生了重要影响。

4.可参见卡斯滕（Carsten, 2004）对亚娜基萨科（Yanagisako）和科丽尔（Collier）的观点进行的批判性讨论。

5.可参见尼科尔森（Nicholson, 1982）较早（而且具有批判性地）对罗萨尔多的观点作出的回应。

6.虽然“混血的”（Halfie）这个术语在人类学中并不流行，但阿布-卢格霍德认为它很有用；我在这里是参照她的研究来使用该术语的。

7.我在这里指的是上文讨论过的阿布-卢格霍德在20世纪90年代初对人类学与女性主义所做的比较，当时她认为，女性主义者比人类学家能够更好地处理自身内部的分歧。然而，正如我们将在下文中看到的，阿布-卢格霍德绝非对女性主义缺乏批判，这尤其体现在她谴责自2001年以来许多女性主义者对穆斯林女性的描述方式（Abu-Lughod, 2002；2013）。

8.莫汉蒂所说的“西方女性主义”是指“以美国和西欧所阐述的女性主义旨趣为主要参照点”的女性主义（Mohanty, 1988：61）；她认为，非洲和亚洲的城市中产阶级学者往往也卷入了她所批判的阶序性的女性主义写作方法。

# 参考文献

Abu-Lughod, L. 1990. Can there be a feminist ethnography? *Women & Performance: A Journal of Feminist Theory* 5 (1): 7–27.

Abu-Lughod, L. 1993. *Writing Women's Worlds: Bedouin Stories*. Berkeley, CA: University of California Press.

Abu-Lughod, L. 2002. Do Muslim women really need saving? Anthropological reflections on cultural relativism and its others. *American Anthropologist* 104 (3): 783–790.

Abu-Lughod, L. 2006 [1991]. Writing against culture. In E. Lewin (ed.), *Feminist Anthropology: A Reader*, pp. 153–169. Oxford: Blackwell.

Abu-Lughod, L. 2013. *Do Muslim Women need Saving?* Cambridge, MA: Harvard University Press.

Alonso, A.M. 2000. The use and abuse of feminist theory: Fear, dust, and commensality. In A. Lugo and B. Maurer (eds.), *Gender Matters: Rereading Michelle Z Rosaldo*, pp. 221–231. Ann Arbor, MI: University of Michigan Press.

Amadiume, I. 1987. *Male Daughters, Female Husbands*. London: Zed Books.

Amadiume, I. 1997. *Reinventing Africa: Matriarchy, Religion and Culture*. London: Zed Books.

Ardener, E. 1972. Belief and the problem of women. In J.S. La Fontaine (ed.), *The Interpretation of Ritual*, pp. 135–158. London: Tavistock.

Arnfred, S. 2011. *Sexuality and Gender Politics in Mozambique: Rethinking Gender in Africa*. Woodbridge: James Currey.

Boellstorff, T. 2005. *The Gay Archipelago: Sexuality and Nation in Indonesia.* Princeton, NJ: Princeton University Press.

Boellstorff, T. 2007. *A Coincidence of Desires: Anthropology, Queer Studies, Indonesia.* Durham, NC: Duke University Press.

Butler, J. 1990. *Gender Trouble: Feminism and the Subversion of Identity.* London: Routledge.

Carsten, J. 2004. *After Kinship.* Cambridge: Cambridge University Press.

Clifford, J. and G. Marcus (eds.) 1986. *Writing Culture: The Poetics and Politics of*

*Ethnography.* Berkeley, CA: University of California Press.

Collier, J. F. and S. J. Yanagisako (eds.) 1987. *Gender and Kinship: Essays Toward a Unified Analysis.* Palo Alto, CA: Stanford University Press.

Connell, R.W. 2005 [1995]. *Masculinities.* Berkeley, CA: University of California Press.

Cornwall, A. and N. Lindisfarne (eds.) 1994. *Dislocating Masculinity: Comparative Ethnographies.* London: Routledge.

Cornwall, A., J. Edstrom and A. Greig (eds.) 2011. *Men and Development: Politicising Masculinities.* London: Zed Books.

Foucault, M. 1978. *The History of Sexuality Volume 1: The Will to Knowledge.* London: Penguin Books.

Franklin, S. 2002. Biologization revisited: Kinship theory in the context of the new biologies. In S. Franklin and S. McKinnon (eds.), *Relative Values: Reconfiguring Kinship Studies*, pp. 302–325. Durham, NC: Duke University Press.

Gutmann, M.C. 1997. Trafficking in men: The anthropology of masculinity. *Annual Review of Anthropology* 26: 385–409.

Hodgson, D.L. (ed) 2011. *Gender and Culture at the Limit of Rights*. Philadelphia, PA: University of Pennsylvania Press.

Keller, E. F. 1982. Feminism and science. *Signs: Journal of Women in Culture and Society* 7 (3): 589–602.

Keller, E. F. 1985. *Reflections on Gender and Science*. New Haven, CT: Yale University Press.

Kulick, D. 1997. The gender of Brazilian transgendered prostitutes. *American Anthropologist* 99 (3): 574–585.

Lewin, E. (ed.) 2006. *Feminist Anthropology: A Reader.* Oxford: Blackwell.

Lyons, A.P. and H.D. Lyons (eds.) 2011. *Sexualities in Anthropology: A Reader.* Oxford: Wiley-Blackwell.

MacCormack, C. P. 1980. Nature, culture and gender: A critique. In C.P. MacCormack and M. Strathern (eds.), *Nature, Culture and Gender*, pp. 1–24. Cambridge: Cambridge University Press.

MacCormack, C.P. and M. Strathern (eds.) 1980. *Nature, Culture and Gender.* Cambridge: Cambridge University Press.

MacKinnon, C. 1982. Feminism, Marxism, method and the state: An agenda for theory. *Signs: Journal of Women in Culture and Society* 7 (3): 515–544.

Mahmood, S. 2005. *Politics of Piety: The Islamic Revival and the Feminist Subject.* Princeton, NJ: Princeton University Press.

Middleton, K. 2000. How Karembola men become mothers. In J. Carsten (ed.), *Cultures of Relatedness: New Approaches to the Study of Kinship*, pp. 104–127. Cambridge: Cambridge University Press.

Mohanty, C. T. 1988. Under Western eyes: Feminist scholarship and colonial discourses. *Feminist Review* 30: 61–88.

Moore, H. L. 1988. *Feminism and Anthropology*. Cambridge: Polity.

Moore, H. L. 1994. *A Passion for Difference: Essays in Anthropology and Gender*. Bloomington, IN: Indiana University Press.

Nicholson, L. J. 1982. Comment on Rosaldo's 'The use and abuse of anthropology'. *Signs* 7 (3): 732–735.

Nzegwu, N. U. 2006. *Family Matters: Feminist Concepts in African Philosophy of Culture*. Albany, NY: State University of New York Press.

Ong, A. 2001[1988]. Colonialism and modernity: Feminist re-presentations of women in non-Western societies. In K. Bhavnani (ed.), *Feminism and Race*, pp. 108–118. Oxford: Oxford University Press.

Ortner, S. B. 1974. Is female to male as nature is to culture? In M.Z. Rosaldo and L. Lamphere (eds.), *Woman, Culture, and Society*, pp. 67–88. Palo Alto, CA: Stanford University Press.

Ortner, S.B. and H. Whitehead (eds.) 1981. *Sexual Meanings: The Cultural Construction of Gender and Sexuality*. Cambridge: Cambridge University Press.

Osella, F. and C. Osella 2000. Migration, money and masculinity in Kerala. *Journal of the Royal Anthropological Institute* 6 (1): 117–133.

Oyěwùmí, O. 1997. *The Invention of Women: Making an African Sense of Western Gender Discourses*. Minneapolis, MN: University of Minnesota Press.

Oyěwùmí, O. (ed.) 2003a. *African Women and Feminism: Reflecting on the Politics of Sisterhood*. Trenton, NJ: Africa World Press.

Oyěwùmí, O. 2003b. The white woman's burden: African women in Western feminist discourse. In O. Oyěwùmí (ed.), *African Women and Feminism: Reflecting on the Politics of Sisterhood*, pp. 25–43. Trenton, NJ: Africa World Press.

Ramberg, L. 2014. *Given to the Goddess: South Indian Devadasis and the Sexuality of Religion*. Durham, NC: Duke University Press.

Reiter, R. R. (ed.) 1975. *Toward an Anthropology of Women*. London: Monthly Review Press.

Richards, A. I. 1982 [1956]. *Chisungu: A Girl's Initiation Ceremony among the Bemba of Zambia*. London: Routledge.

Rosaldo, M. Z. 1974. Woman, culture, and society: A theoretical overview. In M.Z. Rosaldo and L. Lamphere (eds.), *Woman, Culture, and Society*, pp. 17–42. Palo Alto, CA: Stanford University Press.

Rosaldo, M. Z. 2006 [1980]. The use and abuse of anthropology: Reflections on feminism in cross-cultural understanding. In E. Lewin (ed.), *Feminist Anthropology: A Reader*, pp. 107–128. Oxford: Blackwell.

Rosaldo, M. Z. and L. Lamphere 1974. Introduction. In M.Z. Rosaldo and L. Lamphere (eds), *Woman, Culture, and Society*, pp. 1–15. Palo Alto, CA: Stanford University Press.

Sacks, K. B. 1989. Toward a unified theory of class, race, and gender, *American Ethnologist* 16 (3): 534–550.

Shapiro, J. 1981. Anthropology and the study of gender, *Soundings: An International Journal* 64 (4): 446–465.

Shostak, M. 1981. *Nisa: The Life and Words of a !Kung Woman.* Cambridge, MA: Harvard University Press.

Simpson, A. 2009. *Boys to Men in the Shadow of AIDS: Masculinities and HIV Risk in Zambia.* Basingstoke: Palgrave Macmillan.

Spronk, R. 2014. Sexuality and subjectivity: Erotic practices and the question of bodily sensations. *Social Anthropology* 22 (1): 3–21.

Strathern, M. 1980. No nature, no culture: The Hagen case. In C.P. MacCormack and M. Strathern (eds.), *Nature, Culture and Gender*, pp. 174–222. Cambridge: Cambridge University Press.

Strathern, M. 1987. An awkward relationship: The case of feminism and anthropology. *Signs* 12 (2): 276–292.

Tamale, S. (ed) 2011. *African Sexualities: A Reader*. Oxford: Pambazuka Press.

Weston, K. 1997 [1991]. *Families We Choose: Lesbians, Gays, Kinship and the New Reproductive Technologies.* New York, NY: Columbia University Press.

Yanagisako, S. J. and J. F. Collier 1987. Toward a unified analysis of kinship and gender. In J.F. Collier and S.J. Yanagisako (eds.), *Gender and Kinship: Essays toward a Unified Analysis*, pp. 14–50. Palo Alto, CA: Stanford University Press.

第十三章

# 没有行动者，没有网络，没有理论：布鲁诺·拉图尔关于现代人的人类学

No actor, no network, no theory:
Bruno Latour’ s anthropology of the moderns

马泰 · 坎迪亚

## 引言：识别行动者网络理论（Actor-Network Theory，ANT）

本章探讨被称为“行动者网络理论”的理论运动，它起源于20世纪80年代的科学研究，并于20世纪90年代后期在社会科学领域产生了广泛的影响。行动者网络理论被人类学家赞成或批判性地加以引用，它不仅研究科学家的工作（Rabinow，1996；Houdart，2008；Helmreich，2009；Candea，2013），而且还研究其他一系列广泛的主题，从金融（Zaloom，2003）、考古学（Abu El-Haj，1998）或原住民权利（Kaplan and Kelly，1999）到森林火灾（Candea，2008；关于这方面研究的综述以及反思行动者网络理论对人类学产生的影响，可参见Oppenheim，2007）。

行动者网络理论让评论者们感到爱恶交织，部分原因在于它的倡导者一反传统的论证风格以及貌似离奇的形而上学观点，其最主要的倡导者之一是法国社会学家、人类学家、哲学家布鲁诺·拉图尔。例如，拉图尔（Latour，2000）曾经提出过一个著名的观点，认为当考古学家声称埃及法老拉美西斯二世（Ramses II）死于结核病时，他们其实是在进行某种时光穿梭，因为直到 1882 年人类才发现结核病。在一本关于巴黎交通系统工程为何失败的专著里，拉图尔记录了想象的铁路车厢里不同机械元件之间的对话（Latour，1996）。拉图尔还在一篇关于行动者网络理论不断取得成功的回顾性文章里指出："有四个要素不符合行动者网络理论：'行动者'这个词、'网络'这个词、'理论'这个词，以及它们之间的连字符！"（Latour，1999：15）

本章正是以拉图尔这一精辟的言论为线索展开论述的。在进一步举例说明行动者网络理论的实践应用之后，本章将阐述拉图尔提出的上述否定性观点。我们将解释为什么行动者网络理论实际上不是传统意义上的关于网络或行动者的理论，以及为什么它最具潜力的主张——这也是行动者网络理论家对他们的批评者作出的最好的回应——正在于它根本不是一种理论！

这种否定性的方法可能看起来有些滑稽可笑，但却是必要的，因为对行动者网络理论进行更加直接、正面的描述，以勾勒出它的内容或论点，实际上是相当困难的。大体而言，我们可以辨识出与行动者网络理论相关联的一些关键主题和关注点：聚焦于物质性和非人类的能动属性，追踪人、物和观念在多个不同地点产生的影响，对已确立的社会科学解释框架以及标准的二分法（如科学与政治、自然与文化、人类与非人类）持怀疑态度。自从 20 世纪 90 年代以来，这些主题与关注点是人类学和社会科学潜心探讨的更广泛的理论议题的一部分（关于不同学者对其中某些主题或者所有主题采用的极为不同的方法，可参见 Strathern，1988；Gell，1998；Viveiros de Castro，1998；Ingold，2000；Miller，2005）。

与其他这些研究取向相比，行动者网络理论显得与众不同，但若要具体阐明它为何如此独特，我们就需要面对一系列关键性的问题。第一个困难在于，如上文所述，行动者网络理论被用于描述范围极为宽泛的不同现象，因此很难通过它的研究主题或研究对象对其进行界定。拉图尔单独（有时与其他人合著）撰写了许多作品，诸如关于科学（Latour，1987）、技术（Latour，1996）、现代性（Latour，1993）、巴黎（Latour，1998）、政治（Latour，2004a）、法律（Latour，2009）、宗教（Latour，2013b）以及一般意义上的各种存在形式（Latour，2013a）。在行动者网络理论家那里，这种折中主义非常普遍。正如约翰·劳（John Law，他本人是行动者网络理论的主要倡导者）指出的那样：

> 真理与谬误、大与小、能动性与结构性、人类与非人类、事前与事后、知识与权力、背景与内容、物质性与社会性、积极性与消极性……在以行动者网络理论的名义开展的研究中，所有这些对立分割都以这种或那种方式被抛弃了。
>
> （Law，1999：3）

第二个困难在于，行动者网络理论家使用的概念本身也在不断地发生变化，这不仅体现在不同作者之间，甚至在同一作者的作品里也是如此。初学者很快就会面临一系列令人无所适从的术语和区分：行动者网络、准行为体、混合体、不可改变的活动物体、事实问题与关切问题、中介者与调解者、区域、网络、流体、转译、路径、联盟、关于转译的社会学、与关于社会的社会学相对的关于联结的社会学……尽管这可能令人困惑甚至感到恼火，但正如我们将在下文看到的，这种不断变化的专业术语并不是行动者网络理论的缺陷，而是其特征所在。它体现了行动者网络理论对建立某种稳定的“框架”或观念教条的普遍厌恶。对于它的倡导者而言，这里再次援引约翰·劳的观点：

> ［试图］将行动者网络理论转变为一个固定的点，一系列具体的主张、规则、信条或具有固定属性的领地，同时还试图竭力将它转变成某个单一的位置……这是荒谬的，因为只要它还存在，只要它仍然发挥着作用，只要它被嵌入知识实践之中，“行动者网络理论”就会自我转变。这意味着没有信条。只有死的理论与死的实践才会契合它们的自我同一性。只有死的理论与死的实践才会竭力想要保持自己的声誉，坚持要求它们的完美再现。只有死的理论与死的实践才会寻求在每一个细节上反映出之前的实践。
>
> （Law，1999：10）

基于这些原因，事实上，通过概述它“不是什么”而非它“是什么”，正如我在本章接下去将要做的那样，能够更容易地辨识行动者网络理论。同样为了简单起见，我还将重点关注一种独特类型的行动者网络理论，即布鲁诺·拉图尔提出的理论版本。不过，根据约翰·劳的上述说法，读者听到这一点大概也不会感到惊讶，也就是说，与行动者网络理论相关的其他许多作者，除了约翰·劳本人，还有安妮玛丽·莫尔（Mol，2002）、米歇尔·卡隆（Callon，1986）、史蒂夫·伍尔加（Woolgar，1991）、海伦·韦伦（Verran，2001）、安托万·亨尼翁（Hennion，2015），他们都提出了与拉图尔截然不同的理论版本，或者对它有着完全不同的理解。

与人类学相比，行动者网络理论似乎对社会学甚至哲学的贡献更加明显。从很多方面来看，情况也确实如此。事实上，作为行动者网络理论的重要倡导者，莫尔曾经将自己的研究描述为一种“经验哲学”（Mol，2002：1）。这也可以被看作是对行动者网络理论更为一般意义上的恰当描述。然而，从一个关键的意义上而言，行动者网络理论背后的推动力是人类学的：它基于对“使熟悉的事物变得陌生”这一人类学使命作出的特殊解读。在如今已成为经典的《我们从未现代过》（*We Have Never Been Modern*，1993）一书里，布鲁诺·拉图尔详细地阐述了这一使命。在该著作中，拉图尔提出需要一种“关于现代人的人类学”，以便从外部的视角看待西方现代性最核心的假设，尤其是上文约翰·劳枚举的所有“对立分割”。[1] 行动者网络理论提出的那些违反直觉的宣言——包括关于它不是一种理论的声称——都可以被看作是为这样一种人类学创造观念性的语言而进行的尝试。

在这一章里，我将仅提供一个关于行动者网络理论的详细民族志范例，而这个范例略微显得有些自相矛盾，原因有两个。首先，这个范例不是每个人心目中所想的那种民族志。其次，在撰写这部著作的时候，事实上还没有创造出“行动者网络理论”这个术语。然而，这部现在已成经典的著作——它是关于科学实践的最早、同时也是最深刻的民族志之一——第一次为后来的行动者网络理论确立了若干关键性的原则。这部著作便是《实验室生活》（*Laboratory Life*，1979），它是一项对索尔克研究所（Salk institute）的生物实验室进行的民族志研究，该研究所位于加利福尼亚州的拉霍雅（La Jolla）。我们将在下一节里详细讨论这个案例研究，然后从更广泛的意义上描述行动者网络理论，最后探讨这种研究方法存在的局限性。

## 行动者网络理论初现端倪：《实验室生活》

在探讨拉图尔和伍尔加的《实验室生活》时，有两个很重要的背景性因素。第一个因素是，这本书是在人类学家越来越致力于将人类学这门学科“带回本土”之时撰写而成的（Cole，1977）。因此，拉图尔和伍尔加的研究是当时试图将人类学“直接带回本土”的若干尝试之一，他们聚焦于西方权力和叙事的生产中心，诸如科学实验室或者西方的政治制度和意识形态。从这种背景下来看，《实验室生活》是将“西方”本身纳入民族志视角这一更为广泛的举措之一部分。

第二个背景因素涉及社会学与科学史领域的讨论，这部著作对这些讨论做出了变革性的和批判性的贡献。[2] 虽然考察这些观点可能会使我们偏离本章讨论的关注点，即行动者网络理论作为人类学家的一般性“理论”资源，但行动者网络理论的许多识别要素以及优点和缺点都是在这个背景下形成的，因此有必要对它们稍微详细地展开探讨。

20 世纪 60 年代和 70 年代，研究科学的社会学家与历史学家越来越大胆地宣称，科学事实是一种“社会建构”，科学发现的内容在某种程度上可以通过这样一些因素来解释，或者说至少是与这些因素密切相关的，这些因素包括科学家的政治利益、社会阶级、性别、关于“自然”的文化想象、更广泛的意识形态以及科学家所属社会的结构性不平等。即使一个人对特定的科学知识体系是否是真实的持不可知论的态度，但“它被普遍认为是真实的”这一事实本身，无疑是一种社会事实。诚如社会学家戴维·布卢尔所言：“知识的客观性在于它是一个社会群体公认的信念集合。”（Bloor，1974：76）

科学研究中的这种“社会建构主义”直接借鉴了人类学用来分析知识与社会之间关系的一种传统，该传统发轫于20世纪初由涂尔干开创的知识社会学（参见第一章）。布卢尔说道：

> 社会组织确实可以确保某种给定的理论被认为是真实的。埃文思–普里查德在考察赞德人（Zande）的社会如何以自然界充斥着巫术力量为前提而组织起来时，就已经表明了这一点。哲学家与人类学家越来越多地研究理论如何得以维系、异常现象如何被吸纳的社会过程……因此，社会组织是决定任何给定理论之真伪的关键变量。
>
> （第76页）

这种方法促使人们聚焦于科学研究的细节与实践，以社会学的方式考察“理论如何得以维系、异常现象如何被吸纳”（第76页）的日常过程。在人类学领域，莎伦·特拉威克关于美国和日本物理学家的民族志研究（Traweek，1988）试图以类似的方式将物理学视为特定社会背景下的文化表现，本质上受到生产它的物理学家的实践影响，而这些实践是社会结构化的和性别化的（相关批评可参见Latour，1990）。

行动者网络理论最初正是在这种社会建构主义的背景下出现的，但它同时也反对它。《实验室生活》副标题为“科学事实的社会建构”，该书描述了生物学家的实践，试图展示科学事实是如何在实验室的条件下通过一系列的测试、测量和记录等实践被构建的。从某种意义上而言，这本书的哲学含义与前面提到的社会建构主义的社会学是一致的，即事实不是“被发现的”，而是被制造出来的，而制造它们的过程（在某种程度上）正是人类的社会过程和实践。例如，拉图尔和伍尔加详细研究了科学论文的语言如何使特定的陈述表达出不同程度的确定性——从有争议的、假设的或仅仅是可能的陈述，到通过援引其他论文而具有坚实立论依据的陈述，再到“人尽皆知”、显而易见的真理以及甚至不需要任何援引即可直接表述的陈述。拉图尔和伍尔加认为，确立一个事实，在某种程度上就是通过互文引证实践将这些累积性的陈述联系起来，从而努力说服读者。拉图尔和伍尔加通过经验研究发现，事实只不过是这些被印在纸上的相互联系的陈述与参考文献的集合体。

然而，拉图尔和伍尔加密切关注机器与手工制品在这个建构过程中发挥的作用，这与经典的社会建构主义形成了明显的区别。他们指出，倘若没有大量的“物”和非人类实体，那么构建稳定的科学事实——即撰写那些科研论文——将是不可能的，这些“物”和非人类实体包括：可以提取血液的小鼠，分离出各种血液成分的离心分离机，对这些血液成分进行其他各种类型测试的一系列机器，能够将结果绘制成图表的计算机，这些图表进而可以打印在纸上，并且被整合到论文里以支持相关的陈述。在每一个这样的步骤中，想法、问题和答案都被赋予了物质的实体性/可靠性。这个过程的关键是各种技术装置，它们可以对生物材料进行测量，并且从中提取出数据。拉图尔和伍尔加将这些技术装置描述为“铭文装置”（inscription devices），其作用是“将物质碎片转化为书面文档”（Latour and Woolgar，1979：51）。在这种描述方式中，整个实验室呈现为一种“文学铭文系统”（第52页）——一种通过累积性“书写”的物理过程与物质过程来构建事实的工厂。它的目的：

是为了说服论文的读者……将它的陈述当作事实接受。为了达到这个结果，老鼠被抽血、切掉脑袋，青蛙被剥皮，化学品被消耗，时间被耗费，职业生涯起起落落，并且实验室里已经制造出并且积累了铭文装置。

（第 88 页）

《实验室生活》一书里自始至终都没有使用“行动者网络理论”这个术语。它是后来作为一个回顾性的标签出现的，而且人们可以就这部著作被看作行动者网络理论的作品是否“合适”展开争论。但是，在这项早期的研究中，已经隐含着行动者网络理论的一些关键要素。接下去我将梳理出其中四个要素，并且阐明它们是如何在后来以“行动者网络理论”冠名的著作中得到更正式的阐述的。在这里，我们再次发现了关于行动者网络理论“不是什么”的清单事项。第一个要素是将实体视为其他实体之网络的观点（这就是为什么行动者网络理论不涉及通常意义上的“网络”的原因）。第二个要素关注行动在人类与非人类之间的分配方式（这解释了为什么行动者网络理论不涉及通常意义上的“行动者”）。第三个要素从一般性的意义上描述作为一项研究方案的行动者网络理论，布鲁诺·拉图尔将该行动方案称为“一项关于现代人的人类学”，而这引出了第四个要素，即对经典社会学解释模式的批评。后两点共同说明了为什么不能将行动者网络理论理解成通常意义上的“理论”。

## 没有“网络”：一种物质符号学

自从 20 世纪 60 年代以来，甚至在如今的某些领域，对于那些试图寻求一种比“结构”观念更灵活的方式来描述社会组织的社会学家来说，“网络”的观念一直是一种普遍的选择（参见第一章和第二章）。社会行动者通过复杂多变的社会网络相互联系的形象成为社会学想象中的一种重要形象。然而，这显然不是行动者网络理论中所使用的“网络”一词的含义。要理解这个术语在行动者网络理论里扮演的角色，我们必须从一个完全不同的角度出发，也就是从观念与事物之间的交界面出发。

拉图尔和伍尔加在《实验室生活》里对科学工作的描述产生的关键影响之一，就是模糊了观念过程与物质过程之间的界限。在经典的科学哲学中，科学经常被描绘为一种思维活动，一种理性的探索过程。可以说，对科学的社会建构主义式研究取向强调集体表征和文化相对性，这种方法本质上仍然将科学看作是一种思维活动——一个涉及思想、视角、阐释和符号的问题。与之不同的是，拉图尔和伍尔加的描述则不考虑在科学家的脑海里发生的事情，而将注意力聚焦于在实验室里观察到的切割、混合、比较、交谈和写作等物质实践。从这个角度来看，从实验室里产生的科学论文不再仅仅被视为是科学家脑海中抽象思维的凝聚（不管是否受到他们的“文化”或“集体意识”的影响）。相反，论文以及它们所包含的事实只是一个稳定化过程的最终阶段，而这个过程完全既是观念性的，又是物质的。

重要的是，在这种观点中，事实不再被看作是关于“外在现实”不同程度的准确表征。它们同时是观念性的与物质性的实体，是在由社会实践、技术设备和陈述构成的特定类型的网络中产生的，并且只能在这种网络中继续存在。关于它们是否真伪的问题，只能在这些网络内部提出。拉图尔和伍尔加在下面这段话里非常清楚地阐明了这一点，它值得在这里详细引述：

> 让我们详细考察一个特定的陈述："根据放射免疫测定法的检测发现，生长抑素阻断了生长激素的释放。"如果我们问这个陈述在科学之外是否有效，答案是在每个可以可靠地进行放射免疫测定法的地方，该陈述都是成立的。但这并不意味着这个陈述在任何情况下都是成立的，甚至在未进行放射免疫测定法的情况下也是成立的。如果我们采集了一位住院病人的血样，想要确定生长抑素是否降低了该病人的生长激素水平，没有放射免疫测定法对生长抑素进行检测的话，那么我们是无法回答这个问题的。我们可以相信生长抑素具有这种作用，甚至通过归纳宣称该陈述绝对成立，但这样的宣称仅是一种信念和主张，而不是基于证据。要证明该陈述的真实性，就必须扩大放射免疫测定法在其中是有效的网络，使医院的部分病房成为实验室的一部分，从而进行相同的测定法。我们没有说生长抑素根本不存在，也没有说它不起作用，而是说它不能跳出使其存在得以可能的社会实践网络。
>
> (Latour and Woolgar，1979:183)

事实不能"跳出"它们存在于其中的网络。为了强调这一点，我们甚至可以说，事实就是这些网络。这一洞见借鉴自符号学的关系逻辑（参见第二章），在这种关系性的逻辑中，任何术语的意义只能通过它在更广泛的术语网络中的位置来理解。试想一下，如果我们试图从字典中学习一门语言：每个词都是通过其他一组词来定义的（例如，母牛：“一种完全成熟的雌性动物，属于人工饲养的牛种，用于产牛奶或牛肉”）。你可以依次查找这些词，然后会发现它们也是通过一组更进一步的词来定义的（例如，牛肉：“母牛、公牛或阉牛的肉，用作食物”），依此类推。每个术语的含义就是由其他术语组成的网络。

行动者网络理论采纳了符号学的这种洞见，不仅将它应用于词语或思想，而且也应用于世界上的物质实体（Law，1999：4）。[3]因此，事实不仅仅是由其他意义网络构成的意义，而且也是由其他事物、人员、实践与意义的网络（墨水、纸张、思想、人的写作习惯、机器产生的证据等）构成的既是物质性又是观念性的实体（纸上的意义铭文）。

反过来，同样的道理也适用于实验室里的机器与其他物体。就像它们帮助构建的事实一样，这些物质设备本身也是观念性的与物质性的活动之结果，其中某些活动发生在其他地方。例如，离心分离机是由机械加工的金属和塑料零件制成的，它是根据技术人员设计的图纸制造出来的，这些技术人员本身应用了其他科学研究得出的关于力、速度等机械原理。而在索尔克研究所“构建出来”的事实（如关于激素的作用）最终会以同样的方式进入医疗技术领域。换句话说，科学与技术是相互渗透的。从更深层的意义上而言，物质过程与观念过程也互为彼此：机器是稳定的、物质化的事实与理论。反过来，它们又使新的事实与理论被稳定化和物质化。从这种特定的意义上而言，一台光谱仪或者一种激素治疗——如同事实一样——都是由其他物质实体与观念实体构成的网络。

最发人深省的是，这种扩展不仅仅适用于思想或机器，而且也适用于人本身。从这种观点来看，作为科学家的“科学家”无非也是一个网络，每个这样的网络不仅由他们的身体、习惯、能力和倾向构成，而且还包括他们的简历（论文清单）、他们学到的技术、他们知道的事实、他们与其他专家和非专家之间的关系、他们可以充分利用的机器和实验室设备等。在过去的一段时间里，随着技术的发展，诸如社交媒体和新的在线可视化技术等，将网络概念扩展到人本身的做法——这可能是最反直觉的一点——逐渐变得不再像以前那么让人感觉新奇（Latour et al.，2012）。以“脸书”（Facebook）页面为例：它是对其所有者极为个人化的刻画，它部分是公共的，部分是私密的；部分是诚实的，部分是做作的。除了与其他人和事物的链接之外——每一个这样的链接都指向他处，诸如朋友、家庭成员、事件照片、曾经说过的话、曾经喜欢的音乐、让人愤怒的新闻或认可的观点——“脸书”页面是由什么构成的？一个个体的“脸书”页面不是“内在于”那个更广泛的网络，而是就是那个网络——它所有的一切都完全是由其他地方的其他实体构成的。行动者网络理论家会简单地补充说，适用于你个人在线方面的观点也同样适用于你的服饰和财产，它们通过将你与其他地方特定的和普遍的他人联系起来，从而彰显出你作为独特个体的存在；你的习惯、厌恶和欲望，它们本身是通过与其他人、思想和事物的对比而习得、继承或者任意地产生的；事实上，甚至连你的身体也是如此——它是由你的父母和他们之前的祖辈的遗传物质、你所摄入的食物、你与他人一起进行的运动等要素关系性地构成的……诚然，正如我们将在下文看到的，批评家们指出，这种关于人类个体的彻底关系性的观点可能会忽略一些关键的事物。

因此，行动者网络理论所说的“网络”不是通常社会学意义上的网络。事实上，行动者网络理论与社会学关于“社会网络”的观点——它在行动者网络理论家看来是单调乏味的——之间的差别，现在应该已经一目了然。总之，行动者不是内在于网络之中——他们就是网络。而且，这些网络不仅仅具有古典涂尔干意义上的“社会性”（即由与其他人类行动者之间的社会联系构成，可参见第一章）：它们是异质性的。行动者网络将各种各样的人类、物体、思想与物质聚合在一起。

## 没有“行动者”：行动是分布式的

与这种观点相对应的是，采取行动的是网络，而不是独立而有界限的人类行动者：行动是分布式的。一位孤零零的、赤身裸体的科学家在一间空荡荡的房间里仔细观察着一只小鼠，即使用尽她所有的智慧，也不可能产生关于生长抑素的科学事实。科学的独特活动只有通过与其他科学家合作，并且运用机器、工作台、解剖刀以及纸和笔等才能实现。因此，所有这些其他实体都参与了科学家的活动。正是这个实体网络的综合性活动，而不是赤身裸体的人类个体，产生了公认的科学事实这一结果。

因此，《实验室生活》一书展现了一种最初的迹象，而它将发展成为行动者网络理论中最著名、最反直觉的做法：将能动性扩展到人类之外。在关于科学事实是如何被建构出来并稳固化的叙事中，人类科学家（以及他们的文化、社会结构、兴趣、假设、信念等）只是整个图景中的一部分。机器、物体与物质在这种叙事里同样重要。倘若没有机器来完成诸如固定事物、记录、铭写、绘图和测量等事情，那么再多的理性讨论和探究，再多的社会结构或意识形态，都不足以产生稳定的事实。但是同样地，研究对象——血液、细胞、化学元素等——也必须表现得当。科学家（或者甚至连他们的机器）并不总是能够让这些元素按照要求行事（关于这一点的极端例子是，细菌在其中发挥了主导性的作用，具体可参见 Latour，1988a)。适用于人类科学家的说法也同样适用于他们的机器、细胞或事实：只要每一个这样的实体能够“行动”，那么它就是通过与网络中其他实体的关系来实现的［可参见卡隆（Callon，1986 关于扇贝的著名论述］。倘若行动者就是网络，那么网络也就是行动者。

这种将网络视为行动者的观点与经典社会学关于能动性的模型形成了鲜明的对比，在这种经典的社会学模型中，能动者的原型被想象成似乎就是“赤身裸体”的人类，他们具有各种意图和兴趣，面临着更广泛的社会、文化、认知或政治“结构”(对此，社会学家们提出了许多便捷的标签，如阶级、性别、年龄、文化等)，他们可能与之对抗或纠缠其中，甚至被它们赋权。从这种传统的观点看来，人类能动性是针对，甚至是通过这些更广泛的结构发挥出来的，关于人类能动性与结构之间的平衡与相互作用问题，人们进行了无休止的争论（参见第一章、第二章、第五章和第八章)。然而，这对概念存在的困难是众所周知的：从某种角度来看，“结构”本身不过是其他人活动的结果。至于能动性、意向性和“兴趣”，它们似乎根源于作为个体的人类行动者内部，但它们其实也来自别的地方，也即来自外部的和结构性的某个地方。历代学者试图通过融合或消弭这种区别来解决这个问题，譬如通过布迪厄的*惯习*概念（参见第五章和第十一章)，或者通过研究促成（而不仅仅是限制）特定类型的反思自由的社会与话语背景（如福柯的研究，参见第十章)。与这些做法截然不同的是，行动者网络理论家则选择完全忽略这种区别，并将目光投向其他地方：支撑着我们日常生活的物体与物质。

你今天早上被闹钟吵醒了，因为昨晚你设置了闹钟，因为某个地方的某个人在你购买的手机上安装了闹钟应用程序，因为那个人所在的公司通过市场调研表明，像你这样的手机购买者会期望在手机上找到闹钟应用软件。当然，我们可以将这一系列网络化的行动和期望解析为结构与能动性：你是否遵守一种独特的打卡时间文化（参见 Thompson，1967）？跨国电子公司推动了新自由主义的全球秩序，这些公司的产品是否正在将你塑造成为一个自律的主体？无疑，这些都是可能的解读，但在试图厘清能动性与结构、个体主动性与环境之间的界限时，它们需要借助于神秘的概念实体（如一方面是"文化""新自由主义"，另一方面是"自由意志""自我"），这些概念实体在叙事中发挥着积极的作用，尽管它们只是社会学（和哲学）自身创造的理论产物。与之不同，行动者网络理论家则可能会追踪你有意义、有意图的行动（你决定今天早上用闹钟叫醒）如何通过你昨天的行动，通过在中国一家工厂组装的电子元件所具有的独特倾向性、灵活性和阻力性，通过在加利福尼亚编写的软件所具有的快捷方式、记忆和路径依赖，以及通过在这些组合过程中涉及的所有其他人类的行动（有些是意图性的，有些是不经意的和例行化的）得到调解和支撑的。

也就是说，行动者网络理论的观点并不是说机器、细菌或者老鼠具有类似人类的意向性。相反，它的观点又一次是否定性的：将人类的能动性与非人类的被动性之间截然分开是误导性的。主动性与控制性、意向性与机械重复、能动性与被动性等，都应该被视为一个光谱的两端，而这两者之间存在着多个停顿点，因为：

> 在充分的因果关系与完全无因果关系之间，可能存在

> 许多形而上学的细微差别。除了起着“决定”作用和作为“人类行动的背景”之外，不同事物的行动还包括：授权、允许、提供、促进、许可、建议、影响、阻碍、使可能、禁止，等等。
>
> （Latour，2005：72）

与人类一样，各种非人类实体也同样可以采取这些行动类型。拉图尔认为，通过将这些非人类实体重新整合到我们关于人类行动的描述中，就可以消解能动性与结构之间错误的对立。

这种方法重塑了经典社会学对权力的看法。正如拉图尔的一篇论文的标题所说的，“技术即持久的社会”（Latour，1991）。也就是说，支撑起我们生活的那些稳定和有韧性的技术工具本身就是稳固的社会行动网络的结果（设计者的期望、建造者的技能等）。反过来，我们可以说，技术使社会持久存在——社会纽带、规范、承诺、习惯、利益、偏见、信仰和期望（这些都是社会学用来解释社会稳定的经典因素）本身是一种脆弱的黏合剂。正是我们的技术装置（从写作或闹钟到苹果手机或“脸书”）使这些社会模式变得坚固，并使我们的行为变得有规则和（在某种程度上）可预期的。[4]或者更直白地讲，倘若社会看起来具有“结构”，这在很大程度上是因为它充满了枪支、制服、护照、信用卡、监狱围墙、金钱、衣服、高速公路、国境等活动。

## 没有“理论”：行动者网络理论对社会理论的批判

在继续探讨我们最后一个否定性的论断——行动者网络理论不

是一种理论——之前，让我们稍停片刻，看看学术界针对上述观点提出的一些批评意见。大体而言，这些批评意见可以分为两个重要的方面。第一方面是抨击行动者网络理论对政治和不平等问题漠不关心。第二个方面是指责行动者网络理论未能从民族志的角度探讨对研究中的（人类）参与者而言具有重要意义的问题，关于这一点我将在结论部分再次谈及。

第一类批评意见（即行动者网络理论忽视了政治问题）最早来自爱丁堡学派批判性的科学社会学家（Shapin，1988；Sturdy，1991；Bloor，1999），他们认为行动者网络理论拒绝承认人类旨趣、社会阶级或经济力量，这些都是传统意义上的社会学家用来解释科学知识的重要因素。伊恩·哈金（Ian Hacking）非常清晰地总结了爱丁堡学派与拉图尔之间在视角上存在的差异：

> 拉图尔的研究与知识社会学领域爱丁堡学派的强纲领研究之间形成了鲜明的对比。拉图尔与爱丁堡学派的一个共同的观点是，事实是被制造出来的，而不是被发现的；但拉图尔摒弃了这样的想法，即认为人类旨趣、社会阶级和经济力量参与了事实的制造过程。他颇有些轻蔑地将所有这些观点视为“利益论”。如今，科学知识社会学领域的学者（主要是英国人）怀疑拉图尔是一位危险的反动主义者。这提醒我们要注意不同国家的历史。上一代法国知识分子生活在马克思主义之中，他们谈论马克思主义并且从中汲取养分，而这种状况在英国从未发生过。拉图尔这类人以及与他年龄相仿的人已经超越了该阶段，而对于与他同时代的那些英国思想家而言，那仍然是一种令人着迷的

东西，因为他们尚未完全经历过。

(Hacking，1992：511)

爱丁堡学派类似的关注点也引起了科学研究领域的学者们的关注，后者的写作受女性主义、后殖民主义与酷儿理论等影响，他们认为拉图尔的研究很有意义，但偶尔也会对它缺乏关注不平等问题表示不满（Haraway，1989；Barad，2007）。[5] 人类学家在与这些批评意见进行密切交流时，他们则抱怨行动者网络理论缺乏“一种更宏大的历史或文化背景”（Martin，1998：27）。关注点本质上转向认为行动者网络理论的描述缺乏批判意识。对于这些学者来说，批判是社会学评论家的正当职责，尤其是对“西方科学”这样一个充满权力的议题而言，批判必须包含某种解释性或情境化的框架，必须能够超越描述本身以追溯责任、影响与不平等。[6] 由于拒绝利用这样的解释性资源，行动者网络理论讲述的关于网络实体与分布式能动性的叙事，其充其量不过是以晦涩难懂的话语重述某个给定的情境而已。最糟糕的是，行动者网络理论所描绘的各种实体争相扩大其网络范围的图景，被怀疑是一种新自由主义式同情，即“对具有创造性的、有能力在竞争中不断建构自我的积极进取型自我的偏爱”（Oppenheim，2007：473）。

对于这类挑战，拉图尔直接以解释的批判（Latour，1988b）与批判的批判（Latour，2004b）进行回应。在《实验室生活》的第二版（Latour and Woolgar，1986）中——副标题已经作了细微而意味深长的改变，即从“科学事实的社会建构”改为“科学事实的建构”——拉图尔和伍尔加增加了一则后记，以专门强调该书的许多读者没有给予充分关注的一个方面。他们指出，《实验室生活》既是对生物学领域科学事实之建构过程的反思，也是对社会学领域科学事实之建构过程的反思。阶级、旨趣、性别、文化或社会是社会学家与人类学家的工具，它们的建构方式与索尔克研究所的生物学家用移液管、光谱仪、图表和句子等来确定事实的方式基本相似。如果一个人准备研究后者的建构过程，那么他无疑也应该研究前者的建构过程。这对科学的社会学解释构成的挑战再明显不过了。正如卡隆在同一时期写道：

> 对于［科学社会学家］来说，自然是不确定的，但社会不是……有时，这种影响具有如此大的破坏性，以至于读者会产生这样一种印象，即他们正在参加一场对自然科学的审判，而主持这场审判的是一种享有特权的科学知识（社会学），它被认为是毋庸置疑、无可挑剔的。
>
> （Callon，1986：197–198）

拉图尔后来反复强调这些观点，并通过对“社会建构主义”与“批判社会学”的无情抨击，将这些观点扩展到科学社会学之外（Latour，2005）。拉图尔认为，批判社会学家声称自己拥有了解现实的权力，但他们拒绝其他行动者获得这种权力。这种情况不仅仅存在于科学社会学领域，拉图尔也以同样的方式痛斥关于艺术的社会学或关于信仰的社会学。拉图尔指出，批判社会学家在任何地方都否认那些非人类实体的存在以及它们所具有的力量，而正是这些非人类实体使行动者的行动得以可能（如实验室里的分子、美术馆里的绘画作品、天堂里的上帝），并且用他自己建构的解释性装置取代这些非人类的力量，这些解释性装置是由被认为具有“社会性”的神秘事物构成的。[7]

这将我们带到最后一层意义，即行动者网络理论声称自己不是一种理论。在行动者网络理论的观点中，理论被想象为一系列稳定的观念资源，它们能够为任何给定的情境提供框架、背景和解释；这个观念架构已经包含各种预先给定的假设，这些假设涉及相关的范畴与区分（阶级、性别等）、可能出现的问题与张力（统治、虚假意识、不平等、沉默）以及可能的参与者，包括潜在的嫌疑者；这个观念架构已包含一系列关于这些行动者（个人、团体、公司等）的相对力量与规模的假设。倘若这就是理论，那么行动者网络理论——它的倡导者认为——恰好与之相反。行动者网络理论不过是一系列否定性的规定，研究者在对某个特定的主题进行描述时，应该对这样的规定铭记于心：切勿假定你知道是谁或是什么在行动、存在何种“类型”的实体以及它们的相对力量如何。从这一保持世界“扁平”的方法论规定出发，行动者网络理论家应该不遗余力地“追踪”研究过程中在他 / 她面前呈现出来的各种关系。这反过来解释了本章开始时提到的众多术语和区分。这种术语繁杂的情况让人感到困惑，但正是它标志着一种关于概念的独特思考方式：不是将概念看作逐步发展的理论大厦的基石，而是看作一种理论脚手架，它能够用来描述特定的案例，一旦在完成该描述之后，就被搁置一旁。由此，采用临时术语的“描述”取代了基于既定理论框架的“解释”。正是在这个意义上，行动者网络理论具有我在本书导言部分所说的社会科学出现“启发式转向”的特征（有关启发法的进一步讨论，可参见第十四章）。

到目前为止，对于那些指责行动者网络理论缺乏政治性或批判性的人，拉图尔作出的回应似乎只是放弃批判，转而支持一种更高阶的客观性或更审慎的经验主义。无疑，批评者会正确地回应说，在任何特定的情境下，我们都没有理由假设竞争场域是公平的——那么为何我们在方法论上要假设它是公平的呢？除了这一明确的政治性反驳之外，人们可能还会加上两个方法论上的反驳。首先，上文概述的方法论规定显然是不可能的——谁能真正声称自己是在没有任何预设的情况下处理问题的？其次，它所建议的"方法"似乎会导致很荒谬的结果，即陷于无休止地描述异质性的共同活动链之中。正如史蒂夫·沙平早期对行动者网络理论的批评中指出的："在一个没有缝隙的网络里，几乎没有什么可说的。"（Shapin，1988：547）

但是，拉图尔对其批评者的最后——也是最大胆的——反驳是，他宣称行动者网络理论比批判社会学更具政治性和参与性。拉图尔认为，批判社会学可能对现状感到愤怒、作出指控的姿态，并指出集体性与个体性的不公正以及责任。相比之下，将通过物质符号学"生产"出来的事实建构成现实世界中真正的实体——也就是拉图尔和伍尔加很久以前对索尔克研究所的科学家们进行的描述——它背后的逻辑也同样适用于行动者网络理论的叙述建构过程。行动者网络理论的描述不是呈现为对某个情境或多或少正确的表征或解释、指责或批评。相反，它们是世界上新出现的事物——对它们的读者进行经验干预：它们以这样一种方式重新配置关系和实体，从而使新的观察方式和新的存在方式成为可能。因此，行动者网络理论不应该被看作是一整套描述，而是一种特定类型的施为性/展演性（performative）或"本体论政治"（Mol，1999）。在后者（以及最近）的发展中，我们可以看到来自女性主义技性科学（technoscience）传统的某些批评与视角部分融入行动者网络理论之中（Haraway，1989；Stengers，2000）。

## 结论：认真对待问题

我之前曾写道，关于行动者网络理论的批评主要有两个方面，现在我已经较为详细地探讨了第一个方面的批评。第二个方面的批评明显与人类学更加相关，这已经在上文的论述中有所体现。这种批评认为，行动者网络理论的描述往往存在一种民族志上的缺陷。尽管这种说法有些刻薄，但并非完全没有道理，我们可以将许多行动者网络理论的描述看作是在关于实践和技术细节极为细致——有时是非常冗长乏味——的描述与一些意义深远的哲学结论之间的来回切换，这中间通常很少涉及传统意义上被称为社会学或历史学的内容。更具体地说，许多人类学家已经注意到，行动者网络理论的描述不关注科学家在工作中的视角和主体性（Rabinow，1996）。除了科学领域之外，行动者网络理论关于行动在人类和非人类之间无缝式分布的描述也受到批评，认为它剥离了富有意义的人类生活的一个重要方面，即我们彼此赋予责任的方式（Laidlaw，2014）。

尽管经常有人宣称，行动者网络理论能够比批判社会学更好地顾及那些对其研究对象而言是真正重要的实体（对信徒来说是上帝、对科学家来说是事实、对美学家来说是艺术品，诸如此类），尽管有人告诫踌躇满志的行动者网络理论家，他们的首要任务是“跟随行动者”；但这个问题仍然存在。事实上，我认为这种情况是构成性的，“现代人的人类学”这一研究议题的性质本身决定了这个问题的存在。

当然，出于实证的目的，我们首先面临的基本问题是，如何识别“现代人”（参见注释 1）。在实践中，行动者网络理论往往将现代性看作是不固定的，并且渗透到各个领域，它被视为一个全球性的要素如何聚集起来的问题，从而规避了如何识别“现代人”这个问题（Collier and Ong，2005），这与人类学家传统上关注识别特定的知识和实践背景的做法形成了鲜明对比（Tsing，2010）。对有些人而言，这种摒弃背景的做法似乎令人耳目一新。然而，它也摈弃了在许多人类学观点中至关重要的一种观念手段，也就是提出某种替代性的视角或者另一种观念上的可能性，以之作为挑战我们自身假设的方法——最近，所谓的“本体论转向”重新提出了这种方法（参见第十四章）。

换句话说，在行动者网络理论所构想的“现代人的人类学”中，受到挑战的视角也是那些被研究者的视角。从一开始，行动者网络理论就致力于生成这样一种描述，它既不复制那些在西方的日常环境中经常涉及的核心划分，也不认为这些核心划分是不容置疑的——而行动者网络理论的描述通常就是在这样的环境中产生的。这种关注早在《实验室生活》一书里得到了明确表达，即担心“变得在地化”以及关心如何不再“重复科学家自己的叙述”（Latour and Woolgar，1979：39，44）。尤其在拉图尔的研究中，这种关注逐渐转变成为一种愿望，即不仅仅是理解“现代人”，而且还要挑战他们、改变他们，给予他们（我们？）一种全然不同的关于其自身的描述（Candea，2016）。至于这是否仍然是一个公认的人类学研究议题，则见仁见智。

## 注 释

1.拉图尔这部著作的核心意图是挑战关于现代性和“分界线”的经典叙述（Latour，1993：11）；人们经常想象在“作为现代人的我们”与“他者”之间存在着这种“分界线”或巨大的差异。然而，从许多方面来看，该著作也被认为是恢复了这种区别（关于这方面的深入批评，可参见Strathern，1999）。

2.从更广泛的意义上对科学技术研究与人类学之间的关系进行的概述，可参见Candea，2017。

3.关于这一点以及其他方面，米歇尔·福柯的思想对行动者网络理论产生了深远的影响（参见第十章）。

4.关于人类的社会生活（由多种客体支撑）与灵长目动物的社会生活（相对没有技术）之间进行的有趣比较，可参见Strum and Latour，1987。

5."我们不能简单地撇开（或忽略）某些问题，而不对这些排除产生的构成效应负责……我想以最强烈的措辞强调，如果认为要点仅仅在于一个人的分析是否包含了性别、种族、性取向与其他变量，那将是错误的。这个问题不仅仅是包含哪些变量的问题。关键在于权力。权力是如何被理解的？社会和政治是如何被理论化的？一些科学研究领域的研究者支持布鲁诺·拉图尔的提议，即建立一个新的议会政府结构，邀引非人类与人类参与其中；然而，这个提议在多大程度上解决了女性主义者、酷儿、后殖民主义者、（后）马克思主义者以及批判种族理论家和活动家所关注的问题呢？……他们的存在几乎没有得到承认"（Barad，2007：58）。

6.这种关注点与一些马克思主义作家对福柯提出的批评非常相似。在这里，我们再次看到福柯的研究与行动者网络理论的研究存在相似之处。

7.这种"认真对待"行动者所关心的事情，是行动者网络理论的观点与本体论转向的观点之间存在亲和性的另一种体现（参见第十四章）。然而，正如我在本书的导言部分所指出的，这两种取向之间存在许多重要的差异。

# 参考文献

Abu El-Haj, Nadia 1998. Translating truths: Nationalism, the practice of archaeology and the remaking of past and present in contemporary Jerusalem. *American Ethnologist* 25 (2): 166–188.

Barad, Karen Michelle 2007. *Meeting the Universe Halfway: Quantum Physics and the Entanglement of Matter and Meaning*. Durham, NC: Duke University Press.

Bloor, David 1974. Essay review: Popper's mystification of objective knowledge. *Science Studies* 4 (1): 65–76.

Bloor, David 1999. Anti-Latour. *Studies in History and Philosophy of Science* 30 (1): 81–112.

Callon, Michel 1986. Some elements of a sociology of translation: Domestication of the scallops and the fishermen of St Brieuc Bay. In John Law (ed.), *Power, Action and Belief: A New Sociology of Knowledge?* London: Routledge & Kegan Paul.

Candea, Matei 2008. Fire and identity as matters of concern in Corsica. *Anthropological Theory* 8 (2): 201–216.

Candea, Matei 2013. Objects made out of action. In P. Harvey (ed.), *Objects and Materials Companion.* London: Routledge.

Candea, Matei 2016. We have never been pluralist: On lateral and frontal comparisons in the ontological turn. In Pierre Charbonnier, Gildas Salmon and Pierre Skafish (eds.), *Comparative Metaphysics: Ontology after Anthropology.* London: Rowman & Littlefield.

Candea, Matei 2017. Science. In Felix Stein, Sian Lazar, Matei Candea, Hildegard Diemberger, Joel Robbins, Andrew Sanchez and Rupert Stasch (eds.), *The Cambridge Encyclopedia of Anthropology.* Cambridge: Cambridge University Press.

Cole, John 1977. Anthropology comes part way home: Community studies in Europe. *Annual Review of Anthropology* 6: 349–378.

Collier, Stephen J., and Aihwa Ong (eds.) 2005. *Global Assemblages: Technology, Politics and Ethics as Anthropological Problems*. London: Blackwell.

Gell, Alfred 1998. *Art and Agency: An Anthropological Theory.* Oxford: Oxford University Press.

Hacking, Ian 1992. Review: Science in action. *Philosophy of Science* 59 (3): 510–512.

Haraway, Donna Jeanne 1989. *Primate Visions: Gender, Race and Nature in the World of Modern Science*. London: Routledge.

Helmreich, Stefan 2009. *Alien Ocean: Anthropological Voyages in Microbial Seas*. Berkeley, CA: University of California Press.

Hennion, Antoine 2015. *The Passion for Music: A Sociology of Mediation*. London: Routledge.

Houdart, Sophie 2008. *La cour des miracles: Ethnologie d'un laboratoire japonais*. Paris: CNRS.

Ingold, Tim 2000. *The Perception of the Environment: Essays on Livelihood, Dwelling & Skill.* London and New York, NY: Routledge.

Kaplan, Martha, and John Kelly 1999. On discourse and power: 'Cults' and 'orientals' in Fiji. *American Ethnologist* 26 (4): 843–863.

Laidlaw, James 2014. *The Subject of Virtue: An Anthropology of Ethics and Freedom.* New York, NY: Cambridge University Press.

Latour, Bruno 1987. *Science in Action: How to Follow Scientists and Engineers through Society*. Milton Keynes: Open University Press.

Latour, Bruno 1988a. *The Pasteurization of France.* Cambridge, MA: Harvard University Press.

Latour, Bruno 1988b. The politics of explanation: An alternative. In Steve Woolgar (ed.), *Knowledge and Reflexivity: New Frontiers in the Sociology of Knowledge*. London: Sage.

Latour, Bruno 1990. Postmodern? No simply amodern; Steps towards an anthropology of science. *Studies in History and Philosophy of Science* 21 (1): 145–171.

Latour, Bruno 1991. Technology is society made durable. In J. Law (ed.), *Technology is Society Made Durable. Vol. A Sociology of Monsters: Essays in Power, Technology and Domination*. London: Routledge.

Latour, Bruno 1993. *We Have Never Been Modern.* London: Harvester Wheatsheaf.

Latour, Bruno 1996. *Aramis, Or, The Love of Technology.* Cambridge, MA: Harvard University Press.

Latour, Bruno 1998. *Paris ville invisible*. Paris: Institut Synthélabo.

Latour, Bruno 1999. On recalling ANT. *The Sociological Review* 47 (S1): 15–25.

Latour, Bruno 2000. On the partial existence of existing and nonexisting objects. In Lorraine Daston (ed.), *Biographies of Scientific Objects*. Chicago, IL: Chicago University Press.

Latour, Bruno 2004a. *Politics of Nature: How to Bring the Sciences into Democracy*. Cambridge, MA: Harvard University Press.

Latour, Bruno 2004b. Why has critique run out of steam? From matters of fact to matters of concern. *Critical Inquiry* 30: 225–248.

Latour, Bruno 2005. *Reassembling the Social: An Introduction to Actor-Network-Theory.* Oxford: Oxford University Press.

Latour, Bruno 2009. *The Making of Law: An Ethnography of the Conseil D'Etat.* Revised edition. Cambridge and Malden, MA: Polity Press.

Latour, Bruno 2013a. *An Inquiry into Modes of Existence: An Anthropology of the Moderns*. Cambridge, MA: Harvard University Press.

Latour, Bruno 2013b. *Rejoicing: Or the Torments of Religious Speech*. Cambridge: Polity Press.

Latour, Bruno, Pablo Jensen, Tommaso Venturini, Sébastian Grauwin, and Dominique Boullier 2012. 'The whole is always smaller than its parts' – A digital test of Gabriel Tardes' Monads. *The British Journal of Sociology* 63 (4): 590–615.

Latour, Bruno, and Steve Woolgar 1979. *Laboratory Life: The Social Construction of Scientific Facts*. Beverly Hills, CA and London: Sage Publications.

Latour, Bruno, and Steve Woolgar 1986. *Laboratory Life: The Construction of Scientific Facts,* edited by Jonas Salk. 2nd edition. Princeton, NJ: Princeton University Press.

Law, John 1999. After ANT: Complexity, naming, and topology. In John Hassard and John Law (eds.), *Actor Network Theory and After*. Oxford and Malden, MA: Blackwell/ Sociological Review.

Martin, Emily 1998. Anthropology and the cultural study of science. *Science, Technology, & Human Values* 23 (1, Special Issue: Anthropological Approaches in Science and Technology Studies): 24–44.

Miller, Daniel 2005. *Materiality*. Durham, NC: Duke University Press.

Mol, Annemarie 1999. Ontological politics. A word and some questions. In John Law (ed.), *Ontological Politics. A Word and Some Questions, Actor Network Theory and after.* Oxford: Blackwell.

Mol, Annemarie 2002. *The Body Multiple: Ontology in Medical Practice.* London: Duke University Press.

Oppenheim, R. 2007. Actor-network theory and anthropology after science, technology, and society. *Anthropological Theory* 7 (4): 471–493.

Rabinow, Paul 1996. *Making PCR: A Story of Biotechnology*. Chicago, IL: University of Chicago Press.

Shapin, Steven 1988. Review: Following scientists around. *Social Studies of Science* 18 (3): 533–550.

Stengers, I. 2000. *The Invention of Modern Science*. Minneapolis, MN: University of Minnesota Press.

Strathern, Marilyn 1988. *The Gender of the Gift: Problems with Women and Problems with Society in Melanesia*. London: University of California Press.

Strathern, Marilyn 1999. *Property, Substance and Effect: Anthropological Essays on Persons and Things.* London: The Athlone Press.

Strum, SS, and B Latour 1987. Redefining the social link: From baboons to humans. *Social Science Information* 26 (4): 783.

Sturdy, Steve 1991. Essay review: The germs of a new Enlightenment. *Studies in the History and Philosophy of Science* 22 (1): 163–173.

Thompson, E.P. 1967. Time, work-discipline, and industrial capitalism. *Past & Present* 38:

56–97.

Traweek, S. 1988. *Beamtimes and lifetimes: The world of high energy physicists.* Cambridge, MA: Harvard University Press.

Tsing, Anna 2010. Worlding the Matsutake diaspora, Or, Can actor-network-theory experiment with holism? In Ton Otto (ed.), *Experiments in Holism: Theory and Practice in Contemporary Anthropology.* Oxford: Wiley- Blackwell.

Verran, Helen 2001. *Science and an African Logic*. Chicago, IL: University of Chicago Press.

Viveiros de Castro, Eduardo 1998. Cosmological deixis and Amerindian perspectivism. *Journal of the Royal Anthropological Institute* 4 (3): 469–488.

Woolgar, S. 1991. Configuring the user: The case of usability trials. In John Law (ed.), *Configuring the User: The Case of Usability Trials, A sociology of monsters*. London: Routledge.

Zaloom, Caitlin 2003. Ambiguous numbers: Trading technologies and interpretation in financial markets. *American Ethnologist* 30 (May): 258–272.

第十四章

# 本体论转向：流派还是风格？

The ontological turn: School or style?

保罗 · 海伍德

# 引　言

在当代人类学的词汇中，有一个词几乎肯定会引起听众和读者某种形式的反应——无论这种反应是积极的还是消极的——这个词就是“本体论”。与本体论相关的学术运动已经引发了对一些综述性的文章进行评论（Pedersen，2012），激发了“人类学理论辩论小组”的一项动议（Carrithers et al.，2010），它既被誉为一种新的政治学的基础（Holbraad，Pedersen and Viveiros de Castro，2014），同时也被质疑为旧的政治学的堡垒（Bessire and Bond，2014；Graeber，2015）。在很多知名期刊下载量最多的作品列表中，标题里含有“本体论”这个词的论文经常高居榜单。然而，这些文章很多都带着批判性的语气，在学术讨论中使用“本体论”这个词甚至会让那些原本态度宽容的人产生不满。毫无疑问，未来的读者可能很难想象这种深刻的感受，就像我们很难相信这本书中的其他理论运动也曾经引发过类似的热情一样（参见第一章）。

人类学中所说的“本体论转向”通常指的是过去十多年来，在《通过事物思考》（*Thinking Through Things*，2006）一书出版之后出现的一系列研究，这些研究涉及各种不同的民族志背景，有时它们的目的也不尽相同。其中最著名的倡导者包括爱德华多·维韦罗斯·德·卡斯特罗、马丁·霍尔布拉德（Martin Holbraad）和莫滕·佩德森（Morten Pedersen）（例如 Holbraad, Petersen and Viveiros de Castro, 2014；Holbraad and Petersen，2017），新近以各种方式受其影响而出版的作品更是不胜枚举（类似的作品清单可参见 Holbraad and Pedersen，2017：8），而它在人类学中的根源则可以追溯至更早的时期。它也是一种正在进行的现象，目前仍会经常涌现出新的重要贡献（例如 Holbraad and Pedersen，2017）。"本体论转向"是一种复杂的现象，无法以寥寥数语——即使是一个章节的篇幅——进行总结，但它的一些关键特征包括：

1. 拒绝以格尔茨意义上的"文化"概念（参见第八章）来理解文化，即将文化视为一种象征的或观念的现象，以及作为人类学的一个解释性概念。
2. 与上述立场相关联的是，拒绝象征与物质之间的区分，并呼吁更多地关注后者。
3. 人类学分析应该从田野中发现的那些有时让人感到奇怪和不安的观念出发，而不是用既有的理论框架来解释这些观念。

在本章中，我将尝试提出一个观点，即"本体论转向"与本书其他章节中所探讨的一些"流派"之间存在着重要而有趣的形式差异。我这么做的目的，并不是要提出一个历史性的观点——事实上，我毫不怀疑，在结构主义（参见第二章）或阐释主义（参见第八章）

等领域，那些比我更有能力的学者可能会对这种差异提出异议——而是为了提出一个分析性的观点。这一观点涉及更广泛意义上的人类学分析的性质与目的，换句话说，它涉及人类学理论的性质与目的。

正如哲学家威拉德·奎恩（Willard Quine）曾经说过的那样，本体论大致上是指存在的东西，它与认识论相对，后者指的是我们对存在的认知（Quine，1948）。尽管“本体论转向”这个说法具有强烈的形而上学的内涵，但它事实上没有声称自己是一种关于世界及其存在的理论。相反，它的倡导者——至少是其中的许多人（Henare et al.，2006：5；Pedersen，2012；Holbraad and Pedersen，2017）——不遗余力地宣称，他们所做的是在勾勒出一种方法，或者说是一种启发法（类似于行动者网络理论，参见第十三章）。换言之——尽管这有些不同寻常——所有这些著述与热情都不是关于世界本质的主张，而是关于我们应该如何有效地处理在田野调查中所遇到的问题的观点。

因此，“本体论”这个词本身就有些误导性。人类学使用的“本体论”，通常并不像哲学家经常使用的那样，即关于某种存在或实有之本质的根本性陈述（例如Quine，1948；亦可参见Heywood，2012；Graeber，2015），尽管它也是“认识论”人类学或“表征论”人类学的一个简洁的反义词，而“本体论转向”试图让我们远离的正是这种类型的人类学，我在接下去将阐明这一点。“本体论转向”不是一种理论，也不是一种关于这个世界的构想；它是一种工具，借用现象学经常采用的隐喻——它就像一把锤子，使用者可以将它用于特定的目的。

因此，尽管本章的大部分篇幅将用于概述人类学领域关于本体论的最新讨论以及关于它的使用与价值的争论，但也将明确关注它的目的问题，也即“人类学分析”这一目的。这个问题是由启发法的语言产生的：倘若不说某物对何种目的而言有用，那么说它是有用的就没有意义（关于启发法更深入的讨论，可参见 Candea，2016）。

我们在脑海里会涌现出许多这样的目的：恰当的描述、观念创新、政治变革。然而，至于这些目的是否适用于人类学，人们远未达成共识，事实上，即使在倡导使用本体论理论的人中亦是如此；譬如，他们中的有些人似乎更倾向于政治，而另一些人则倾向于知识创造（例如 de Castro，2004；Holbraad，2017）。

毋庸置疑，我在这里不会试图提出类似这样的目的。我只是希望，本章能够提出的其中一个问题是：从启发法与目的的角度，而不是从理论的角度，从风格或研究取向的角度，而不是流派的角度进行思考，它意味着什么。我将在本章的结论部分指出，启发法的语言产生的结果往往是导致讨论与辩论的中止而不是开启。当人们对观念框架的有效性或其他方面进行批判性反思时，启发法的语言可以作为一种普遍性的回应方式，例如，如果有人不同意人类与非人类之间不存在重要区分的观点，我们可以告诉他，这种反对意见是错误的，因为这个观点实际上并不是一种关于事物存在方式的主张，而是一种思维方式，它可能产生有用的结果，也可能没有产生有用的结果。至于这种区分是否真的存在，则并不重要。

这种论证形式有助于阻止那些关于特定立场有效性的争论，这种争论被认为是徒劳无功的，但它也应该有助于开启关于效用本身的讨论。即使我认同你对“人类与非人类之间存在区别”的立场不是一种关于世界的表征，而是干预这个世界的工具，我仍然可能不同意你干预的目的或结果。

## 不同的开端

差异，或者——用另一种更准确的词汇来说——他异性(alterity)，是本体论转向的基本出发点。对于在《写文化》(参见第十章）之后出现并且批判东方主义的异域情调的人类学运动而言，这种关注点似乎很古怪。《写文化》激发了对人类学书写中关于研究对象的任何带有“他者化”倾向的质疑，或者质疑人类学家聚焦于研究对象的思想或文化中那些引人注目或令人惊讶的方面（有些学者对本体论转向本身提出了颇为类似的批评，例如Bessire and Bond, 2014)。基于相关的原因，本体论转向还对人类学的描述本身——关于“写文化”的行为——产生了根本性的怀疑。然而，从很多方面看，尽管本体论转向所回应的一系列问题都与《写文化》论述的问题是相似的，但它是基于同一时期的不同文献来实现这一点的，这些文献以不同的方式探讨了类似的问题。罗伊·瓦格纳（Roy Wagner)、爱德华多·维韦罗斯·德·卡斯特罗和玛里琳·斯特拉森是本体论转向主要的人类学灵感来源，无论过去还是现在，他们都非常关注人类学表征的政治问题。然而，由于我们显然无法在不将我们自己的分析框架强加给他们的情况下充分地代表他人，罗伊·瓦格纳等人对此作出的回应不是摒弃差异，而是彻底改变我们思考差异本身的方式。

这些思想家从根本上影响了本体论转向——以及更广泛意义上的当代人类学——通过自然与文化的二元对立来表达差异的方式。尽管我们经常听到各种流派的人类学家声称应该或已经摒弃了这种二元对立，不管这些相反的主张如何，斯特拉森、瓦格纳和维韦罗斯·德·卡斯特罗等思想家不仅证明了自然 / 文化的区别构成了人类学研究的基础，而且还表明通过某些方式，能够真正地将这种区别重新观念化。

我们以斯特拉森在她的文章里提到的一个相对次要的例子来说明这一点，读者在第十二章已经读到过这个事例，即斯特拉森为《自然、文化与社会性别》（*Nature, Culture, Gender*）一书撰写的其中一个章节，该书由她与卡罗尔·麦考马克（Carol MacCormack）共同编辑出版（Strathern，1980）。斯特拉森指出，哈根人不仅没有与我们相对应的自然与文化观念，而且即使是那些与自然和文化最为接近的观念，它们彼此之间也不是通过与西方社会类似的支配关系联系在一起的（更详细的相关讨论，可参见第十二章）。

从表面上看，这似乎只是人类学将我们认为是理所当然的事物相对化的又一个标准的例子——在这个事例中，它涉及的是自然 / 文化这一区分及其与男性和女性之间关系的相对化，这确实是它在女性主义人类学中扮演的角色，但其含义不止于此。因为这种相对化策略的基础就是自然 / 文化的区分。如果没有这种区分，那么我们就不可能像其他几乎所有的相对化策略那样说，“在他们的文化里不存在 X”。这使我们陷入了某种两难困境：对于许多人类学家来说，相对化策略的意义在于使我们对事物存在方式的假设地方化，表明它们在世界上的其他地方、其他文化中是不同的；但这样做时，我们也使文化观念变得地方化，而且相对化策略本身也因此变得地方化。如果我们简单地认为他们是错的，以保留这种区分作为相对主义的基础，我们似乎就违背了它的目的；但我们又不能将这种区别当作另一个需要相对化的对象，因为正是它构成了我们所有其他相对主义的基础。换句话说，斯特拉森颠覆了我们表达差异的根本性基础：自然始终不变，而文化则千变万化。斯特拉森对这些话题的贡献至今仍在继续，即使是这样一个简单的例子，也足以说明她的贡献有多么重要。

维韦罗斯·德·卡斯特罗关于亚马逊地区差异观念的研究提出了类似的观点，并对本体论转向同样产生了重要影响；事实上，他仍然在为围绕这些问题展开的重要人类学辩论做出贡献（如 de Castro，1998；2003；2004；2014）。根据维韦罗斯·德·卡斯特罗的模型，“西方的”宇宙观认为自然与文化之间的关系涉及自然相似性和文化多样性。因此，我们将自己看作是同一“人类”，因为我们彼此都长着相同的（自然的）身体，尽管我们可能有不同的（文化的）思想和信仰。同样，我们都共享着同一个（自然的）世界，但我们对这个世界有着各种不同的、有时甚至是相互冲突的（文化的）观念。另一方面，采取视角主义的美洲印第安人认为，所有人（包括许多具有宇宙论意义的动物与物体）都具有相同的人类文化或者关于世界的看法，譬如一个典型的例子是，美洲虎将自己看作是人类，将它们的爪子看作是手、它们喝的血看作是啤酒，诸如此类。不同之处在于它们将这些东西看作是什么以及进行感知的身体：如果我拥有人类的身体，那么我看到的东西就与你看到啤酒、房屋和大米时看到的东西一样；如果我长着美洲虎的身体，那么我就不会看到这些东西。此外，在特定的情境下，身体是可以交换的，就像我们说的“交换观点或思想”一样。换句话说，差异源于“自然”，而不是“文化”。因此，维韦罗斯·德·卡斯特罗将美洲印第安人的视角主义描述为“多元自然主义”，而不是“多元文化主义”。这道明了与斯特拉森的观点之间的不同之处，并指出了“认识论”人类学与本体论转向之间的区别。前者关注的是关于这个世界的不同观点或看法，同时认为有关这个“世界”的意义是不言而喻的；而后者则提出了这样的问题，即“世界”或“自然”对生活于其中的人们而言意味着什么。同样，这种宇宙观对其自身的人类学描述产生了重要影响：与斯特拉森的例子一样，这里的认识论问题——也就是即将成为的本体论问题——在于如何解释这种差异本身，而不诉诸它所破坏的文化观念。我们不能说“在他们的文化中，差异是自然的”，因为这样做时我们已经用自己的（“文化的”）理解取代了他们对差异（“自然的”）的理解。

现在应该很清楚，这些思想家以及诸如罗伊·瓦格纳（Wagner, 1975）等其他学者，他们正以一种独特的方式应对“表征危机”，而《写文化》对这一危机作出的回应则是敦促人类学——至少在其偶尔极端的修辞方式里——摒弃对表征的关注，转而聚焦于“书写”及其产生的虚构。然而，这些思想家并没有采取《写文化》提倡的这条路径，而是带领着他们的人类学继承者走上了另一条道路：当面对表征与现实、认识论与本体论、自然与文化之间的二元划分——这种划分构成了他们之前的许多人类学思想的基础——难以为继时，他们没有袖手旁观，而是重构对它们的理解，直到这种二元划分不再存在。此外，他们还经常借助于手头正在分析的民族志材料，以消除这种二元划分。也就是说，他们以一种现在已成为本体论人类学特征的方式将他们的观点实例化：他们的论证内容聚焦于瓦解表征与被表征物之间的差异；而这些论证所采取的形式恰恰就是这种瓦解的例子，因为它利用民族志来修正理论，从而产生了一种新的“事物”，这是一种既包含观念又包含客体的混合物。例如，维韦罗斯·德·卡斯特罗对视角主义的描述挑战了我们的文化表征观念；

但正是通过这样做，该论证本身变得不仅仅是一种文化表征，也不仅仅是一种描述。因此，这部在很多方面开启了人类学本体论转向的文集被取名为《通过事物思考》，其目标是“将意义与事物视为具有同一性”（de Castro，2006：3）。

## 本体论、认识论抑或两者兼具？

通过简要总结其中一些最重要的前提条件，现在我们应该已经清楚，这里采用“本体论”一词不是为了指向某种比之前的人类学所关注的还要深层次的现实，至少不是在显而易见的意义上如此。关于“存在”或“多重世界”的讨论可能会让那些稍有哲学常识的人认为，本体论转向对现实的本质提出了一些相当严肃和形而上学的看法。在讨论关于本体论转向的批判性观点时，我将再次谈到这一点，但为了避免从一开始就产生混淆，这里需要明确指出的是，本体论转向者与其先驱一样，旨在打破本体论与认识论、自然与文化之间的区分，而不是使人类学重新聚焦于这些区分中被忽略的一方。采用“本体论”这个词确实是为了将这种研究取向与之前占主导地位的所谓的“认识论”研究取向区别开来，但这不是因为他们想要摒弃认识论，而以本体论取而代之。用一种更加直白的方式来表述就是：在那些最重要的本体论转向的倡导者中，没有人认为亚马逊人或美拉尼西亚人生活在与我们不同的宇宙中，更不是说他们属于不同的自然物种；他们也没有宣称我们处于一种普遍性的唯我论状态，在这种唯我论中，人与人之间、族群与族群之间的差异是如此不可逾越，以至于阻碍了任何形式的沟通或理解；或者说，事物之间的边界——我们过去称这种事物为“文化”而现在应该称之为“本体论”——就存在于世界上的某个地方。

这就涉及启发法的问题，因为本体论转向提出的不是一种形而上学，而是一种方法。顺便提一下，这是一个非常实用的对比点，可以用来区别我在前文所描述的那些研究取向与另一位经常和本体论转向联系在一起的著名人类学家菲利普·德斯科拉（Philippe Descola）采用的研究取向。与瓦格纳、斯特拉森和维韦罗斯·德·卡斯特罗等人一样，德斯科拉的作品（例如 Descola，2013）旨在打破自然 / 文化的二元对立，他在“万物有灵论”的范畴下描述了一系列民族志材料，它们与维韦罗斯·德·卡斯特罗分析的民族志材料非常相似。根据德斯科拉的模型，在“自然主义”的宇宙观（广义上的“西方”宇宙观）中，“外部性”（实际上指的是身体）是连续的，而“内部性”（心灵）则是不连续的。在万物有灵论中，外部性是不连续的，而内部性是连续的。德斯科拉还增添了另外两种类型：“图腾崇拜”——其中外部性和内部性都是连续的；以及“类比信仰”（analogism）——其中外部性与内部性都不是连续的。我之所以仅简要提及这个例子，是因为对于德斯科拉来说，尽管这些范畴避免了以自然 / 文化二元论作为解释基础，但它们仍然是范畴（或者是“类型”，布鲁诺·拉图尔在 2009 年评论德斯科拉与维韦罗斯·德·卡斯特罗之间的争论时采用了这种说法）；而对于我们在本章中重点探讨的那些思想家来说，他们描述的目的（请记住，它们是启发式的、是有目的的）是对我们的观念图式进行某种形式的改变。他们关心的不是增强我们对不同文化进行分类或类型化的能力，而是表明某些差异会如何破坏文化本身的整个分类体系。

同样，问题的关键不是用一种理论代替另一种理论，而是让民族志与理论之间的交锋本身产生新的分析形式。如果事先就认定表征与现实是截然不同的，那么就排除了这种可能性。通过这种方法产生的事物，无论是否称其为本体论，始终是与差异和他异性之间具体交锋的产物（Henare et al.，2006；Holbraad and Pedersen，2009；Pedersen，2012）。它们之所以出现，既不是民族志研究过程中自动产生的结果，也不是因为我们跨越了某种无形的本体论障碍，而是因为我们已有的观念体系显然无法充分地解释某一特定的现象。

“无法解释”的确切含义并不总是十分明确，不过可以将其视为政治误呈（“他们并不真正理解自己在做什么”——参见第八章）与解释性失败（“如果不借助于外部的人类学观念，就无法理解这一现象的含义”）的一种混合体。这种“无法解释”的一个常被引用的例子是关于“信仰”这个词的使用（例如 Henare et al.，2006：5；Holbraad，2012：27）。自从尼德姆第一次对这个概念提出批评以来（Needham，1972），人类学家已经指出，在人类学中使用的“信仰”实际上是“错误”的同义词，正如普约恩所说的：“只有不相信者才会相信信仰者相信。”（Pouillon，1993：26）将某种事物称为“信仰”，这样做是将它与人类学家拥有的知识对立起来，并且只不过是用我们自己的术语重新描述它，而不是解释它。努尔人可能“相信”“科沃斯”（kwoth）是神灵，他们有权这样做，但当我们将它描述为“信仰”时，就等于暗示我们知道事实并非如此，这无疑是对努尔人的错误描述，他们并不“相信”科沃斯是神灵，他们知道它们是神灵，但不会承认或理解我们将其描述成是“信仰”。注意这个问题与哈根人或亚马逊人的案例之间存在的相似性：当某种现象似乎破坏了我们描述的基础时，我们该如何对这种现象进行描述，而又不使该现象显得是虚幻的或错误的？本体论转向的倡导者们的观点是，类似于这样的情况——在这种情况下，如果我们不将某种地方性的现象描述成是虚假的 / 错误的，那么就无法理解它——证明我们的观念体系失败了（例如 Wastell，2006：87；Holbraad，2012：72）。

这正是与他异性相遇的情形，而且也是本体论转向主要关心的问题。因此，本体论问题的提出是这种相遇的情境性产物，而不是外部世界的特征。

马丁·霍尔布拉德提供了一个很好的实例，可以说明这个过程是如何运作的（Holbraad，2009；2012）；他是《通过事物思考》一书的编者之一，也是本体论转向背后的重要推动者。

霍尔布拉德面临着这样的民族志问题：古巴的占卜师声称，他们向客户提供的占卜判定结果是无可置疑的。也就是说，诸如"你被下了蛊"这样的占卜说法不会有假，它们是不容置喙的。质疑者指出，古巴和其他地方的人们事实上常常怀疑占卜的真实性，对此，霍尔布拉德巧妙地回应说，他们怀疑的不是占卜判定结论的真实性，而是该结论具有的占卜属性：接受占卜师关于他们的占卜结论是不容置疑的说法，意味着接受该说法作为一个分析性的陈述，就其自身的内在逻辑而言是真实的，因为做其他任何事情都已经是对这种说法的否定。

然而，正如霍尔布拉德继续指出的那样，诸如"你被下了蛊"这样的陈述，对我们来说并不像一个无可置疑的真理：我可能被使了蛊术，该陈述可能是真的，但我也同样可能没有被使了蛊术（Holbraad，2012：71）。事实上，"你被下了蛊"似乎具备常规的关于事实之表征性陈述的所有特征：它的真实性取决于有关这个世界的某些事实。当然，关于事实的常规性陈述就其本质而言是可置疑的：事实可能是这样，也可能是那样。因此，问题就在于占卜的真理是不容置疑的，但同时它又似乎表征着关于这个世界的某种事态，故而让自己暴露于怀疑之中。

因此，分析的失败——假设这种逻辑上的荒谬确实是一种失败——必须归咎于有关占卜真理的其中某个方面。就我们前面提到的一点，即不完全接受占卜判定结果的不容置疑性，从逻辑上来说意味着将它们还原为信仰，并且陷入霍尔布拉德所说的“对占卜实践采取‘比你聪明’的立场”（Holbraad，2012：55）；在这种情况下，需要被怀疑的方面必然是怀疑本身的可能性。

任何一种关于真相的主张——它旨在表征世界上的某种事态——从定义上而言，都必须对怀疑的可能性持开放态度：如果我说，我的办公室里很暖和，外面很冷；或者说“本体论转向”是一种方法，而不是理论；那么我正在尝试着——很可能——传达出一幅关于世界的图景，而这幅图景可能是正确的，但也同样可能是错误的，而这些宣称的本质之一，就是没有任何东西可以使它们绝对地和毋庸置疑地成为真理。因此，占卜真理必须是非表征性的，即它的目的不是传达有关这个世界的任何图景。由于这种民族志观念——真理与世界上的事态之间不存在任何表征关系，它的对立面不是虚假——在我们的分析体系中没有对应物，因此霍尔布拉德必须创造一个出来。他通过“创造性定义”（inventive definition）或“infinition”[1]的形式来实现这一点。由于“创造性定义”本身是被创造出来的，所以它既是对占卜判定的描述，同时也是占卜判定本身的实例（Holbraad，2009）。

“创造性定义”是非表征性的真理陈述。就像罗伊·瓦格纳的

① 这里的“infinition”由构成“创造性定义”这一术语的两个英文单词inventive 和definition合成而来，它是霍尔布拉德创造出来的一个词，英语里没有这个单词。

“发明”（invention）概念（Wagner，1975）一样，它们的真理性不是源自它们与世界上的各种事物之间的外在关系——它们可以正确或错误地应用于这些事物——而是源自它们对与之相关的观念所产生的转换效果。因此，霍尔布拉德举了一个例子，说——确切地说是创造性地定义——“瓦格纳是一个天才”（Holbraad，2012：44）并不是通过一种外部的意义关系将两个原先已经存在的实体联系在一起，而是将这两个实体转化为新的事物（“天才瓦格纳”）。同样，占卜的判定结果是不容置疑的，因为它们不是关于世界上某种事态的表征，而是改变了它们所适用的对象：“你被下了蛊”这一陈述“将我从一个与巫术没有特定关系的人转变为一个正在被下蛊的人”（Holbraad，2009：88）。

很明显，这里所描述的是一种方法或研究取向。霍尔布拉德在他的专著（Holbraad，2012：255）的结尾部分，明确地阐述了书中涉及的分析图式，在此我转述如下：

> 第一步：用熟悉的观念描述你的民族志材料，并尽可能准确地表述这些材料。
>
> 第二步：检查这些描述是否存在不合理或不准确的地方。因此，如果你不得不将这些人描述成是“非理性的”或者“相信”那些在你的读者看来是虚假的事情，那么你所熟悉的观念可能已经失效。在上述例子中，之所以出现这种情况，是因为“你被下了蛊”不能既是一个表征性的陈述（如我们看到的那样），同时又是一个不容置疑的陈述（如它所声称的那样）。
>
> 第三步：试着弄清楚是什么原因导致你的描述出现矛

盾或冲突，以及需要重新调整哪些假设。在古巴的占卜案例中，它被质疑的是关于真理的观念。

第四步：在哲学家或其他人类学家的帮助下，重新定义被质疑的观念，直到你的描述是令人信服的，并不再产生矛盾。

第五步：确保新的描述能够准确反映你的民族志材料。因此，作为一种经过修正的真理观念，“创造性定义”消除了上述矛盾，它借鉴了哲学家（如 Deleuze，1994）与人类学家（如瓦格纳、斯特拉森和维韦罗斯·德·卡斯特罗）的研究，并将不容置疑的占卜判决观念转变成为一种我们可以理解的事物，而不是一种逻辑上的荒谬。

让我们再次回到启发式方法的问题，再提醒一下，这是一种方法，而不是对某种特定事态的描述，同时也要注意有关其目的的清晰陈述：关于“真实表征”的明确表达。因此，颇有些自相矛盾的是，对于霍尔布拉德来说，重新定义一种与民族志有关的观念（这里指的是真理本身），实际上是为了提供一种更真实的（直接从表征主义的意义上而言）关于我们自身所处世界的图景。

## 批判性视角

正如我在本章开篇所指出的，本体论转向从一开始就遭到了大量批评。其中有些批评者批评这个词的使用本身，认为它容易在使用者中引起混淆。例如，“人类学理论辩论小组”的一项动议指出的，它是否只是扮演着与“文化”一词同样的角色（Carrithers et al.,

2010）？倘若确实如此，那么它无疑会与任何人类学的“单位”观念一样，存在诸多弊端：它的起始点和终点在哪里？它的基本特征是什么？本体论转向的有些作品似乎已经接受了这种观点。例如，维韦罗斯·德·卡斯特罗最近在他的著作中提出，他所称的“战术性典范主义”（tactical quintessentialism）具有某种政治价值（Viveiros de Castro，2011b：165），这是“策略性本质主义”这一旧有“身份政治”观念的本体论版本；在“策略性本质主义”中，出于政治意图的考虑，某种（通常是次属性的）群体或集体的身份被视为是本质性的。这种“典范主义”在解构欧美的假设并建构维韦罗斯·德·卡斯特罗在其他地方所说的“人民的本体论自决理论”中发挥着重要作用（Viveiros de Castro，2011a：128）。

佩德森、霍尔布拉德和维韦罗斯·德·卡斯特罗（Pedersen，Holbraad and Viveiros de Castro，2014）在另一篇论文里将他们的研究取向描述为一种新的政治形式。他们认为，通过民族志与观念化之间的交锋，这种研究取向所产生的差异应该被视为政治的实质，而不是更为传统的政治人类学的对象，正如他们所说的：“思考就是寻找差异。”在这种类型的本体论转向中，作为一种启发法，它的意图既包含了观念创新，也包含了政治变革，是两者的某种混合体。事实上，在他们看来这两者在本质上是不可分割的：政治就是以本体论转向所允许的方式进行不同的思考。

然而，本体论转向的政治也受到了批评。有些人（例如 Bessire and Bond，2014）恰恰认为，本体论转向忽略了政治人类学家早已指出的问题。他们认为，本体论转向对他异性的追寻，导致忽略了在其关注的社会内部以及这些社会与我们自身社会之间真实存在的物质不平等与支配关系。

戴维·格雷伯（Graeber，2015）提出的批评稍有不同，但它同样是政治方面的批评。格雷伯强调，受本体论转向启发的描述在很大程度上依赖于特定的观念前提。例如，霍尔布拉德的分析以“占卜神谕总是正确的”这一观念作为出发点。显然，许多古巴占卜师都这么认为，同样清楚的是，霍尔布拉德并没有声称没有人持其他观点（见上文）。他的观点是，对于古巴占卜来说，不可证伪性是必不可少的构成性要素（就像法律框架对于自由民主制国家来说是必不可少的一样，即使法律有时会被违反）。然而，正如格雷伯指出的那样，这实际上是在说我们应该将某种类型的陈述看作是“权威的”，然后认为它们生成了现实，这种立场与古典哲学中的唯心主义没有什么区别（Graeber，2015：23）。作为一种立场，它还要求我们优先考虑这些权威性的陈述，而不是从这样的事实出发，即我们的大多数研究对象很可能彼此之间对这些陈述存在不同意见，而且他们自己也往往不同意这些陈述。换句话说，他们通常也与我们一样，对现实的本质不太确定。

对本体论转向的其他批评更多地关注其方法论和形而上学的含义。莫滕·阿克塞尔·佩德森（Morten Axel Pedersen）的《非典型萨满》（Not Quite Shamans，2011）是受本体论转向启发的最著名的作品之一，詹姆斯·莱德劳（Laidlaw，2012）在对该书的评论中质疑“本体论”出现的意义滑动，即一方面它作为存在于世的事实，另一方面它又作为文化或宇宙观的同义词；而佩德森欣然承认了这一点（Pedersen，2012）。正如我们看到的，本体论转向的一个基本前提是：在我们曾经认为是真实的事物（存在于世的事实）与我们认为是表征的其他事物（文化或宇宙观）之间不应作出区分。

在我自己的研究以及与莱德劳合作的其他研究中，我也对这个前提提出了疑问（Heywood，2012；2013），认为它不仅与本体论转向关于方法论开放性的宣称相冲突，而且也与它仅作为一种启发式工具的宣称相冲突。即使随之产生的每一个步骤都是对民族志的偶然性作出的回应，但它基本的和根本性的主张——认为本体论与认识论在某种程度上是同一回事——本身并不源于任何民族志材料，因而不过是一种认识论的表达。这不仅使得这种主张本身显得有些自相矛盾，而且还表明，作为一种研究取向，本体论转向在描述那些不按照我们所预设的方式进行“改变”的人时会遇到一些问题。虽然安娜玛丽·莫尔（Annemarie Mol）的研究属于不同的——但密切相关的——方法论流派，即行动者网络理论（参见第十三章），但我们可以用她对一家荷兰治疗动脉硬化诊所的研究作为例子来探讨这个问题（Mol，2002）。安娜玛丽·莫尔对疾病采取“本体论”的研究取向，与她的人类学同行一样，这种“本体论取向”意味着她将疾病理解为一种既包含观念（认识论）又包含客体（本体论）的过程性混合物。而安娜玛丽·莫尔研究的荷兰医生则从完全相反的前提假设出发：疾病是世界上存在的一种事物，而关于疾病的表征则不是。

关于这一点的另一层含义与迈克尔·斯科特（Scott，2014；亦可参见 Scott，2013；Heywood，2012）提出的观点有关：虽然本体论转向声称关注差异和他异性，但其实它产生的描述往往看起来非常相似，尽管它们来自地理距离非常遥远的世界各地。那么，这样一种方法——它期望根据特定的民族志材料直接产生新的观念，为什么会在不同类型的民族志的基础上不断地产生相同类型的观念（可比较霍尔布拉德对“infinition”的论述和瓦格纳对“发明”的论述之间的相似性）？

对此，霍尔布拉德（Holbraad，2017）认为，无视这些观念不同的民族志来源而将它们看作是相似的，恰恰是陷入了区分观念与民族志的误区，而这正是本体论转向试图纠正的。霍尔布拉德认为，如果我们遵循“始终如一地将它们视为同一种事物”的原则，那么在不参考其民族志来源的情况下，就无法理解“infinition”或“发明”，也无法理解它们是不同的。

佩德森在回应我和莱德劳的观点时表达了类似的看法（Pedersen，2012），他指出，认为本体论转向具有一种隐藏的、抽象的理论框架，那是将理论与方法混为一谈：佩德森再三强调，本体论转向不是一种关于世界的看法，而是一种关于世界的研究方法，这种研究方法能够根据相应的民族志材料充分地反驳他自己或者霍尔布拉德的观点。

## 结　论

最后，我想回到引言部分提出的问题来结束本章：将某种分析性的立场看作是一种启发式方法，而不是理论，这究竟意味着什么？它意味着要对如此多的批判性观点作出统一的回应，即它们都是误导性的，因为这些批判的内容针对的是某种实质性的立场，而这种立场可以被摒弃或回避；毕竟，因为它只是一种启发式方法。我认为这种回应的局限之处在于递归性的思想本身——民族志观念能够而且应该改变我们的认知图式——这无疑不能作为一种形而上学的立场而被摒弃，否则本体论转向就不再具有任何独特的意义，这里就不再反复说明这一点（参见 Heywood，2012）。

相反，我只是想指出，启发式方法除了能够让使用它们的人避免基于实质性立场提出的批评之外，还应该做些什么。它们应该提出这样的问题，即它们究竟想要实现什么样的目标，以及这是否也是我们希望通过观念建构来实现的目标。它们之所以应该这样做，不仅因为从逻辑上讲，这些问题是由于使用启发式方法带来的（类似地，如果没有要实现的目的，那么工具本身是没有意义的客体），而且还因为目的是我们可以并且应该同意或不同意，并且对此展开争论。正如本书以及所有关于本体论转向的讨论所证明的那样，激发辩论无疑是优秀的人类学所应该做的事情之一，无论其流派或风格如何。

# 参考文献

Bessire, L. and D. Bond 2014. Ontological anthropology and the deferral of critique. *American Ethnologist* 41: 440–456.

Candea, M. 2016. De deux modalités de comparaison en antropologie sociale. *L'Homme* 218: 183–281.

Carrithers, M., M. Candea, K. Sykes, M. Holbraad and S. Venkatesan 2010. Ontology is just another word for culture: Motion tabled at the 2008 meeting of the group for debates in anthropological theory. *Critique of Anthropology* 30: 152–200.

Deleuze, G. 1994. *Difference and Repetition*. London: Athlone Press.

Descola, P. 2013. *Beyond Nature and Culture*. Chicago, IL: University of Chicago Press.

Graeber, D. 2015. Radical alterity is just another way of saying 'reality'. *HAU: Journal of Ethnographic Theory* 5: 1–41.

Henare, A., M. Holbraad and S. Wastell (eds.) 2006. *Thinking Through Things: Theorising Artefacts Ethnographically.* London: Routledge.

Heywood, P. 2012. Anthropology and what there is: Reflections on 'ontology'. *Cambridge Anthropology* 30: 143–151.

Heywood, P. forthcoming. Making difference: Queer activism and anthropological theory. *Current Anthropology*.

Holbraad, M. 2009. Ontography and alterity: Defining anthropological truth. *Social Analysis* 53: 80–93.

Holbraad, M. 2012. *Truth in Motion: The Recursive Anthropology of Cuban Divination.* Chicago, IL: University of Chicago Press.

Holbraad, M. 2017. The contingency of concepts: Transcendental deduction and ethnographic expression in anthropological thinking. In P. Charbonnier, G. Salmon and P. Skafish (eds.), *Comparative Metaphysics: Ontology After Anthropology*, pp. 133–159. London: Rowman and Littlefield.

Holbraad, M. and M. Pedersen 2009. Planet M: The intense abstraction of Marilyn Strathern. *Anthropological Theory* 9: 371–394.

Holbraad, M. and M. Pedersen 2017. *The Ontological Turn: An Anthropological Exposition.*

Cambridge: Cambridge University Press.

Holbraad, M., M. Pedersen and E. Viveiros de Castro 2014. The politics of ontology: Anthropological positions. *Cultural Anthropology*.

Laidlaw, J. 2012. Ontologically challenged. *Anthropology of this Century* 4.

Laidlaw, J. and P. Heywood 2013. One more turn and you're there. *Anthropology of This Century* 7.

Latour, B. 2009. Perspectivism: 'Type' or 'bomb'? *Anthropology Today* 25: 1–3.

Mol, A. 2002. *The Body Multiple: Ontology in Medical Practice*. Durham, NC: Duke University Press.

Needham, R. 1972. *Belief, Language, and Experience*. Oxford: Blackwell.

Pedersen, M. 2011. *Not Quite Shamans: Spirit Worlds and Political Lives in Northern Mongolia.* Ithaca, NY: Cornell University Press.

Pedersen, M. 2012. Common nonsense: A review of certain recent reviews of the 'ontological turn'. *Anthropology of This Century* 5.

Pouillon, J. 1993. *Le cru et le su.* Paris: Le Seuil.

Quine, W.V. 1948. On what there is. *The Review of Metaphysics* 2: 21–38.

Scott, M. 2013. The anthropology of ontology (religious science?). *Journal of the Royal Anthropological Institute* 19: 859–872.

Scott, M. 2014. To be a wonder: Anthropology, cosmology, and alterity. In A. Abramson and M. Holbraad (eds.), *Framing Cosmologies: The Anthropology of Worlds*, pp. 31–54. Manchester: Manchester University Press.

Strathern, M. 1980. No nature; No culture. In C. McCormack and M. Strathern (eds.), *Nature, Culture, Gender*, pp. 174–222. Cambridge: Cambridge University Press.

Turner, T. 2009. The crisis of late structuralism. Perspectivism and animism: Rethinking culture, nature, spirit, and bodiliness. *Tipiti* 7: 3–40.

Viveiros de Castro, E. 1998. Cosmological deixis and Amerindian perspectivism. *Journal of the Royal Anthropological Institute* 4: 469–488.

Viveiros de Castro, E. 2003. *And*. Manchester: Manchester University Press.

Viveiros de Castro, E. 2004. Perspectival anthropology and the method of controlled equivocation. *Tipiti* 2: 3–22.

Viveiros de Castro, E. 2011a. Zeno and the art of anthropology: Of lies, beliefs, paradoxes, and other truths. *Common Knowledge* 17: 128–145.

Viveiros de Castro, E. 2011b. Zeno's wake. *Common Knowledge* 17: 163–165.

Viveiros de Castro, E. 2014. *Cannibal Metaphysics: For a Post-Structural Anthropology*. Minneapolis, MN: University of Minnesota Press.

Wagner, R. 1975. *The Invention of Culture.* Englewood Cliffs, NJ: Prentice-Hall.

Wastell, S. 2006. The 'legal thing' in Swaziland: Res judicata and divine kingship. In A. Henare, M. Holbraad and S. Wastell (eds.), *Thinking Through Things: Theorising Artefacts Ethnographically*, pp. 68–92. London: Routledge.

第十五章

# 人与可分的人

Persons and partible persons

玛里琳·斯特拉森

最后一个主题在本书中起到某种总结的作用。关于人格（personhood）的争论提供了一种反思人类学家如何构建和使用概念的方式；没有这种反思就没有对话。与本书的其他章节一样，本章涉及人类学理论的广泛领域，由于该领域是如此之广泛，使它必然只能是一种概要性的论述。不过，本章通过参考两部最近发表的论文集，从而为读者创造了一个聚焦点，这两部文集分别是由乔恩·比亚莱克（Jon Bialecki）和吉里什·达斯瓦尼（Girish Daswani）编辑的《人格人类学的回归：基督教的观点》（*The Anthropology of Personhood, Redux：Views from Christianity*）以及由约翰·莫根（John Morgain）和雷切尔·泰勒（Rachel Taylor）编辑的《大洋洲的性别与人》（*Gender and Person in Oceania*）。这两部文集回顾并扩展了当前相关领域的研究状况，尤其是与不断变化的社会生活条件相关的研究；同时它们提供了各种民族志材料。本章还参考了其他作品，以表明即使仅涉及这个领域的一小部分，也存在许多不同的研究路径与探索的方向，它们从这个领域延伸出去，并重新回到该领域。

# 引　言

对于社会人类学而言，观念的流动尤其令人感兴趣。因为如果观念是以“旅行者”的身份出现的，那么它们显然来自其他某个地方，从而与那些似乎已经习以为常的表述形成鲜明的对比。而比较的潜力无法通过同样的方式实现。为了使“人”（person）这个在日常用语中已经极为熟悉的概念具有比较的用途，就需要使它“陌生化”；相比之下，对于英语里的常规用法来说，“可分的人”（partible person）则需要解释其起源，尤其是任何发生进一步转变的路径。在这两者之间，人类学关于“人”这一抽象范畴的反思已经暗示着一个正在变动的实体，它创造了一个属于自己的领域。

长期以来，“人”一直在社会科学的话语中时隐时现，偶尔成为明确的关注焦点，尤其是1938年莫斯在“赫胥黎纪念讲座”上对它的阐述；50年后，莫斯的观点在英文学术界又重新引起了关注（Carrithers et al.，1985；Fortes，1987）。后来，在一段时间内，人格成为社会人类学领域广泛讨论的重要概念，有些人认为这与学术界研究正式亲属关系的兴趣减退有关，而有些人则认为这是受后现代主义影响。不同的理论探讨了人格在社会过程中的作用，它们涉及不同的定位，从而使人格的分析轮廓呈现出特定的模式。这就是本章要探讨的问题。为了创造一个强健的分析性范畴，关于人的描述始终在与有关这一概念的不同解释进行斗争；最近关于“可分的人”的争论仅是其中一个例子。

## “人”的概念域

作为一个分析性的概念，“人”存在于一个概念域里。对于欧美人而言，这个概念域包含了一系列概念：（英语里的）人、个体、自我、能动者、主体、人类。这些概念可以根据具体任务进行不同分类；它们也可以被看作是密切关联的，这样，如果“人”作为一个综合性的参照点的话，那么这个概念域的各个组成部分将以其为基准，即作为“人的各个方面”而出现。然后，这些不同的方面会通过特定的属性来组织我们关于人的感知，就像作为个体的人被赋予内在的意识或完整的身体一样。这些属性具有组织化的功能，它们能够赋予相关构想以特定的轮廓。本章的主题之一是探讨概念或构想本身是如何被结构化的。因此，我们会注意到（从分析的角度来看），这个概念域的每一个组成部分，诸如人、个体等，都可以被同等地理解为一种彼此分离的研究对象，因而可以用与其中某个组成部分相关的术语对其进行描述，也就是“单独地”加以研究。

莫斯在提到人类普遍性的观点时，他想要表明作为人类思维的一个范畴，关于人的观念可能有其社会史一面（参见第一章）。为此，莫斯采取了一种双重陌生化的方法：一方面，他列举了这个观念在民族志和历史上的各种变化形式；另一方面，他将“人”这一术语的不同变体引入它的概念域，这些变体以法语或拉丁语的形式持续存在于人类学的讨论中。“personnage”“persona”“personne”以及后来出现的自我（moi），它们标志着不同的观念化模式；其中的人类主体都被冠名为“个体”。这些观念化的模式分别是：作为人物或角色扮演者的个体、作为司法或法庭实体的个体、作为被赋予内在灵魂或良知的个体以及作为特定意识培育者的个体。莫斯希望我们明白，这样的观念化完全是社会性的：他说，人类思维是通过社会及其蜕变而发展的。莫斯对这个领域的理解本身仍处在不断的变化之中。

就像如今许多人类学家想当然地认为的那样，倘若作为人的个体完全是一个彻底性的社会实体——人格是“自我在社会关系的背景下发展出来的一种突生性的形式”，而“个体自我的构成本身就是社会性的”（Ingold，1994：744–745）——这部分是因为他们赞同一种从社会生活出发的分析视角（也就是说，作为一种分析性的立场，事实上所有的观念构造物都是“社会性的”）。尽管如此，从这种意义上，将作为人的个体与作为个体的人区别开来是有帮助的。后者的个体主义意味着将人或自我进行一种历史文化上的观念化，赋予其特定的属性，诸如自主性或人类尊严等。这是一种作为价值观的“个体主义”（Robbins，2015，基于杜蒙的观点）。拉波特（Rapport，2010）提出了一个有关美拉尼西亚的著名观点，它涉及加胡卡-加马人（Gahuka-Gama）关于人的观念（Read，1955），该观点认为这些人缺乏一种关于“个体性的人”的观念，即作为个体的人的观念及其伴随而来的属性，他们只承认由社会定义的位置，在这些位置上，不同社会关系的组合产生了独特的个性。拉波特自己的观点是，无论他们是否将“个体主义”当作一种价值观来追求，与所有人类一样，他们都受到一种无法化约的“个体性”约束，这体现在心灵与身体、行动与意识的可分离性。

这种“缺乏”颇具启发性。这是否是莫斯的概念域在当代产生“双重不适”的结果？一方面是对将一切都归因于“社会关系”的分析感到不适，它遮蔽了个体的能动性；另一方面是对尴尬地承认由此重新确立的传统与现代之间的二元对立感到不适。这是一种经常表现出来的不适。最近，一位美拉尼西亚学者用法国社会学家伊莲娜·泰瑞（Irène Théry）的话重新表述了这一点："那么，在赋予关系以更高价值的传统社会里，个体的能动性以及他们的自主行动能力……又如何体现呢？"（Théry，2009，转引自 Lepani，2015：51）。自我意识呢？作为个体，我们是否具备将自己的行为或言论视为自己的、承认自己是行为主体并对其负责的能力？最后这一点，它是一种司法属性（自我问责），亦说明了在现代行政管理中保护"统一的人"的重要性："在我们的文化中，首要的需求是个体自由。"（Douglas，1995：85；参见 Rapport，2012）这给人的印象是，从社会关系中可以察觉到某种形式的压迫。面对传统或制度的禁锢，作为一种分析性的存在，人应该被释放出来，在整个观念域里自由地发展，而自我意识与自主性也在其中生长。

## 关系性的人

"关系性的人"这一术语可以用来概括那种强调人在关系中的嵌入性的研究取向。同时，随着人们对人格的重新关注，"关系"似乎也获得了一种新的概念空间；这个称呼适用于各种联结、纽带与关系，无论它们是具体的还是抽象的。然而，在这里，关系——包括但不限于社会关系——具有良性的特征。毋庸讳言，将关系视为一种积极的价值并不比将其视为一种消极的价值更有助于分析，问题在于概念所起到的作用。当然，它不能孤立地加以考虑。

简要地谈一下观念构造物之间是如何相互影响的可能会对我们有帮助。我们已经讨论过作为人的个体与作为个体的人：我将这整个观念域看作是一种"部分描绘的关系"（merographic relations）的集合。在这里，我们不必纠结于“部分描绘”这种表述；它仅是指某种认知策略，即通过使用英语和其他欧洲语言来组织知识的方式。因此，可以在社会生活的各个部分之间建立联系，从而保持每一种个体性，因为任何事物都可以作为其他事物的一部分，所以任何事物不会永远仅仅是某个整体的一部分，另一种视角或解释可能将它重新描述成其他事物的一部分（Strathern，1992：72–73）。置于背景中考虑、采取多重视角、切换视角（譬如，倘若一个概念是某个概念域的一部分，那么这个概念域就是该概念的一部分）：这些人类学家所熟悉的分析手段维系着这样的关系。实际上，正是观念构造物之间的关系对它们进行定位，使它们看似能够独立地运作。这一点在关于人的概念域中是显而易见的。人、自我、能动者等：其中任何一个概念都可以作为讨论其他任何一个概念的起点。此外，任何一个概念都可以通过其他视角进行区分；例如，无论我们是将人视为自传式自我、法律上的个体抑或国际公认的人类。同样，这个概念域本身也可以通过与精神分析、动物学、国家等有关的观念构造物进行重构。在这些欧美的表述中，任何事物似乎都可以通过联结而变成个体化的；任何事物也因此都是可联结的；事实上，关系到处都是。因此，人类学家有时会感到困惑，怎么会有人认为万事万物之间不是关系性的?

关于人格的研究取向，至少有两个层面可以称之为“关系性的”。首先，它要求人类学家对各种现象之间的相互关联性保持一种开放的态度，无论这种开放性是从结构主义那里继承下来的（关系之间的关系——参见第二章），抑或是对社会或文化的实证主义式理解的一种规避。例如，关系性的研究取向可能不会将关系视为“自我”的“他者”（作为自我的人），而是将关系视为自我——一种互为主体的实体——本身具有的内在属性（作为人的自我）。在这里，“社会性的”这一概念甚至可能是一个干扰因素：因此，托伦（Toren，2012）更倾向于指出人类的个体发生学中一个不可化约的维度，即人在其一生中是彼此共同建构的。

第二个普遍运用关系性思想的原因是民族志的启迪，它将从众多田野研究中汲取的经验教训纳入理论视野。长期以来，人类学家与社会学家对“社会网络”（不要与“行动者网络”混淆——参见第十三章）有着不同的理解；20 世纪早期 / 中期的“角色”和“地位”这两个关系性的概念主要用来描述人如何嵌入到与他人的关系之中。然而，民族志的阐释经常会赋予它们新的意义。博纳梅尔采用一种“关系性的方法”研究安卡维人（Ankave）在其生命周期中通过仪式过程经历的转变，以期从不同的角度考察“关系性地位”对性别认同的理论意义。这些关系性的地位可以与占据着它们的人（“个体性的主体”）区分开来。（对她而言，关键在于这种关系“即使在人的地位变化取决于它们的情况下，仍然是外在于人的”（Bonnemère，2014：740）。另外，有些人类学家似乎迫切需要确定一种与西方或欧美的“个体主义”相提并论的“关系主义”——无论是通过平等的分析方式还是更多地赋予关系主义以重要性（Candea，2011）。对这些概念（关系主义 / 个体主义）的安置或定位需要进一步阐述。

也许关系主义的紧迫性部分在于它对认识各种现象之间如何相互影响具有的普遍意义，这在一个以生态学的视角来看待危机的时代尤为如此。事实上，对关系主义的呼吁在许多方面都是有益的，在此就不一一赘述——无论是在描述欧美宇宙论未涵盖的异质性现实的任务中，还是将各种分析结合在一起的任务中，它们都发挥着积极的作用，如“以社会为中心的分析”这类观念研究所始终强调的那样。正是“人们无论身在何处都参与了彼此的身份构建”这一假设，促使萨林斯提出了亲属关系以及有亲属关系的人是“关系性地建构出来”的看法；他强调以自我为中心（而不是以社会为中心）的亲属关系思维是一种范畴谬误，这种思维方式将“亲属关系看作是单个人的属性”（Sahlins，2013：27）。在某些地方，这种“无处不在”的普遍特性似乎尤为明显。英格伦与亚罗（Englund and Yarrow，2013）注意到，美拉尼西亚民族志在罗宾斯对关系主义与个体主义的阐述中占据着举足轻重的地位。然而，他们也认为，事实远不止于此：“作为一种关系主义的文化，美拉尼西亚文化重视关系的建立甚于其他文化形式”（Robbins，2004：292）。这种价值观与罗宾斯强调的“杜蒙最基本的假设之一：所有人类生活都源于社会关系”（Robbins，2015：173）有所不同，该假设是杜蒙的整体主义思想的根源。后者是（西方）“个体主义”作为一种特殊意识形态出现的有利条件。因此，整体主义既是某些社会里的一种价值观，同时也是一种（有关人类状况的）理论观念，它包含了个体主义和美拉尼西亚的关系主义。研究哪一种价值体系更具优越性，这在概念词汇上也存在同样的问题。但是，如果我们明确要求我们使用的概念本身应该传达出一种包罗万象的相互关联的感觉（这似乎是整体主义在价值层面上的作用），那么就有很多方式可以做到这一点，我们也随之进入了另一个概念域。

在这个概念域里，“社会性的”“以社会为中心的”“相互的”“关系性的”“整体的”（法国人还会加上“集体的”）等词汇争奇斗艳。在人类学的各类论述中，上述每一个概念都与其他概念之间存在着各种各样的联系，并且，就像关于人的概念域一样，每一个概念都可以作为分析的起点。因此，关系主义究竟被描述成是与个体主义共存的，还是一种可以在理论上辨识出来的宇宙论的特征，在关于这个问题的讨论中，“关系性的”似乎成了关注的焦点。

对个体主义的抽象召唤，是将田园变成战场的关键。为什么有些人觉得他们必须与个体主义作斗争，如果不这样做，关系就会变得不稳定？这确实让人感到费解，但凡任何人只要对欧美人如何注重关系有所了解，都无法想象一切事物之间不是关系性的。也许问题恰恰在于，明确作出假设与将其视为隐含的前提是不一样的。对于那些正在寻找个体主义的人而言，这个隐含的位置似乎被个体主义占据了。个体主义出现在他们（欧美人的）的分析工具的特征之中。通过“部分描绘式”思维的组织化视角，关系似乎源自并回归于那些被视为理所当然的概念，譬如“人”等，这些概念往往很容易被个体化。这将我们引向另一个观念构造物，它与“关系性的人”不完全相同。

## 可分的人

美拉尼西亚的关系主义是否具有特殊之处？这个问题只能在此进行说明。在关于人格观念的争论中，美拉尼西亚做出了重要贡献，这是事实。争论仍在继续，读者可以将接下去讨论所有内容都看作是有争议的。本章引用的两部文集——它们不仅表明了继续理论化的重要性，同时也表明了继续进行民族志探索的重要性——都采用了美拉尼西亚的资料。乔尔·罗宾斯的论文与《人格人类学的回归》（“Bialecki and Daswani”，2015）出自同一期杂志；而《大洋洲的性别与人》（“Morgain and Taylor”，2015）则是乔利（Jolly）发起的一个研究项目的一部分，该项目也向英语读者介绍了泰瑞的研究。

无论研究对象如何表述，学者们知道他们的分析方法使他们与众不同。他们很难找到能满足他们分析需要的关于“个体”或“关系”的观念。然而，这并不意味着他们只能局限于地方性的环境，也不意味着这些观念无法在不同的社会背景或学科之间流动。正是美拉尼西亚、亚马逊地区与印度尼西亚的文献让泰瑞相信，“关系性的”视角“不是仅限于理解那些遥远的社会。它也可以很容易地进行推广，并在以我们自己的文化和西方社会为中心的研究中重新加以阐述”（Théry，2009：5）。事实上，这种开放性是理念学习的前提条件（Laidlaw，2014）。在泰瑞的理解中，“个体不能与具体的‘整体’分离开来，这个‘整体’就是他们作为一个人、作为人类行为的能动者所参与的社会”（Théry，2009：13）。她比较了欧洲人关于自我的两种定位：一种是具有个人特征以及个人身份感知的“我”；另一种是对话的“我”，即掌握着自身行为和话语（之前被引述话语的一种语境）的说话人。后者的属性不是绝对的，而是（我们可以说是）复合性的，因为“我的”仅存在于与“你的”“她的”等之间的关系之中：这样的“人”不会是单一的“我”，因为它隐含着其他语法位置。我们可以进一步将这种观念应用到其他不同的社会背景之中。在美拉尼西亚，有一种“我”是可以用语言来表达的：它是从行动的施行者，也就是从我们所谓的能动者那里听到的。人们强调行动的自主性、强调心中有行动、强调行动的统一性。在这种观点中，行动就像是一种个体化 / 独立的概念。正如泰瑞将语法上的“我”与作为一个统一实体的自我区别开来一样，我们可以认为在某些宇宙观中，采取行动的自主性（反身性地声称自己做了某件事）可以与那种主观责任或自我塑造区分开来，正是这种主观责任或自我塑造将人变成其行为的创造者。一位能动者（采用“美拉尼西亚式”表述方式）可能会承担某种行动的责任，即使该行动的原因是由他人引起的。莱帕尼列举了一个发生在当今特罗布里安岛上的例子，借此说明这种自主性的行为：一位意志坚强的女人“不再照顾她的孩子，而只为父亲……［和］弟弟妹妹做饭……这样，她通过劳动行为而不是言语，获得了她的叙述身份”（Lepani，2015：56）。只要这种行动的动力同时被理解为源于他人并朝向他人，那么自我似乎就是在这样一种关系性的背景内部成为一个参照点。莱帕尼的论证充分表明，承认相关的关系并不会抹除个体性或行动的自主性。将其视为一种“语法上”的自主性，因而承担着一种“语法上”的责任，可能会有助于理解这一点。

由此，让我们来探讨一下“可分的人”在人类学中的地位。作为曾经使用过这个笨拙短语的作者，我提出了一个问题：它是否仍然具有比较的用处？最初，“可分的人”是针对美拉尼西亚的资料提出来的，但正如英格伦与亚罗（Englund and Yarrow，2013：133）在谈及“复合的人”时所指出的那样，它并不仅限于特定的民族志资料，因为其形式本身包含着重要的信息。与“关系性的人”不同，“可分的人”不是一个综合体。如果它是有生命力的，那也是因为它的各个部分可能具有的预期性潜力。“可分的人”无疑不是一个混合的概念，也就是说，它不是将“关系性”的概念与“人”的概念结合在一起产生的——这种混合的概念暗示着社会 / 个体的对立可能会得到解决。它提供了一种不同的解决方案。

“可分的”与“可分割的”“分散的”“复合的”“多重的”等形容“人”的词语一起，共同构成了一个微观的概念域（例如，可参见 Mosko，2015：362），因此，这些修饰语之间互相影响、彼此交叠也就不足为奇。它们共同反映了这样一种意图，即避免过早地将人视为一个独立的个体。它们涵盖了以人格本身为关注点的研究，譬如人类学对基督教的研究，以及那些将人格视为其他问题之表征的研究，譬如卡斯滕（Carsten，2004）关于亲属关系的研究。尽管如此，《礼物的性别》（*The Gender of the Gift*）中“可分割的”（the dividual）这种表述——正如“可分的人”这一描述性的短语所表明的那样——是对“社会”的一种称呼（Strathern，1988）。这是为了给个体/社会二元对立中的个体找到对应物。在个体主义的价值观下，社会既被视为吸收了人类学家想说的关于关系的一切，又被理解为假设这些关系是个体“之间”的。因此，“个体”的概念及其产生的属性影响着人们如何将社会作为一种分析性的观念构造物，正如关于“社会性”的概念一样。如果某些主流社会观点所描绘的个体类型实际上指的是一种特定的（欧美的）宇宙观，那么对于其他类型的关系结构来说，可能就有必要提出另一种具有不同特征的概念。关于美拉尼西亚，我从现有的人类学用法中借用了“人”（从社会的意义上理解的），并从瓦格纳所说的“独立的、可分的物品”的交换流动中借用了“可分性”这一说法（Wagner，1977：631）。如同“可分割的”这个来自另一个民族志地点的词语一样，这个笨拙的短语亦表明它起源于非英语的文化背景。

因此，“可分的人”明确地将自己与个体（作为个体的人）和社会（被想象为个体之间的关系）之间的二元对立区分开来。然而，对语言的规则的违背也有其限度。其他人类学家将“人”一词理解为个体主义中的“个体”，即使在概念形式上也是如此——这个概念本身被理解为独立的，即人作为一个分离的、可识别的实体，因此成为能够被独立研究的对象。我曾将（美拉尼西亚的）“复合的人”称为“单个独立的人”（singularity），但这一说法并无助于解决这个问题，尽管它与能动者的个体化行动形成了鲜明的对比。在这里，我提出了一种语言表述形式，它可用于讨论“在与他人的关系中被激活的不完整的能动者和作为与他人互动之产物的完整的人之间”持续的视角变换（Strathern，1988：287），其中后者是“单个独立的”，是从多重关系中衍生而来的一个复合实体。这种多重构成的状态也使“人”成为可分的，即作为一个实体，它预料到了可分性，就像一个能动者为了重新对自身进行定位，主动放弃一组关系转而选择另一组关系一样。尽管如此，最终的结果是，我的语言表述形式似乎抹除了我所希望重新描述的现象——社会 / 社会性。

让我将这转化为一个相互交流的时刻：也许正是这种表面上的抹除，导致萨林斯将我关于美拉尼西亚的人的观点归因于一种自我中心主义的观点（我是该评论针对的目标），并且混淆了“可分性”和“参与性”。萨林斯说，具有理论意义的问题远不止于“个体性的人之构成”（Sahlins，2013：25）。然而，这正是我要质疑他对“人”的解读的一点，即“人”首先必定是作为个体的人！因此，我们在这个问题上的立场其实是一致的。至于对这些概念的界定，则是一个分析性的选择问题。萨林斯将“可分性”用于描述个人在关系中的投入分配（比如角色扮演），它有别于“人”通过融入或相互具身化的方式来参与彼此的生活——如同亲属关系中无处不在的参与一样，对此他同意采用“可分割性”的概念。而其他人则认为，这两个概念是同义的。在关于个体地位的争论中，“可分割的”（而不是“可分的”）似乎是更加普遍采用的范畴。

萨林斯的观点也引发了不同的意见。在他所谈论的“可分割性”“亲属关系”的核心，我可以指出那些英国的（如果不是欧美的）亲属结构，它们认同某种特定的社会理论，将人视为个体的再现，而社会关系被想象为与其他个体之间的关系。对于这种类型的个体而言，当“人”与“能动者”更像是关于社会生活的另一种视角时，“依附”与“疏离”就很难发挥像它们那样的作用（例如，可参见 Schram，2015）。对这种“英式”个体之间的关系进行增减的过程，是通过多种可能的角度（与其他个体之间的关系）来实现的，它使一个人从某个知识领域转向另一个知识领域。这不是我所理解的“可分割性”的数学（语法）。相反，以这样的方式来描述英国的情况，最初是受到了在我看来是颇为不同的“美拉尼西亚式”可分割的关系性环境的启发——因此，这进一步明确了可分性。但是，现在还有必要对可分性进行具体的论证吗？

莫斯科从自己的立场出发，有力地论证了美拉尼西亚人的“可分性”——作为一种具有特殊特征的人格属性——所具有的独特性。当他写道，“从西方的视角来看，人们似乎是在交换物品……但是从美拉尼西亚人自己的视角看来，他们实际上是在拿自己作为人的一部分进行交易”（Mosko，2010：219），后文他所引用的内容并不仅限于美拉尼西亚（而且同时包含了斯特拉森的《礼物的性别》之前和之后的文献）。但重要的是，在交换关系的展开过程中，出现了我们这里争论的“可分的人”：作为“一个可分割的或能被拆解成可交易的组成部分或关系的人……通过诱发性的礼物交换过程”（Mosko，2015：362，原文强调）。对于莫斯科来说，可分性的特征体现在各个部分的分离与依附。“通过行动，可分的人被分解，通过相应［他人］的反应来预期并显示对其外化能力的认可”（Mosko，2010：218，原文强调）。在美拉尼西亚的某些地区，虽然礼仪性的礼物交换是在政治环境中实现的，与生命周期有关的礼物交换则是在亲属关系中实现的，但莫斯科没有将分离与依附限制在可分的交换物品的流动上，这正是我自己采用这一术语的起源。此外，莫斯科甚至进一步放宽了限制，将宗教背景下的献祭也包括在内。他经过扩展的关于“可分的人格”的模型，当涉及仪式行为和基督教神学时，产生了引人入胜的讨论。可分性——或这种意义上的“可分割性”——的独特之处，通过它与其他分析构型的持续性关系（比较）展现出来。因此，莫斯科反对对美拉尼西亚式社会性进行“关系主义”的误读，即对于物品交换的分析：

> 无论人们如何重视关系，如果交易的物品不被视为作为人的交易者的一部分，那么关系主义的视角就心照不宣地重述了主体/客体的区分，而这种区分正是西方占有性的个体主义的前提。
>
> （Mosko，2010：219）

“可分割的”这种用法来自美拉尼西亚之外的社会，确切地说，这是马里奥特（Marriott，1976；参见 Marriott and Inden，1977）在研究印度的印度教徒时使用的术语。巴斯比（Busby，1997）在回顾她的印度南部研究时，对当时美拉尼西亚学者达成的共识印象深刻，这种共识使他们用“部分”来描述身体的构成，例如，母体的血液与父体的精液被描述为人的生育过程中男性与女性的部分。与此相反，在印度南部地区，人与他人的互动是通过物质流动的方式来实现的，但这种物质“始终指向其来源的人：它们是人而不是所创造的关系的一种表现形式”（第 273 页）。巴斯比对照了关于人的两种观念构造物，一种是“内在可分割的和可分的（美拉尼西亚）”，另一种是“内部完整的，但具有一种流动的和可渗透的身体边界（印度）”（第269页）。当韦伯纳（Werbner，2011）将博茨瓦纳的“使徒的灵恩派”（Apostolic charismatics）描述为“可分割的”时，他所强调的正是这种实质性渗透的特质。巴斯比认为，“可分割的”这个术语可能会掩盖基本的（区域）差异，但它仍然是有益的。

这一点在当前关于“个体主义与关系性”（Morgain and Taylor，2015）之共存性问题的讨论中再次突显出来，正如韦伯纳（Werbner，2011）通过结合“可分割的”和“关系性自我”的概念，并提出“相互构成”的“可分割性”与“不可分割性”模型所阐明的那样。比阿雷茨基和达斯瓦尼明确主张，与其将“可分割的/不可分割的”看作是启发式的方法或者是将各种主体组织起来的不同模式，不如将它视为在不同的地方处理现实生活中的问题时，表现出来的有关人的可分割的与不可分割的各种形态。不可分割主义与可分割主义“以彼此相互作用的动态关系”的方式出现（Bialecki and Daswani，2015：272）。对他们来说，关键在于这些问题是如何被结构化的，例如，自我塑造在什么样的情况下成为一项规划，因此，某个概念在何时何地具有可行动的能力显得很重要（Humphrey，2008）。然而，我们无法通过简单的观察来确定这一点：任何概念变得可分析的条件取决于它在一个人的概念域中所处的位置。

## 流动的观念

在我看来，这样的交流对我们希望进行的比较是大有裨益的。它们突显出人类学家较为宏大的意图在他们自己提出的问题中发挥的作用（就像在问题意识里那样），这也是为什么本章花如此多的篇幅讨论观念构造物的建构之原因。概念的轮廓很重要。因此，本章将“关系性的人”作为一个范例，以此说明在制造“人”的过程中渴望唤起社会性和主体间性。然而，对这一概念的二元构建也使其能够——甚至可能鼓励它——包含社会/个体的二元论；即使采用关于“人”的语言，它也可以将关系主义还原为某种关于实体及其关系的观念（这种还原是就其分析潜力而言的；当然，“个体位于关系网络中”这是英语口语里的习惯说法）。由于“可分的人”是一个不太容易驾驭的概念，而且在避开这个分析性陷阱的同时，似乎（在不同的批评者看来）完全忽略了社会。因此，“可分的人”没有像“可分割的人”这个术语那样流传广泛，或许也就不足为奇（相关论述，可参见 Sahlins，2013：25）。事实上，就像“复合的”或“分散的”一样，“可分割的”这个术语也穿行于“关系性的人”与“可分的人”的微观领域之间。

对于这里引用的作者来说，分析范畴的选择总是指向思想与社会生活的基本表述。欧美人可能认为“分裂”是必须加以克服的，但“可分的人”这一概念表达了“分裂”或“分离”在美拉尼西亚人对关系的理解中所扮演的积极角色（例如 Schram，2015：323）。譬如，斯塔希谈到了“科罗威人社会关系的内在他异性”（Stasch，2009：10）。现在，除了斯塔希论述的欧美以反传统的方式对他异性进行理论化之外，还存在其他主流的传统需要考虑。因此，在描述它（“可分的人”）作为一个概念的轮廓时，我赋予其明显的“关系”色彩，将它作为更广泛的分析构型中的一个要素。关于“部分联系”的探讨展示了欧美人惯常想象的概念之间关系的另一个维度，即它们如何相互参与或成为彼此的一部分。因此，我也可以用英语白话赋予这个概念“可分的”特点：通过将某个观念构造物——任何一个观念构造物——从其关系纽带中分离出来，我们就可以将其视为一个具有流动潜质的独立实体。事实上，这可能是理解美拉尼西亚式人格观念的一个贴切的隐喻，尽管在英语里，这既不是人被普遍颂扬也不是被构建出来的一个显著特征。

至于“关系性”与“个体主义”之间的差异，通过回顾关于“可分性”的一种限定性的（“美拉尼西亚式”）理解，我们可以了解特定类型的划分是如何发挥作用的。差别在于，这些划分是被视为理所当然的，还是必须付诸行动；而这些划分可能出现在社会生活的任何层次。用莫根和泰勒的话来说，泰瑞的挑战是“对人性的个体主义式理解……通过抨击支撑这种理解的二元论观点……在这种观点看来，人被视为是由两个不同的实体构成的（这里指自我和身体）”（Morgain and Taylor，2015：7）。如果说，后启蒙时代的世俗思维中确实存在着一种二元论，其根源在于对现象采取的具有不可分割特征的识别方法，那么，在许多情况下，这些实体被对立起来，融入、混合或以其他方式使之共存，或者——诸如在现代主义的社会与个体的两重性中——被共同生成，这些都揭示出其独特的创造性。这些揭示可能会促使概念制造者重新审视他们的观念构造物。就像改变语法中的“我”的边界，使之包括“语法”行为一样，这种分析性的举措有时比直接针对欧美知识实践的讨论能够为我们提供更多的信息。

这些实践不断地鼓励人们打破既有的视野范围，而那些创造性的任务又为自己设定了新的界限。毋庸置疑，人类学家总是在不断地拾取各种概念并加以运用——倘若概念无法流动，那又有什么意义呢？当它们成为新的研究议题的跳板时——在这种动态的变化过程中，旧的概念域不可避免地会被抛在身后。

## 致　谢

本章的思想来源非常广泛，它的参考文献是高度选择性的。这里特别感谢迈克尔·卡里瑟斯、玛格丽特·乔利、利赛特·约瑟菲德斯、布鲁斯·卡夫费尔和艾伦·拉姆齐等人在他们的著作里提供的批评和启发。谢尔盖·切尔克佐夫好心地寄给我一份伊莲娜·泰瑞的就职演讲稿。在撰写本章时，我受到“利弗休姆荣誉奖金”（Leverhulme Emeritus Fellowship）的资助，对此我深表感谢。

# 参考文献

Bialecki, Jon and Girish Daswani (eds.) 2015. The anthropology of personhood, redux: Views from Christianity, *HAU: Journal of Ethnographic Theory* 5 (1): 271–404.

Bialecki, Jon and Girish Daswani (eds.) 2015. Introduction: What is an individual? The view from Christianity. *HAU: Journal of Ethnographic Theory* 5 (1): 271–294.

Jolly, Margaret 2015. Braed praes in Vanuatu: Both gifts and commodities? *Oceania* 85 (1): 63–78.

Lepani, Katherine 2015. "I am still a young girl if I want": Relational personhood and individual autonomy in the Trobriand Islands. *Oceania* 85 (1): 51–62.

Morgain, Rachel and John Taylor 2015. Transforming relations of gender, person, and agency. *Oceania* 85 (1): 1–9.

Mosko, Mark 2015. Unbecoming individuals: The partible character of the Christian person. *HAU: Journal of Ethnographic Theory* 5 (1): 361–393.

Robbins, Joel 2015. Dumont's hierarchical dynamism: Christianity and individualism revisited. *HAU: Journal of Ethnographic Theory* 5 (1): 173–195.

Schram, Ryan 2015. A society divided: Death, personhood, and Christianity in Auhelawa, Papua New Guinea. *HAU: Journal of Ethnographic Theory* 5 (1): 317–337.

Taylor, John and Rachel Morgain (eds.) 2015. Gender and person in Oceania, *Oceania*, vol. 85.

## 其他文献

Bonnemère, Pascale 2014. A relational approach to a Papua New Guinea male ritual cycle. *JRAI* (N.S.) 20 (4): 728–745.

Busby, Cecilia 1997. Permeable and partible person: A comparative analysis of gender and body on South India and Melanesia. *JRAI* (N.S.) 3 (2): 261–278.

Candea, Matei 2011. Endo/Exo. *Common Knowledge* 17 (1): 146–154.

Carrithers, Michael, Steven Collins and Steven Lukes 1985. *The Category of the Person: Anthropology, Philosophy, History.* Cambridge: Cambridge University Press. (Includes translation by W.D. Halls of Mauss's *Une catégorie de l'esprit humain: La notion de personne, celle de 'moi'*. *JRAI* 68, 1938.)

Carsten, Janet 2004. *After Kinship*. Cambridge: Cambridge University Press.

Douglas, Mary 1995. The cloud god and the shadow self. *Social Anthropology* 3 (2): 83–94.

Englund, Harri and Thomas Yarrow 2013. The place of theory: Rights, networks, and ethnographic comparison. *Social Analysis* 57 (3): 132–149.

Fortes, Meyer 1987. *Religion Morality and the Person: Essays on Tallensi Religion*, J. Goody (ed.). Cambridge: Cambridge University Press.

Humphrey, Caroline 2008. Reasembling individual subjects: Events and decisions in troubled times. *Anthropological Theory* 8 (4): 357–380.

Ingold, Tim 1994. Introduction to 'social life': Becoming a person. In T. Ingold (ed.), *Companion Encyclopedia of Anthropology: Humanity, Culture and Social Life*, pp. 744–747. London: Routledge.

Laidlaw, James 2014. *The Subject of Virtue: An Anthropology of Ethics and Freedom*. Cambridge: Cambridge University Press.

Marriott, McKim 1976. Hindu transactions: Diversity without dualism. In B. Kapferer (ed.), *Transaction and Meaning*, pp. 109–142. Philadelphia, PA: ISHI Publications.

Marriott, McKim and Ronald Inden 1977. Towards an ethnosociology of South Asian caste systems. In K. David (ed.), *The New Wind: Changing Identities in South Asia*, pp. 227–238. The Hague: Mouton.

Mosko, Mark 2010. Partible penitents: Dividual personhood and Christian practice in Melanesia and the West. *JRAI* (NS) 16 (2): 215–240. (Plus responses from Robbins, Knauft, Barker, Errington and Gewertz; see also the article by Street in the same volume.)

Rapport, Nigel 2010. Individualism. In A. Barnard and J. Spencer (eds.), *The Routledge Encyclopedia of Social and Cultural Anthropology*, 2nd edition, pp. 378 –382. London: Routledge.

Rapport, Nigel 2012. *Anyone: The Cosmopolitan Subject of Anthropology*. New York, NY: Berghahn Books.

Read, Kenneth 1955. Morality and the concept of the person among the Gahuka-Gama, *Oceania* 25 (4): 233–282.

Robbins, Joel 2004. *Becoming Sinners: Christianity and Moral Torment in a Papua New Guinea Society*. Berkeley, CA: University of California Press.

Sahlins, Marshall 2013. *What Kinship Is – And is Not*. Chicago, IL: University of Chicago Press.

Stasch, Rupert 2009. *Society of Others: Kinship and Mourning in a West Papuan Place*. Berkeley, CA: University of California Press,

Strathern, Marilyn 1988. *The Gender of The Gift: Problems with Women and Problems with Society in Melanesia*. Berkeley, CA: University of California Press.

Strathern, Marilyn 1992. *After Nature: English Kinship in the Late Twentieth Century*. Cambridge: Cambridge University Press.

Théry, Irène 2009. Gender: A question of personal identity or a mode of social relations?

Inaugural lecture, Centre M. Bloch, EHESS, Berlin, translated by S Anderson-Morton and S Tcherkézoff. (Accessed 21 August 2016: www.pacific-dialogues.fr/pdf/4-IT_ConfBerlin_2009_def.pdf.) (Drawn from Théry, Irène 2007, *La distinction de sexe: Une nouvelle approche de l'égalité*. Paris: Odile Jacob.)

Toren, Christina 2012. Imagining the world that warrants our imagination: The revelation of ontogeny. *Cambridge Anthropology* 30 (1): 64–79.

Wagner, Roy 1977. Analogic kinship: A Daribi example. *American Ethnologist* 4 (4): 623–642.

Werbner, Richard 2011. The charismatic dividual and the sacred self. *Journal of Religion in Africa* 41 (2): 201–226.

# “进阶书系”—— 授人以渔

在这个信息爆炸的时代，大学生在学习知识的同时，更应了解并练习知识的生产方法，要从知识的消费者成长为知识的生产者，以及使用者。而成为知识的生产者和创造性使用者，至少需要掌握三个方面的能力。

**思考的能力：** 逻辑思考力，理解知识的内在机理；批判思考力，对已有的知识提出疑问。
**研究的能力：** 对已有的知识、信息进行整理、分析，进而发现新的知识。
**写作的能力：** 将发现的新知识清晰、准确地陈述出来，向社会传播。

但目前高等教育中较少涉及这三种能力的传授和训练。知识灌输乘着惯性从中学来到了大学。

有鉴于此，“进阶书系”围绕学习、思考、研究、写作等方面，不断推出解决大学生学习痛点、提高方法论水平的教育产品。读者可以通过图书、电子书、在线音视频课等方式，学习到更多的知识。

我们将努力为以学术为志业者铺就一步一步登上塔顶的阶梯，帮助在学界之外努力向上的年轻人打牢解决实际问题的能力，成为行业翘楚。

**品牌总监** 刘 洋
**特约编辑** 何梦姣
**营销编辑** 盖梦娜 王艺娜
**封面设计** 马 帅
**内文制作** 胡凤翼